TEUBNER-TEXTE zur Informatik

Band 36

Wolfgang Lehner

Subskriptionssysteme

TEUBNER-TEXTE zur Informatik

Herausgegeben von

Prof. Dr. Johannes Buchmann, Darmstadt
Prof. Dr. Udo Lipeck, Hannover
Prof. Dr. Franz J. Rammig, Paderborn
Prof. Dr. Gerd Wechsung, Jena

Als relativ junge Wissenschaft lebt die Informatik ganz wesentlich von aktuellen Beiträgen. Viele Ideen und Konzepte werden in Originalarbeiten, Vorlesungsskripten und Konferenzberichten behandelt und sind damit nur einem eingeschränkten Leserkreis zugänglich. Lehrbücher stehen zwar zur Verfügung, können aber wegen der schnellen Entwicklung der Wissenschaft oft nicht den neuesten Stand der Entwicklung wiedergeben.

Die Reihe *TEUBNER-TEXTE zur Informatik* soll ein Forum für Einzel- und Sammelbeiträge zu aktuellen Themen aus dem gesamten Bereich der Informatik sein. Gedacht ist dabei insbesondere an herausragende Dissertationen und Habilitationsschriften, spezielle Vorlesungsskripten sowie wissenschaftlich aufbereitete Abschlussberichte bedeutender Forschungsprojekte. Auf eine verständliche Darstellung der theoretischen Fundierung und der Perspektiven für Anwendungen wird besonderer Wert gelegt. Das Programm der Reihe reicht von klassischen Themen aus neuen Blickwinkeln bis hin zur Beschreibung neuartiger, noch nicht etablierter Verfahrensansätze. Dabei werden bewusst eine gewisse Vorläufigkeit und Unvollständigkeit der Stoffauswahl und Darstellung in Kauf genommen, weil so die Lebendigkeit und Originalität von Vorlesungen und Forschungsseminaren beibehalten und weitergehende Studien angeregt und erleichtert werden können.

TEUBNER-TEXTE erscheinen in deutscher oder englischer Sprache.

Wolfgang Lehner

Subskriptionssysteme

Marktplatz für omnipräsente Informationen

B. G. Teubner Stuttgart · Leipzig · Wiesbaden

Die Deutsche Bibliothek – CIP-Einheitsaufnahme
Ein Titeldatensatz für diese Publikation ist bei
der Deutschen Bibliothek erhältlich.

Priv.-Doz. Dr.-Ing. Wolfgang Lehner

Geboren 1969 in Vilseck, Lkr. Amberg-Sulzbach. Von 1989 bis 1995 Studium der Informatik mit Nebenfach Mathematik an der Friedrich-Alexander-Universität Erlangen-Nürnberg; Diplom 1995. Von 1995 bis 1998 wissenschaftlicher Mitarbeiter am Lehrstuhl für Datenbanksysteme der Universität Erlangen-Nürnberg (Prof. Dr. H. Wedekind); Promotion 1998. Von 1998 bis 1999 als Wissenschaftlicher Assistent tätig am IBM Almaden Research Center (CA), USA. 1999 Rückkehr an die Universität Erlangen-Nürnberg als wissenschaftlicher Assistent; Habilitation im Fach „Praktische Informatik" im Juli 2001. Seit WS 2000/01 Vertretung der Professur für Datenbanken an der Martin-Luther-Universität Halle-Wittenberg.

1. Auflage Mai 2002

Der Verlag Teubner ist ein Unternehmen der Fachverlagsgruppe BertelsmannSpringer.
www.teubner.de

Umschlaggestaltung: Ulrike Weigel, www.CorporateDesignGroup.de

ISBN-13: 978-3-519-00372-4   e-ISBN-13: 978-3-322-86770-4
DOI: 10.1007/978-3-322-86770-4

Vorwort

Die noch vor einigen Jahren als Vision gehandelte Situation der vollständig durchdringenden Vernetzung wird immer realistischer und realisierbarer. Der Rechner am Arbeitsplatz, der Laptop für unterwegs, der Heimcomputer, der digitale Assistent im Miniformat und nicht zuletzt das Mobiltelefon zeugen bereits von einer Infrastruktur, die eine inhaltlich umfassende und gleichzeitig permanente Informationsversorgung jedes Einzelnen ermöglicht.

Eine derartige Strategie des 'Pervasive Computing' wartet sowohl mit enormen Risiken als auch Chancen auf. So wird die Möglichkeit der omnipräsenten Informationsversorgung unsere Gesellschaft vor weitreichende ökonomische, soziale und gesellschaftspolitische Aufgaben stellen. Neben volks- und betriebswirtschaftlichen Aspekten werden sich auch Konsequenzen im persönlichen Bereich ergeben. So muss jeder für sich entscheiden, bis zu welchem Grad er eine derartige Durchdringung akzeptiert. Als technisches Hilfsmittel ist dabei eine Steuerung der Datenversorgung wünschenswert. Eine derartig kontrollierte Informationsbereitstellung verhindert eine Informationsüberflutung des Benutzers durch Vorselektion und Verarbeitung der auszuliefernden Daten.

Das vorliegende Buch adressiert derartige Kommunikations- und Verarbeitungskonzepte im Kontext datenbankbasierter Subskriptionssysteme. Die grundlegende Idee einer Subskription besteht – vereinfacht ausgedrückt – darin, dass ein Benutzer eine Sicht auf die im Subskriptionssystem reflektierte Miniwelt einmalig registriert und periodisch gemäß zusätzlich spezifizierter Auslieferungsbedingungen proaktiv vom System über Veränderungen informiert wird. Eine systematische Einführung in den Subskriptionskontext aus konzeptioneller Sichtweise, die Aufarbeitung allgemeiner und datenbankspezifischer Techniken und die Vorstellung neuer Ansätze zur Subskriptionsunterstützung in Datenbanksystemen bilden den Rahmen dieses Buches.

Konkret werden dazu im ersten Teil nach einer umfassenden Motivation und Reflexion unterschiedlicher Anwendungsgebiete eine Vielzahl von Anforderungen an ein Subskriptionssystem am Beispiel der Kopplung mit einem Data-Warehouse-System identifiziert. Der zweite Teil des Buches nimmt eine Untersuchung existierender Technologien zur Realisierung einer omnipräsenten Informationsversorgung auf Basis des Subskriptionsansatzes vor. Dabei werden sowohl Basisdienste auf programmiersprachlicher Ebene als auch applikationsnahe Dienste einer eingehenden Untersuchung hinsichtlich Funktionalität und logischer Architektur unterzogen. Im dritten Teil des Buches wird der Bereich der datenbanktechnischen Unterstützung zur Realisierung eines effizienten Subskriptionsdienstes beleuchtet. Im Kontext der Bedingungsprüfung und der inkrementellen Aktualisierung registrierter Subskriptionen erfahren aktuelle Forschungsansätze eine detaillierte Aufarbeitung. Der vierte und letzte Teil des Buches schließlich skizziert das im Zuge der Forschungsaktivitäten entstandene Subskriptionssystem *PubScribe* hinsichtlich globaler Architektur, Verarbeitungsmodell und Abbildung auf relationale Datenbankstrukturen.

Das vorliegende Buch basiert auf meiner Habilitationsschrift und dokumentiert einen Teil meiner Forschungsaktivitäten der vergangenen Jahre, die ich an unterschiedlichen Einrichtungen, wie der Friedrich-Alexander-Universität Erlangen-Nürnberg, dem IBM Almaden Research Center in San Jose (CA) und der Martin-Luther-Universität Halle-Wittenberg, und damit im Umfeld unterschiedlicher Arbeitsgruppen durchführen konnte. Neben zahlreichen Personen, die durch eine Vielzahl von Diskussionen unbewusst an dieser Arbeit partizipieren, ist es mir ein Bedürfnis, an dieser Stelle einigen Personen namentlich meinen Dank auszusprechen. So richtet sich meine Dankbarkeit in erster Linie an meinen langjährigen Mentor *Prof. em. Dr. H. Wedekind*, der mir seit vielen Jahren eine ausgewogene Mischung an akademischer Freiheit und Führung bietet. Neben seiner Person hat darüber hinaus die von ihm geschaffene Atmosphäre am Lehrstuhl für Datenbanksysteme der Universität Erlangen-Nürnberg und der Arbeitsgruppe 'Data-Warehouse-Systeme' wesentlich zum Verfassen dieses Buches beigetragen. Stellvertretend für alle Kollegen verdient *Wolfgang Hümmer* eine namentliche Erwähnung; die enge Zusammenarbeit mit ihm während der letzten eineinhalb Jahre möchte ich nicht missen.

Des Weiteren erlaube ich mir an dieser Stelle eine Danksagung an *Hamid Pirahesh, ph.d.* zu artikulieren, in dessen Arbeitsgruppe 'Business Intelligence' ich 12 lehrreiche Monate am IBM Almaden Research Center verbringen durfte. Seine visionären Gedanken zukünftiger Informationstechnologie brachten mich schließlich auch auf das Themengebiet der Subskriptionssysteme. Als unmittelbare Arbeitskollegen, die trotz der Hektik des Alltags sich Zeit für Diskussionen nahmen, möchte ich *Markos Zaharioudakis, ph.d.* und *Roberta Cochrane, ph.d.* explizit aufführen. Schließlich bedarf es auch einer Erwähnung meiner Kollegen am Institut für Informatik der Universität Halle-Wittenberg, die mir seit Oktober 2000 eine angenehme Arbeitsumgebung bereitstellen. Insbesondere sei auf die Mitglieder der Arbeitsgruppe 'Datenbanken', *Frau Dr. A. Herrmann* und *Alexander Hinneburg*, verwiesen, die mir eine wertvolle Stütze bei der Bewältigung vieler kleiner Probleme des Alltags sind.

Das letzte und zugleich wichtigste Glied in der Kette der Danksagungen ist meine Frau *Anne-Kathrin*. Sie musste insbesondere in den letzten Monaten, bedingt einerseits durch meinen Aufenthalt in Halle und andererseits durch die zusätzliche Belastung im Zuge der Fertigstellung des vorliegenden Buches, oft auf mich verzichten; ohne ihre Unterstützung wäre dieses Buch in diesem Umfang sicherlich nicht möglich gewesen. Mein Dank an sie geht mit einem Versprechen meinerseits auf mehr gemeinsame Freizeit einher.

Erlangen, im März 2002   PD Dr.-Ing. Wolfgang Lehner

Inhaltsverzeichnis

1 Einleitung

Die Entwicklung des Internet hat in den letzten 10 Jahren wesentlich dazu beigetragen, den Einsatz von Computer-Technologie in unserer Gesellschaft voranzutreiben. Die selbstverständliche Nutzung weltweit verteilter Informationen ist heute bereits als integraler Bestandteil in Beruf und Freizeit zu sehen. Unterzieht man diese Entwicklung einem Vergleich mit der Historie industrieller Fertigung, so können – etwas Phantasie vorausgesetzt – interessante Parallelen gezogen werden, die helfen mögen, eine Prognose hin zu einer noch breiter angelegten, intensiveren und gleichzeitig transparenten Nutzung von Computertechnologie zu geben ([Weis91], [Norm98], [ASB+99], [HMNS01]).

So konnte im prä-industriellen Zeitalter eine maschinelle Unterstützung für anfallende Arbeiten nur dadurch erzielt werden, dass die dazu eingesetzte Apparatur (z.B. ein Mahlwerk) direkt an der Energiequelle (z.B. an einem Bach) errichtet wurde. Dies bedingte, dass sowohl notwendige Rohstoffe zur Energiequelle hin als auch Endprodukte wieder abtransportiert werden mussten. Als nahezu revolutionäre Neuerung kann an der Wende des 19. zum 20. Jahrhunderts der umfassende Einzug der *Elektrifizierung* gesehen werden. Elektrische Übertragungswege erlaubten erstmalig durch den Transport von Energie die Schaffung einer gewissen Ortsunabhängigkeit, indem die Errichtung einer Maschinerie nicht weiter vom Standort der Energiequelle, sondern durch anderweitige Produktionsfaktoren bestimmt werden konnte. Die lokale Nutzung elektrischer Energie im Fertigungsprozess wurde in diesem Entwicklungsstand durch das Prinzip der Transmission bestimmt. Einige wenige große Motoren wandelten elektrische in mechanische Energie um, die wiederum über einen komplexen und fehleranfälligen Mechanismus von Transmissionswellen und Transmissionsriemen an die einzelnen Arbeitsplätze verteilt wurde.

Als zweiter wesentlicher Einschnitt im Kontext einer fortschreitenden industriellen Fertigung kann die *Miniaturisierung* identifiziert werden. Eine Vielzahl kleiner und lokal installierter Elektromotoren realisiert in heutigen Produktionsumgebungen meist kooperativ einen entsprechend höherwertigen Dienst. Die Miniaturisierung ist jedoch noch für eine weitere entscheidende Entwicklung verantwortlich: die unbewusste Nutzung meist sogar unsichtbarer Antriebsmechanismen. So besteht ein einzelner Roboterarm in einer heutigen Fertigungslinie aus einer Vielzahl von Antriebs- und Steuerungsmotoren. Wird diese Sichtweise auf die Entwicklung der Nutzung von Computertechnologie übertragen, so werden die Begriffe des 'allgegenwärtigen Computers' (*'ubiquitous computing'* ([Weis91]) / *'pervasive computing'* ([HMNS01]) / *'invisible computing'* ([Norm98])) genannt, die Phantasie anregend oftmals bizarre und befremdliche Zukunftsvisionen herausfordern ([ASB+99], [DeMe97], [Orwe83]).

Ohne sich diesen Spekulationen anschließen zu wollen, gilt es doch für den Kontext dieses Buches, die folgenden ganz pragmatischen Schlüsse aus diesem Vergleich zu ziehen: Etwas plakativ wird die These aufgestellt, dass der aktuelle Entwicklungsstand von Internet-Technologien mit dem Zustand erfolgreich eingeführter Elektrifizierung in der Historie der industriellen Fertigung vergleichbar ist. Analog zur Übertragung von Energie realisiert das Internet durch den Zugriff auf weltweit verteilte Datenquellen eine Ortsunabhängigkeit des jeweiligen Benutzers. Eine Verarbeitung erfolgt vergleichbar der Transformation elektrischer in mechanische Energie durch 'wenige' und 'große' Computer, wie Heim-PCs oder Laptops, und – analog zur Transmission – durch Weiterleitung der Informationen an lokal installierte Applikationen, die die jeweilige Endverarbeitung übernehmen.

Dieser Argumentationskette folgend, steht der vielleicht weitaus prägendere Entwicklungsschritt einer Miniaturisierung unserer Gesellschaft noch bevor ([KeWo97]). Die Miniaturisierung wird analog zur industriellen Fertigung den Einsatz von Computertechnologie weitertreiben und eine unbewusste Nutzung dieser Technologie ermöglichen. 'Intelligente' Sensoren werden nicht nur standardmäßig in Armbanduhren integriert, um Puls und Blutdruck zu überwachen, sondern auch in Kleidung oder auf Lebensmittelverpackungen etc. zu finden und unbewusst Bestandteil des alltäglichen Lebens sein. Nach [Norm98] werden sich Computer, die momentan noch Gegenstand expliziter Interaktion sind, zu einer implizit genutzten Infrastruktur weiter entwickeln. Diese Entwicklung wird sicherlich nicht revolutionär, sondern evolutionär ablaufen. Die aktuelle Realisierung miniaturisierter (und meist mobiler) Endgeräte (*'information appliances'*) angefangen von *'Notebook'*-Computern über *'Personal Digital Assistant'*-Geräte hin zu Internet-fähigen Funktelefonen kann dabei jedoch nur als ein erster Gehversuch in die Richtung einer derartigen Infrastruktur gewertet werden. Die Entwicklung und Verbreitung von *'Information Appliances'* ist jedoch enorm: So findet sich in [IDC00] eine Trendextrapolation, die besagt, dass der weltweite Markt für derartige Endgeräte 89 Millionen Einheiten (oder $17.8 Milliarden) im Jahr 2004 überschreiten wird, wobei im Jahr 1999 11 Millionen *'Information Appliances'* im Wert von $2.4 Milliarden verkauft wurden. Der Gesamtmarkt einschließlich traditioneller Computertechnologie auf PC-Basis wird im Jahr 2005 auf 520 Millionen Geräte (im Vergleich: 153 Millionen in 2000) ansteigen ([PWC00]). Darüber hinaus wird im Jahr 2003 jede Person im Schnitt bereits vier derartige Endgeräte (im Vergleich: durchschnittlich 1 Gerät in 1999) besitzen ([Tivo00]).

Vor dem Hintergrund dieser technischen Entwicklungen auf Geräteebene gilt es, die damit einhergehenden Auswirkungen aus Sicht der Anwendungen zu betrachten (*'application revolution'* ([PWC01])). So wird der Einsatz von *'Information Appliances'* die Grundlage für eine Vielzahl neuer Lösungen beispielsweise für das Bankenwesen, für den Bereich der Unterhaltung, für flexible Einkaufs- und Bezahlmöglichkeiten und umfassende Informationsdienste ([UnMB99], [CoFS97]) bieten.

Im Kontext des vorliegenden Buches wird dabei der Aspekt einer umfassenden Informationsversorgung adressiert. Dabei steht die Realisierung eines auf persönliche Interessen zugeschnittenen Informationssystems (*'personalized information system'*) und die Rolle der Datenbanktechnologie als treibende Kraft in einem derartigen Szenario im Mittelpunkt der Bemühungen.

Subskriptionssysteme zur individuellen Informationsversorgung

Als ein wesentliches Kriterium einer omnipräsenten Informationsversorgung, wie sie in Zukunft nicht nur technisch realisierbar, sondern auch anwendungsseitig gefordert wird, muss die Eigenschaft der Individualisierung identifiziert werden. Die Möglichkeit, nahezu unbegrenzte Datenbestände zu erfassen, erzwingt zur Vermeidung einer Informationsüberflutung eine kontrollierte Verteilung von Informationen an die Benutzer ([AAB+98]). Unter dem Gesichtspunkt der Personalisierung bzw. Individualisierung über Filter- und weitergehende Verarbeitungsmechanismen lässt sich die in Abbildung 1.1 skizzierte Klassifikation von Informationsverteilungssystemen hinsichtlich einer individuellen Informationsversorgung vornehmen:

- *'Broadcast'-Systeme:* *'Broadcast'*-Systeme ermöglichen keine Personalisierung, da Informationen gemäß dem Prinzip des *'broadcasting'* ungefiltert und ohne weitergehende Verarbeitung an die Dienstnutzer ausgesendet werden; eine entsprechende Filterung oder Weiterverarbeitung bleibt dem Empfänger vorbehalten ([Wong88], [Pito98]).

- *Disseminationssysteme ('dissemination systems'):* Die Klasse der Disseminationssysteme ([Cher92], [DaPe96], [Stro96], [AgMa91], [RaDa98]) bietet aus Sicht des Diensterbringers Informationen gegliedert nach bestimmten Benutzergruppen. Dienstnutzer empfangen ausschließlich die Informationen, die in einem bestimmten Kanal (*'channel based'*) bzw. zu einen bestimmten Thema (*'subject based'*) bereitgestellt werden.

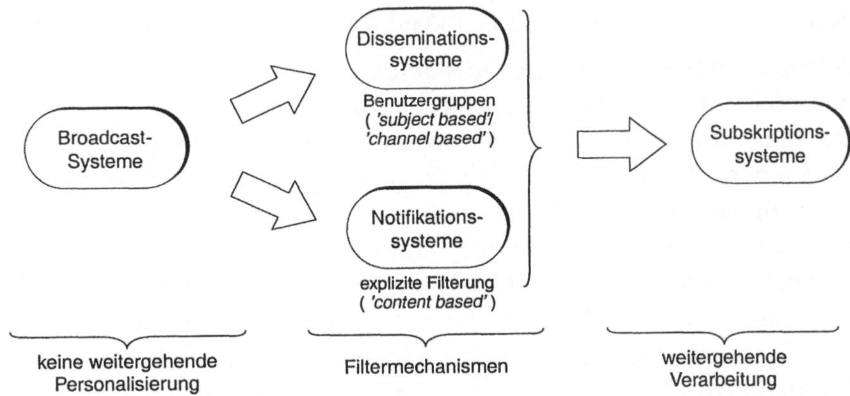

Abb. 1.1: Einteilung von Systemen umfassender Informationsversorgung

* *Notifikationssysteme ('notification systems')*: Die Klasse der Notifikationssysteme ([RiKh98]) erlaubt eine prädikatbasierte Filterung von Informationen am Diensterbringer (*'content based'*). Die Interpretation und weitere Verarbeitung der Nachrichten verbleibt jedoch wiederum beim Dienstnutzer.

* *Subskriptionssysteme ('subscription systems')*: Subskriptionssysteme schließlich ermöglichen neben einer Filterung weitergehende Verarbeitungsschritte bereits beim Diensterbringer, so dass ein hoher Grad an Personalisierung bzw. zugeschnittener Informationsversorgung erreicht wird. Eine Verarbeitung von Informationen setzt jedoch ein zu Grunde liegendes Datenbanksystem bzw. ein nach ähnlichen Prinzipien arbeitendes System voraus, so dass eine Betrachtung möglicher Entwicklungen im Bereich der Datenbanksysteme angeraten erscheint.

Datenbanksysteme als Basisdienst zur omnipräsenten Informationsversorgung

Datenbanksysteme repräsentieren bereits in der heutigen Systemlandschaft den zentralen Baustein für eine rechnerbasierte konsistente Abbildung von Strukturen und Operationen der realen Welt. Die einem Datenbanksystem inhärenten Eigenschaften wie Atomarität, Konsistenzerhaltung, Isolation und Dauerhaftigkeit (ACID-Eigenschaften; [GrRe93]) werden von einer stets wachsenden Zahl von Anwendungen als Eigenschaften eines Basisdienstes gefordert, so dass Datenbanksysteme in immer weitreichenderen Anwendungsfeldern ihren Platz einnehmen.

Tabelle 1.1 zeigt basierend auf Angaben aus [Vask95], [BBC+98a] und [SiZd97] aufgeschlüsselt nach vier unterschiedlichen Einsatzgebieten von Datenbanksystemen Entwicklungstendenzen hinsichtlich Kapazitäten, Anzahl der Installationen und Anzahl von Benutzern pro Installation. Die Angaben basieren dabei auf persönlichen Einschätzungen und sollen ausschließlich dem Zweck dienen, bestimmte Tendenzen als Motivation für dieses Buch aufzuzeigen. Im Einzelnen werden folgende vier Anwendungsgebiete von Datenbanksystemen differenziert:

* *Datenbanksysteme für 'Business-Intelligence'-Anwendungen*: Die Bereitstellung einer integrierten, konsolidierten und historischen Datenbasis bildet die Grundlage analytischer Auswertungen zur Entscheidungsfindung und eines erfolgreichen Führens einer Organisation (*'Business-Intelligence'*-Prozess). Als Basis dienen dazu üblicherweise so genannte 'Data-Warehouse-Systeme' ([BaGü01], [Kimb96], [Inmo92], [Inmo99], Abschnitt 3.1.2), wobei die Data-Warehouse-Datenbank periodisch mit Daten aus operativen Systemen ergänzt wird. Daraus leiten sich bereits heute relativ hohe Kapazitäten ab, die in zukünftigen Systemen weiter zunehmen dürften. Des Weiteren kann aus Tabelle 1.1 eine beträchtliche Steigerung der Nutzer pro Installation entnommen werden. Diese Tendenz erklärt sich durch einen stetig wachsenden Einsatz von Internet-

	Kapazität (heute)	Kapazität (morgen)	Anzahl der Installationen	Anzahl von Nutzern pro Installation	Typische Operationen
Datenbanksysteme für 'Business Intelligence'-Anwendungen	20 GByte - 5 TByte	100 GByte - 20 TByte	→	↗	Analytische Auswertungen
Datenbanksysteme für Transaktionsverarbeitung	200 MByte - 50 GByte	400 MByte - 100 GByte	→	→	Buchungssysteme
Datenbanksysteme für 'Desktop Computing'	10 MByte - 1 GByte	500 MByte - 50 GByte	→	↗	Verwaltung von 'e-content' (E-Mails, Bilder, Video, Telefonate)
Datenbanksysteme für 'Personal Computing' (Systeme ohne Festplatte)	2 MByte - 32 MByte	8 MByte - 1 GByte	↗	=1	

Tab. 1.1: Entwicklungen beim Einsatz von Datenbanksystemen

Technologien, die ein Data-Warehouse-System einem breiteren Nutzerkreis technisch erschließen. Darüber hinaus rücken Anwendungen, die Zugriff auf einen integrierten Datenbestand einer Organisation erfordern, in das Zentrum eines operativen Geschäftsvorgangs, so dass eine Zunahme der Nutzerzahlen auch aus Anwendungssicht motiviert ist.

- *Datenbanksysteme für Transaktionsverarbeitung:* Die Sparte der Transaktionsverarbeitung adressiert vornehmlich den Einsatz von Datenbanksystemen im klassischen Anwendungsfeld der Buchungssysteme. Weder aus Sicht der Kapazitätsentwicklung noch aus Sicht der Installationen ist eine erwähnenswerte Veränderung zu erwarten.

- *Datenbanksysteme für 'Desktop Computing':* Systeme wie 'Lotus Notes' ([LDC01]) zeugen bereits heute von der Tendenz, dass persönliche Informationen, die aktuell noch auf Dateiebene gespeichert werden, als *'e-content'* in Datenbanksystemen aufgehen. So ist leicht vorstellbar, dass heutige E-Mail-Systeme und computergestützte Anrufbeantworter mit Bezug auf eine einheitliche Datenbasis konvergieren. Sieht man heutige E-Mail-Systeme als Vorgänger derartiger Datenbanksysteme an, so kann den Einschätzungen aus Tabelle 1.1 entnommen werden, dass sich Kapazitäten, Anzahl von Installationen und Nutzer pro Installation gemäßigt erhöhen; die Zunahme der Nutzer pro Installation wird dabei durch das *'Peer-to-Peer'*-Kommunikationsmuster getrieben. Dieses Kommunikationsmuster ist durch die Musiktauschbörse Napster ([Naps01]) in das Licht allgemeinen Interesses gerückt und wird sich sicherlich auf der Ebene des 'Desktop Computing' zum freien Tausch von Daten in Form eines lose gekoppelten Verbundes lokal installierter und verwalteter Datenbanksysteme weiterentwickeln.

- *Datenbanksysteme für 'Personal Computing':* Als letzte Kategorie werden Datenbanksysteme für den Bereich des *'Personal Computing'* identifiziert. Bereits heute existieren für eine Reihe unterschiedlicher mobiler Endgeräte wie Palm, Psion oder WindowsCE-basierte Systeme ([GrHL01]) Datenbanksysteme nahezu jedes namhaften Herstellers (Oracle 8i Lite ([Orac01c]); IBM DB2 EveryPlace ([IBM01b]); Sybase SQL Anywhere ([Syba01])). Wie die Einschätzung in Tabelle 1.1 zeigt, wird sich sowohl die Speicherkapazität als auch die Anzahl der Installationen deutlich erhöhen.

Aus den aufgezeigten Tendenzen sind zwei konkrete Entwicklungen explizit herauszustellen: Die Anzahl der Nutzer eines Datenbanksystems zur Verwaltung einer konsolidierten und integrierten Datenbasis und die Anzahl von Installationen von Datenbanksystemen auf mobilen Endgeräten werden sich überproportional entwickeln ([ImBa94]), so dass sich die Frage nach einer Korrelation der Entwicklungen sowohl aus Sicht der Anwendung als auch aus technischer Perspektive eröffnet. Offensichtlich stellt eine globale Sichtweise auf eine Vielzahl lokaler Datenquellen eine ideale Ausgangsbasis für eine umfassende Datenversorgung dar. Eine Ergänzung vorhandener datenbankbasierter Infrastruktur durch Subskriptionssysteme, die eine hochgradig individualisierte Informationsversorgung bereitstellen, verspricht einen hohen Grad an Synergie freizusetzen.

Interaktionsmodell

Neben der weiteren Etablierung von Datenbanktechnologie in einer Vielzahl von Anwendungsgebieten stellt sich die Frage nach der Art der Interaktion eines Endbenutzers mit einem Informationssystem bzw., aus allgemeiner Perspektive, nach der Art der Kopplung kooperierender Systeme. Aus abstrakter Sichtweise hinsichtlich Dienstnutzer und Diensterbringer kann entsprechend dem Initiator einer Interaktion ein Interaktionsmodell wie folgt klassifiziert werden:

- *Dienstnutzergetriebene Interaktion:* Der Fall der dienstnutzergetriebenen Interaktion entspricht dem klassischen Anfrage/Antwort-Verfahren (*'request/response'*). Dabei formuliert der Dienstnutzer eine Anfrage, die er dem Diensterbringer übermittelt. Dieser liefert – möglichst schnell – eine Antwort an den Dienstnutzer zurück. Nahezu unsere gesamte Interaktion folgt diesem dienstnutzergetriebenen Kommunikationsmuster. So repräsentiert beispielsweise im Kontext einer Objektkommunikation jeder Methodenaufruf eine dienstnutzergetriebene Interaktion; im Kontext der Datenbanksysteme repräsentiert das Anfragemodell ('*query model*') die Art der dienstnutzergetriebenen Interaktion, wobei es Ziel des Datenbanksystems ist, isoliert für jede Anfrage möglichst schnell die dazu korrespondierende Antwort zu liefern.

- *Diensterbringergetriebene Interaktion:* In einer Vielzahl von Anwendungsgebieten erscheint das dienstnutzergetriebene Interaktionsmodell nicht mehr adäquat. Ist ein Dienstnutzer beispielsweise an einer Zustandsänderung eines Diensterbringers interessiert, so ist er im Fall einer dienstnutzergetriebenen Interaktion gezwungen, den Zustand des Diensterbringers zyklisch abzufragen. Dieses Vorgehen weist die beiden gegenläufigen Parameter der erwünschten Aktualität und des erzeugten Mehraufwandes auf: Je aktueller ein Dienstnutzer über eine Zustandsänderung des Diensterbringers informiert sein möchte, desto häufiger ist eine entsprechend aufwändige Abfrage des Zustands notwendig ([SARW99]).
  Eine Lösung besteht darin, von einem dienstnutzer- zu einem diensterbringergetriebenen Interaktionsmodell überzugehen. Eine derartige Interaktion basiert dabei üblicherweise auf einer ereignisbasierten (*'event based communication'*) oder – sofern Nutzdaten übertragen werden – auf einer nachrichtenbasierten Kommunikation (*'message based communication'*). Das dazu korrespondierende Kommunikationsmuster wird als *'publish/subscribe'* ([Hack97], [GHJV95]) bezeichnet. Ähnlich dem Abonnement-Wesen, zeigt ein Dienstnutzer einmalig ein 'Interesse' an Nachrichten in Form einer Subskription beim Diensterbringer an. Die eigentliche Interaktion wird vom Diensterbringer initiiert, indem er Nachrichten produziert und sie an die subskribierten Dienstnutzer übermittelt. Im Kontext der Datenbanksysteme ergibt sich aus dieser Sichtweise das fcSubskriptionsmodell (*'subscription model'*) als Pendant zum Anfragemodell ([LeHü01]).

Neben der Unterscheidung eines Interaktionsmodells hinsichtlich der eine Interaktion initiierenden Partei kann eine weitere Klassifikation hinsichtlich funktions- und datenzentrierter Kommunikation erfolgen ([HaJa99], [SiAf99]). Die funktionszentrierte Sichtweise wird dabei von der Agententechnologie oder dem Bereich des *'mobile coding'* verfolgt und an dieser Stelle nur so weit angedeutet, dass eine Abgrenzung zu diesem Themengebiet ermöglicht wird. Software-Agenten sind Programme, die im Auftrag eines Dienstnutzers bestimmte Aufgaben erledigen, indem sie eine Systemmigration betreiben und direkt an diversen Diensterbringern ablaufen. Nach [JeWo98] weisen Agenten folgende grundlegenden Eigenschaften auf:

- *Autonomie ('autonomy'):* Agenten operieren ohne Eingreifen des Benutzers selbständig, indem sie die Kontrolle über ihren Zustand und über die auszuführenden Aktionen haben.

- *Gesellschaftsbewusstsein ('sociability'):* Agenten kooperieren durch Rückgriff auf eine entsprechend adäquate Sprache wie beispielsweise KQML ([Fini97], [SkCl98]) untereinander.

- *Reaktives Verhalten ('reactivity'):* Agenten nehmen Änderungen in ihrer Umgebung wahr und reagieren in einer selbstbestimmten Art.

- *Proaktives Verhalten ('pro-activeness'):* Agenten reagieren nicht nur in Form von Antworten auf Änderungen, sondern weisen ein zielgerichtetes Verhalten durch Eigeninitiative auf.

Die Technik der Software-Agenten, hauptsächlich aus dem Anwendungsgebiet der Büroautomatisierung ([ElNu80], [FiHe80], [HoGa84]) motiviert und aus Sicht der Forschung überwiegend im Bereich der künstlichen Intelligenz betrieben ([RuNo94]), erfährt aktuell insbesondere vor dem Hintergrund des elektronischen Handels ein breites Interesse. So reflektieren Agenten zur Ermittlung des Händlers mit dem günstigsten Preis für einen bestimmten Artikel ([DDA+99]) nur ein Beispiel eines weitläufigen Anwendungsgebietes. Entsprechend existiert eine Vielzahl von Literatur, wobei an dieser Stelle Verweise auf [BrZW97], [Brad97], [JeWo98] und [CaHa98] für einen Einstieg in diesen Bereich gegeben werden.

Die zur funktionszentrierten Sichtweise duale datenzentrierte Betrachtung, wie sie in diesem Buch verfolgt wird, fokussiert die nachrichtenbasierte Kopplung von Dienstnutzer und Diensterbringer. Als zentrale Aufgabe, die im Rahmen dieses Buches diskutiert wird, gilt es dabei nicht nur die nachrichtenbasierte Kommunikation als Gegenstand einer datenzentrierten Sichtweise zu sehen, sondern darüber hinaus auch die produzentenseitige Versorgung und konsistente Verarbeitung und Weiterleitung von Nachrichten zu betrachten.

Teil I:

Anwendung und Aufbau von Subskriptionssystemen

Die unbegrenzte Erfassung und Speicherung von Daten ist mit dem heutigen Stand der Technik nahezu realisierbar. Neben dem Erfassungs- und Speicherungsproblem rückt jedoch in zunehmenden Maße die Thematik der Verarbeitung von Daten zu Informationen und die Versorgung der jeweiligen Endbenutzer in den Vordergrund. Als zentrale Herausforderung ist dabei eine personalisierte Informationsbereitstellung zu formulieren, da die Quantität der vorgehaltenen Daten leicht in einer Überflutung des Individuums resultieren kann. Die Forderung der Personalisierung geht dabei konform mit dem Ansatz der Ökonomie der Aufmerksamkeit ([Fran98]), in welchem nicht mehr materielle Güter, sondern die bewusste Wahrnehmung von Informationen des Einzelnen im Zentrum des wirtschaftlichen Interesses steht.

Bereits in der Einleitung wird auf allgemeinem Niveau eine Klassifikation von Ansätzen zur Informationsverteilung vorgestellt, wobei der Subskriptionsansatz eine über Filterungsmechanismen hinausgehende Verarbeitung von Nachrichten verspricht. Dieser Ansatz wird im ersten Teil sowohl aus Sicht der Anwendungen als auch aus Sicht des Aufbaus derartiger Systeme eruiert. Dazu wird in Kapitel 2 nach einer Klassifikation unterschiedlicher Anwendungsgebiete das allgemeine Subskriptionsprinzip detailliert an einem dreischichtigen Aufbau eingeführt und die Dienstprimitive einschließlich ihrer Umsetzungen innerhalb der einzelnen Schichten erläutert. Dieser ablauforientierten Sichtweise schließt sich in Kapitel 3 eine datenorientierte Sichtweise an. Es wird argumentiert, dass ein Subskriptionssystem nicht als Ersatz, sondern als Ergänzung zu einer bestehenden Infrastruktur für den Zugriff auf organisationsweite Datenbestände zu verstehen ist. Die Problematik der Ergänzung wird dabei im Kontext der Kopplung eines Subskriptionssystems mit einem datenbankbasierten Informationssystem thematisiert. Aus diesen Überlegungen leiten sich eine Vielzahl von Eigenschaften ab, in denen sich Subskriptionssysteme vom klassischen Datenbankansatz unterscheiden und – eine adäquate Kopplung vorausgesetzt – ergänzen.

2 Das Subskriptionsmodell und seine Anwendungen

Ziel dieses Kapitels ist eine umfassende Einführung in das Konzept der subskriptionsbasierten Interaktion sowohl aus Sicht der Anwendung als auch aus systemtechnischer Perspektive. Dazu wird im ersten Abschnitt zunächst ein Überblick über Anwendungsgebiete des nachrichtenbasierten Kommunikationsmusters im Kontext des Subskriptionsmodells gegeben. Daran schließt sich eine systematische Einführung in das Subskriptionsmodell an. Die Erläuterung erfolgt dabei sowohl auf Ebene der engen Kopplung interagierender Teilsysteme über das *'Publish/Subscribe'*-Kommunikationsmuster als auch auf Ebene der losen Kopplung im Zusammenhang mit der Einführung eines symmetrischen Subskriptionsmodells. Abschnitt 2.3 greift Aspekte der Realisierung des *'Publish/Subscribe'*-Musters auf, wobei die Art der Kopplung interagierender Teilsysteme, die Kommunikationscharakteristik und die Nutzung unterschiedlicher Netzinfrastrukturen aufgearbeitet wird. Aus diesen Betrachtungen heraus werden schließlich in Abschnitt 2.4 unterschiedliche Anforderungen an ein Subskriptionssystem formuliert, die als Leitfaden hinsichtlich der Untersuchungen im weiteren Verlauf dieses Buches dienen.

2.1 Anwendungsgebiete nachrichtenbasierter Kopplung

Die Kopplung interagierender Teilsysteme basierend auf dem Austausch von Nachrichten bildet ein zentrales Entwurfsmuster zum Aufbau großer Systeme. In diesem Abschnitt werden eine Reihe von Anwendungsgebieten aufgearbeitet, die charakteristisch für den Einsatz nachrichtenbasierter Kommunikation sind. Dabei wird von konkreten Anwendungen wie beispielsweise der Nutzung mobiler Endgeräte zur Umsatzförderung im Einzelhandel ([KVD+99]) oder der Realisierung eines Reiseinformationssystems ([ShFL96]) abstrahiert und jeweils Anwendungsgebiete beschrieben, die in Abbildung 2.1 in ein Klassifikationsraster eingeordnet werden. Gegliedert nach der strukturellen Komplexität der übertragenen Nachrichten, nach dem Bezug zu Datenbanksystemen und hinsichtlich der Unterscheidung, ob Personen oder Programme als Dienstnutzer auftreten, liefert diese Klassifikation die Grundlage für eine Einteilung ([Hack97], [Inri97]), an welcher sich im Folgenden die Aufarbeitung von Anwendungsbereichen orientiert. Die meisten der aufgeführten Anwendungsgebiete sind entsprechend der im vorangegangenen Abschnitt ein-

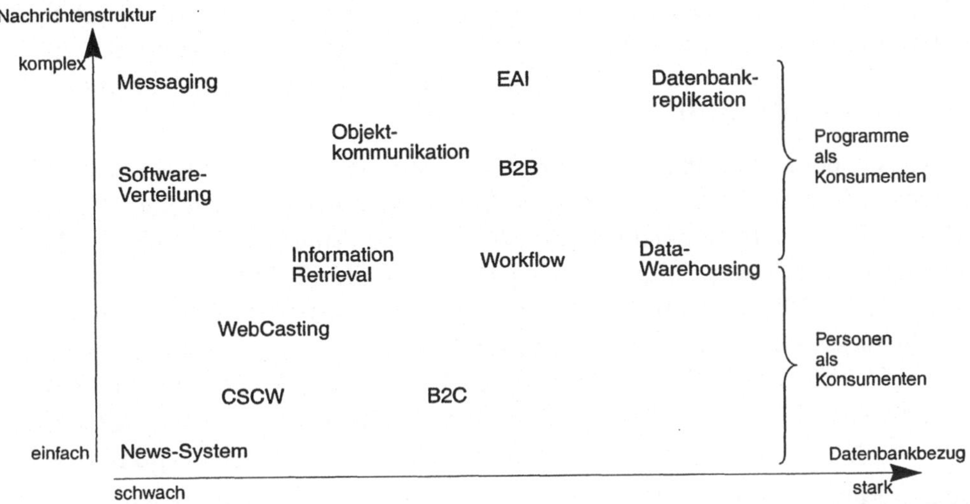

Abb. 2.1: Anwendungsgebiete des 'Publish/Subscribe'-Kommunikationsmusters

geführten Unterscheidung der *'Publish/Subscribe'*-Ebene zuzuordnen. Systeme, die einen direkten Subskriptionsbezug herstellen, werden in Kapitel 5 dieses Buches detailliert beleuchtet, so dass sich eine Aufarbeitung an dieser Stelle erübrigt.

2.1.1 Nachrichtendienste

Die für einen Anwender vermutlich sichtbarste Nutzung nachrichtenbasierter Kopplung von Teilsystemen ist in diversen Nachrichtendiensten zu sehen, wobei Informationen von einem Nachrichtenproduzenten zu interessierten Abnehmern übertragen werden. Grundsätzlich ist dabei eine Unterteilung in stationäre und mobile Endgeräte zu treffen.

Der älteste und vermutlich meist genutzte Nachrichtendienst ist in dem weltweiten Usenet-System ([SpLa98]) zu sehen, welches textuelle Nachrichten ohne weitere Struktur in einzelnen Gruppen verwaltet und einen unbeschränkten sowohl lesenden als auch schreibenden Zugriff erlaubt. Während das Usenet-System somit den Charakter eines Diskussionsforums aufweist, wird der Begriff des Nachrichtendienstes im Bereich des *'WebCasting'* ([Cort97], [Inri97], [Stro96]) enger gefasst. Nutzer formulieren ihr Interesse durch Angabe eines Kanals zu einem bestimmten Themengebiet. Auf Seite des Diensterbringers erfolgt in regulären Intervallen ein Versand aktueller Nachrichten ([Kumm97]), die beim Klienten entweder in einer eigenständigen Applikation oder nach entsprechender Formatierung im Internet-Browser angezeigt werden. Als kommerzielle Beispiele seien an dieser Stelle *'InfoGate'* ([Info01]), *'BackWeb'* ([Back01]) und *'Netcaster'* ([Nets01]) genannt. Die Produktion zu publizierender Nachrichten ist entweder dem Diensterbringer vorbehalten oder durch ein Regelwerk bestimmt. Beispiele für derartige Regelwerke sind im *'Channel Definition Format'* (CDF; [Elle97])oder im *'Resource Description Framework'* (RDF; [W3C01d], [Mill98]) zu finden.

Wie bereits in der Einleitung zu diesem Buch festgestellt, gilt es in vermehrtem Umfang, eine Informationsversorgung mobiler Endgeräte bereitzustellen ([ImBa94], [AfRS98]). Entsprechend existiert eine Vielzahl von Arbeiten, die sich mit der Datenversorgung auf Server-Seite ([Best96], [HuLL98], [SuTa98]), auf Ebene der Modellierung ([SiAf99]) und auf Ebene der Darstellung ([GBGS98]) beschäftigen. Ein Nachrichtenaustausch im Bereich mobiler Kommunikation beschränkt sich momentan auf SMS- ([HMNS01]) und WAP-Technologien ([WAP01], [HMNS01]) im Bereich von Funktelefonen bzw. auf die proprietäre Lösung *'Palm.Net Wireless Communication Service'* ([Palm01], [HMNS01]) für Geräte vom Typ Palm VII.

Als letzter Punkt sei dieser Klasse von Anwendungen die Technik der server-basierten Software-Verteilung hinzugefügt ([Fran97], [Stro96]). So bietet beispielsweise das Produkt *'Marimba'* ([Mari97]) die Möglichkeit durch Nutzung identischer Systeminfrastruktur wie die eines Nachrichtendienstes, Softwarepakete an Klienten zu versenden und den entsprechenden Installationsprozess zu initiieren.

2.1.2   Digitales Bibliothekswesen

Als zweites Anwendungsgebiet nachrichtenbasierter Kommunikation im Kontext einer subskriptionsorientierten Interaktion wird an dieser Stelle das digitale Bibliothekswesen ([ScCh99], [GoMe98]) als Überbegriff zum server-seitigen Versand komplex strukturierter Dokumente ([BeCu96], [BCC+95], [HeMi97]) auf der einen Seite und die Anwendung dokumentenbasierter Filtermechanismen (*'Information Retrieval'*-Techniken; [BeCr92], [GNOT92]) auf der anderen Seite genannt. Die Einordnung in das Klassifikationsschema aus Abbildung 2.1 erfolgt dahingehend, dass üblicherweise komplexe Nachrichtenstrukturen vorherrschen und durch Verwaltung elektronischer Artikel in Datenbanksystemen ein im Vergleich zu Nachrichtendiensten stärkerer Datenbankbezug vorliegt. Beispiele aktueller Realisierungen von Systemen mit server-seitiger Auslieferung von Dokumenten sind in SIFT (Abschnitt 5.6; [YaGa96]), oder in den Arbeiten von [KoVB97], [AdBe99] und ansatzweise bereits in [Walk87] zu finden. Für Arbeiten zum Thema *'Information Retrieval'* als Filtermechanismus im Bereich der Dokumentenverwaltung sei insbesondere auf die Beiträge [BeCr92], [GNOT92] und [FoDu92] bzw. im Kontext von multimedialen Dokumenten auf [Loeb92] in der exzellenten Sammlung von [LoTe92] hingewiesen. Abschließend sind in diesem Zusammenhang die Arbeiten von [BCFM99] und [PrMK99] zu nennen, die sich mit der kontrollierten, d.h. autorisierten und authentifizierten Weitergabe von Dokumenten beschäftigen.

2.1.3 Allgemeine Objektkommunikation

Nachrichtenbasierte Kopplung auf programmiersprachlicher Ebene ist ein bekanntes Verfahren, welches sich in nahezu jedem Objektmodell wiederfindet. Hauptanwendungsgebiet einer Interaktion, die von einem Diensterbringer initiiert wird, ist dabei die Realisierung graphischer Benutzerschnittstellen, wobei graphische Elemente nach Interaktion mit dem Benutzer eine Kommunikation mit den betroffenen, die Anwendungslogik realisierenden Objekten initiieren. Das allgemeine Verfahren der ereignis- bzw. nachrichtenbasierten Kopplung von Objekten ist darüber hinaus als eigenständiges *'Observer'*-Entwurfsmuster ([GHJV95]) bekannt. Objektkommunikationsdienste, die eine lose Kopplung nachrichtenbasierter Interaktion ermöglichen, finden sich beispielsweise in CORBA und COM; beide Ansätze erfahren in Abschnitt 4.1 bzw. Abschnitt 4.2 eine ausführliche Aufarbeitung.

Auf höherer Ebene findet nachrichtenbasierte Kommunikation ihren Einsatz bei der Realisierung verteilter Prozesse ([Birm93]) oder ereignisbasierter Softwarespezifikation ([BCT+96], [LuVe95]). Ansätze wie der *'Information Bus'* ([OPSS93]) oder das *'Horus'*-System ([ReBM96]) realisieren dabei eine eng gekoppelte Gruppenkommunikation auf Basis von *'Publish/Subscribe'* ([HMJ+96]). Der Einsatz von 'Messaging'-Systemen erlaubt durch persistente Speicherung der zu übertragenden Nachrichten den Aufbau lose gekoppelter Systeme. Als Beispiele sind an dieser Stelle *'IBM MQSeries'* ([IBM01c]), *'Oracle Advanced Queuing'* ([Orac99]; Abschnitt 4.3), *'Java Messaging Queue'* ([iPla01], [MoCL00]) und *'Encina Distributed Processing System'* ([IBM01f]) zu nennen.

2.1.4 Kommunikation auf Anwendungsebene

Eine weitere Kategorie von Einsatzgebieten nachrichtenbasierter Kommunikation ist in der Kopplung autonomer Anwendungen zu sehen. Konkret basieren Techniken wie *'Enterprise Application Integration'* (EAI, [PeBe00]) oder Verfahren zum elektronischen Austausch geschäftlicher Informationen im Kontext des eBusiness auf dem Austausch von Nachrichten ([ScLi98]). So laufen beispielsweise im Bereich des *'Business-to-Business'* (B2B, [Merz99], [Born00], [BiSe99]) seit geraumer Zeit Bestrebungen dahingehend, Nachrichtenformate zum elektronischen Datenaustausch (*'Electronic Data Interchange'*, EDI) zu standardisieren ([Mitr96], [Stee96]). Das EDIFACT-Format ([UN01]) und der ANSI-Standard X12 ([ANSI01]) sind dabei als die bisher dominantesten Austauschformate zu nennen ([Lehm96]). Aktuellere Entwicklungen wie *'Information and Content Exchange'* (ICE, [W3C99], [Merz99]) gelten mittlerweile entweder als überholt ([Vald00]) oder müssen im Fall von *'BizTalk'* ([BizT01]) bzw. *'Universal Description, Disco-*

very and Integration' (UDDI; [UDDI00]) ihre Alltagstauglichkeit noch unter Beweis stellen. Eine Zusammenfassung aktueller Entwicklungen findet sich beispielsweise in [WeHB01] und [TuFe01].

Als weiteres Beispiel der Anwendung nachrichtenbasierter Kommunikation kann in diesem Zusammenhang die Realisierung der Datenbankreplikation ([Lenz97]) im Datenbanksystem Microsoft SQL Server 2000 ([Yee99]) angeführt werden. Die Datenbankinstanz mit der Primärkopie agiert dabei als Produzent und initiiert die Aktualisierung aller abhängigen Instanzen, die die Replikate der Primärkopie den Anwendern zur Verfügung stellen. Jede Datenbankinstanz ist dabei als logisch autonome Einheit zu betrachten.

2.1.5 Koordinierung dynamischer Prozesse

Aus dem Bereich der Büroautomatisierung ([ElNu80], [FiHe80]) hat sich über diverse Zwischenstufen ein breites Spektrum von Anwendungsgebieten zur Koordinierung dynamischer Prozesse entwickelt ([Powe96]), angefangen vom Bereich des *'Computer Supported Cooperative Work'* (CSCW; [CuKO92]) über *'Workflow-Management-Systeme'* ([JaBu96]) und *'Awareness Systeme'* ([DoBe92], [BGS+99]) bis hin zur Unterstützung der elektronischen Geschäftsabwicklung (*'eCommerce'*; [Merz99], [AdYe96]) insbesondere aus Sicht des Kunden (*'Business-to-Consumer'*; [Lauf96], [ScLi98], [DDA+99]). Ereignis- bzw. nachrichtenbasierte Interaktion dient dabei oftmals als Grundlage zuverlässiger und produzenteninitiierter Kommunikation. Als konkretes Beispiel wird an dieser Stelle lediglich auf die Arbeiten zur Realisierung eines gruppenbasierten Notifikationsdienstes wie [PaDK96] oder [HMJ+96] verwiesen. Für den Einsatz von *'Publish/Subscribe'*-Mechanismen in der Anbahnungsphase zur Aushandlung von Verträgen sei an dieser Stelle insbesondere auf [WeHL01] hingewiesen.

2.1.6 Organisationsweite Informationsversorgung

Als letztes Anwendungsgebiet, welches eine Erwähnung im Klassifikationsraster (Abbildung 2.1) findet, ist der Bereich einer organisationsweiten Informationsversorgung zu nennen. Der Einsatz von Datenbanktechnologie auf allen Ebenen und in allen organisatorischen Einheiten eines Unternehmens erlaubt zwar die lokale Sichtweise auf einzelne Datenbestände; für eine einheitliche und organisationsweite Sicht auf Datenbestände muss aber durch zusätzliche Maßnahmen wie die Einführung einer Föderation autonomer Datenbanksysteme (Abschnitt 3.1.1) oder eines Data-Warehouse-Systems (Abschnitt 3.1.2) gesorgt werden. Als Beispiel einer detaillierten Aufarbeitung von Problemen und Lösungsansätzen im Kontext eines

Data-Warehouse-Systems soll an dieser Stelle auf die Darstellung von [Ruf97] verwiesen werden, in welcher die Phasen der Datenaufbereitung und der multidimensionalen Analyse im Bereich Handelsforschung am konkreten Szenario der Gesellschaft für Markt-, Absatz- und Konsumforschung (GfK) ausführlich diskutiert werden. Ohne detailliert auf diese Thematik an dieser Stelle einzugehen, findet eine
nachrichtenbasierte Kommunikation beispielsweise in Data-Warehouse-Systemen
in der Phase der Integration oder – wie es insbesondere im Kontext dieses Buches
adressiert wird – zur proaktiven und omnipräsenten Versorgung von Benutzern derartiger Systeme statt ([Rade97], [ScTh00]). Als kommerzielles Beispiel einer nachrichtenbasierten Versorgung von Informationen basierend auf Data-Warehouse-Systemen ist das Produkt *'Narrowcast Server'* der Firma Microstrategy ([Micr01]) zu
nennen. Die Erweiterung von Data-Warehouse-Systemen mit Subskriptionstechniken wird in Abschnitt 3.3 detailliert diskutiert.

2.2 Das Subskriptionsmodell

Die Interaktion zwischen einem Diensterbringer und einem Dienstnehmer gemäß
dem Subskriptionsmodell erscheint adäquat für eine Vielzahl von produzentenorientierten Anwendungsgebieten. Dieser Abschnitt arbeitet das Prinzip der Subskription aus drei unterschiedlichen Perspektiven auf. Im ersten Teil werden die Dienstprimitive des *'Publish/Subscribe'*-Musters eingeführt und deren Semantik erläutert.
Darauf aufbauend wird das Subskriptionsmodell eingeführt, welches eine entkoppelte subskriptionsbasierte Interaktion zwischen Produzenten und Subskribenten
ermöglicht. Im dritten Teil wird schließlich der inhaltliche Aspekt adressiert, wobei
der Begriff der 'Sättigung' herangezogen wird, um das Subskriptionsverfahren aus
theoretischer Sichtweise zu erfassen.

2.2.1 Dienstprimitive des 'Publish/Subscribe'

Eine subskriptionsbasierte Kommunikation, wie sie im Rahmen der Einleitung aus
Sicht einer vom Diensterbringer initiierten Interaktion eingeführt wird, lässt sich
strukturiert in einzelne Schichten näher beschreiben. Dazu zeigt Abbildung 2.2 die
beiden auf Anwendungsebene gegenläufigen Interaktionsmodelle des 'Anfragemodells' und des 'Subskriptionsmodells' mit Bezug auf die Nutzung von Diensten unterliegender Schichten. Während sich das Anfragemodell auf das *'Request/Response'*-Verfahren stützt, folgt das Subskriptionsmodell auf Ebene interagierender Komponenten dem *'Publish/Subscribe'*-Verfahren. Beide Verfahren nutzen auf
Kommunikationsebene die gleichen Dienstprimitive von *'send/receive'*.

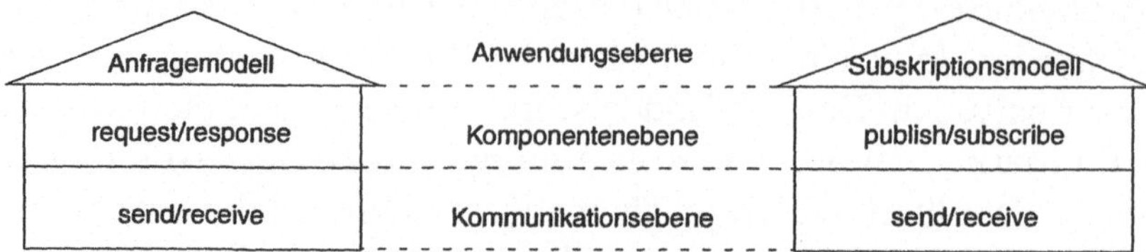

Abb. 2.2: Vergleich von Anfrage- und Subskriptionsmodell

Während in der Literatur diese drei Schichten oftmals beliebig durcheinander gemischt werden ([Mile97], [FrZd98]), orientiert sich die Aufarbeitung der Subskriptionsthematik im Rahmen dieses Buches an einer klaren Trennung dieser Schichten. Während die Realisierung der Dienstprimitive *'Send/Receive'* in Abschnitt 2.3 skizziert wird, setzt die Aufarbeitung an dieser Stelle an der Einführung des *'Publish/ Subscribe'*-Entwurfsmusters ein.

Das *'Publish/Subscribe'*-Entwurfsmuster, wie es in einer Vielzahl von Anwendungsgebieten Verwendung findet (Abschnitt 2.1), realisiert zunächst eine direkte Kopplung zweier Komponenten, die jeweils die Rolle eines Dienstnutzers bzw. Diensterbringers einnehmen, wobei jedoch nicht von einer punktuellen Kopplung wie im *'Request/Response'*-Muster, sondern von einer permanenten Kopplung ausgegangen wird. So wendet sich im Fall einer Kopplung nach dem klassischen *'Request/Response'*-Verfahren der Dienstnutzer zur Erbringung einer konkreten Dienstleistung an den Diensterbringer (*'Request'*-Aufruf). Dieser übermittelt das Ergebnis unmittelbar nach Durchführung der damit verbundenen Aufgabe an den Dienstnutzer (*'Response'*-Aufruf). Die Kopplung wird dabei, sofern nicht von tieferen Schichten weitergeführt, bis zur nächsten Interaktion vollständig aufgehoben (Abbildung 2.3a).

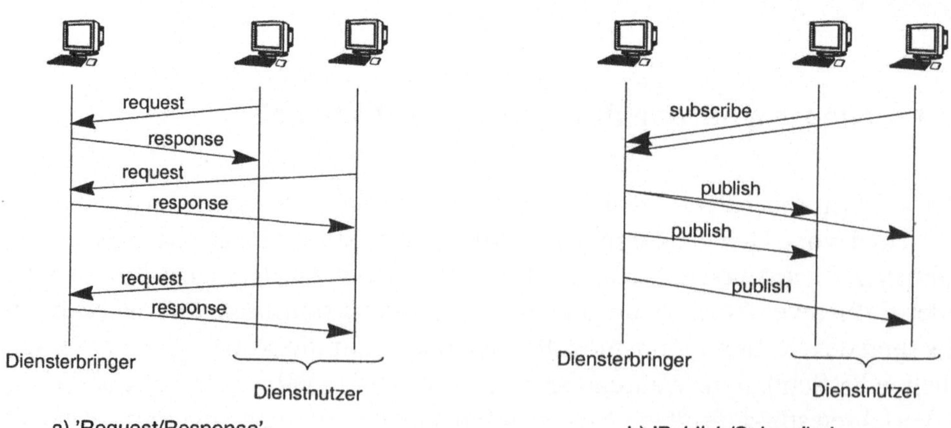

Abb. 2.3: Vergleich von 'Request/Response' und 'Publish/Subscribe'

Bei einer Kopplung nach dem *'Publish/Subscribe'*-Muster (Abbildung 2.3b) wenden sich Dienstnutzer mit einer Subskription an einen Diensterbringer (*'Subscribe'*-Aufruf), womit hinterlegt wird, an welchen Zustandsänderungen der Dienstnutzer interessiert ist und entsprechend benachrichtigt werden möchte. Sobald ein Diensterbringer eine für einen Subskribenten interessante Zustandsänderung erfährt, werden diese Änderungen in Form von Nachrichten an den Dienstnutzer übertragen (*'Publish'*-Aufruf).

Neben dieser ablauforientierten Sichtweise bietet sich insbesondere im Hinblick auf die sich anschließende Betrachtung aus Sicht der Datenbanksysteme die Sichtweise eines Inhaltsbeschreibung an. So formuliert im Anfragemodell ein Dienstnutzer zu einem von ihm gewählten Zeitpunkt t_i eine Anfrage $q(t_i)$. Diese Anfrage wird mit Blick auf den zum Zeitpunkt t_i konsistenten Zustand des Diensterbringers Z' ausgeführt und das Ergebnis $[q(t_i)]_{Z'}$ dem Dienstnutzer zurückgeliefert. Im Gegensatz dazu wird eine Subskription, bestehend aus einer Zustandsabfrage $q()$ und einer Bedingung $c(\Delta t, z)$, bestehend aus einer zeit- und inhaltsabhängigen Komponente, einmalig registriert; bei jeder Zustandsänderung wird die Bedingung überprüft und – sofern erfüllt – die Anfrage an den jeweiligen Zustand gebunden, ausgeführt und das Ergebnis über ein *'Publish'*-Primitiv dem Dienstnutzer mitgeteilt.

Der wesentliche Unterschied aus Sicht der Verarbeitungssemantik besteht nun darin, dass eine Bindung einer Abfrage an einen bestimmten Zustand des Diensterbringers nicht direkt durch den Dienstnutzer, sondern indirekt durch Angabe einer Bedingung erfolgt. Diese a priori existierende 'Ungebundenheit', welche durch einen freien Zeitparameter in der Subskriptionsdefinition ausgedrückt wird, kann auch als fehlende Sättigung der Anfrage interpretiert werden. Subskriptionsanfragen, auch als 'Stehende Anfragen' (*'standing queries'*) bezeichnet, erfahren somit erst im Verlauf der Zeit eine stetig zunehmende Sättigung.[*]

Allgemein gilt es an dieser Stelle anzumerken, dass bei einer Kopplung auf Ebene des *'Publish/Subscribe'*-Musters auf der einen Seite ein Dienstnutzer alle potentiellen Diensterbringer kennen und explizit eine Subskription registrieren muss. Auf der anderen Seite ist es Aufgabe des Diensterbringers alle registrierten Subskribenten selbst zu verwalten und für eine Auslieferung von Nachrichten an die entsprechenden Dienstnutzer zu sorgen. Diese Einschränkungen werden durch den darauf aufsetzenden höheren Subskriptionsdienst, wie im Folgenden diskutiert, weitgehend aufgehoben.

---

[*] Für eine detailliertere Betrachtung des Konzeptes der Subskriptionen aus dem Blickwinkel ungesättigter Funktionen mit einer ergänzungsbedürftigen Leerstelle $q(\ )$ anstelle eines Arguments sei der interessierte Leser auf die Arbeiten von Frege zum Thema 'Funktion und Begriff' in [Freg75], S. 18ff. verwiesen.

2.2.2 Dienstprimitive im Subskriptionsansatz

Im Subskriptionsmodell sorgt die Einführung einer logisch zentralen Vermittlungskomponente für eine Entkopplung von Dienstnutzer und Diensterbringer (Abbildung 2.4). Analog zur eng gekoppelten Interaktion auf Ebene der *'Publish/ Subscribe'*-Dienstprimitive registrieren Dienstnutzer eine Subskription unter Verwendung des *'Subscribe'*-Aufrufs. Diensterbringer zeigen Zustandsänderungen wiederum durch einen *'Publish'*-Aufruf an. Beide Primitive zielen jedoch auf die Vermittlungskomponente, welche eingehende Nachrichten mit registrierten Subskriptionen vergleicht und entsprechend eine Benachrichtung des Subskribenten durch Nutzung eines *'Notify'*-Aufrufs initiiert.

Im Kontext dieser Kopplung sind zwei Eigenschaften explizit herauszuheben: Zum einen haben Diensterbringer keine Kenntnis über potentielle Dienstnutzer, so dass eine Produktion von Nachrichten keiner externen Kontrolle unterliegt und somit ausschließlich aus Sicht des Produzenten erfolgt.[†] Zum anderen ist es bedingt durch die vorgenommene Entkopplung notwendig, zwei weitere Dienstprimitive einzuführen. Ein *'Register'*-Primitiv erlaubt einem Produzenten, sich und den von ihm bereitgestellten Dienst (aus inhaltsbeschreibender Sichtweise das Schema seiner zu publizierenden Nachrichten) an der Vermittlungskomponente bekannt zu geben. Auf Seite der Dienstnutzer ermöglicht das *'Inquire'*-Primitiv eine Abfrage aktuell registrierter Dienste bzw. Nachrichtenschemata angebotener Produzenten.

Zusammenfassend sind fünf Dienstprimitive zu identifizieren, die eine Realisierung des Subskriptionsmodells auf Anwendungsebene erlauben. Diese Primitive gilt es im Folgenden auf entsprechende Methoden der darunterliegenden *'Publish/Subscribe'*-Schicht abzubilden.

2.3 Realisierungsaspekte des Subskriptionsmodells

In diesem Abschnitt steht eine kurze Aufarbeitung von Realisierungsaspekten des Subskriptionsmodells bezüglich des in Abschnitt 2.2.1 eingeführten Schichtenansatzes (Abbildung 2.2) an. Dabei wird zunächst eine Umsetzung des in Abbildung 2.4 skizzierten Subskriptionsmodells auf die Dienstprimitive des *'Pu-*

[†]Diese Eigenschaft der unkontrollierten Produktion von Nachrichten kann in einer nicht zu vernachlässigbaren Verschwendung von Ressourcen münden, weshalb die oftmals in diesem Zusammenhang geübte Kritik durchaus berechtigt erscheint. Abhilfe kann entweder durch eine adäquate Umsetzung des Subskriptionsmodells auf die darunterliegenden *'Publish/Subscribe'*-Dienstprimitive (Abschnitt 2.3.1) oder durch zusätzliche Mechanismen im Zuge einer Realisierung des Subskriptionsdienstes (z.B. *'Quenching'*-Verfahren in Elvin; Abschnitt 5.2) geschaffen werden.

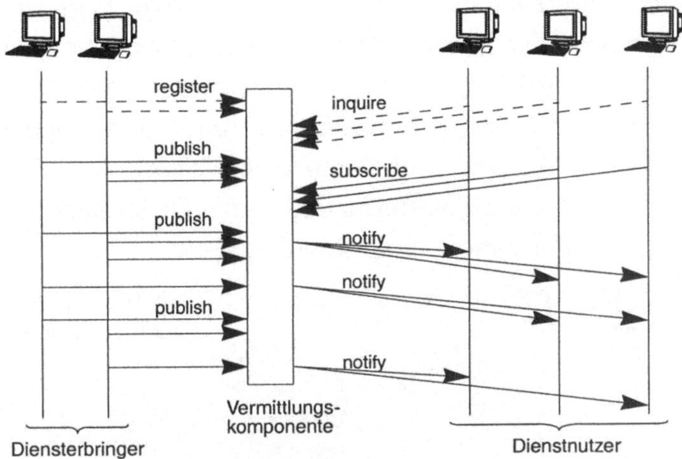

Abb. 2.4: Kommunikationsmuster im Subskriptionsmodell

blish/Subscribe' vorgenommen. Daran schließt sich eine ablauforientierte Betrachtung der dem *'Publish/Subscribe'*-Prinzip zu Grunde liegenden Realisierung der *'Send/Receive'*-Primitive an, welche in eine Diskussion der Kommunikationscharakteristika und nutzbarer Netzinfrastruktur mündet.

2.3.1 Abbildung des Subskriptionsmodells auf 'Publish/ Subscribe'-Dienstprimitive

Das Subskriptionsmodell, wie es in Abschnitt 2.2.2 eingeführt wird und in Abbildung 2.4 aus ablauforientierter Sichtweise skizziert ist, erfordert eine Umsetzung auf die Dienstprimitive der darunterliegenden *'Publish/Subscribe'*-Schicht. Diese gestaltet sich im Vergleich zur bijektiven Umsetzung des Anfragemodells auf die Ebene der *'Request/Response'*-Dienstprimitive aufwändiger. Abbildung 2.5 veranschaulicht die Umsetzung der fünf Dienstprimitive in Anlehnung an das in Abbildung 2.4 skizzierte Beispiel.

Im Einzelnen wird eine Subskription eines Dienstnutzers direkt auf ein *'Subscribe'*-Primitiv der darunterliegenden Schicht abgebildet. Eingehende Subskriptionen werden von der Vermittlungskomponente analysiert. Innerhalb einer Subskription referenzierte Diensterbringer werden über einen *'Subscribe'*-Aufruf aufgefordert, mit der Publikation von Nachrichten zu beginnen bzw. die bisherige Dienstgüte der Produktion von Nachrichten an die neue Situation anzupassen.

Analog zu Subskriptionen werden Publikationen von Diensterbringern an die Vermittlungskomponente direkt auf den *'Publish'*-Aufruf abgebildet. Des Weiteren werden Notifikationen an den Benutzer ebenfalls durch das *'Publish'*-Primitiv realisiert, so dass die Umsetzung der beiden Dienstprimitive *'Register'* und *'Inquire'* verbleibt. Interessanterweise lassen sich diese beiden Primitive ebenfalls auf *'Publish'*- und *'Subscribe'*-Aufrufe abbilden; so entspricht die Registrierung einer Publikation von Metainformation, die von der Vermittlungskomponente verwaltet wird. Analog wird der *'Inquire'*-Aufruf auf einen *'Subscribe'*/*'Publish'*-Vorgang abgebildet, wobei wiederum Metainformationen den Gegenstand der Subskription und Auslieferung der Informationen repräsentieren.

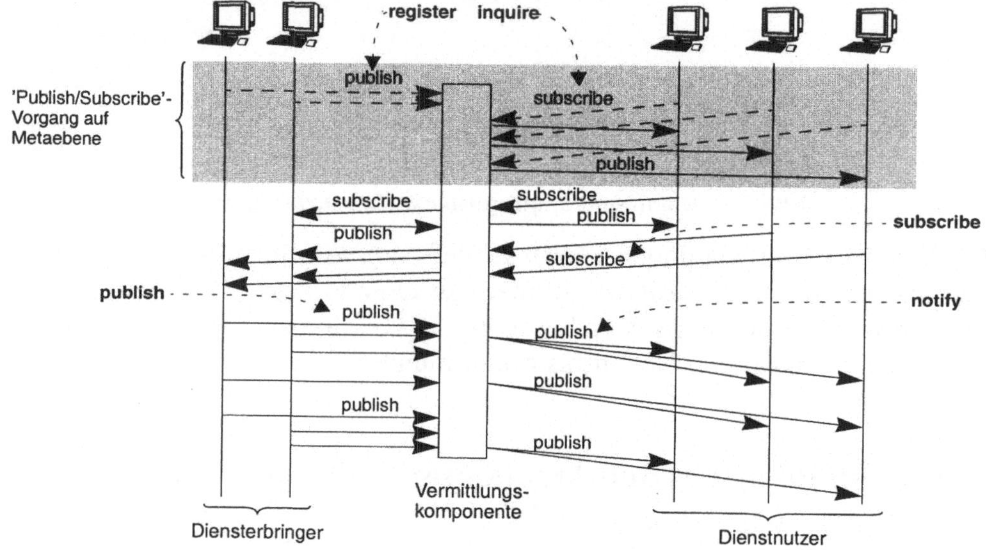

Abb. 2.5: Symmetrisches Subskriptionsmodell

Der Leser sei bereits an dieser Stelle darauf hingewiesen, dass sich eine derartige Umsetzung im Kontext eines Rollenmodells in der Beschreibung des Forschungsprojektes *PubScribe* in Teil IV dieses Buches wiederfindet.

2.3.2   Kommunikationscharakteristik und Netzinfrastruktur

Bei der Einführung der subskriptionsbasierten Interaktion von Komponenten in Abschnitt 2.2.1 wird bereits festgestellt, dass die beiden *'Send'*- und *'Receive'*-Primitive sowohl im Anfrage- als auch im Subskriptionsmodell die Dienstzugangspunkte auf Kommunikationsebene reflektieren. Orthogonal dazu gilt es jedoch zu unterscheiden, welche Komponente die Kommunikation initiiert ([RiKh98]), so dass sich die beiden folgenden Kommunikationsprinzipien ergeben ([FrZd98], [HaJa99]):

- *'Pull'-Prinzip:* Beim *'Pull'*-Prinzip initiiert der Dienstnutzer die Kommunikation, so dass die Sende-und Empfangsreihenfolge direkt den Ablauf der *'Request/ Response'*-Primitive reflektiert. Eine Implementierung des *'Publish/Subscribe'*-Mechanismus ist bei einer Kommunikation nach dem *'Pull'*-Prinzip durch einen zyklischen Polling-Mechanismus realisierbar, wobei jedoch in Abhängigkeit von der Polling-Frequenz ein entsprechender Mehraufwand aus Sicht der Ressourcen offensichtlich ist ([Mile97]).

- *'Push'-Prinzip:* Beim *'Push'*-Verfahren initiiert der Diensterbringer die Kommunikation, so dass sich das *'Publish/Subscribe'*-Muster direkt abbilden lässt, indem ein *'Publish'*-Aufruf direkt auf einen Sendevorgang umgesetzt wird.

Leider bieten allgemein verfügbare Netzwerkprotokolle wie TCP/IP, HTTP etc. keine native Unterstützung eines *'push'*-basierten Kommunikationsmechanismus, so dass sich eine Simulation des *'Push'*-Prinzips als erforderlich erweist:

- *'Smart Pull' oder 'Pull++':* Die Verfahren, die mit den Begriffen *'Smart Pull'* ([Inri97]) bzw. *'Pull++'* ([DeJe97]) bezeichnet werden, simulieren eine *'push'*-basierte Kommunikation, indem auf Seite des Dienstnutzers ein Hintergrundprozess eine periodische und damit *'pull'*-basierte Abfrage des Zustands des Diensterbringers implementiert. Dieses Polling-Verfahren ist jedoch vollkommen transparent für darüberliegende Anwendungsschichten.

- *'Server-Initiated Pull':* Beim Verfahren des *'Server-Initiated Pull'* signalisiert der Diensterbringer einem Dienstnutzer, dass eine Nachricht zur Auslieferung bereitsteht (*'You've got Mail'*; [Hank98]). Der Dienstnutzer initiiert daraufhin gezielt eine *'pull'*-basierte Kommunikation, um diese entsprechenden Nachrichten zu erhalten.

Wichtig ist festzustellen, dass *'Publish/Subscribe'*-Primitive durch *'Pull'*, *'Push'* oder Mischformen realisiert werden können. Darüber hinaus gilt es am Rande dieser Realisierungsbetrachtungen die Thematik der Nutzung noch tiefer liegenderer Kommunikationsinfrastruktur anzuschneiden. Während im Anfragemodell eine Punkt-zu-Punkt-Verbindung (*'unicast'*) zwischen zwei Kommunikationsteilnehmern vollkommen ausreichend ist, bietet sich im Subskriptionskontext die Nutzung gruppenorientierter (*'multicast'*) oder *'broadcast'*-orientierter Netzinfrastrukturen an ([Husu97], [Star97], [YYW+99]). Auf eine detaillierte Aufarbeitung dieser Techniken wird an dieser Stelle mit einem Verweis auf entsprechende Literatur verzichtet ([Tane89], [BeGa92]). Des Weiteren bleibt insbesondere im Kontext der Informationsversorgung mobiler Endgeräte darauf hinzuweisen, dass eine bidirektionale Kommunikation entweder deutliche Kapazitätsunterschiede für eine Kommunikation vom Server zum Endgerät (*'downstream'*) bzw. vom Endgerät zum Server (*'upstream'*) aufweist ([AAB+98], [HuYu98]) oder gar nur eine unidirektionale Kommunikationsverbindung existiert ([DaPe96]). So können beispielsweise *'Pa-*

ging'-Geräte ausschließlich Daten empfangen; Sensoren – als Beispiel von Endgeräten – hingegen erlauben oftmals keine *'downstream'*-Kommunikation, sondern reduzieren sich auf die Übertragung erfasster Messwerte an den Steuerungsrechner.

2.4 Anforderungen

Zum Abschluss der Einführung in das Subskriptionsmodell wird aus den in den vorangegangenen Abschnitten vorgenommenen Betrachtungen ein Anforderungskatalog abgeleitet, klassifiziert und im Rahmen dieses Abschnitts erläutert. Dazu werden in einem ersten Schritt Anforderungen an ein Subskriptionssystem aus Sicht der Anwendung aufgestellt:

- *Anwendungsneutralität und gleichzeitige Adaptierbarkeit:* Ein Subskriptionssystem reflektiert eine Infrastruktur, die eine flexible Anpassung an konkrete Anwendungsgebiete bzw. Anwendungen erlaubt. Analog zum Themenbereich der Datenbanksysteme spielt die Anwendungsneutralität eine zentrale Rolle beim Entwurf eines Subskriptionssystems.

- *Wahrung der Anonymität:* Die logische Entkopplung von Diensterbringer und Dienstnutzer resultiert in einer Anonymität der kooperierenden Teilsysteme. Eine beidseitige Anonymität ist dabei vorstellbar; so kennt weder ein Diensterbringer die von ihm belieferten Dienstnutzer noch muss ein Dienstnutzer vor einer Interaktion die explizite Adresse des Diensterbringers in Erfahrung bringen.

- *Zentraler Dienstzugangspunkt:* Ein Subskriptionssystem stellt einen logisch zentralen Dienstzugangspunkt im Sinne eines Portals ([IONA00]) bereit. Dies umfasst die Bereitstellung weitreichender Informationen, angefangen von der Auflistung aller im System angebotenen Schemata von Nachrichten, über Inhaltsbeschreibungen angebotener Inhalte auf Metaebene, bis hin zu Angaben über die jeweilige Dienstgüte.

- *Weitreichende Auswertemöglichkeiten:* Eine Verarbeitung der produzierten Nachrichten muss soweit wie möglich vom Subskriptionssystem aus erfolgen. Dadurch wird zum einen Anwendungslogik vom Subskribenten in das Subskriptionssystem verlagert und dort zentral verwaltet als auch die Übertragung der Rohdaten, also der von Diensterbringern produzierten Nachrichten, vermieden und auf die tatsächlich relevanten Ergebnisdaten reduziert.

- *Erkennung von Ereignissen und Modellierung der Nachrichten:* Als Bestandteil eines Subskriptionsszenarios muss auf Seite des Diensterbringers ein Mechanismus zur Erkennung von Ereignissen ('Beobachtungsmodell', [RoWo97]) existieren, wobei auf vorhandene Arbeiten wie beispielsweise [MaSl97] zurückgegriffen werden kann. Des Weiteren ist ein adäquates Rahmenwerk zur Beschreibung der Nachrichtenschemata und deren Integration in das Subskriptionssystem bereitzustellen.

Diese Anforderungen aus Sicht der Anwendung lassen sich durch folgende Anforderungen aus systemtechnischer Perspektive ergänzen, wobei allgemeine Eigenschaften wie Zuverlässigkeit, Skalierbarkeit und Portierbarkeit grundsätzlich vorausgesetzt und nicht explizit aufgeführt werden:

- *Föderation von Vermittlungskomponenten:* Die im Subskriptionsmodell eingeführte logisch zentralisierte Vermittlungskomponente muss eine adäquate systemtechnische Umsetzung erfahren, wobei auf eine Förderation einzelner Komponenten zur Vermeidung eines singulären Diensterbringers zurückzugreifen ist. Die konkrete Topologie muss jedoch abhängig vom Anwendungsgebiet frei konfigurierbar sein.

- *Flexibles Verarbeitungskonzept:* Die Auswertung einer Subskription muss so durchgeführt werden, dass die Kosten der Auswertung minimal sind. Eine globale Optimierung kann dabei aus Komplexitätsgründen nicht das Ziel sein; vielmehr sind Heuristiken aufzustellen und zu evaluieren, die zumindest eine lokale Optimierung erlauben.

- *Offene Schnittstellen:* Das Subskriptionssystem muss nach allen Seiten und auf allen Ebenen offen gestaltet sein. Sowohl auf Seite der Produzenten als auch auf Seite der Subskribenten müssen offen gelegte Schnittstellen existieren, die eine aktive Teilnahme am Subskriptionsdienst erlauben. Des Weiteren muss die Spezifikation der Schnittstellen auf allen Ebenen durchgeführt werden, so dass sowohl auf technischer Ebene als auch auf Anwendungsebene eine Teilnahme ermöglicht wird.

- *Nutzung persönlicher Datenquellen:* Durch Einsatz von Authentisierungs- und Autorisierungsmethoden muss ein sicherer Zugriff auf persönliche Datenquellen, angefangen von der E-Mailbox bis hin zum privaten Aktiendepot, ermöglicht werden. Verschlüsselungstechniken müssen darüber hinaus eine sichere Datenübertragung bereitstellten, um den Zugriff auf private Informationen von einem öffentlichen Subskriptionsdienst aus realisieren zu können.

Eine Vielzahl der genannten Anforderungen und gewünschten Eigenschaften werden in den folgenden Betrachtungen zur Bewertung existierender Systeme herangezogen, wobei aus Gründen des Umfangs dieses Buches nicht alle Aspekte in allen Systemen beleuchtet werden können.

2.5 Zusammenfassung

In diesem Kapitel wird eine umfangreiche Einführung in die Idee der subskriptionsbasierten Interaktion zwischen Komponenten gegeben. Dazu werden im ersten Abschnitt einzelne Anwendungsgebiete entsprechend der Komplexität der Nachrichtenstruktur, des Datenbankbezugs und hinsichtlich unterschiedlicher Dienstnutzer in einzelne Bereich klassifiziert und aufgearbeitet. Gemäß einer im zweiten Abschnitt eingeführten Schichtenarchitektur werden anschließend die beiden Ebenen des *'Publish/Subscribe'* und des Subskriptionsmodells detailliert erläutert. Zentral ist dabei die strikte Unterteilung in *'Publish/Subscribe'*-Mechanismen für einen eng gekoppelten Basisdienst und für einen darüberliegenden lose gekoppelten Subskriptionsdienst. Der dritte Abschnitt adressiert die wesentlichen Realisierungsaspekte der Subskriptionsidee, wobei insbesondere eine Abbildung der Subskriptionsprimitive auf *'Publish/Subscribe'*-Primitive und eine Diskussion über Kommunikationscharakteristika vorgenommen wird. Das Kapitel schließt mit einem Anforderungskatalog, welcher im Verlauf der weiteren Ausführungen insbesondere im Kontext der Aufarbeitung existierender Mechanismen und Systeme herangezogen wird.

3 Aufbau von Subskriptionssystemen

Datenbanksysteme bilden einen zentralen Baustein moderner IT-Infrastruktur. Neben klassischen Aufgaben, wie die Erbringung transaktionaler Dienste (OLTP, *'Online Transaction Processing'*; [GrRe93]), werden Datenbanksysteme immer mehr in auswertungsorientierten Anwendungsgebieten eingesetzt. Schlagworte wie *'Data Warehouse Systeme'* ([BaGü01], [Inmo92], [Kimb96]), *'Online Analytical Processing'* (OLAP; [CoCS93]) oder *'Decision Support Systeme'* (DSS; [TuAr00]) haben sich in den letzten Jahren einen festen Platz sowohl in der Forschungsgemeinschaft als auch im kommerziellen Bereich gesichert. Nachfragegetriebene Informationsbereitstellung erscheint jedoch, wie bereits in der Einleitung zu diesem Buch argumentiert, mit Blick auf die Entwicklungstendenzen von Einsatzbereichen für Datenbanksysteme (Tabelle 1.1 auf Seite 49), durch eine angebotsgetriebene und auf dem Subskriptionsmodell beruhende Informationsversorgung ergänzungsbedürftig ([Rade97]). Ein Versuch, eine derartige Ergänzung datenbankbasierter Informationssysteme zu vollziehen, wird in diesem Kapitel vorgenommen, so dass aus allgemeiner Perspektive nach der ablauforientierten Aufarbeitung im vorangegangenen Kapitel die datenzentrierte Sichtweise in den folgenden Ausführungen im Vordergrund steht.

Dazu wird im ersten Abschnitt eine kurze Einführung in den logischen Aufbau datenbankbasierter Informationssysteme gegeben, wobei sowohl der föderative als auch der Ansatz von Data-Warehouse-Systemen verfolgt wird. Aus diesen Überlegungen wird in Abschnitt 3.2 ein Architekturansatz eines Informationssystems basierend auf dem Subskriptionsmodell abgeleitet und die wesentlichen Eigenschaften und Unterschiede zu nachfragegetriebenen Informationssystemen skizziert. In Abschnitt 3.3 wird schließlich eine Kopplung dieser beiden Typen von Informationssystemen angegangen, wobei sich zeigen wird, dass eine derartige Verbindung nachfrage- und angebotsgetriebener Informationsversorgung eine flexible Architektur auf Seite des Subskriptionssystems erfordert. Abschnitt 3.4 schließt das Kapitel mit einer Zusammenfassung des Subskriptionsansatzes aus datenzentrierter Sichtweise.

3.1 Logische Architektur datenbankbasierter Informationssysteme

Konzeptionelles Ziel des Einsatzes von Datenbanksystemen ist die Schaffung einer (idealisierten) Miniwelt, welche einen Ausschnitt der realen Welt im Kontext einer spezifischen Anwendung reflektiert. Während allgemeine Techniken zur konsistenten und widerspruchsfreien Abbildung eines derartigen Ausschnitts einer realen Welt existieren, können keine allgemein gültigen Verfahren zur Bildung der jeweiligen Ausschnitte bzw. deren Integration zu einem globalen Ganzen gegeben werden. Entsprechend existieren in einer Organisation oftmals eine Vielzahl lokal eingesetzter Datenbanksysteme, die für die konkrete Anwendung ihre Aufgabe erfüllen; eine Gesamtsicht, wie sie insbesondere aus dem Blickwinkel einer umfassenden Informationsversorgung notwendig ist, erfordert zusätzliche Maßnahmen. Im Folgenden werden zwei Wege skizziert, deren Ziel die Schaffung einer konsistenten Datenbasis basierend auf einer Menge lokal eingesetzter Datenbanksysteme bzw. – im weiteren Sinn – lokaler Datenquellen ist. Der erste Ansatz diskutiert ein föderatives Vorgehen mit einer Kopplung unterschiedlicher Systeme auf Schemaebene und zählt eine Vielzahl möglicher Konfigurationsparameter auf, die die Architektur eines föderativen Systems beeinflussen; der zweite Ansatz diskutiert eine Integration von Datenquellen nicht auf Schema-, sondern auf Instanzebene, um gemäß einem explizit vorgegebenen Gesamtschema eine integrierte und konsolidierte Datenbasis zu erhalten.

3.1.1 Föderativer Ansatz

Die Idee der Bildung datenbankbasierter Informationssysteme nach dem föderativen Ansatz besteht darin, autonome Systeme mit jeweils lokalem Datenschema zu einem Verbund von Datenquellen, der zum Benutzer hin als ein logisch zentralisiertes System auftritt, zu koppeln ([Conr97], [ShLa90], [LiMR90], [Wied92], [AdEm95]). Eine Anfrage (*'Request'*-Aufruf) eines Dienstnutzers wirdnach dem föderativen Prinzip in einer ersten Stufe zerlegt und die entstehenden Partialanfragen an die Systeme weitergeleitet, die an der Förderation partizipieren und zur Anfrageauswertung heranzuziehen sind. Diese partiellen Anfragen werden in den Quellsystemen soweit wie möglich verarbeitet und die jeweiligen Ergebnisse mittels eines *'Response'*-Primitivs an das übergeordnete Datenbanksystem übermittelt, wo sie zusammengefasst, nachbearbeitet und an den Dienstnutzer als Endergebnis übergeben werden. Die zentrale Bus-omponente ist oftmals selbst ein Datenbanksystem, welches eine Datenbasis zur Verwaltung von Metadaten pflegt und optional selbst an der Förderation teilnimmt. Hinter dem Mechanismus der 'Zerlegung' einer Benutzeranfrage verbirgt sich ein komplexer Optimierungsprozess zur Ermittlung einer optimalen Menge partieller Anfragen. Neben klassischen algebraischen Restrukturierungen sind hierbei insbesondere physische Charakteristika wie existierende Indexstrukturen oder aktuelle Systemlast der entfernten Systeme mit in den Prozess einzubeziehen ([DuKS92], [DaGr95], [LuOG93], [ACPS96], [ONKE97], [HKWY97]).

Ohne an dieser Stelle jede mögliche Variante zum Aufbau eines föderierten Informationssystems eingehend zu diskutieren, werden im Folgenden die unterschiedlichen Einflussfaktoren kurz skizziert, die eine Konfiguration eines derartigen Systems bestimmen:

- *Kopplung der Teilnehmer an das föderierte System:* Bei der Art der Kopplung lokaler Datenquellen an das übergeordnete Datenbanksystem kann zwischen einer engen und einer losen Kopplung unterschieden werden. Im Fall einer engen Kopplung werden externe Datenquellen bzw. deren Zugriffsmechanismen direkt in das übergeordnete Datenbanksystem integriert (*'PlugIn'*-Technik). Nahezu jedes kommerziell vertriebene Datenbanksystem erlaubt eine derartige Erweiterung (Oracle Cartridge ([Orac01b]), IBM DB2 Extender ([IBM95]), Informix Universal Server Datablades ([Info98])). Während die *'PlugIn'*-Technik die Ausführung spezifischer Operatoren (z.B. räumliche Suche) auf den Datenquellen erlaubt, ermöglicht die funktional schwächere Variante der Kopplung über Tabellenfunktionen (*'table functions'*) lediglich einen lesenden, tupel-basierten Zugriff auf externe Datenquellen ([ChSh93], [RPK+99], [HeHä00]). Einen umfangreichen Überblick über aktuelle Entwicklungen in diesem Bereich findet sich in der Beitragssammlung von [DiGe00].

  Im Fall einer losen Kopplung partizipieren entweder autonome Datenbanksysteme oder beliebige, über eine Kapsel (*'wrapper'*) angebundene Datenquellen am Gesamtsystem. Die Technik der Kapselung abstrahiert von möglichen strukturellen und technischen Heterogenitäten und erzeugt eine vom übergeordneten System direkt nutzbare Datenquelle. Ohne auf die Kapseltechnologie im Detail einzugehen ([AsKu97], [CRGW96], [NeAM98], [HGN+97], [LiPH00] und [LuHü01]) bleibt anzumerken, dass im föderativen Kontext eine Kapsel ein Exportschema ([Rahm94]) für die darunterliegende Datenquelle erzeugt und dem übergeordneten System bekannt gibt. Alle lokalen Schemata werden bei einer losen Kopplung nach entsprechender Integration ([BaLN86]) in ein globales Schema überführt, welches wiederum dem Endbenutzer sichtbar gemacht wird.

- *Art der Teilnahme am föderierten System:* Bei der Art der Teilnahme an einem föderierten System ist zu unterscheiden, ob ein System freiwillig und wissentlich an der Förderation teilnimmt (z.B. durch Angabe eines explititen Exportschemas; [IBM01d], [IBM01e], [SDG01]) oder ob die Teilnahme unbewusst erfolgt. In diesem Fall, der typischerweise mit dem Terminus der *'Datenbank-Middleware'* bezeichnet wird, werden Extraktoren eingesetzt, um lokale Datenbankschemata (einschließlich existierender physischer Hilfsstrukturen) zu ermitteln. Das übergeordnete Datenbanksystem tritt dann als normaler Endnutzer gegenüber dem lokalen Datenbanksystem auf.

- *Transparenz der Datenquellen:* Der Einflussfaktor der Transparenz bestimmt, inwieweit die Grenzen der jeweiligen Teilnehmersysteme dem Benutzer sichtbar sind. Während Datenbank-Middleware eine vollständige Lokationstransparenz realisiert, muss im Fall fehlender Transparenz der Benutzer die Quellsysteme explizit adressieren. Als Beispiel für ein derartiges System ist SQL*Net von Oracle ([Orac01d]) zu nennen.

Die Idee, ein umfassendes Informationssystem durch Föderation lokaler Datenbanksysteme bzw. entsprechend gekapselter Datenquellen aufzubauen, wird seit geraumer Zeit diskutiert. Inzwischen sind Ansätze mit dem Schwerpunkt der Eliminierung technischer Heterogenität als ausgereift und alltagstauglich zu bewerten. Dabei sind insbesondere 'PlugIn'-Techniken, der Zugriff auf externe Datenquellen durch Tabellenfunktionen oder das Verfahren der Datenbank-Middleware (z.B. DataJoiner, [IBM01e]) zu nennen. Ansätze, die eine 'echte' Föderation durch Ableitung eines globalen Schemas aus den lokalen Schemata adressieren, sind durch Semantikaspekte im Kontext der Schemaintegration ([BaLN86], [HäST99]) nur im begrenzten Umfang akzeptiert und anwendbar. Die Popularität des nachfolgend diskutierten 'Data Warehouse'-Ansatzes basiert zum Teil auf diesem Problem.

3.1.2   Ansatz der Data-Warehouse-Systeme

Die grundlegende Idee beim Aufbau eines Data-Warehouse-Systems besteht darin, eine Integration nicht auf Ebene existierender Schemata, sondern auf Instanzebene durchzuführen. Dieses Vorgehen zieht weitreichende Konsequenzen nach sich: So gilt es in einem ersten Schritt während des Aufbaus eines Data-Warehouse-Systems ein organisationsweites Datenschema unabhängig von bereits existierenden lokalen Datenschemata zu entwerfen. Klassische Entwurfsmethoden und Optimierungen im Sinne einer Normalisierung des Schemas sind dabei anzuwenden. In einem zweiten Schritt gilt es, die Integration von Daten auf Instanzebene vorzunehmen. Die dazu notwendigen Transformationsschritte beim Einbringen der Daten aus lokalen Systemen in das Data-Warehouse-System sind dabei nur semi-automatisch durchzuführen und bedürfen zur Laufzeit einer manuellen Unterstützung. Der Vorteil dieser – aus akademischer Sichtweise – profanen Vorgehensweise der 'Integration durch Datenkopie' resultiert jedoch in einer integrierten und konsolidierten Datenbasis, modelliert in einem von lokalen Anwendungen unabhängigen und organisationsweit einheitlichen Datenschema.

Die Vorgehensweise beim Aufbau von Data-Warehouse-Systemen weist neben dem Integrationsaspekt im Vergleich zum föderativen Ansatz noch drei weitere Unterschiede auf. Während der föderative Ansatz zumindest im beschränkten Umfang direkte Modifikationen des Benutzers an der Datenbasis erlaubt ([Conr97], [BaSp81]), ist dies in einem Data-Warehouse-System nicht vorgesehen. Des Weiteren muss festgehalten werden, dass sich Änderungen an einer Datenquelle im föderativen Ansatz unmittelbar in der globalen Sichtweise wiederfinden. Im Gegensatz dazu liegt dem Data-Warehouse-Ansatz eine zyklische Aktualisierung zu Grunde, so dass sich Änderungen an den Quellsystemen erst im Zuge einer explizit vorgenommenen Aktualisierung im Data-Warehouse-System wiederfinden. Als letzter Unterschied bleibt anzumerken, dass neu eingebrachte Daten einer Data-Warehouse-Datenbasis oftmals hinzugefügt werden und somit eine Historisierung erreicht wird ('*Append-Only*'-Semantik).[*]

Aufbau eines Data-Warehouse-Systems

Insgesamt ist ein Data-Warehouse-System definiert als eine themenbezogene, integrierte, zeitbezogene und nicht-flüchtige Datenbank ([Inmo92]), wobei insbesondere die Eigenschaft des Zeitbezugs als optional anzusehen ist ([BaGü01]). Abbildung 3.1 skizziert den logischen Aufbau eines Data-Warehouse-Systems, wobei Daten aus diversen Datenquellen extrahiert und in einen Integrationsbereich innerhalb des Data-Warehouse-Systems übertragen werden, wo schließlich die Phase der Datentransformation stattfindet. Nach Abschluss dieser Transformation werden die nun integrierten Daten der globalen Datenbasis hinzugefügt bzw., sofern keine Historisierung gefordert ist, als neue Datenbasis bekannt gemacht. Anwendungen könnten nun bereits direkt auf diese Datenbasis zugreifen. In den meisten Fällen werden jedoch aus unterschiedlichen Gründen (z.B. politische Aspekte wie Hoheit

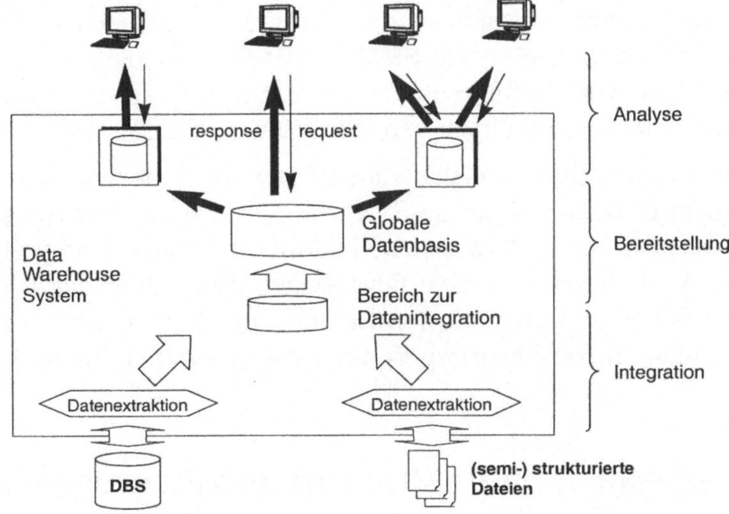

Abb. 3.1: Logischer Aufbau eines Data-Warehouse-Systems

---

[*]Diese Einführung in das Konzept des Data-Warehouse-Ansatzes spiegelt die 'klassische Lehre' von Data-Warehouse-Systemen wider ([Inmo92], [Kimb96]). Aktuelle Entwicklungen, wie azyklische Aktualisierungen oder Modifikationen der Data-Warehouse-Datenbasis direkt aus den Anwendungen heraus, können im Rahmen des Buches jedoch nicht detailliert behandelt werden. Der interessierte Leser sei auf entsprechende Literaturstellen verwiesen ([BaGü01], [Kurz99] bzw. [Wido95], [WuBu97]).

über bestimmte Datenbereiche oder technische Überlegungen wie Rechnerkapazitäten oder auswertungsorientierte Datenschemata (*'Star-/Snowflake-Schema'*; [BaGü01], [Inmo92], [Kimb96])) analyseorientierte Datenbanken (*'Data Marts'*; [Inmo99]) abgespalten und einzelnen Benutzergruppen zur Verfügung gestellt.

Systemzentrierter Zugriff auf ein Data-Warehouse-System

Die Nutzung eines Data-Warehouse-Systems erfolgt üblicherweise in einem dreischichtigen Architekturansatz, wobei das Data-Warehouse-System die unterste Schicht, ein Anwendungsdienst die mittlere Schicht und Benutzerapplikationen die oberste Schicht repräsentieren, so dass insgesamt von einem systemzentrierten Zugriff ausgegangen wird. Als Beispiel eines Anwendungsdienstes ist ein *'Online Analytical Processing'*-System zu nennen, welches eine Umsetzung des im Data-Warehouse-System meist relational gehaltenen Datenbestandes in eine mehrdimensionale Sichtweise für den Benutzer vornimmt ([VaSe99]). Das Ergebnis wird dem Benutzer in Form statistischer Tabellen durch die Benutzerapplikationen präsentiert. Der Dienst des *'Online Analytical Processing'* (OLAP, [CoCS93]) beschränkt sich dabei funktional auf das Verdichten von Einzelwerten gemäß eines statisch vorgegebenen Klassifikationsrasters zu statistischen Kennzahlen durch Anwendung von Summationen und Durchschnittsberechnungen. Der OLAP-Anwendungsbereich hat eine umfassende Entwicklung im Kontext der datenbanktechnischen Unterstützung bewirkt, was sich sowohl durch eine entsprechende SQL-Erweiterung (CUBE(), ROLLUP(), GROUPING SETS(); [IBM01a], [Orac01a]) als auch durch Neuentwicklungen von Anfragesprachen wie beispielsweise *'MultiDimensional eXpressions'* (MDX) im Rahmen von *'OLE DB for OLAP'* ([MSC98]) ausdrückt.

Neben dem multidimensionalen Zugriff gewinnt – bedingt durch den Historisierungsaspekt in Data-Warehouse-Systemen – die zeitreihenorientierte Analyse von Daten insbesondere in Anwendungsfeldern wie Budgetierung zunehmend an Bedeutung. Auch dieser Bereich erfährt aktuell eine datenbanktechnische Unterstützung, die sich wiederum in einer entsprechenden SQL-Erweiterung (OVER-Klausel zur Spezifikation von Reporting-Funktionen; [IBM01a], [Orac01a]) niederschlägt.

3.2 Logische Architektur von Subskriptionssystemen

Analog zu einem Vergleich des Kommunikationsmusters nach *'Request/Response'* und *'Publish/Subscribe'* in Abschnitt 2.2.1 bietet sich aus datenzentrierter Perspektive ein Vergleich der logischen Architektur eines datenbankbasierten Informationssystems nach dem föderativen bzw. Data-Warehouse-Ansatz mit dem Aufbau eines Subskriptionssystems an. Ein Vergleich der beiden Architekturansätze zeigt, wie im Folgenden ausgeführt, weitgehende Parallelen mit dem Ansatz eines Data-Warehouse-Systems. Die Darstellung des Aufbaus eines Subskriptionssystems erfolgt dabei nur insofern, als dass diese Parallelität erkannt werden kann und der Datenfluss von den Datenquellen durch das Subskriptionssystem hin zu den Subskribenten verdeutlicht wird. Eine detaillierte Analyse eines Subskriptionssystems unter dem Aspekt der Ermittlung und der Propagierung globaler Änderungen nimmt Abschnitt 7.2 vor.

Aufbau eines Subskriptionssystems

Beim logischen Aufbau eines Subskriptionssystems befinden sich auf unterster Stufe die Menge aller an einem Subskriptionsszenario partizipierenden Datenquellen, wobei im Gegensatz zum Data-Warehouse-Ansatz im Zusammenhang mit der Extraktion von Daten, kooperative Quellen vorausgesetzt werden. Als kooperative Quelle kann eine durch einen Kapselmechanismus verpackte nahezu beliebige Datenquelle dienen. Ein Kapselmechanismus ist dabei aus zwei unterschiedlichen Perspektiven eingehend zu betrachten: Aus datenzentrierter Sichtweise stellt eine Kapsel ein Exportschema dem übergeordneten Dienst zur Verfügung. Dieses Schema kann entweder einen Ausschnitt eines bereits existierenden Schemas repräsentieren (z.B. im Fall eines Datenbanksystems als Gegenstand der Kapselung) oder bei der Spezifikation der Kapsel manuell definiert worden sein (z.B. bei Textdokumenten). Analog dazu bietet eine Kapsel aus funktionszentrierter Sichtweise entweder eine direkte Abbildung angebotener Dienstprimitive (*'Adapter'*-Entwurfsmuster ([GHJV95])) des darunterliegenden Objektes oder eine eigene Realisierung zusätzlicher Primitive (*'Decorator'*-Entwurfsmuster ([GHJV95])) an ([Kosc99], [Earl89]). Im Gegensatz zum Kapselmechanismus im föderativen Kontext (Abschnitt 3.1.1) weist eine Kapsel im Subskriptionskontext darüber hinaus einen eigenen Aktivitätsträger auf. Eine Realisierung erfolgt dabei entweder durch den Einsatz aktiver Datenbanktechnologie ([DiGa00], Abschnitt 4.4) im Fall gekapselter Datenbanksysteme oder durch eigenständige Kapselprozesse, die eine periodische Abfrage der Zustände der gekapselten Objekte vornehmen und dabei aus deren Sicht als 'normale' Nutzer auftreten. Gekapselte Quellen mit eigenem Aktivitätsträger werden im Folgenden auch als kooperative Quellen bezeichnet.

Kooperative Datenquellen partizipieren an einem Subskriptionssystem durch einen einmaligen *'Register'*-Aufruf zur Anmeldung und durch sukzessive Publikationsvorgänge einzelner Nachrichten (*'Publish'*-Primitiv). Subskribenten registrieren eine Subskription mittels des *'Subscribe'*-Primitivs. Eine Subskription besteht dabei, wie im Abschnitt 2.2.1 bereits skizziert, aus einer Subskriptionsanfrage, die es nach erfüllter Subskriptionsbedingung hinsichtlich der aktuell gültigen bzw. der neu eingegangenen Menge an Nachrichten auszuwerten gilt (Begriff der Sättigung).

Von Datenquellen produzierte und in das Subskriptionssystem eingehende Nachrichten werden in einem ersten Schritt zur Ermittlung globaler Änderungen im lokalen Arbeitsbereich zwischengespeichert. Jede globale Änderung erzwingt eine (gemeinsame) Überprüfung aller Subskriptionsbedingungen, woran sich für die Subskriptionen, deren Bedingungen erfüllt sind, die (gemeinsame) Auswertung der entsprechenden Subskriptionsanfragen und das Einbringen der Ergebnisse in die Subskriptionsbasis anschließt. Ausgehend von dieser lokalen Subskriptionsbasis erfolgt die Notifikation des Subskribenten (*'Notify'*-Primitiv).

Als wesentlicher Unterschied zur Architektur eines datenbankbasierten Informationssystems gilt es an dieser Stelle zu bemerken, dass ein Subskriptionssystem keine globale Datenbasis pflegt, sondern ein konsumorientiertes Verhalten an den Tag legt. Eingehende Nachrichten werden nur so lange zwischengespeichert, bis eine globale Änderung ermittelt und diese Änderungen wiederum an die Subskribenten ausgeliefert worden sind. Dies impliziert weiterhin, dass in einem Subskriptionssystem die Existenz eines explizit vorgegebenen globalen Schemas nicht gefordert ist, so dass die damit einhergehenden Probleme der Schema- bzw. Datenintegration – auf Kosten eines fehlenden globalen Wahrheitsanspruchs – vermieden werden können. Als Konsequenz aus diesen Überlegungen bietet sich eine Kopplung mit existierenden nachfragegetriebenen Informationssystemen an. Abschnitt 3.3 widmet sich diesem Aspekt.

Dokumentenzentrierter Zugriff auf ein Subskriptionssystem

Mit dem Konzept der Subskription geht ein dokumentenzentrierter Zugriff auf das System einher. So bilden im Kontext einer Informationsversorgung mittels eines Subskriptionssystems nicht mehr einzelne Analysewerkzeuge wie im Data-Warehouse-Ansatz den Mittelpunkt, sondern strukturierte Dokumente, die direkt vom Benutzer zur Ansicht oder zur lokalen Weiterverarbeitung herangezogen werden kön-

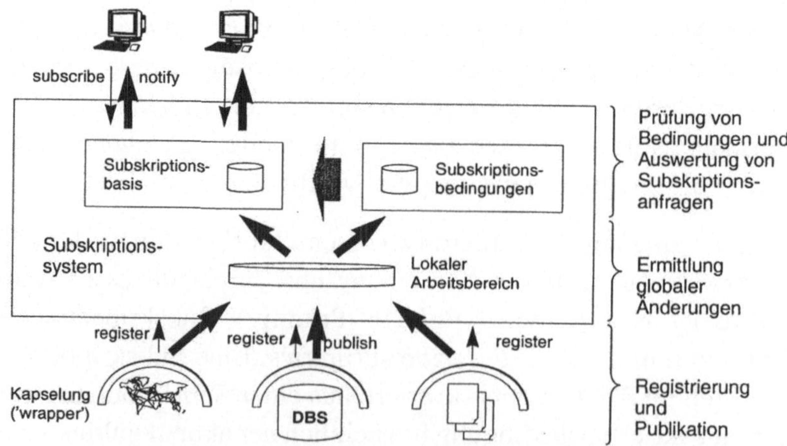

Abb. 3.2: Logische Architektur von Subskriptionssystemen

nen. In diesem Zusammenhang spielt die Auszeichnungssprache '*eXtended Markup Language*' (XML; [W3C01a], [GoPr99]) eine zentrale Rolle. XML eröffnet die Möglichkeit, nicht nur Dokumente auf Objektebene, sondern deren Struktur in Form einer Grammatik, d.h. auf Metaebene, zu spezifizieren. Zur Festlegung der Struktur eines XML-Dokumentes existieren aktuell die beiden konkurrierenden Ansätze der '*Document Type Definition*' (DTD; [BBC+98b]) und des '*XML-Schema*' ([W3C01b]).

Neben diesen strukturellen Eigenschaften sind im XML-Umfeld darüber hinaus weitreichende Mechanismen definiert, die eine Verarbeitung von XML-Dokumenten erlauben ('*Content Management*'; [RoRi01]). So bietet beispielsweise die Technik der '*XSL Transformations*' (XSLT; [Clar99], [ABC+00]) die Möglichkeit a priori präsentationsunabhängig formulierte XML-Dokumente in darstellungsorientierte Ausgabeformate zu überführen. Entsprechende Transformationsanweisungen sind dabei interessanterweise wiederum in Form eines XML-Dokumentes repräsentiert. Als letzter Punkt sei an dieser Stelle auf die Möglichkeit der Selektion von Teilen eines XML-Dokumentes verwiesen. Der '*XML Query*'-Ansatz ([W3C01c]) umfasst dabei die Definition eines Datenmodells ('*XML Query Data Model*'; [FeRo01]) und einer darauf aufbauenden Algebra ('*The XML Query Algebra*'; [FFM+01]). Diese, wie auch XSLT, basiert wiederum auf dem '*XPath*'-Mechanismus ([ClDe99]) zur Adressierung einzelner Bestandteile eines XML-Dokumentes und findet ihren sprachlichen Niederschlag in der Anfragesprache '*XQuery*' ([CFR+01]). Die datenbankseitige Erzeugung von XML-strukturierten Dokumenten wird mittlerweile sowohl von relationalen Datenbanksystemen ([SSB+00], [Muen00]) als auch in Form einer nativen Realisierung (z.B. 'Tamino' der Firma Software AG; [SAG01b]) unterstützt.

3.3 Kopplung nachfrage- und angebotsgetriebener Informationssysteme

Die Vereinigung nachfrage- und angebotsgetriebener Informationsbereitstellung erscheint vor dem Hintergrund einer umfassenden Informationsversorgung als ein vielversprechender Ansatz ([Rade97], [LeRu01], [LHRR01]). So würde eine Kopplung eine Erweiterung des systemzentrierten Zugriffs unter Nutzung spezifischer Anwendungsprogramme durch einen dokumentenzentrierten Zugriff bringen. Darüber hinaus stünde einem konsumorientierten Subskriptionssystem die gepflegte und aufwändig erstellte globale Datenbasis zur Nutzung offen. Das Erreichen derartiger Synergieeffekte erfordert jedoch eine flexible Kopplung beider Ansätze. In den beiden folgenden Abschnitten werden jeweils zwei unterschiedliche Kopplungswege diskutiert. Dabei wird sich zeigen, dass die von beiden Ansätzen skizzierten Extrempositionen nur in konkreten Anwendungsfällen akzeptierbar und nicht allgemein realisierbar sind, so dass sich ein Kompromiss der beiden Ansätze aufdrängt. Kern eines derartigen Ansatzes ist eine flexible Architektur, wie sie beispielsweise in Teil IV des Buches im Kontext des *PubScribe*-Systems konzipiert wird.

3.3.1 Subskriptionssysteme als Nutzer eines Data-Warehouse-Systems

Die erste Variante einer Kopplung eines Subskriptionssystems mit einem Data-Warehouse-System besteht darin, dass ein Subskriptionssystem als Nutzer eines Data-Warehouse-Systems positioniert wird. A priori kooperierende Quellsysteme finden analog zu regulären Datenquellen über den Weg der Datenextraktion und Integration Eingang in die globale Datenbasis des Data-Warehouse-Systems. Die Datenversorgung für das Subskriptionssystem wird von der globalen Datenbasis übernommen. Dabei tritt ein Subskriptionssystem als ein 'normaler' Nutzer, d.h. analog zu bereits existierenden auswertebezogenen Datenbanken, auf.

Diese Kopplungsvariante verspricht auf der einen Seite einen relativ geringen Aufwand im Zuge einer Realisierung, da beim Dateneingang Extraktionsmechanismen (sofern überhaupt nötig) lediglich an Datenquellen angepasst werden müssen, die bereits strukturelle und technische Heterogenitäten durch den Kapselmechanismus verbergen. Des Weiteren ist aus Sicht des Subskriptionssystems durch den singulären Versorgungsweg über die globale Datenbasis keine explizite Behandlung nebenläufiger Nachrichten mehr zu betrachten, so dass auf eine temporäre Datenbasis verzichtet werden kann, da die Subskriptionsergebnisse direkt aus der globalen Datenbasis des Data-Warehouse-Systems abgeleitet werden. Insgesamt betrachtet reduziert sich der Aufwand zur Realisierung eines dokumentenbasierten Zugriffs auf die Dokumentengewinnung und Auslieferung an die Benutzer.

Auf der anderen Seite müssen diesem Ansatz fundamentale Einschränkungen mit Bezug auf die Realisierung der ursprünglichen Subskriptionsidee angelastet werden. So wird die Auswertung von Subskriptionsanfragen im Wesentlichen durch den Aktualisierungszyklus des Data-Warehouse-Systems und nicht durch die inhalt- und zeitabhängig spezifizierten Subskriptionsbedingungen bestimmt. Darüber hinaus wird die potentielle Kooperation von Datenquellen einschließlich der Propagierung von Exportschemata nicht ausgenützt, so dass ein Subskriptionsdienst mit hoher Aktualisierungsrate mit dieser Architekturvariante eines Subskriptionssystems als Nutzer eines Data-Warehouse-Systems nicht realisierbar erscheint. Können jedoch von Seiten der Anwendung derartige Einschränkungen akzeptiert werden, so bietet sich dieser Ansatz, wie er beispielsweise im kommerziellen Produkt *'Narrowcast Server'* der Firma MicroStrategy ([Micr01]) verfolgt wird, für eine dokumentenzentrierte Informationsversorgung durchaus an.

3.3.2 Koexistenz von Subskriptions- und Data-Warehouse-Systemen

Eine zweite Variante der Kopplung nachfrage- und angebotsgetriebener Informationsbereitstellung, die in diesem Abschnitt diskutiert wird, verzichtet im Wesentlichen auf eine direkte Kopplung der beiden Systeme, sonderen basiert auf der Koexistenz eines Subskriptions- und Data-Warehouse-Systems mit Bezug auf gemeinsam genutzte Datenquellen.

Bei dieser Architekturvariante steht aus konzeptioneller Sichtweise ein Subskriptionssystem vollständig parallel neben einem Data-Warehouse-System. Datenquellen werden in diesem Szenario sowohl vom Data-Warehouse-System durch Extraktion als auch vom Subskriptionsystem durch Kapselung genutzt. Ein derartiger Aufbau erhält auf der einen Seite die Autonomie des Subskriptionssystems hinsichtlich Auswertung und Auslieferung von Subskriptionen, so dass Nachrichten sofort nach deren Publikation im Subskriptionssystem an die korrespondierenden Subskribenten propagiert werden können. Auf der anderen Seite muss diese Freiheit jedoch durch Verwaltung einer temporären Datenbasis und entsprechender Logik zur Integration konfligierender Nachrichten (Abschnitt 7.2) erkauft werden. Eine Nutzung der globalen Datenbasis des Data-Warehouse-Systems ist nicht mehr möglich, was insbesondere eine qualitative Einschränkung hinsichtlich von Anfragen auf historische Datenbestände bedeutet. Wiederum gilt jedoch anzumerken, dass dieser Ansatz der Koexistenz von Subskriptions- und Data-Warehouse-Systemen in speziellen Anwendungsszenarios durchaus eine Berechtigung besitzt, wenn beispielsweise nur wenige und auf Schemaebene weitgehend angeglichene Quellsysteme existieren und Subskriptionen keine Referenz auf historisierte Datenbestände erfordern.

3.3.3 Bewertung der Kopplungsvarianten

Insgesamt ergeben sich nach der Untersuchung der beiden Kopplungsvarianten zwei gegenläufige Ansätze einer möglichen Kopplung nachfrage- und angebotsgetriebener Informationssysteme. Im Fall der Versorgung eines Subskriptionsdienstes aus der globalen Datenbasis eines Data-Warehouse-Systems eröffnet sich auf der einen Seite die Möglichkeit des Zugriffs auf eine integrierte Datenbasis, auf der anderen Seite jedoch die Abhängigkeit von extern bestimmten Aktualisierungszyklen.

Im Fall einer Koexistenz beider Systeme verliert ein Subskriptionssystem den Zugriff auf die integrierte Datenbasis, kann jedoch die Auswertung der Subskriptionsanfragen und die Auslieferung der entsprechenden Ergebnisse autonom steuern. Beide Ansätze können in konkreten Anwendungsszenarios realisierbar sein, lösen das Problem einer umfassenden Informationsversorgung jedoch sicherlich nicht allgemein. Ein möglicher Lösungsansatz auf Basis des symmetrischen 'Publish/Subscribe'-Musters (Abschnitt 2.3.1) wird im Zusammenhang mit der Einführung des *PubScribe*-Systems (Teil IV) allgemein als verteiltes und produzentenseitig flexibel konfigurierbares System aufgezeigt.

3.4 Zusammenfassung

Eine omnipräsente Informationsversorgung kann nicht nur isoliert aus Sicht eines Subskriptionssystems betrachtet werden, sondern bedarf eines Rückgriffs auf existierende Infrastrukturen. Dazu wird in diesem Kapitel in einem ersten Schritt die grundlegende Architektur datenbankbasierter Informationssysteme im Vergleich zu Subskriptionssystemen aufgezeigt. In einem zweiten Schritt wird versucht, eine Kopplung beider Sichtweisen im Kontext eines Data-Warehouse-Systems zu vollführen. Dabei werden zwei Varianten diskutiert: ein Subskriptionssystem als Nutzer eines Data-Warehouse-Systems und eine Koexistenz der beiden Informationssysteme mit einer gleichzeitigen Nutzung von Datenquellen. Eine jeweilige Bewertung zeigt, dass keiner der beiden Ansätze ein optimales Ergebnis liefert, so dass die Motivation für eine weiterführende Untersuchung gegeben ist. Neben diesem konkreten Ergebnis ist es die Absicht der vorangegangenen Abschnitte, zwei weitere Aspekte aufzuzeigen, die im Kontext der Diskussion von Subskriptionssystemen von Wichtigkeit sind.

So ist als erster Punkt die zentrale Rolle eines Datenbanksystems im Kontext einer omnipräsenten Informationsversorgung zu nennen. Datenbanksysteme treten an unterschiedlichen Punkten in einem derartigen Szenario auf: Als Produzenten repräsentieren Datenbanksysteme einen konsistenten Datenbestand, der von Subskriptionen genutzt werden kann; als Basisdienst zur Realisierung eines Subskriptionssystems unterstützt Datenbanktechnologie die Auswertung von Subskriptionsbedingungen und Auswertung von Subskriptionsanfragen (Kapitel 6 und Kapitel 7); auf Ebene der Subskribenten werden Nachrichten in persönlichen Datenbanken zur inhaltlichen Suche bzw. beliebigen Weiterverarbeitung abgespeichert.

Als zweiter Punkt werden in diesem Kapitel unterschiedliche Eigenschaften datenbankbasierter Informationssysteme und Subskriptionssysteme aus datenzentrierter Sichtweise deutlich, welche in Tabelle 3.1 nochmals zusammengefasst sind.

Eigenschaft	Datenbankbasierte Informationssysteme	Subskriptionssysteme
Verarbeitungs-charakteristik	zustandsorientiert (globaler Zustand)	konsumorientiert (evtl. lokaler temporärer Zustand)
Anfragesemantik	isolierte Anfragen	stehende Anfragen (*'standing query'*)
Zugriffscharakteristik	systemzentriert (*'row-set-model'*)	dokumentenzentriert (*'document-model'*)
Auswertungssemantik	komplexe Analysen	informativ, Auslöser detaillierter Analysen
Schemaaspekt	Existenz eines globalen Schemas	Zugriff auf lokale Schemata der partizipierenden Datenquellen (Konsistenzprüfung muss anwendungsseitig erfolgen)

Tab. 3.1: Vergleich datenbankbasierter Informationssysteme mit Subskriptionssystemen

Während datenbankbasierte Informationssysteme eine zustandsorientierte Sichtweise verfolgen, weisen Subskriptionssysteme ein konsumorientiertes Verhalten auf, indem eingehende Nachrichten zu globalen Änderungen verschmolzen und an die entsprechenden Subskribenten weitergeleitet werden, so dass kein globaler Zustand gepflegt werden muss. Aus Sicht der Anfragesemantik steht, wie bereits in Abschnitt 2.2.1 (Abbildung 2.4) skizziert, das Konzept isolierter Anfragen der Idee der 'Stehenden Anfragen', die stets durch eingehende Nachrichten eine 'Sättigung' erfahren, gegenüber. Ein Vergleich der Zugriffscharakteristik zeigt einen systemzentrierten Ansatz, realisiert durch höherwertige Anwendungsdienste (z.B. *'Online Analytical Processing'*) und einen dokumentenzentrierten Ansatz auf Seite der Subskriptionsdienste, wobei insbesondere die zentrale Rolle von XML als Austauschformat hervorgehoben werden muss. Mit dieser Sichtweise konform geht die jeweils unterschiedliche Zielsetzung hinsichtlich der Auswertesemantik; während ein Subskriptionssystem rein informativen Charakter aufweist, fokussiert der systemzentrierte Ansatz mittels spezieller Anwendungen komplexe Abfragen und Analysen. Als letzter Punkt, der bei einem derartigen Vergleich angesprochen werden muss, ist die unterschiedliche Auffassung globaler Schemata zu sehen. Während der klassische Ansatz die Philosophie des *'Single Point of Truth'* ([LoSc87]) verfolgt, verzichtet der Subskriptionsansatz auf die Existenz eines globalen Schemas und bietet dem Benutzer die lokale Sichtweise der Produzenten an; zur Laufzeit nimmt das Subskriptionssystem dann eine Integration der lokalen Schemata entsprechend den Subskriptionsdefinitionen vor.

Teil II:

Nachrichtenbasierte Kopplung interagierender Teilsysteme

Die Methode, große Anwendungssysteme durch Komposition aus einer Menge interagierender Teilsysteme aufzubauen, spiegelt eine bereits lang praktizierte und hinreichend untersuchte Vorgehensweise wider. Dabei kann die Art der Kopplung in vielfältiger Weise variieren: Einzelne Teilsysteme können eng oder lose gekoppelt werden, können Daten oder lediglich Berechnungsvorschriften austauschen (*'data/function shipping'*), oder die Interaktion kann privat (1:1-Verhältnis von Sender und Empfänger) oder innerhalb einer Gruppe (n:m-Verhältnis) stattfinden. Wie in den vorangegangenen Abschnitten deutlich geworden ist, erfordert die Dienstleistung eines Subskriptionswesens, dass Nachrichten (*'data shipping'*) von einem Sender über einen Vermittler (lose Kopplung) an eine Vielzahl von Subskribenten übertragen werden. Die beiden folgenden Kapitel stellen eine Auswahl existierender Basisdienste und anwendungsbezogener Systeme vor, die derartige Eigenschaften aufweisen. Die Aufarbeitung diskutiert dabei sowohl die Funktionalität des jeweiligen Dienstes aus Sicht der Anwendung als auch aus der Perspektive des logischen Aufbaus.

Die Beschreibung der Systeme und Basisdienste orientiert sich dabei an der in Abbildung 3.3 gezeigten Klassifikation. Diese Aufteilung nimmt eine horizontale und vertikale Gliederung vor, wobei die horizontale Unterteilung, die gleichzeitig die Aufteilung der Systeme in die beiden folgenden Kapitel reflektiert, anwendungsneutrale Basisdienste von Ansätzen unterscheidet, die bereits die Unterstützung konkreter Anwendungsgebiete fokussieren und entsprechend höherwertigere und spezifischere Dienste zur Realisierung eines Subskriptionssystems anbieten. Diese derart vorgenommene horizontale Einteilung in basis- und anwendungsorientierte Dienste wird vertikal weiter in drei Kategorien unterteilt. Systeme oder Basisdienste der ersten Kategorie fokussieren dabei den Austausch des Kontrollflusses zwischen Komponenten im Sinne eines erweiterten Prozedurfernaufrufs. Eine Nachrichtenübertragung findet lediglich implizit durch Parameterübergabe bei einem Methodenaufruf an einem Partnerobjekt statt. Beispiele dafür sind der CORBA EventService, das *'Component Object Model'* (COM) und TIB/Rendezvous auf Ebene der Basisdienste. Als Beispiel auf Ebene anwendungsorientierter Systeme sind Corona, Yeast und Zephyr zu nennen.

Die zweite durch vertikale Aufteilung entstandene Kategorie umfasst Systeme, die einen expliziten Nachrichtenaustausch unter den zuvor genannten Eigenschaften adressieren. Als Beispiel eines Basisdienstes wird im Kapitel 4 der 'Advanced Queuing'-Mechanismus des Datenbanksystems Oracle 8i untersucht. Als wichtige Vertreter der Ebene anwendungsspezifischer Systeme werden Elvin und Siena ausführlich im Kapitel 5 aufgearbeitet und deren Funktionalität hinsichtlich der Unterstützung einer Subskriptionsdienstleistung eruiert. Das System Gryphon befindet sich bereits auf der Schwelle zur dritten Kategorie, deren wesentliches Kennzeichen darin besteht, dass der Empfänger mit Informationen versorgt wird, die aus publizierten Nachrichten abgeleitet sind, so dass im Allgemeinen nicht nur ein Filterungsprozess, sondern ein Verarbeitungsschritt zwischen dem Versand und dem Empfang einer Nachricht erfolgt.

Als Basisdienst für ein Subskriptionssystem wird in der dritten Kategorie der Themenbereich der aktiven Datenbanksysteme angerissen, wobei auf eine tiefgehende Aufarbeitung explizit verzichtet und stattdessen auf die Darstellung der Schnittstelle (Trigger-Spezifikation) zum Aufbau eines Subskriptionsdienstes konzentriert wird. Neben dem bereits erwähnten Gryphon-System werden die beiden Systeme OpenCQ und SIFT einer detaillierten Betrachtung unterzogen. Kapitel 5 schließt mit einem Überblick über die Systeme Zephyr, Corona, IMP, DBIS, UbiData und DOEM/Chorel, welche auf Grund ihrer spezifischen Eigenschaften aus Sicht der Subskriptionsunterstützung keine ausführliche Aufarbeitung erfahren, aber dennoch aus Gründen der Vollständigkeit einer Erwähnung bedürfen.

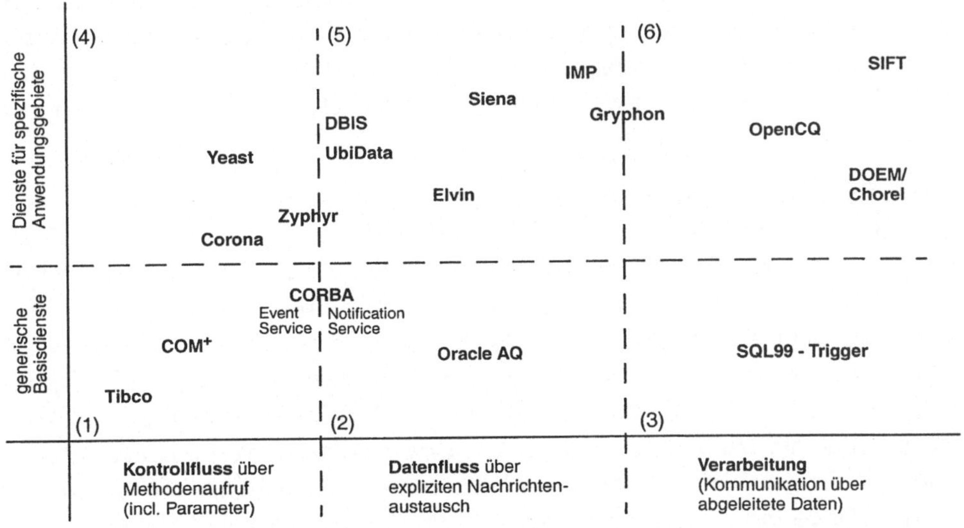

Abb. 3.3: Einteilung von Diensten zur asynchronen Kopplung von Teilsystemen

4 Basisdienste zur nachrichtenbasierten Kopplung kooperierender Systeme

Ein Basisdienst zur Kopplung allgemein interagierender Teilsysteme auf Dienstebene nach dem *'Publish/Subscribe'*-Muster wird von einer Vielzahl unterschiedlicher Systeme realisiert, von denen exemplarisch eine Auswahl in diesem Kapitel vorgestellt wird.

Dazu werden in den ersten drei Abschnitten Basismechanismen eruiert, die eine methodenbasierte Kopplung fokussieren. Im ersten Abschnitt erfährt der CORBA-Standard ([OMG00a]) hinsichtlich der Unterstützung von ereignis- und nachrichtenbasierter Kopplung eine detaillierte Untersuchung. Der CORBA EventService ([OMG00b]) schreibt eine Spezifikation vor, wie Teilsysteme entweder nach dem *'Push'*- oder *'Pull'*-Prinzip sowohl direkt, d.h. eng gekoppelt, als auch über Stellvertreterobjekte und damit lose gekoppelt kommunizieren können. Der CORBA EventService wurde als CORBA NotificationService ([OMG00c]) neben weitreichenden Möglichkeiten der Spezifikation unterschiedlicher Dienstgüteangaben dahingehend erweitert, dass strukturierte Daten als 'Ereignisparameter' zugelassen werden. Diese Entwicklung zeigt deutlich den Trend von einer reinen ereignisbasierten zu einer nachrichtenbasierten Kommunikation auf.

Als zweiter Basisdienst und weiteres Beispiel einer kontrollflussbasierten Kopplung wird in Abschnitt 4.2 das Prinzip ereignisbasierter Kommunikation im *'Common Object Model'* (COM) der Firma Microsoft vorgestellt und die für das *'Publish/ Subscribe'*-Muster wesentlichen Aspekte herausgearbeitet und diskutiert. So stellt COM$^+$ als aktuelle Realisierung des *'Common Object Model'* und gleichzeitig integraler Bestandteil des Betriebssystems Windows 2000 ein mächtiges Werkzeug zum Aufbau von großen Anwendungssystemen bestehend aus lose gekoppelten Softwarekomponenten dar.

Als Vertreter eines Basisdienstes mit Fokussierung auf nachrichtenbasierte Kopplung nach dem *'Publish/Subscribe'*-Muster wird exemplarisch das *'Advanced Queuing'*-Modul des Datenbanksystems Oracle 8i (*'Oracle AQ'*) untersucht. Oracle AQ bietet neben der klassischen Funktionalität eines Warteschlangensystems Erweiterungen in Richtung *'Publish/Subscribe'*-Unterstützung, wie mehrfaches Konsumieren einzelner Nachrichten, implizite Adressierung über Subskriptionen oder *'push'*-basierte Notifikation bei Nutzung der OCI-Schnittstelle. Die Arbeitsweise im Allgemeinen und die spezifischen Erweiterungen werden in Abschnitt 4.3 erläutert. In diesem Kontext findet des Weiteren der Basisdienst *'TIB/Rendezvous'* der Firma Tibco eine kurze Erwähnung. Das *'TIB/Rendezvous'*-System muss als Pionier im Bereich der ereignisbasierten Kopplung gesehen werden und findet aktuell überwiegend als transaktional operierendes Bindeglied zwischen unterschiedlichen Diensten, wie z.B. zwischen zwei Oracle *'Advanced Queueing'*-Instanzen, sein Einsatzgebiet.

Die letzte Kategorie der vorgenommenen Einteilung verwandter Arbeiten wird in diesem Kapitel durch eine Darstellung aktiver Funktionalität in Datenbanksystemen reflektiert (Abschnitt 4.4). Dabei wird bewusst auf eine umfassende und detaillierte Aufarbeitung der Thematik aktiver Datenbanksysteme verzichtet, sondern auf allgemeine Konzepte und für die Unterstützung von Subskriptionssystemen spezifischen Eigenschaften eingegangen. Insbesondere erfolgt eine Fokussierung hinsichtlich der Spezifikation von Triggern im SQL-Sprachstandard SQL99, da diese die Schnittstelle zu dem Basisdienst bildet, der durch Einsatz aktiver Datenbanktechnologie realisiert wird.

4.1 CORBA Event- und Notification Service

CORBA, als Akronym für 'Common Object Request Broker Architecture' ([OMG00a]), wird von der 'Object Mangement Group' (OMG, [OMG01]), dem größten Zusammenschluss von Industrieunternehmen und Forschungseinrichtungen mit aktuell mehr als 800 Mitgliedern, seit 1989 spezifiziert und ständig weiterentwickelt. Ziel des CORBA-Standards ist die Schaffung eines einheitlichen Framework's für die Softwareentwicklung mit den Schwerpunkten der Wiederverwendbarkeit, Portabilität und Interoperabilität von objektbasierten Softwaresystemen in verteilten und heterogenen Umgebungen. Ein derartiges Framework besitzt die Aufgabe, den Anwendungsentwickler von den im Rahmen der technischen Heterogenität ([Wede98]) einhergehenden Problemen zu befreien. Der für ein grundlegendes Verständnis zentrale Teil des CORBA-Framework's stellt die *'Object Management Architecture'* dar, welche im Folgenden kurz skizziert wird. Daran schließt sich eine Darstellung der beiden für diese Darstellung interessanten Dienste, der Event Service und dessen Erweiterung des Notification Service, an. Es wird sich zeigen, dass CORBA dem Mechanismus der ereignisbasierten Kommunikation inzwischen einen hohen Stellenwert einräumt und die aktuell vorliegende Spezifikation ein mächtiges Instrument zur Realisierung einer soliden Plattform für Subskriptionssysteme darstellt. Für detaillierte Beschreibungen des CORBA-Ansatzes sei auf die weitläufige Literatur, wie beispielsweise [OrHE96], [IONA98] oder [Kosc99], verwiesen.

4.1.1 Object Management Architecture

Die *'Object Management Architecture'* (OMA) beschreibt den Rahmen, in welchem alle in CORBA spezifizierten Techniken eingeordnet werden. Streng genommen teilt sich die OMA wiederum in zwei Modelle, das *Kernobjektmodell* (*'core object model'*) und das *Referenzmodell*, auf. Das Kernobjektmodell beschreibt in Form von abstrakten Definitionen die von einem *'Object Request Broker'* (ORB) angebotenenen Konzepte zur Entwicklung verteilter Anwendungen. Das Kernobjektmodell spezifiziert somit die Basis für CORBA und ist vor allem für die Entwicklung von CORBA-kompatiblen Plattformen und nicht für die Anwendungsentwicklung von Interesse, so dass es an dieser Stelle keine detaillierte Behandlung erfährt.

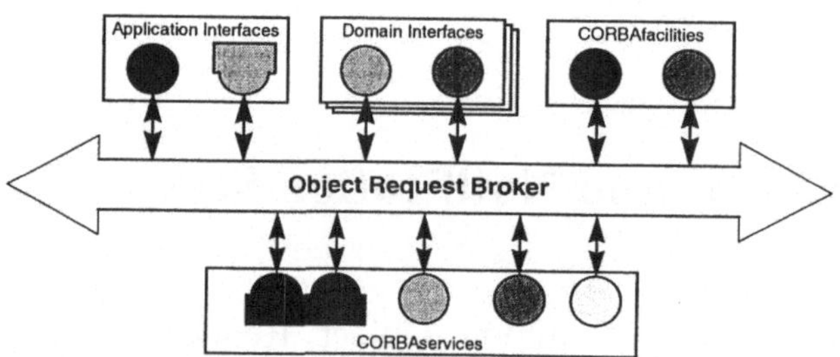

Abb. 4.1: Das Object-Management-Architecture-Referenzmodell

Das Referenzmodell hingegen beschreibt das Framework für die Standardisierung von Schnittstellen zu Diensten, die von Anwendungen direkt benutzt werden können. Das Referenzmodell besteht, wie in Abbildung 4.1 gezeigt, konzeptionell aus fünf Einheiten:

- *Object Request Broker:* Der *'Object-Request-Broker'* bildet die zentrale Vermittlungskomponente ([OPSS93]), die auf dem Kernobjektmodell aufsetzt. Aus funktionaler Sichtweise verhält sich ein ORB wie ein Kommunikationsmedium zwischen Objekten, die auf beliebigen Rechnern im Netzwerk residieren, in einer beliebigen Programmiersprache erstellt sind und unabhängig von Betriebssystem und Hardwareplattform ablaufen und miteinander kommunizieren. Der ORB leistet somit den wesentlichen Beitrag zur Realisierung einer Orts- und Programmiersprachentransparenz.

- *Object Services:* Unter den *'Object Services'* (oder *'CORBAservices'*) wird eine Menge von Schnittstellen zusammengefasst, die anwendungsneutrale Basisdienste für alle CORBA-Anwendungen und für höherwertige CORBA-Dienste (*'object facilities'*) realisieren. Als Beispiele von *'Object Services'* sind der Verzeichnisdienst für Objekte innerhalb eines verteilten Namensraumes (*'CORBA Naming Service'*), Sperrmechanismen für die Synchronisation nebenläufiger Operationen (*'CORBA Concurrency Control Service'*) oder eine Verwaltung persistenter Objekte ('*CORBA Persistence Service*') zu nennen. Detailliert wird in den nachfolgenden Abschnitten auf die beiden Dienste '*Event Service*' und '*Notification Service*' eingegangen, die eine ereignisbasierte Kommunikation zwischen CORBA-Objekten ermöglichen.

- '*Common Facilities*': '*Common Facilities*' (oder '*CORBAfacilities*') definieren anwendungsübergreifende Schnittstellen für den Endbenutzer. Als Beispiele für '*Common Facilities*' sind an dieser Stelle die '*Distributed Document Component Facility*' basierend auf OpenDoc, die '*Internationalization and Time Facilites*' und '*Data Interchange and Mobile Agent Facility*' zu nennen.

- '*Domain Interfaces*': Da die OMG aus einer Vielzahl von Mitgliedern aus unterschiedlichen Anwendungsgebieten besteht, wurde 1996 eine Abtrennung der anwendungsorientierten Dienste von den '*Common Facilities*' vorgenommen. Beispiele für '*Domain Interfaces*' sind die '*Common Business Object Facility*' oder der '*Healthcare Patient Lexicon Service*'.

- '*Application Interfaces*': Die Menge der '*Application Interfaces*' umfasst die Schnittstellen, die einer spezifischen Anwendung von dem unterliegenden Objektmodell zur Verfügung gestellt wird. Die Verantwortung für '*Application Interfaces*' liegt somit beim Anwendungsentwickler und nicht bei der OMG.

Weiterhin fundamental für die Einordnung der mit CORBA einhergehenden Konzepte ist die Tatsache, dass keine Implementierung, sondern lediglich eine Spezifikation festgeschrieben wird. Diese konsequente Fortführung mündet in der Motivation einer programmiersprachenneutralen Beschreibung der jeweiligen Schnittstellen durch die '*CORBA Interface Definition Language*' (IDL). Eine in IDL spezifizierte Schnittstelle wird in ein vom Client nutzbares '*Stub*'- und ein vom Server zu implementierendes '*Skeleton*'-Programmfragment in der jeweiligen Zielsprache, d.h. der zur konkreten Implementierung des Client bzw. Server verwendeten Programmiersprache, übersetzt. Ein Methodenaufruf im Client-Programm wird im '*Stub*'-Code in eine Struktur im Kernobjektmodell und einen Aufruf an den '*Object Request Broker*' umgesetzt, an das Zielobjekt weitergeleitet und die korrespondierende Methode am entsprechenden CORBA-Objekt aufgerufen.

Wesentliches Ziel des CORBA-Standards ist somit die Überwindung der technischen Heterogenität beim Entwurf verteilter Anwendungen, wobei sowohl Ortstransparenz als auch Programmiersprachenunabhängigkeit gewährleistet wird. Während Letzteres durch die CORBA-spezifische Schnittstellenbeschreibungssprache und standardisierte Abbildung auf Programmiersprachen erfolgt, wird Ortstransparenz durch die Vergabe global eindeutiger Objektidentitäten ('*ObjectID*') erreicht.

4.1.2   CORBA Event Service

Der CORBA Event Service ([OMG00b]) bietet einen Mechanismus der ereignisbasierten Kopplung von verteilten Anwendungen an. Neben der Weiterentwicklung zum Notification Service, dessen wichtigste Konzepte in den folgenden Abschnitten untersucht werden, existieren noch eine Vielzahl weiterer Dienste, die jedoch im Kontext dieses Buches nicht von grundlegendem Interesse sind und somit keine ausführliche Erläuterung erfahren ([OMG01]).

Ein normaler CORBA-Aufruf resultiert in einer synchronen Ausführung einer Methode an einem Objekt. Wie im ersten Teil ausführlich motiviert, existieren jedoch Anwendungen, welche sich durch Nutzung eines entkoppelten Kommunikationsmodells intuitiver auf Rechnerstrukturen abbilden lassen. CORBA bietet seit 1995 einen ereignisbasierten Nachrichtendienst (*'Event Service'*) an, welcher das Publizieren und das Konsumieren von Ereignissen mit sowohl generischem als auch typisiertem Inhalt ermöglicht. Sowohl der Lieferant (*'supplier'*) als auch der Konsument (*'consumer'*) sind dabei reguläre CORBA-Objekte. Für die Events selbst bzw. deren Parameter stehen alle CORBA-Standarddatentypen zur Verfügung. Dies zieht jedoch die Einschränkung nach sich, dass Ereignisdaten selbst keine CORBA-Objekte sein dürfen, da CORBA keine Objektmigration, sondern lediglich das Versenden von Objektreferenzen, erlaubt.

Push- und Pull-Modell

In Abhängigkeit davon, welche Seite die Kommunikation initiiert, unterscheidet der Event Service zwischen einem Push-Modell (*'push model'*) und einem Pull-Modell (*'pull model'*) (Abbildung 4.2). Die zur direkten Kommunikation notwendigen Schnittstellen sind dabei im OMG-IDL-Modul CosEventComm zusammengefasst:

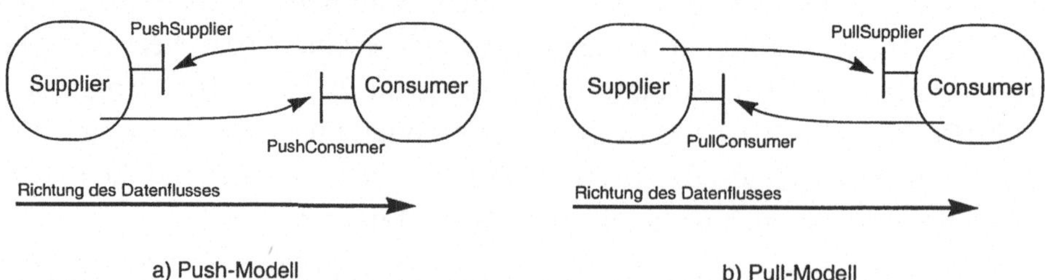

Abb. 4.2: Push- und Pull-Kommunikationsalternative im CORBA Event Service

- *PushConsumer- und PushSupplier-Schnittstellen:* Ein nach dem *'Push'*-Prinzip arbeitender Produzent (Supplier-Objekt) ruft an einem Konsumenten (Consumer-Objekt) die Methode push() auf und übergibt die Ereignisparameter. Ein Aufruf von disconnect_push_consumer() eines Produzenten an einem Konsumenten beendet die Verbindung. Die Schnittstelle in IDL ergibt sich somit zu:

```
        interface PushConsumer {
                void push (in any data) raises(Disconnected);
                void disconnect_push_consumer();
        };
```

Die PushSupplier-Schnittstelle entspricht dem Gegenstück der PushConsumer-Schnittstelle. Die einzige Methode, die ein nach dem *'Push'*-Prinzip arbeitender Produzent zu realisieren hat, ist das Auflösen einer Verbindung:

```
        interface PushSupplier {
                void disconnect_push_supplier();
        };
```

- *PullConsumer- und PullSupplier-Schnittstellen:* In Analogie zu der nach dem *'Push'*-Prinzip arbeitenden Kopplung zweier Objekte ergeben sich die Schnittstellen für PullConsumer und PullSupplier, wobei die pull()-Methode – vom Konsumenten aufgerufen – von der Supplier-Schnittstelle erfüllt werden muss. Zusätzlich existiert die nicht blockierende Variante try_pull() für einen pull()-Aufruf:

```
        interface PullSupplier {
                any pull() raises(Disconnected);
                any try_pull(out boolean has_event) raises(Disconnected);
                void disconnect_pull_supplier();
        };
        interface PushConsumer {
                void disconnect_pull_consumer();
        };
```

Getypte Ereignisse

Während ungetypte Ereignisse lediglich Daten vom Typ CORBA::Any übertragen können, erlauben getypte Ereignisse die Nutzung einer zuvor ausgehandelten Schnittstelle. Die Methoden dieser Schnittstelle müssen dabei die bei oneway-Operationen üblichen Einschränkungen (nur Eingabeparameter, keine Rückgabeparameter) erfüllen. Im getypten *'Push'*-Modell (Abbildung 4.3a) tauschen Produzenten und Konsumenten TypedPushConsumer- und PushSupplier-Objektreferenzen aus. Der Produzent erhält durch Aufruf der Methode get_typed_consumer() eine Objektreferenz auf das Objekt, welches die zuvor ausgehandelte Schnittstelle erfüllt. Die Schnittstelle für TypedPushConsumer ergibt sich somit als Erweiterung von PushConsumer:

```
        interface TypedPushConsumer : CosEventComm::PushConsumer {
                Object get_typed_consumer();
        }
```

Bedingt durch die Vererbung muss entsprechend auch die push()-Operation der PushConsumer-Schnittstelle implementiert werden. Weiterhin ist zu bemerken, dass jedes Objekt, welches diese TypedPushConsumer-Schnittstelle realisiert, eine unterschiedliche Schnittstelle zur Typisierung der Ereignisse liefern kann.

Analog können im getypten 'Pull'-Modell Konsumenten Operationen am Produzenten aufrufen, um Ereignisse unter Nutzung einer gegenseitig vereinbarten Schnittstelle Pull<I> abzufragen. Die Schnittstelle Pull<I> ist dergestalt, dass sie genau die gleichen Ereignisse zum Abholen erlaubt, welche durch Verwendung der Schnittstelle <I> im 'Push'-Modell verschickt werden können. Im Einzelnen enthält eine Schnittstelle Pull<I> für jede Operation <O> aus der Schnittstelle <I> zwei Operationen:

- pull_<O>(), wobei alle Eingangsparameter von <I> durch Ausgangsparameter ersetzt sind, so dass die Ereignisdaten durch die Ausgangsparameter dem Produzenten übergeben werden.

- boolean try_<O>(), die nichtblockierende Variante zu pull_<O>().

Abbildung 4.3b erweitert den Ereignisaustausch durch Hinzufügen der Schnittstelle Pull<I> bezüglich der zuvor ausgehandelten Schnittstelle <I>.

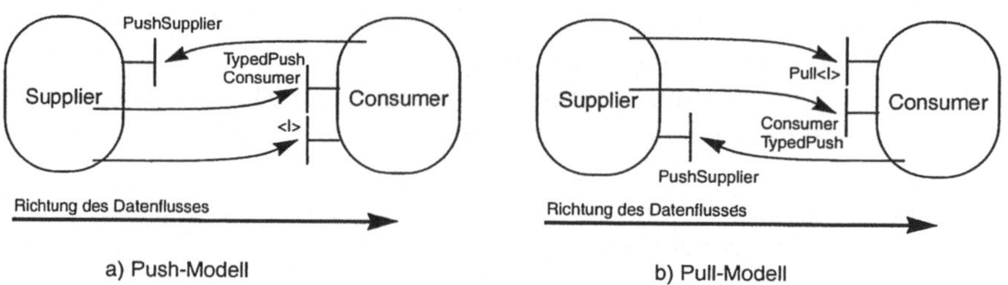

Abb. 4.3: Getypte Ereignisse für das Push- und Pull-Kommunikationsmodell

4.1.3   CORBA Event Service mit Ereigniskanal

Um eine enge ereignisbasierte Kopplung zweier Objekte zu einer lose gekoppelten Menge von Objekten zu erweitern, wird im CORBA Event Service der Mechanismus des Ereigniskanals ('event channel') eingeführt. Ein Ereigniskanal stellt somit das Konstrukt zur Entkopplung von Supplier- und Consumer-Objekten dar. Bedingt durch das 'Push'- und 'Pull'-Modell ergeben sich eine Vielzahl von Varianten in Abhängigkeit von dem zu Grunde liegenden Kommunikationsmodell zwischen Produzent und Ereigniskanal bzw. zwischen Ereigniskanal und Konsument und von der Anzahl partizipierender Systeme. Abbildung 4.4a und Abbildung 4.4b zeigen exemplarisch für beide Kommunikationsmodelle die um einen Ereigniskanal angereicherte Konfiguration von CORBA-Objekten, wobei eine dritte Variante (Abbildung 4.4c) die Möglichkeit aufzeigt, Objekte mit unterschiedlichen Kommunikationsprinzipien zu verknüpfen, so dass ein Ereigniskanal sogar Transparenz hinsichtlich des Kommunikationsprinzips erbringt. Weiterhin ist anzumerken, dass

Produzenten bzw. Konsumenten, die an einem Ereigniskanal angeschlossen sind, jeweils über zur engen Kopplung korrespondierende Stellvertreterschnittstellen (ProxyPushConsumer, ...) kommunizieren.

Der Aufbau einer derartigen Konfiguration erfolgt inkrementell, indem nach der Instantiierung eines EventChannel-Objektes sukzessive Supplier- und Consumer-Objekte hinzugefügt werden. Dazu stellt die EventChannel-Schnittstelle zwei weitere Methoden zur Verfügung, welche der Konsumenten- bzw. Produzentenseite Objektreferenzen zurückliefern, die ConsumerAdmin- bzw. SupplierAdmin-Schnittstellen implementieren. Weiterhin umfasst die Schnittstelle eines CORBA-Ereigniskanals die Methode destroy() zum Auflösen eines EventChannel-Objektes.

Die Unterscheidung zwischen generischen und getypten Ereignissen schlägt sich entsprechend auch bei der Spezifikation der EventChannel-Schnittstellen nieder. Da aus konzeptioneller Sichtweise diese Unterscheidung keine Rolle spielt, wird im weiteren Verlauf zu Gunsten einer vereinfachten Darstellung auf die explizite Angabe der getypten Variante verzichtet:

```
interface EventChannel {
        ConsumerAdmin for_consumers();
        SupplierAdmin for_suppliers();
        void destroy;
}
interface TypedEventChannel {
        TypedConsumerAdmin for_consumers();
        TypedSupplierAdmin for_suppliers();
        void destroy;
}
```

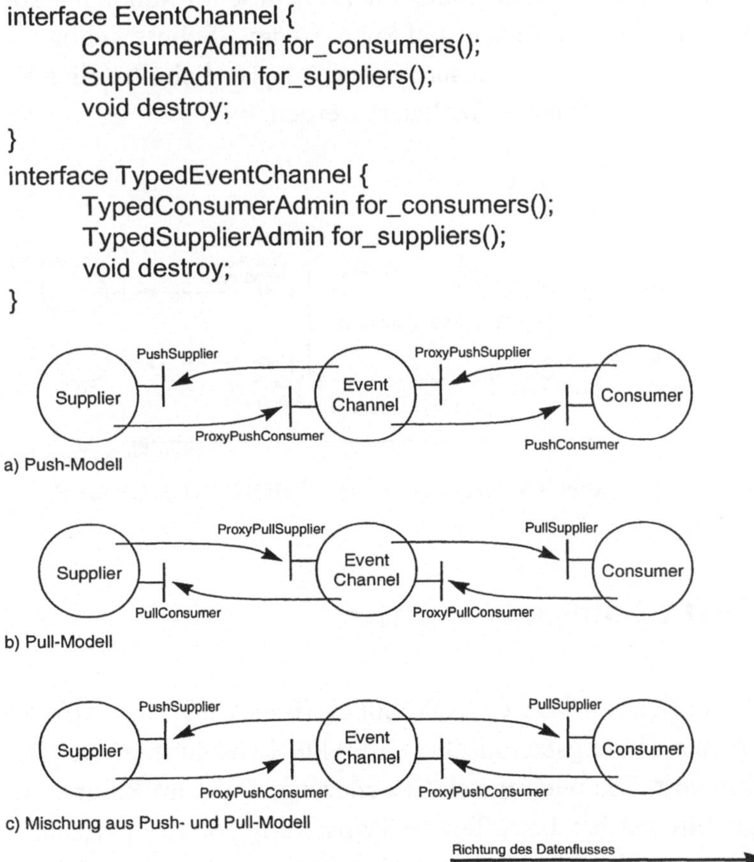

Abb. 4.4: Event-Channel-Konfigurationen im CORBA Event Service

ConsumerAdmin- und SupplierAdmin-Objekte werden in einem zweiten Schritt herangezogen, um schließlich Proxy-Objekte für die Gegenseite, d.h. SupplierProxy für einen Consumer bzw. ConsumerProxy für einen Supplier, zu erstellen. Proxy-Objekte hängen damit am Ereigniskanal (*'event channel'*) und reflektieren das Gegenstück für das jeweilige Supplier- oder Consumer-Objekt.

```
interface ConsumerAdmin {
        ProxyPushSupplier obtain_push_supplier();
        ProxyPullSupplier obtain_pull_supplier();
}

interface SupplierAdmin {
        ProxyPushConsumer obtain_push_consumer();
        ProxyPullConsumer obtain_pull_consumer();
}
```

Abbildung 4.5 skizziert die Architektur des CORBA-Ereigniskanals mit den jeweils beteiligten Schnittstellen. Dabei ist anzumerken, dass im Rahmen einer EventChannel-Konfiguration ConsumerAdmin- und SupplierAdmin-Schnittstellen nur einmal instantiiert werden können. Alle Consumer- und Supplier-Schnittstellen hingegen dürfen von beliebig vielen Objekten realisiert werden.

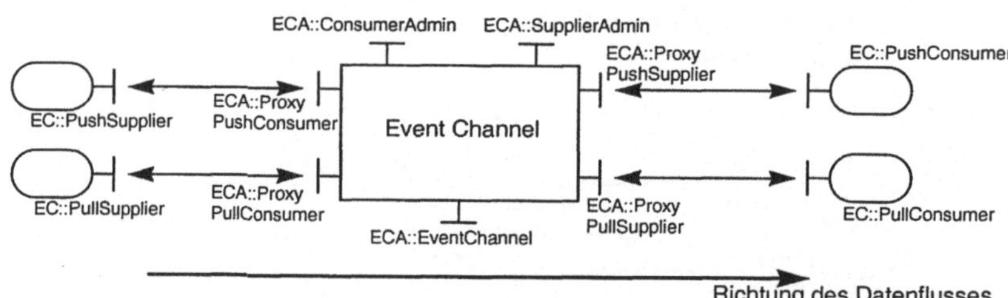

Abb. 4.5: Architektur des CORBA Event Channels

4.1.4   CORBA Notification Service

Der CORBA Notification Service ([OMG00c], [IONA98]) ist sowohl konzeptionell als auch implementierungstechnisch als direkte Erweiterung des CORBA Event Service positioniert. Die wichtigsten Erweiterungen, die im Rahmen dieser Aufarbeitung vorgestellt werden, betreffen die Typisierung von Ereignissen, die Möglichkeiten zur Ereignisfilterung und Angaben zur gewünschten bzw. geforderten Dienstgüte (*'quality of service'*).

Strukturierte Ereignisse

Im Gegensatz zum getypten Ereignis des Event Service, in welchem die Strukturierung extern durch eine eigene Schnittstelle realisiert ist, bietet der Notification Service eine Strukturierung der Ereignisdaten direkt am Kommunikationsteilnehmer (z.B. StructuredProxyPushConsumer, ...) an. Weiterhin sind Schnittstellen definiert, die eine Übertragung von Sequenzen von strukturierten Ereignissen ermöglichen. So ist beispielsweise ein Aufruf der Methode push_structured_events() einer SequencePushConsumer-Schnittstelle mit einer Nachricht der Länge n äquivalent zu n sequenziellen Aufrufen der Methode push_structured_events() an einer StructuredPushConsumer-Schnittstelle. Abbildung 4.6 zeigt die mit der Erweiterung von strukturierten Nachrichten einhergehende Architektur des Notification Services.

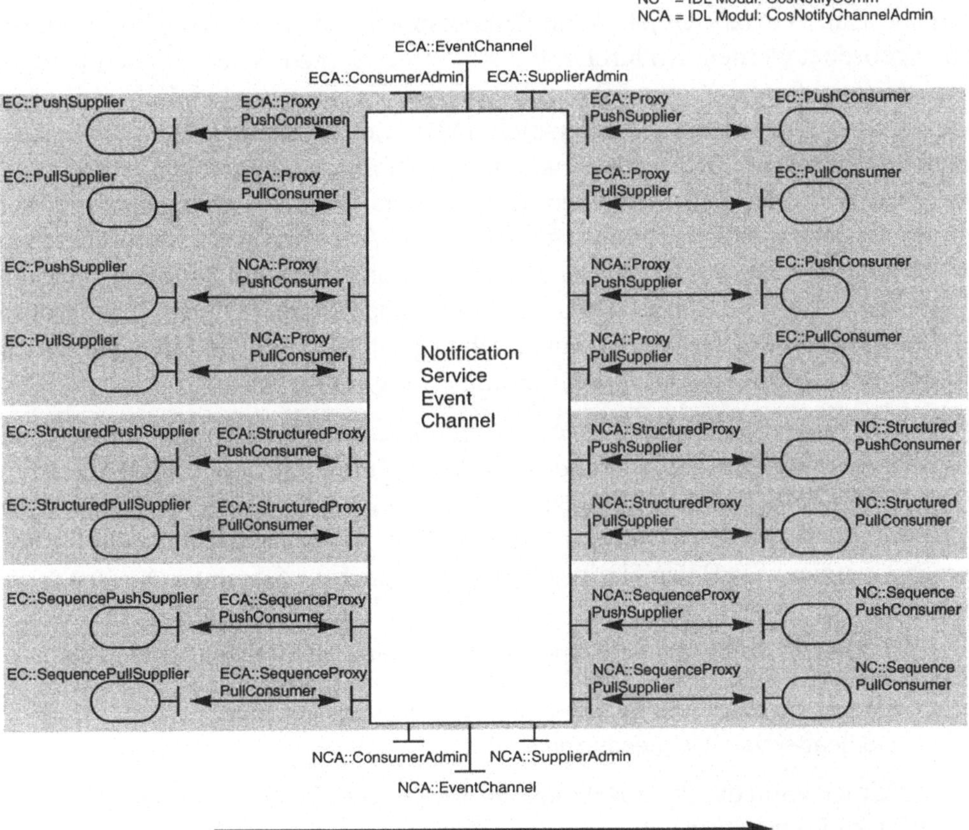

Abb. 4.6: Architektur des CORBA Notification Service Event Channels

Der Datenteil eines strukturierten Ereignisses ist dabei in einen Kopf- (*'event header'*) und Rumpfteil (*'event body'*) aufgespalten. Der Kopfteil besteht wiederum aus einem festen und einem variablen Anteil (*'fixed header'*, *'variable header'*). Während der variable Anteil aus einer beliebig langen Liste von Attribut-Wert-Paaren besteht, setzt sich der feste Anteil aus einer Wertebereichsbezeichnung (*'domain_name'*), einer Ereignistypbezeichnung (*'type_name'*) und einem Bezeichner, der die jeweilige Ausprägung des Ereignisses eindeutig benennt (*'event_name'*), zusammen. Als Grundlage einer möglichen Filterung von Nachrichten wird im Rumpf explizit eine Menge von Attribut-Wert-Paaren ausgezeichnet.

Ereignisfilterung

Mit dem Notification Service wurde erstmalig die Möglichkeit einer expliziten Filterung von Ereignissen geschaffen. Dazu erben alle Proxy- und Admin-Objekte die CosNotifyFilter::FilterAdmin-Schnittstelle, welche eine Verwaltung von Filterobjekten ermöglicht. Einem Proxy-Objekt kann dementsprechend eine Menge von Filterobjekten zugeordnet werden, wodurch mit disjunktiver Semantik entschieden wird, ob ein Ereignis von diesem Proxy weitergeleitet wird. Ferner ist es möglich, eine Menge von Filterobjekten einem Admin-Objekt (NCA::ConsumerAdmin bzw. NCA::SupplierAdmin) zuzuweisen. Die beiden lokalen Selektionsentscheidungen werden entweder konjunktiv oder disjunktiv verknüpft, um eine globale Aussage über die Weiterleitung der jeweiligen Nachricht zu treffen. Das Anheften von Filterobjekten an Admin-Objekte resultiert weiterhin in der Erweiterung, dass ein Notifikationskanal mehrere Instanzen von ConsumerAdmin- und SupplierAdmin-Objekten aufweisen kann. Jedem Admin-Objekt können entsprechend unterschiedliche Filterobjekte zugewiesen sein, so dass eine Gruppenfilterung ermöglicht wird.

Ein Filterausdruck wird in einer Sprache formuliert, welche durch Erweiterung und spezifische Anpassung aus der *'Trader Constraint Language'* des CORBA Trading Services ([OMG00d]) hervorgegangen ist. Zur Filterung strukturierter Nachrichten kann sowohl der Kopfteil als auch der filterbare Anteil des Nachrichtenrumpfes herangezogen werden. Als Beispiel eines Filterkriteriums sei folgender Ausdruck gegeben:

```
$.header.fixed_header.event_type.type_name == 'CommunicationsAlarm'
and
$.header.fixed_header.event_name == 'lost_packet' and
$.header.variable_header(priority) < 2
```

Dieser Ausdruck kann durch Umsetzung der festgeschriebenen Komponenten eines Filterkopfes zu Laufzeitvariablen auch wie folgt angegeben werden:

```
$type_name == 'CommunicationsAlarm' and
$event_name == 'lost_packet' and
$priority < 2
```

Für die exakte Grammatik, Kurzschreibweisen und spezifische Erweiterungen sei
an dieser Stelle auf die Spezifikation ([OMG00c], [OMG00d]) verwiesen.

Dienstgüte

Die Dienstgüte wird im CORBA Notification Service durch Eigenschaften spezifiziert, deren konkrete Ausprägungen dem Notifikationskanal, den Admin-Objekten,
den einzelnen Proxy-Objekten und, sofern sinnvoll, im Fall von strukturierten Nachrichten dem variablen Anteil des Ereigniskopfes zugewiesen werden können. Dabei
überschreiben Angaben auf spezifischer Ebene (z.B. Einstellungen an einem Proxy-
Objekt) Einstellungen auf allgemeinerer Ebene (z.B. Einstellungen am Notifica-
tionChannel-Objekt).

Die Spezifikation von Angaben zur Dienstgüte kann bedingt durch die indirekte
Kommunikation zwischen Produzent und Konsument konzeptionell an drei Punkten vorgenommen werden: zwischen dem Produzent und dem Notifikationskanal,
innerhalb des Notifikationskanals und zwischen dem Notifikationskanal und dem
Konsumenten. Entsprechend müssen alle drei Teilnehmer zusammen betrachtet
werden, um eine Dienstgüteanforderung zu erfüllen. Im Einzelnen sind im CORBA
Notification Service folgende Parameter vorgeschrieben, die von einer konkreten
Implementierung zumindest erkannt werden müssen; eine implementierungsspezi-
fische Erweiterung der Eigenschaften ist ausdrücklich erlaubt.

- *Zuverlässigkeit:* Der Aspekt der Zuverlässigkeit wird getrennt für das Ereignis
  (Event Reliability) und für die Übertragung der Ereignisse (Connection Reliability)
  spezifiziert. Die jeweils möglichen Werte '*BestEffort*' (keine weitergehende Ga-
  rantie) und '*Persistent*' (garantierte Auslieferung) erlauben bereits bei der Spezifikation der Zuverlässigkeit vier unterschiedliche Konfigurationen, deren Auswirkungen auf die Dienstgüte detailliert in [OMG00c] aufgeschlüsselt sind.

- *Priorität:* Durch Angabe einer Priorität kann eine standardmäßig nicht notwendigerweise eingehaltene Reihenfolge der Nachrichtenauslieferung erzwungen
  werden.

- *Ablauffristen und frühester Auslieferungszeitpunkt:* Durch die Eigenschaften St-
  opTime als absoluter Zeitpunkt bzw. Timeout als relative Zeitspanne werden Ablauffristen gesetzt, nach welchen die Nachrichten als ungültig erklärt werden.
  Der Parameter StartTime gibt für jede einzelne Nachricht an, wann die nächste
  Nachricht frühestens ausgeliefert werden darf. Ob ein Setzen von Zeitpunkten
  für jede einzelne Nachricht von der konkreten Implementierung unterstützt wird,
  kann in den Eigenschaften StartTimeSupported bzw. StopTimeSupported auf Ka-
  nal- bzw. Proxy-Ebene hinterlegt werden.

- *Maximale Anzahl von Nachrichten pro Konsument:* Auf Ebene eines Notifikationskanals sind weitere administrative Eigenschaften wie maximale Anzahl von
  Supplier- bzw. Consumer-Objekten oder die Eigenschaft MaxQueueLength zur An-

gabe einer oberen Schranke von Nachrichten, die vom Kanal zwischengespeichert werden können, definiert. Diese Angaben können auf tieferer Ebene durch die Angabe der maximalen Ereignisse pro Konsument (MaxEventsPerConsumer) erweitert werden. Beim Überschreiten der maximalen Anzahl muss explizit angegeben werden, nach welchem Kriterium Ereignisse gelöscht werden (DiscardPolicy). Dabei werden fünf Alternativen angeboten:

- *AnyOrder:* Eine beliebige Nachricht darf bei einem Überlauf gelöscht werden.

- *FifoOrder / LifoOrder:* Die zuerst / zuletzt empfangene Nachricht wird gelöscht.

- *PriorityOrder:* Nachrichten mit geringer Priorität werden vor Nachrichten mit hoher Priorität gelöscht.

- *DeadlineOrder:* Ereignisse mit der kürzesten verbleibenden Gültigkeitsdauer werden bevorzugt gelöscht.

Diese Werte stellen ebenfalls mögliche Eigenschaften zur Spezifikation der Auslieferungsreihenfolge von Nachrichten (*'order policy'*) für einen Proxy an einen anderen Proxy oder einen Konsumenten dar.

4.1.5 Zusammenfassung

Zusammenfassend muss festgehalten werden, dass der CORBA Notification Service eine weitreichende Spezifikation zur Kommunikation lose gekoppelter Teilsysteme umfasst. Insbesondere die Erweiterungen hinsichtlich strukturierter Nachrichten und die flexiblen Filtermöglichkeiten durch Filterobjekte an Proxy- und Admin-Objekten stellen einen mächtigen und gleichzeitig flexiblen Basisdienst bereit, auf welchem höherwertige Applikationen wie beispielsweise Subskriptionssysteme aufsetzen und die bereitgestellte Infrastruktur nutzen können. Entsprechend findet sich bereits eine Vielzahl von Realisierungen aktiver bzw. integrativer Systeme auf CORBA-Basis ([KOD+95], [Glan96], [ZOB+99], [BuKK96], [Kosc99]). Des Weiteren sei darauf hingewiesen, dass eine Vielzahl der im Event- und Notification-Service genannten Konzepte sich im JavaBeans-Eventmodell wiederfinden, so dass auf eine detaillierte Ausführung an dieser Stelle mit einem Verweis auf die entsprechende und sehr umfangreiche Literatur (z.B. [Engl97], [VoDu98] als Einstieg, [Mons01] für einen detaillierten Überblick über das Enterprise-Java-Beans-Konzept) verzichtet wird.

4.2 Lose gekoppelte Objekte in COM$^+$

Als ein weiteres Beispiel einer komponentenbasierten Infrastruktur zur Realisierung verteilter Systeme wird auf das von Microsoft entwickelte 'Component Object Model' (COM) eingegangen ([MSC00c], [Plat99], [Hous98]) und die zur Realisierung von Subskriptionssystemen im Rahmen von COM verfügbaren Technologien skizziert. In Analogie zum CORBA-Ansatz verfolgt COM die Bereitstellung eines Framework's zur Realisierung unternehmensweiter, verteilter Anwendungen mit dem Ziel, sowohl Programmiersprachenunabhängigkeit als auch Lokationstransparenz zu erreichen.

4.2.1 COM-Architektur und Entwicklung

Im Gegensatz zu CORBA stellt das 'Component Object Model' (COM) sowohl eine Spezifikation als auch eine Implementierung dar. Während die CORBA-Entwicklung durch die Forderung nach einer Plattform übergreifenden Infrastruktur zur Integration heterogener Softwaremodule getrieben wird, muss COM als Plattform zur Integration von Komponenten im Binärformat für die Betriebssystemfamilie Microsoft Windows gesehen werden. COM auf weitere Rechnerplattformen zu portieren ist prinzipiell natürlich möglich; ersten Ansätzen, wie etwa die Unix-Portierung der Software AG ([SAG01a]), ist bis heute kein durchdringender Erfolg beschieden. Erfolg versprechender hingegen sind erste Ansätze, die eine Verbindung der a priori inkompatiblen Infrastrukturen COM und CORBA ermöglichen. Als Beispiel sei hier auf OrbixCOMet der Firma IONA verwiesen ([IONA99]), welches COM-Aufrufe transparent in das CORBA-Objektmodell übersetzt und Zugriffe auf CORBA-Dienste ermöglicht. Die Umsetzung im Kontext einer umfassenden Interoperabilitätsarchitektur ist wiederum im CORBA-Standard ([OMG00a], Kapitel 12ff) spezifiziert.

Aus Architektursicht verfolgt COM ebenfalls das Prinzip eines Software-Busses und der Trennung der Schnittstellen eines Objektes von seiner Implementierung. Die Schnittstellenspezifikation erfolgt ebenfalls in Analogie zu CORBA durch eine deskriptive Spezifikationssprache IDL, welche jedoch inkompatibel zur CORBA-IDL ist. Für die Objektimplementierung werden Programmiersprachen wie Visual C++, Visual Basic, Delphi und Java (J++) unterstützt. Zur Kommunikation über Rechnergrenzen hinweg bietet COM transparent die Nutzung eines Prozedurfernaufrufs ('remote procedure call', RPC) basierend auf dem bekannten DCE-RPC an (Abbildung 4.7).

COM wurde erstmalig von Microsoft zusammen mit Microsoft Windows 95 ausgeliefert. Eine erste wesentliche Erweiterung von COM wurde mit Microsoft Windows NT 4.0 unter der Bezeichnung *'Distributed Component Object Model'* (DCOM) vorgenommen. Obwohl die Namensgebung den Verteilungsaspekt als Gegenstand der Erweiterung suggeriert, war die Methodik des Fernaufrufs bereits im Wesentlichen ein Bestandteil der ursprünglichen Realisierung des *'Component Object Models'*. Eine Anreicherung erfuhr COM mit der Einführung von DCOM hauptsächlich im Bereich sicherheitsrelevanter Aspekte, die mit der Verteilung von Objekten einhergehen ([Gord00]). Während DCOM somit die technische Möglichkeit eröffnete, verteilte Anwendungen zu realisieren, wurde ein derartiges Vorgehen mit der Freigabe des Microsoft Transaction Servers (MTS) als Zusatzprodukt zu Microsoft Windows NT 4.0 erstmalig auch praktikabel. Die nach [Gord00] wiederum missglückte Namensgebung spiegelt nämlich nicht alle von MTS angebotenen Dienste wider. So ermöglicht MTS nicht nur die Durchführung verteilter Transaktionen, sondern bietet darüber hinaus ein breites Spektrum an Basisdiensten wie ein feingranulares Sicherheitskonzept, Skalierbarkeit und umfangreiches Ressourcenmanagement an.

Die zweite COM-Generation ist mit der Bezeichnung COM^+ Bestandteil der aktuellen Version des Betriebssystems Microsoft Windows 2000 und kann im Wesentlichen als eine weitergeführte Integration (und eine damit einhergehende tiefere Verflechtung mit dem Betriebssystem) von COM und MTS gesehen werden. Ein funktionale Erweiterung hat COM^+ insbesondere in den Bereichen der komponentenbasierten Lastbalancierung, des asynchronen Methodenaufrufs, der persistenten Warteschlangensysteme und der Unterstützung von ereignisbasierter Publikation und Subskription erfahren. Diese zuletzt genannte Erweiterung wird im Folgenden eingehend untersucht.

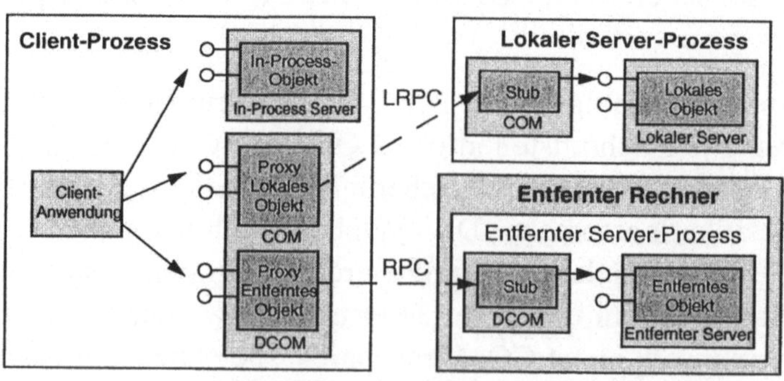

Abb. 4.7: Prozeduraufruf im 'Component Object Model'

4.2.2 Ereignisbasierte Kopplung in COM$^+$

COM$^+$ unterstützt das Prinzip der Subskription sowohl aus direkter (Abschnitt 2.2.1) als auch aus indirekter Perspektive (Abschnitt 2.2.2). Während die direkte bzw. enge Kopplung eines Produzenten mit einem oder mehreren Subskribenten bereits in COM unterstützt wird, bietet COM$^+$ erstmalig die Möglichkeit der losen Kopplung von Komponenten an. Beide Verfahren werden im Folgenden kurz skizziert und ihre Vor- und Nachteile diskutiert.

Direkte Kopplung über 'IConnectionPoints'

Die übliche Art einer ereignisbasierten Kopplung, wie sie beispielsweise im Kontext der X-Window-Programmierung ([YoYo94]) oder im Bereich der JavaBeans ([Engl97]) ebenfalls anzutreffen ist, wird durch ein so genanntes *'Callback'*-Szenario bestimmt, in welchem ein Subskribent eine seiner Methoden bei einem Produzenten registriert, welche beim Auftreten des entsprechenden Ereignisses ausgeführt wird. In COM findet sich ein derartiges Szenario häufig bei der Ereignisweiterleitung eines *'ActiveX'*-Kontrollobjektes an sein Container-Objekt. Wie in Abbildung 4.8 dargestellt, sind in einem derartigen Szenario die beiden Komponenten direkt miteinander verbunden. Ein Produzent stellt zur Etablierung einer derartigen bidirektionalen Kommunikation eine standardisierte Schnittstelle (IConnectionPoint) zur Verfügung, über welche ein Subskribent seine spezifische *'Callback'*-Methode (IOutgoing) registrieren kann. Dieser generische Ansatz ermöglicht insbesondere den Einsatz von graphisch orientierten Entwurfswerkzeugen, die durch Rückgriff auf eine standardisierte Schnittstelle die Möglichkeit eröffnen, mittels *'Point-and-Click'* eine Kopplung von Komponenten zu realisieren.

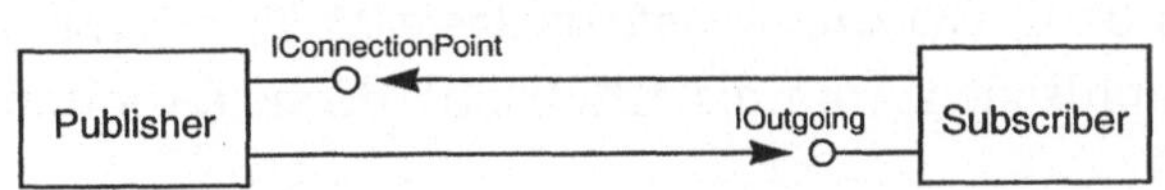

Abb. 4.8: Enge Kopplung im 'Component Object Model'

Ein derartiger Mechanismus der engen ereignisbasierten Kopplung von Komponenten (*'Tightly Coupled Events'*, TCE) erscheint jedoch bei der Entwicklung unternehmensweit verteilter Softwaresysteme nicht adäquat. Als Beispiel einer konkreten Einschränkung kann beispielsweise die Forderung nach einer vollständigen Überlappung der Lebenszeit beider Kommunikationspartner genannt werden. Darüber hinaus ist jeder Produzent für die Verteilung von Ereignissen an mehrere Subskribenten eigenverantwortlich, wobei zusätzlich bei der Überschreitung von Rechnergrenzen der nicht zu vernachlässigende Koordinierungsaufwand zu sehen ist.

Lose Kopplung über 'EventClasses'

Mit COM$^+$ wurde die Möglichkeit der losen Kopplung von Komponenten einge-
führt. Unter den synonymen Bezeichnungen *'COM$^+$-Events'*, *'Loosely Coupled Events'* (LCE) und *'Publish and Subscriber Events'* ([Gord00]) verbirgt sich ein komplexer Mechanismus zur Weiterleitung von publizierten Ereignissen an mehrere Subskribenten. Abbildung 4.9 zeigt einen Überblick über die COM$^+$-Event-Sy-
stemarchitektur.

Der grundlegende Mechanismus bei der Realisierung einer losen Kopplung von Komponenten in COM$^+$ besteht darin, dass ein Produzent eine Ereignisklasse (*'event class'*) bereitstellt, welche seine Schnittstelle spezifiziert, um Methoden an Subskribenten aufzurufen. Komponenten, die als Subskribenten eingesetzt werden, implementieren diese Schnittstelle entweder vollständig oder nur eine beliebige Teilmenge der darin spezifizierten Methoden. Eine Publikation besteht nun konzeptionell aus Sicht des Produzenten in einem Aufruf einer Methode der Ereignisklas-
se. Das COM$^+$-Eventsystem sorgt transparent für Filterung und Weiterleitung an registrierte Subskribenten. Die folgenden beiden Abschnitte erläutern dieses Vorgehen im Detail.

4.2.3 Registrierung von Ereignisklassen und Subskribenten

Wie bereits erwähnt bildet eine Ereignisklasse die zentrale Komponente, die eine Entkopplung von Produzent und Subskribenten ermöglicht. Die Registrierung von Ereignisklassen erfolgt entweder durch Aufruf der Methoden ICOMAdminCatalog::InstallEventClass bzw. ICOMAdminCatalog::InstallMultipleEventClasses oder durch Benutzung einer graphischen Administrationsoberfläche (Abbildung 4.10).

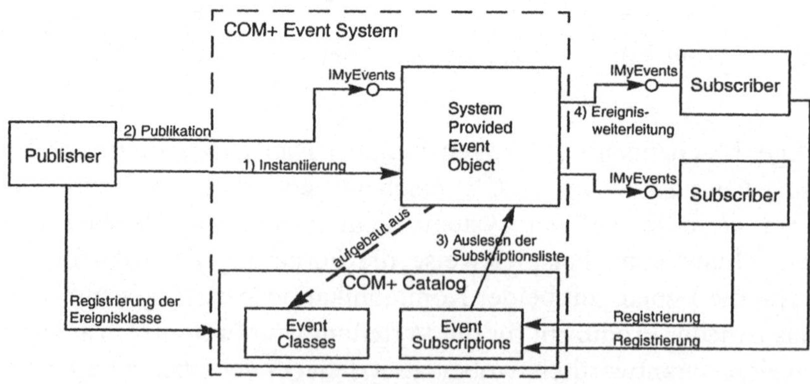

Abb. 4.9: Lose Kopplung im 'Component Object Model'

In beiden Fällen werden Ereignisklassen als Komponenten einer COM^+-Anwendung dem System in Form einer Programmbibliothek bekannt gemacht. Anzumerken ist an dieser Stelle, dass die Implementierung einer Ereignisklasse vollkommen unwichtig ist, da das System lediglich an der Schnittstelle der Klasse interessiert ist. Eine Implementierung wird von jedem Subskribenten spezifisch für die jeweiligen Bedürfnisse vorgenommen. Dazu erfolgt analog zur Registrierung von Ereignisklassen die Registrierung von Komponenten, welche die Schnittstelle einer Ereignisklasse vollständig oder jeweils nur einzelne Methoden daraus implementiert. Grundsätzlich können drei Arten von Subskriptionen unterschieden werden ([MSC00c]):

- *Persistente Subskriptionen:* Persistente Subskriptionen sind unabhängig von der Lebenszeit der korrespondierenden Subskribentenapplikation und überleben einen Systemneustart. Im Fall einer Publikation erzeugt das Eventsystem gegebenfalls eine neue Instanz der zugeordneten Subskribentenkomponente.

- *Transiente Subskriptionen:* Transiente Subskriptionen sind an ein konkretes Objekt gebunden und verschwinden, falls entweder das Subskribentenobjekt terminiert oder das COM^+-Eventsystem gestoppt wird.

- *Benutzerorientierte Subskriptionen:* Benutzerorientierte Subskriptionen werden nur dann aktiviert, falls der einer Subskription zugeordnete Benutzer auch tatsächlich am System angemeldet ist.

Sowohl Ereignisklassen als auch registrierte Subskriptionskomponenten werden vom Eventsystem im COM^+-Katalog ('*COM$^+$ catalog*') abgelegt (Abbildung 4.9). Registrierte Ereignisklassen dienen dann zur Laufzeit als Ziel einer Publikation. Registrierte Subskriptionskomponenten werden herangezogen, um über eine Weiterleitung von Ereignissen an die jeweiligen Komponenten zu entscheiden (Abschnitt 4.2.4).

Abbildung 4.10 zeigt die Konfiguration einer Beispielanwendung (angelehnt an [Plat99]), welche durch die Schnittstelle IStockEventCls bestehend aus zwei Methoden neue Aktiensymbole publiziert (NewStockListed) bzw. eine manuelle Änderung eines Aktienkurses an einen Subskribenten weiterleitet (StockPriceChanged), der die Preisänderung in einem Textfenster mitteilt ((1) in Abbildung 4.10). Das Registrieren der Ereignisklasse StockEventClass.StockEventCls resultiert in einer COM^+-Komponente bestehend aus der zuvor genannten Schnittstelle ((2) in Abbildung 4.10). Analog zu einer Ereignisklasse wird ein COM^+-Objekt (StockSubscriber.Class1) als Teil einer – in diesem Beispiel der gleichen – COM^+-Anwendung PubSub-Demo ebenfalls als COM^+-Komponente registriert. Diese Komponente besitzt eine Implementierung der beiden Schnittstellen _Class1 von – in diesem konkreten Fall nicht vorhandenen – klassenspezifischen Methoden und IStockEventCls von Methoden der zuvor registrierten Ereignisklasse.

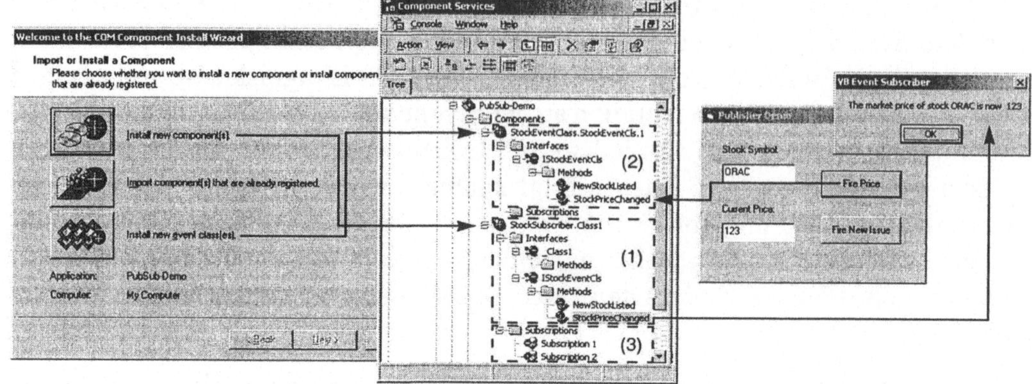

Abb. 4.10: Graphische Administration von COM$^+$-Ereignis- und Subskribentenklassen

Des Weiteren finden sich in diesem Szenario bereits zwei registrierte Subskriptionen ((3) in Abbildung 4.10), welche sich auf die Komponente StockSubscriber.Class1 beziehen. Es gilt anzumerken, dass sowohl mehrere Subskriptionen pro Subskriptionsklasse als auch mehrere Subskriptionsklassen in unterschiedlichen COM$^+$-Anwendungen mit Bezug auf die gleiche Ereignisklasse existieren können. Weiterhin ist erwähnenswert, dass die Konstruktion einer schnittstellenbasierten Kopplung den Vorteil bietet, dass ein Produzent zum Zeitpunkt der Subskription nicht notwendigerweise gestartet sein muss. Ist andererseits ein Konsument beim Auftreten eines von ihm subskribierten Ereignisses nicht aktiv, so wird die entsprechende COM$^+$-Applikation vom System automatisch gestartet.

4.2.4 Publikation und Filterung von Ereignissen

Der Aufwand einer vorangehenden Registrierung der einzelnen Komponenten resultiert in einer extrem einfachen Vorgehensweise bei der Durchführung einer Publikation. In einem initialen Schritt erzeugt ein Produzent durch Aufruf normaler Instantiierungsmethoden wie CoCreateInstance ein Objekt aus einer synthetisierten Klassenbeschreibung basierend auf der zuvor registrierten Ereignisklasse ('*system provided event object*'; Abbildung 4.9). Die eigentliche Publikation erfolgt dann durch Aufruf der entsprechenden Methode an diesem Objekt. Als Ergebnis wird dem Produzent mitgeteilt, ob das Ereignis allen Subskribenten erfolgreich zugestellt wurde, ob die Zustellung bei einigen oder allen Subskribenten fehlgeschlagen ist bzw. ob keine Subskribenten auf das Ereignis subskribiert waren.

Eine Filterung von Ereignissen, wie sie unabdingbar für eine effiziente Kopplung von Teilsystemen ist, kann in COM$^+$ sowohl auf Seiten des Produzenten als auch auf Seiten des Subskribenten vorgenommen werden.

Filterung auf Seiten des Subskribenten

Die einfachste Art der Filterung von Ereignissen ist die Verwendung der graphischen Administrationsschnittstelle. Jeder registrierten Subskription kann ein Filterausdruck zugewiesen werden, welcher sich auf die in den Komponenten verwendeten Variablen bezieht. Abbildung 4.11 zeigt den Dialog, um die Aktienwerte auf die Symbole einzuschränken, welche nicht 'MSFT' entsprechen.

Die Einfachheit der Formulierung subskriptionsbasierter Filterausdrücke hat jedoch den Preis der geringen Ausdrucksmächtigkeit, da sich ein Filterausdruck auf alle Publikationen unabhängig von der gewählten Methode bezieht. Im obigen Fall bedeutet dies, dass weder MSFT-Aktien neu angemeldet (NewStockListed), noch deren Kurse von Subskribenten empfangen werden können (StockPriceChanged). Eine methodenspezifische Filterung würde eine Registrierung von zwei unabhängigen Subskriptionskomponenten erzwingen, in welcher jede Methode der Schnittstelle isoliert für sich implementiert werden müsste.

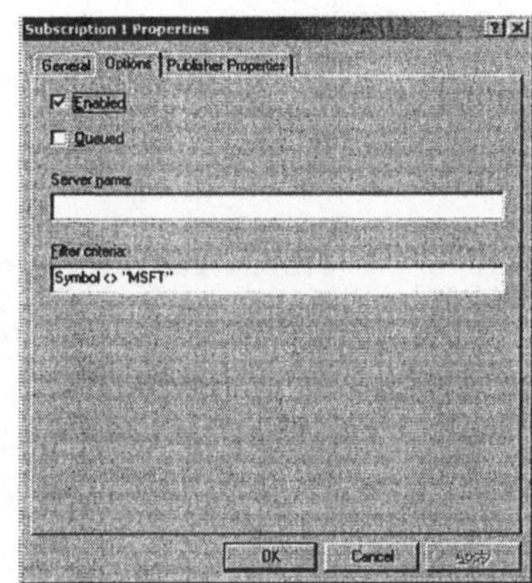

Abb. 4.11: Filterausdruck in COM$^+$

Filterung auf Seiten des Produzenten

Während subskribentenbasierte Filterung die Annahme von Ereignissen kontrolliert, ermöglicht eine produzentenbasierte Filterung die selektive bzw. allgemein kontrollierte Auslieferung von Ereignissen. Dazu bietet COM$^+$ zwei alternative Vorgehensweisen an.

Ähnlich zum subskribentenbasierten Filtermechanismus kann ein Produzent durch Aufruf der Methode IEventControl::SetDefaultQuery an dem aus der Eventklasse synthetisierten Eventobjekt einen Filterausdruck für jede Methode hinterlegen. Analog zur subskriptionsbasierten Filterung besteht der Filterausdruck aus einem booleschen Ausdruck der Form '[not] Eigenschaft θ Wert', wobei als Operatoren θ lediglich der Test auf (Un-)Gleichheit und Ähnlichkeit (~=) zugelassen sind.

Eine weitaus mächtigere Möglichkeit der produzentenseitigen Filterung von Ereignissen kann durch das Registrieren eines zusätzlichen Filterobjektes vorgenommen werden. Wie Abbildung 4.12 zeigt, ist ein Filterobjekt ein beliebiges COM-Objekt, welches die Schnittstelle IPublisherFilter implementiert und welches der Auslieferung von Ereignissen an Subskribenten vorgeschaltet ist.

Die IPublisherFilter-Schnittstelle besteht lediglich aus zwei Methoden. Die Methode Initialize() eines Filterobjektes wird bei der Instantiierung des Eventobjektes aufgerufen. Ein Filterobjekt kann sich beispielsweise zu diesem Zeitpunkt vom COM$^+$-

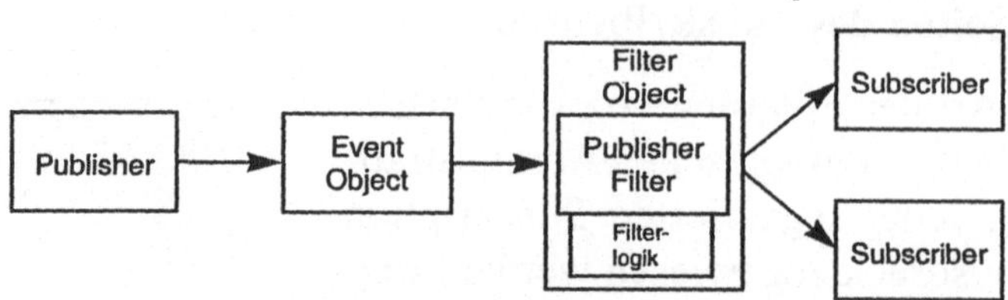

Abb. 4.12: Prinzip der produzentenbasierten Filterung in COM⁺

Eventsystem eine Liste der an dem korrespondierenden Eventobjekt registrierten Subskribenten verschaffen, um eine selektive Auslieferung zu implementieren. Die zweite Methode PrepareToFire() wird vom Eventsystem am Filterobjekt aufgerufen, wenn ein Ereignis publiziert wurde und zur Auslieferung ansteht. Das Filterobjekt hat dabei Zugriff sowohl auf beliebige externe Informationen – wie beispielsweise Informationen aus einer Datenbank – aber auch auf die konkreten Parameter des publizierten Ereignisses. Die tatsächliche Auslieferung erfolgt durch Aufruf der Methode FireSubscription() an der als Parameter übergebenen Schnittstelle IEventControl beim jeweiligen PrepareToFire()-Aufruf.

4.2.5 Zusammenfassung

Das von Microsoft entwickelte 'Component Object Model' bildet eine solide Basis für die Entwicklung großer verteilter, jedoch realistischerweise auf Windows-Plattformen reduzierter Anwendungssysteme. Mit der Einführung von COM⁺ bietet dieses Komponentenmodell auch die Grundlage für eine lose Kopplung von Teilsystemen nach dem 'Publish/Subscribe'-Entwurfsmuster. Die konsequente Weiterentwicklung des komponentenbasierten Architekturansatzes resultiert in einer produzentenorientieren Architektur. Die zentrale Komponente bildet dabei eine Eventklasse, welche die Methoden in Form einer Schnittstellendefinition spezifiziert, an welcher sich beliebig andere COM⁺-Komponenten als Subskribenten registrieren können. Für die Registrierung der jeweiligen Komponenten bietet COM⁺ ein graphisches Werkzeug an, welches eine extrem einfache Administration ermöglicht. Die Filterung von Ereignissen kann entweder auf Seiten der Subskribenten oder auf Seiten der Produzenten erfolgen. Produzentenorientierte Filterung kann durch ein eigenständiges Filterobjekt vorgenommen werden. Da derartige Filterobjekte als reguläre COM⁺-Objekte eine beliebige Logik realisieren können, bietet COM⁺ nahezu unbegrenzte Filterungsmöglichkeiten. Diese Freiheit muss andererseits natürlich durch eine spezifische Implementierung erkauft werden. Eine Systemunterstützung, wie sie durch einfache Filterausdrücke zusätzlich realisiert ist, muss als nicht ausreichend bewertet werden. Des Weiteren muss kritisch die Verletzung der Anonymität (Abschnitt 2.4) beim Einsatz von Filterobjekten auf Grund der Möglichkeit des Abrufs der jeweils registrierten Subskribenten diskutiert werden.

Im Vergleich zu CORBA ist der Ansatz zur losen Kopplung von Teilsystemen aus konzeptioneller Sicht deutlich schwächer. Spezifikationen wie Dienstgüte etc. sind in COM$^+$ nicht zu finden. Andererseits muss COM$^+$ zugestanden werden, dass eine kostenlose Implementierung des COM$^+$-'*Publish/Subscribe*'-Moduls im Betriebssystem Windows 2000 enthalten ist, die für ein breites Spektrum von Anwendungen sicherlich ausreichen dürfte. Darüber hinaus ist die weite Verbreitung und die direkte Integration in das systemweite Komponentenmodell und die damit einhergehende hohe Wiederverwendung bereits existierender COM$^+$-Objekte als positiv zu werten.

4.3 Oracle Advanced Queuing

Bereits zu Beginn der Aufarbeitungen wird eine Schichtenarchitektur vorgestellt, anhand welcher eine Diskussion unterschiedlicher Ansatzpunkte zur Realisierung eines Subskriptionssystems vorgenommen wird. Auf unterster Schicht ist dabei der Einsatz eines Warteschlangensystems eingeordnet, welches eine asynchrone und unidirektionale Kommunikation zwischen zwei Teilsystemen erlaubt. Eine Vielzahl von Produkten ('*Microsoft Message Queue*'; ([Gunv00]), '*IBM MQseries*'; ([IBM01c]), '*Encina Distributed Transaction Processing System*'; [IBM01f]) stellen einen derartigen Mechanismus zur Verfügung, der darüberliegenden Schichten einen Dienst anbietet, der transaktionale Eigenschaften wie zugesicherte Auslieferung von Nachrichten einschließt. Das Prinzip der Kommunikation über persistente Warteschlangen ist dabei so einfach wie erfolgreich: Ein Produzent fügt eine Nachricht einer Warteschlange an und der Adressat entnimmt diese Nachricht wieder. Dabei kann zwischen dem Einbring- und Entnahmevorgang eine beliebige Zeitspanne verstreichen. Im Extremfall können die Lebenszeiten der beiden kommunizierenden Partner überlappungsfrei sein, so dass weder der Konsument beim Einbringen noch der Produzent bei der Entnahme aktiv sein muss. Das '*Advanced Queuing*'-Modul der Firma Oracle ('*Oracle-AQ*' bzw. '*OAQ*') integriert einen Warteschlangenmechanismus in das Datenbanksystem Oracle 8i, welcher zusätzlich für Subskriptionssysteme direkt nutzbare Erweiterungen aufweist. Die Vorteile, die sich aus einer direkten Integration eines Warteschlangensystems in ein Datenbanksystem ergeben, und die für den Aufbau von Subskriptionssystemen relevanten Aspekte werden in den folgenden Abschnitten diskutiert.

4.3.1 Subskriptionsunterstützung im Oracle 'Advanced Queuing'

Die Popularität der nachrichtenbasierten Kommunikation zwischen lose gekoppelten Systemen erfordert aus vielen Gründen eine enge Integration mit Datenbanksystemen ([Gawl98], [Gawl99]). So muss beispielsweise das Erzeugen und Verbrauchen von Nachrichten vorgegebenen Integritätsbedingungen genügen, welche insbesondere weder durch System- noch durch anderweitige Fehler verletzt werden dürfen. Entsprechend bietet sich einerseits ein Datenbanksystem mit transaktionaler Semantik als Basisdienst zur nachrichtenbasierten Kopplung an. Eine direkte Integration von nachrichtenbasierten Warteschlangensystemen in ein Datenbanksystem verspricht eine Vielzahl von Vorteilen ([Gawl98]):

- Direkte Transaktionsunterstützung ohne Mehraufwand für die Unterstützung externer Anwendungen

- Integriertes Speichermanagement

- Automatische Wiederherstellung nach System- oder sonstigen Fehlern

- Verbleib von Nachrichten zum Archivieren und Durchführen von Nachrichten übergreifenden Analysen

Das *Advanced Queuing*-Modul ([Orac99]) bietet als Teil des Datenbanksystems Oracle 8i nicht nur einen Dienst zur asynchronen Kopplung genau zweier Anwendungen an, sondern stellt darüber hinaus eine Funktionalität zur Verfügung, welche als Basisdienst für Subskriptionssysteme dienen kann:

- Nachrichten können nicht nur von exakt einer Anwendung, sondern von mehreren Anwendungen parallel konsumiert werden.

- Neben einer expliziten Adressierung durch Angabe der Adressaten wird ein implizites Adressierungsmodell über Subskriptionen in Kombination mit einem einfachen Regelsystem unterstützt.

- Die OCI-Schnittstelle (*'Oracle Call Interface'*; [Orac01e]) erlaubt die Registrierung einer Funktion einer Konsumentenanwendung, welche beim Eintreffen einer Nachricht nach dem Prinzip eines Rückrufs aufgerufen wird (*'Callback'*-Semantik).

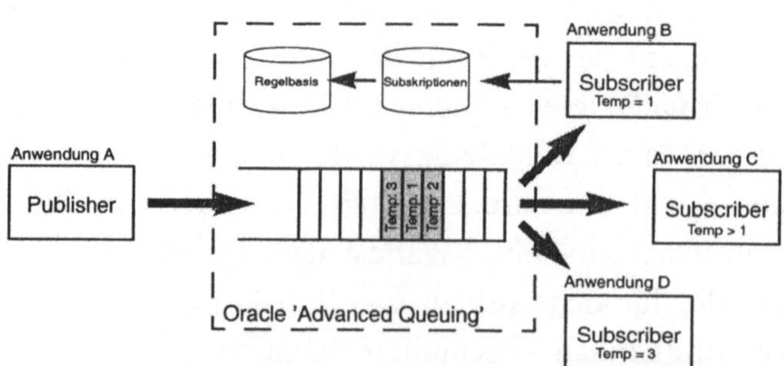

Abb. 4.13: Logische Architektur des Oracle 8i 'Advanced Queuing'-Moduls

Abbildung 4.13 fasst die jeweiligen Komponenten einer Oracle-'*Advanced Queuing*'-Konfiguration nochmals zusammen. Am konkreten Beispiel hat eine Anwendung A Nachrichten mit unterschiedlichen Temperaturangaben publiziert. Registrierte Subskribenten weisen jeweils unterschiedliche Regeln zur Filterung der Nachrichten auf. So wird die Nachricht mit Temp = 3 sowohl an Anwendung C als auch an Anwendung D weitergeleitet bzw. zur Abholung bereitgestellt. Registrierte Subskriptionen und die entsprechenden Filterausdrücke werden direkt im Oracle-Systemkatalog verwaltet. Somit bietet Oracle AQ eine vollständige Infrastruktur an, welche sowohl eine regelbasierte Filterung als auch eine push-basierte Auslieferung (Abschnitt 2.3.2) von Nachrichten ermöglicht.

4.3.2 Definition von Warteschlangen

Grundsätzlich werden Warteschlangen ('*queues*') im Oracle AQ in speziellen Relationen ('*queue tables*') abgelegt. Dabei kann eine derartige Relation als Container für mehrere Warteschlangen mit gleichem Schema dienen. Neben den anwendungs-definierten Warteschlangen wird vom System automatisch eine zusätzliche Warteschlange zur Aufnahme von Nachrichten in Ausnahmesituationen angelegt. Derartige Ausnahmewarteschlangen ('*exception queue*') nehmen beispielsweise Nachrichten auf, deren Entnahme fehlgeschlagen ist oder die innerhalb ihrer Lebenszeit nicht entnommen worden sind.

Die Schnittstelle zum Oracle AQ ist entweder über eine Java-Klassenbibliothek oder als Menge von PL/SQL-Prozeduren ([Orac01f]) realisiert. Die Beschreibung der Funktionalität des '*Advanced Queuing*'-Moduls orientiert sich im Folgenden an der PL/SQL-Schnittstelle, welche hinsichtlich der Funktionalität in zwei Kategorien eingeteilt ist:

* DBMS_AQADM: Prozeduren zur Verwaltung von Warteschlangen

* DBMS_AQ: Prozeduren zum Umgang mit Warteschlangen aus Sicht der Anwendungen

Das Erzeugen einer Relation zur Aufnahme von Warteschlangen erfolgt durch Aufruf der Prozedur dbms_aqadm.create_queue_table(). Dabei wird eine Bezeichnung der Warteschlange und ein Typ der zu verwaltenden Nachrichten angegeben. Folgendes Beispiel legt eine Warteschlangentabelle für einen kompositen Typ an, für welche der Zugriff von mehreren Verbrauchern auf eine einzelne Nachricht freigeschalten wird:

```
CREATE TYPE Message_typ AS OBJECT (
    Subject              VARCHAR(20),
    Text                 VARCHAR(80));
EXECUTE dbms_aqadm.create_queue_table(
```

```
Queue_table              => 'MultiConsumerMsgs_qtab',
Multiple_consumer        => TRUE,
Queue_payload_type       => 'Message_typ');
```

Analog erfolgt das Erzeugen einer Warteschlange durch Aufruf der Prozedur dbms_aqadm. create_queue():

```
EXECUTE dbms_aqadm.create_queue(

    Queue_name           => 'MultiConsumerMsg_queue',
    Queue_table          => 'MultiConsumerMsgs_qtab');
```

Nicht persistente Warteschlangen, die eine Auslieferung lediglich nach einer '*BestEffort*'-Methode realisieren, werden durch einen Aufruf der Prozedur dbms_aqadm. create_np_queue() erzeugt.

Über Parameter kann gesteuert werden, wie oft beispielsweise versucht werden darf, eine Nachricht zu löschen, bevor sie in die Ausnahmewarteschlange verschoben wird (max_retries). Der Parameter retry_delay gibt die Zeitspanne an, nach welcher eine Anwendung erneut versuchen kann, eine Nachricht zu entnehmen. Über den Parameter retention_time schließlich kann gesteuert werden, wie lange die Nachricht physisch in der Warteschlange enthalten bleibt, nachdem sie logisch von einer Anwendung entnommen worden ist. Der Standardwert 0 impliziert eine physische Löschung direkt nach einer logischen Entnahme. Der Wert INFINITE hingegen verhindert eine physische Löschung. Warteschlangen und alle logisch zugeordneten Nachrichten werden durch die Prozedur dbms_aqadm.drop_queue() aus dem System entfernt.

Das Aktivieren einer Warteschlange muss explizit durch dbms_aqadm.start_queue() vorgenommen werden. Dabei können unabhängig voneinander die Operationen zum Anfügen und zur Entnahme freigeschaltet werden. So wird eine deaktivierte Warteschlange wie folgt nur zur Entnahme aktiviert:

```
EXECUTE dbms_aqadm.start_queue(

    Queue_name           => 'MultiConsumerMsg_queue',
    Dequeue              => TRUE,
    Enqueue              => FALSE);
```

Analog wird durch dbms_aqadm.stop_queue() eine aktive Warteschlange gestoppt; wiederum kann die Anfüge- und die Entnahmeoperation unabhängig voneinander (de-)aktiviert werden.

```
EXECUTE dbms_aqadm.stop_queue(

    Queue_name           => 'MultiConsumerMsg_queue',
    Dequeue              => TRUE,
    Enqueue              => FALSE);
```

Neben diesen Grundoperatoren zur Verwaltung von Warteschlangen bietet Oracle AQ noch eine Vielzahl von Operatoren an, die sich auf die Vergabe von Privilegien bzw. auf die Propagierung von Nachrichten zu Warteschlangen auf entfernten Rechnern beziehen. Auf die Darstellung derart technischer Details wird an dieser Stelle jedoch bewusst verzichtet.

4.3.3 Einbringen von Nachrichten

Beim Anfügen einer Nachricht an das Oracle-AQ-System kann zwischen expliziter und impliziter Adressierung unterschieden werden. Im Fall der expliziten Adressierung gibt der Produzent der Nachricht eine Liste von Empfängeradressen bzw., falls die Option Multiple_consumer beim Erstellen der Warteschlange nicht aktiviert worden ist, eines einzelnen Empfängers an. Im Fall der impliziten Adressierung wird die Nachricht an alle an der Warteschlange registrierten Subskribenten ausgeliefert (sofern natürlich die Filterbedingung eine Auslieferung nicht unterdrückt). Eine explizite Adressierung überschreibt dabei eine durch Subskriptionen vorgenommene implizite Adressierung. Liegt weder eine Subskription noch eine explizite Adresse vor, wird der Einbringvorgang mit einer Fehlermeldung abgebrochen.

Bekannt gegeben wird eine Subskription dem System über einen Aufruf von dbms_aqadm.add_subscriber():

```
DECLARE
        subscriber sys.aq$_agent;
BEGIN
        subscriber := sys.aq$_agent('Subskription1', 'aq.msg_queue', null);
        dbms_aqadm.add_subscriber(
                Queue_name        => 'MultiConsumerMsg_queue',
                Subscriber        => subscriber,
                Rule              => 'priority < 2 and
                                tab.user_data.Subject = "eBusiness" ');
END;
```

Die Syntax der Filterregel entspricht dabei im Wesentlichen der Syntax einer SQL WHERE-Klausel innerhalb einer SELECT-Anweisung, wobei auf Attribute des jeweils zu Grunde liegenden Warteschlangenschemas Bezug genommen werden kann. Weitere fest vorgegebene Filterkriterien finden sich beispielsweise im Kontext einer Prioritätensteuerung über das Attribut priority. Dabei kann die Priorität beim Anfügen einer Nachricht zusätzlich spezifiziert werden. Folgende SQL-Anweisung bringt eine Nachricht mit einer Priorität von 30 in eine Warteschlange ein:

```
DECLARE
        enqueue_options              dbms_aq.enqueue_options_t;
        message_properties           dbms_aq.message_properties_t;
        message_handle               RAW(16);
        message                      aq.Message_typ;
BEGIN
        message := Message_typ('eBusiness', 'is crucial for success');
        message_properties.priority := 30;
        DBMS_AQ.ENQUEUE(
            Queue_name               => 'MultiConsumerMsg_queue',
            Enqueue_options          => enqueue_options,
            Message_properties       => message_properties,
            Payload                  => message,
            Msgid                    => message_handle);
    END;
```

Neben einer Prioritätsangabe können durch Parametrisierung von Nachrichten-
eigenschaften (dbms_aq.message_properties_t) zusätzliche Charakteristika der jeweiligen Nachrichten gesetzt werden. So kann beispielsweise beim Einbringen einer Nachricht angegeben werden, mit welcher Verzögerung (delay) bzw. nach Ablauf welcher Frist (expiration) die Nachricht zur bzw. nicht mehr zur Entnahme zur
Verfügung steht.

4.3.4   Entnahme von Nachrichten

Die Entnahme von Nachrichten kann in Oracle AQ auf *'push'*- und *'pull'*-basierte
Weise erfolgen. In der *'Pull'*-Variante wird von dem Konsumenten durch Nutzung
der Methode dequeue() eine Nachricht entnommen. Die folgende SQL-Anweisung
entnimmt die erste Nachricht aus der angegebenen Warteschlange und gibt den Inhalt auf der Standardausgabe aus:

```
DECLARE
        dequeue_options          dbms_aq.dequeue_options_t;
        message_properties       dbms_aq.message_properties_t;
        message_handle           RAW(16);
        message                  aq.message_typ;
BEGIN
        DBMS_AQ.DEQUEUE(
            Queue_name           => 'MultiConsumerMsg_queue',
            Dequeue_options      => dequeue_options,
            Message_properties   => message_properties,
            Payload              => message,
            msgid                => message_handle);
        DBMS_OUTPUT.PUT_LINE ('Message: ' || message.subject ||' ... ' ||
message.text );
END;
```

Analog zum Einbringen kann die Semantik der Entnahmeoperation durch Parameter (zusammengefasst in der Struktur dequeue_options) weitgehend konfiguriert werden. So bestimmt die Eigenschaft dequeue_mode, ob die Nachricht lediglich gelesen ('browse') oder zusätzlich mit einer Schreibsperre für die Dauer der umgebenden Transaktion belegt wird ('locked'); die Nachricht wird dabei jedoch weder physisch noch logisch entnommen. Die Standardeinstellung 'remove' liest und löscht eine Nachricht logisch. Diese bleibt jedoch, abhängig von globalen Einstellungen, physisch in der Warteschlange erhalten. Analog verhält sich der Parameter remove_nodata, wobei zusätzlich auf eine Übermittlung der Nachricht an das Anwendungsprogramm des Lesers verzichtet wird.

Ist beispielsweise keine Nachricht, welche einer geforderten Filterselektion genügt, im System vorhanden, blockiert ein Aufruf der Prozedur dbms_aq.dequeue() den potentiellen Empfänger. Über den Parameter wait wird dem Aufrufer jedoch die Möglichkeit gegeben, eine maximale Wartezeit festzulegen. Der Wert 0 bewirkt dabei eine nicht blockierende Semantik des Aufrufs. Als darüber hinausgehende Funktionalität bietet Oracle AQ einen 'Listen'-Mechanismus (dbms_aq.listen()) an, welcher das Warten auf eintreffende Nachrichten an mehreren Warteschlangen erlaubt. Der Aufruf von dbms_aq.listen() im folgenden SQL-Programmfragment blockiert die Programmausführung so lange, bis eine Nachricht entweder für Subskription 1 in der Warteschlange aq.msg_queue1 oder für Subskription 2 in aq.msg_queue2 zur Entnahme bereitsteht und mittels dbms_aq.dequeue() abgeholt werden kann:

```
DECLARE
        Agent_w_msg                 aq$_agent;
        My_agent_list               dbms_aq.agent_list_t;

BEGIN
        My_agent_list(1) := aq$_agent('Subskription1', 'aq.msg_queue1', NULL);
        My_agent_list(2) := aq$_agent('Subskription2', 'aq.msg_queue2', NULL);
        DBMS_AQ.LISTEN(
                Agent_list          => My_agent_list,
                Agent               => agent_w_msg);
        DBMS_OUTPUT.PUT_LINE('Nachricht in:' || agent_w_msg.address);
END;
```

Neben der verbrauchergetriebenen Entnahme ermöglicht Oracle durch Nutzung der OCI-Schnittstelle (*'Oracle Call Interface'*) eine asynchrone, produzentengetriebene Auslieferung von Nachrichten durch Notifikationen (*'Push'*-Modell; Abschnitt 2.3.2). Dabei registriert eine Applikation in einem ersten Schritt eine Rückruffunktion (*'callback function'*) unter Benutzung der Prozedur OCISubscriptionRegister(). Daraufhin kann sich die Anwendung vollständig vom Datenbanksystem trennen (OCISessionEnd() und OCIServerDetach()). Steht eine adäquate Nachricht zur Auslieferung an die Applikation an, so wird die zuvor registrierte Funktion vom Datenbanksystem aufgerufen. Für eine detaillierte Ausführung zur Realisierung asynchroner Notifikationen wird an dieser Stelle jedoch auf [Orac01e] und [Orac99] verwiesen, wo sich neben allgemeinen Informationen auch ausführliche Beispiele finden.

4.3.5   TIB/Rendezvous

Eigentlich gebührt dem System *'TIB/Rendezvous'* der Firma Tibco ([Tipc00]) eine explizite Behandlung außerhalb der Aufarbeitung von Oracle AQ, da es als eines der ersten Systeme im kommerziellen Umfeld eine nachrichtenbasierte Kopplung unabhängiger Teilsysteme zum Aufbau unternehmensweiter Anwendungen insbesondere unter dem Blickpunkt der Echtzeitverarbeitung und permanenten Verfügbarkeit ermöglicht ([OPSS93]). Die aktuelle Version 6 der TIB/Rendezvous Software weist mit weltweit über 1000 Installationen immer noch eine solide Basis auf, erfährt jedoch auf Grund der engen Kopplung mit dem Oracle-AQ-System an dieser Stelle eine kurze Erwähnung.

Der von *'TIB/Rendezvous'* realisierte Dienst erlaubt die Nutzung unterschiedlicher Dienstgütestufen bei der Auslieferung von Ereignissen. So kann je nach Anforderung zwischen zuverlässiger, garantierter und transaktional geschützter Auslieferung gewählt werden, so dass eine deutliche Vereinfachung bei der Entwicklung unternehmenskritischer Anwendungen ermöglicht wird ([Chan98]). Neben Programmbibliotheken zur Entwicklung spezialisierter Anwendungsprogramme bietet Tibco eine bidirektionale Kopplung von *'TIBCO/Rendezvous'* mit Oracle AQ an. Innerhalb einer Transaktion ist sowohl die Entnahme von Nachrichten aus dem AQ-System und eine Einspeisung in das TIBCO-System als auch der umgekehrte Weg möglich, so dass beispielsweise TIBCO als transaktional arbeitende Verbindung zwischen zwei AQ-basierten Systemen eingesetzt werden kann. Abbildung 4.14 skizziert den Einsatz von *'TIB/Rendezvous'*-Komponenten in einem derartigen Szenario. Die Programmbibliotheken, welche die lokalen (Teil-)Anwendungen zur Kommunikation nutzen, sind auf eine Vielzahl unterschiedlicher Systeme portiert, so dass eine Anwendungsentwicklung über Plattformgrenzen hinweg möglich ist.

4.3.6   Zusammenfassung

Durch die enge Integration von persistenten Warteschlangen in das relationale Datenbanksystem Oracle 8i ist es gelungen einen mächtigen Basisdienst zur entkoppelten Kommunikation zu realisieren. Dabei sind insbesondere die Erweiterungen erwähnenswert, die eine Subskriptionsunterstützung ermöglichen: indirekte Adressierung über einen Filterausdruck, Warteschlangen, die zwischen logischer und physischer Entnahme unterscheiden und somit mehrere Konsumenten für eine Nachricht erlauben, und schließlich die Möglichkeit der asynchronen Notifikation durch Nutzung der OCI-Schnittstelle.

4.4 Triggerunterstützung in SQL99

Als Vertreter der dritten Kategorie von Basisdiensten (Abbildung 3.3 auf Seite 51) wird in diesem Abschnitt die Thematik der aktiven Datenbanksysteme aufgegriffen, wobei der Schwerpunkt nicht auf einer vollständigen Aufarbeitung des Themengebietes liegt, sondern sich die Darstellung an den Aspekten orientiert, die für einen Aufbau von Subskriptionssystemen von Interesse sind. So erfolgt neben einer prägnanten Ausführung allgemeiner Regelbearbeitungssemantiken insbesondere die Darstellung der Spezifikation aktiver Funktionalität durch Trigger in SQL99 ([EiMe99]).

4.4.1 Aktive Datenbanksysteme

Das klassische Verarbeitungsprinzip im Bereich der Datenbanksysteme folgt dem Grundsatz der Reaktion, nach welchem das System einen konsistenten Ausschnitt der in der Datenbank reflektierten Miniwelt als Antwort auf eine vom Benutzer formulierte Anfrage zurückliefert. Die grundlegende Idee aktiver Datenbanksysteme besteht nun darin, den Grundsatz der Reaktion durch aktive Funktionalität zu ergänzen. Diese Idee, bereits in [Morg83] und [StHP88] geäußert, wurde erstmals mit der Einführung des ECA-Regelmodells (Abschnitt 4.4.2) und einer entsprechenden Implementierung im HiPac-System ([DBB+88], [McDa89]) realisiert. In den folgenden Jahren wurde eine Vielzahl von aktiven Datenbanksystemen entwickelt, die

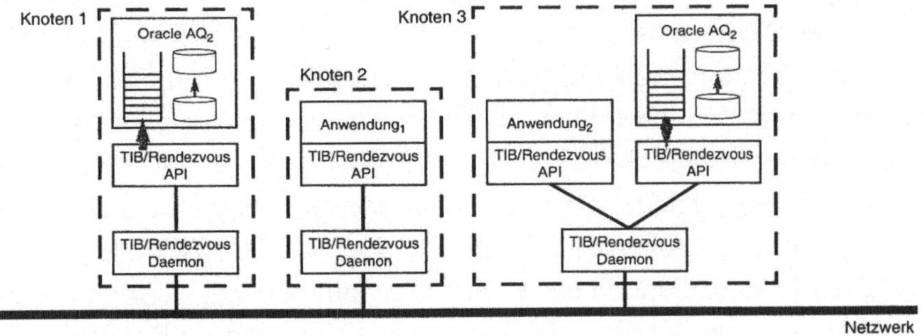

Abb. 4.14: TIB/Rendezvous-Komponenten als Oracle-AQ-Verbindung

sich hinsichtlich des zu Grunde liegenden Datenmodells, aber insbesondere hinsichtlich der Auslegung des Regelmodells unterscheiden. Ohne auch nur im Geringsten den Anspruch auf Vollständigkeit erheben zu wollen, sei an dieser Stelle auf objektorientierte Datenbanksysteme wie Samos ([GaDi92]/[GaGD95]) oder ODE ([GeJS92b]) bzw. allgemeine objektorientierte Betrachtungen ([BZBW95], [ZBB+96], [GeJS92a]) verwiesen. Basierend auf dem relationalen Datenmodell wurden passive Systeme wie beispielsweise Postgres ([StKe91]) oder Starburst ([LLPS91], [SPAM91]) um aktive Funktionalität erweitert ([SiKM92]) oder vollständig neu konzipiert (z.B. Ariel; [HCD+98] oder PHASME; [AnOn98a], [AnOn98b]). Inzwischen weist (fast) jedes kommerziell vertriebene relationale Datenbanksystem (z.B. Oracle ([Orac01a]) oder IBM DB2/UDB ([IBM01a])) eine Erweiterung um aktive Funktionalität auf. Mit SQL99 wurde schließlich eine Standardisierung der Triggerspezifikation vorgenommen (Abschnitt 4.4.3).

Prinzipiell lässt sich der Anwendungsbereich von aktiven Mechanismen in Datenbanksystemen in zwei große Klassen einteilen: Abbildung von Anwendungslogik und deren Repräsentation nicht im Anwendungsprogramm, sondern in der Datenbank und Durchführung einer erweiterten Konsistenzüberprüfung und -sicherung innerhalb der Datenbank selbst. [ABJZ96] gibt einen kritischen Überblick über den ersten Anwendungsbereich, während in [SiKo95] ein ebenfalls kritischer Rückblick auf die Entwicklung und den Einsatz aktiver Datenbanktechnologie im Allgemeinen vorgenommen wird. In diesem Rahmen wird insbesondere darauf hingewiesen, dass aktive Mechanismen überwiegend in dem zuletzt genannten Anwendungsbereich der Wahrung der Datenbankkonsistenz eingesetzt werden.

Da die Aufarbeitung stets vor dem Hintergrund der Unterstützung von Subskriptionssystemen erfolgt, wird in den folgenden beiden Abschnitten lediglich eine Einführung in allgemeine Konzepte aktiver Datenbanktechnologie ohne Anspruch auf Vollständigkeit vorgenommen und auf eine Vielzahl von Beiträgen und Büchern wie [WiCe96], [PaDi99], [DiGa00], [Pato98], [PiVi98], [PCF+95], [DaHW95] verwiesen. Ziel der Darstellung im Rahmen dieses Buches ist, wesentliche Konfliktpunkte herauszuarbeiten und zu diskutieren, inwieweit sie im Subskriptionskontext von Bedeutung sind. Somit erfolgt auch ein Verzicht auf weitergehende Betrachtungen wie unterschiedliche Anwendungsgebiete ([DoDr95], [AAA+99], [ACM+99], [PiCh99], [KNHH94], [KuÖz98]), zusammengesetzte Ereignisse und deren temporale Semantiken ([CKAK94], [GeJS92b], [MoZa97], [SiWo95], [EtGS94], [HaNo99]), der Problembereich der Behandlung allgemeiner Terminierungsaussagen ([LeLi97]) oder die Syntax- und Semantikspezifikation im Rahmen von Metamodellen ([ZiMU97], [CoVG98]).

4.4.2   Eigenschaften eines aktiven Datenbanksystems

Im Beitrag von [DiGG95] werden unter dem Titel *'The Active Database Management System Manifesto'* eine Vielzahl von Eigenschaften genannt, welche ein aktives Datenbanksystem aufzuweisen hat. Die vier aus der Perspektive der Unterstützung von Subskriptionssystemen wichtigsten Anforderungen werden im Folgenden basierend auf [DiGG95], [DiGa00] und [Ceri92] allgemein diskutiert und anschließend die Reflexion in der SQL-Datenbankanfragesprache aufgezeigt.

Regelmodell

Ein Regelmodell stellt die Grundlage eines jeden aktiven Systems dar. Überlicherweise wird das erstmalig von [McDa89] eingeführte ECA-Modell verwendet. Grundsätzlich muss ein ECA-Regelmodell die Definition von Ereignistypen (*'event'*), Bedingungen (*'condition'*) und Aktionen (*'action'*) umfassen.

- *'Event' (E):* Allgemein wird ein Ereignis als ein *'happening of interest'* ([GeJS92b]) bezeichnet, dem ein Ereigniszeitpunkt zugeordnet werden kann. Jedes Ereignis hat einen Ereignistyp, in welchem das Schema des Ereignisses festgehalten wird. Im Kontext von Datenbanksystemen spiegelt beispielsweise 'UPDATE OF Preis ON ArtikelRelation' einen Ereignistyp wider; die Ausführung einer Änderungsoperation bzw. die Aktualisierung eines Artikelpreises reflektiert je nach Belegung des Semantikparameters für den Bindemodus (s.u.) ein konkretes Ereignis bzw. eine konkrete Ereignisinstanz. Primitive Ereignisse können mittels Operatoren einer Ereignisalgebra (z.B. Disjunktion, Konjunktion, Sequenz) zu komplexen Ereignissen zusammengesetzt werden, wodurch sich eine beliebig komplizierte Situation für die Behandlung und Erkennung derartiger Ereignisse ergibt. Da im Kontext von Subskriptionssystemen das Publizieren einzelner Nachrichten üblicherweise als einziger (primitiver) Ereignistyp auftritt, ist eine Behandlung kompositer Ereignisse nicht notwendig und wird entsprechend nicht ausführlicher behandelt.

- *'Condition' (C):* Eine Bedingung einer ECA-Regel ist ein Prädikat über Ereignisparameter bzw. über Systemzustände, welches eine konditionelle Ausführung der Aktion einer ECA-Regel erlaubt. Ein Beispiel für eine Bedingung im Bereich der Datenbanksysteme ist die Auswertung einer Anfrage auf der zum Eintritt des Ereignisses gültigen Datenbasis. Die Bedingung gilt als erfüllt, wenn die Anfrage eine nicht-leere Ergebnismenge zurückliefert.

- *'Action' (A):* Die dritte Komponente einer ECA-Regel beschreibt die Aktion, die nach Eintritt des Ereignisses und nach erfüllter Bedingung ausgeführt wird. Grundsätzlich kann beliebige Funktionalität im Rahmen einer Aktion realisiert werden. So existieren beispielsweise Ansätze, die nach diesem Prinzip vollständige Arbeitsabläufe im Kontext des Workflow-Managements modellieren

([ToGD97]). Aktionen im Bereich der Datenbanksysteme umfassen üblicherweise die Ausführung von Einfüge- oder Modifikationsoperatoren im Kontext
erweiterter Konsistenzprüfung oder einen Aufruf benutzerdefinierter Funktionen
bei der Abbildung von Anwendungslogik.

Regelverwaltung

Als zweite wesentliche Eigenschaft, die nach [DiGG95] ein aktives Datenbanksystem aufzuweisen hat, ist die Fähigkeit der Regelverwaltung zu nennen. So wird gefordert, dass Regeln mit Mitteln der Datenbank im Systemkatalog abgespeichert
werden. Diese Verwaltung umfasst die Neudefinition, die Änderung und die Löschung von Regelbeschreibungen. Weiterhin hat eine Regelverwaltung die Funktionalität zu bieten, dass einzelne Regeln temporär aktiviert bzw. deaktiviert werden
können.

Regelausführungsmodell

Das Regelausführungsmodell bestimmt unter der Vorgabe von Semantikparame-
tern, wie die Regel konkret umgesetzt wird. Dazu muss das System die in
Abbildung 4.15 skizzierten Schritte koordinieren.

Die Funktionalität erstreckt sich dabei von der Erkennung von Ereignissen über die
Ermittlung der dadurch ausgelösten Regeln, der Durchführung der Bedingungsprüfung bis hin zur Ausführungsplanung der Aktionen im Kontext einer Konfliktauflösung. Erst im letzten Schritt folgt schließlich die eigentliche Ausführung der Aktionen. Im Einzelnen beeinflussen folgende Semantikparameter die Durchführung der
jeweiligen Schritte ([PDW+93]):

- *Bindemodus:* Der Bindemodus besagt, ob eine Regelausführung für jedes an der
  Ereignis auslösenden Operation (*'instance-oriented'*) beteiligte Datenelement
  oder einmalig für die Menge aller Datenelemente ausgeführt wird (*'set-orien-
  ted'*).

- *Kopplungsmodus:* Der Kopplungsmodus besagt, in welchem transaktionalen
  Kontext die Ausführung der Regel abläuft. Abbildung 4.16 vergleicht die klassischen Kopplungsmodi *'immediate'*, *'deferred'* und *'decoupled'* ([McDa89])
  zwischen der Transaktion der Ereignis auslösenden Operation und der Transak-

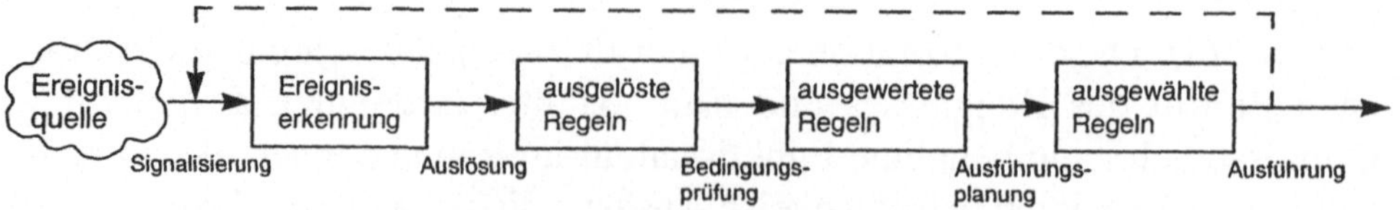

Abb. 4.15: Schritte bei der Regelausführung (nach [PaDi99])

tion für die Regelausführungsoperationen ([DiGa00]).

Sowohl im Modus *'immediate'* als auch im Modus *'deferred'* läuft die Regel in der Transaktion der Ereignis auslösenden Operation ab, wobei unterschieden wird, ob die Regel sofort nach Eintritt des auslösenden Ereignisses oder am Ende der Transaktion ausgeführt wird. Im entkoppelten Fall läuft die Regel isoliert innerhalb einer eigenen Transaktion ab, wobei sie üblicherweise den von der auslösenden Transaktion möglicherweise modifizierten Datenbestand sieht.

- *Konfliktauflösung:* Der Semantikparameter der Konfliktauflösung bestimmt die Reihenfolge, die eingehalten werden muss, falls ein Ereignis eine Vielzahl von Regelausführungen nach sich zieht. Möglichkeiten der Konfliktauflösung sind die Vergabe von Ausführungsprioritäten, das Alter seit der Erzeugung der Regel oder das Zufallsprinzip.

4.4.3 Trigger-Definition in SQL

Trigger drücken in SQL den Gegenstand aktiver Funktionalität in Datenbanksystemen aus. Obwohl, wie in Abschnitt 4.4.1 bereits ausgeführt, seit Jahren an aktiven Konzepten sowohl in der Forschung als auch in jeweils unterschiedlicher Ausprägung in kommerziellen Datenbanksystemen gearbeitet wird, wurde die Syntax und Semantik von Triggern erstmals in der SQL99-Norm ([EiMe99], [EiMe00]) standardisiert. Die folgenden Ausführungen geben einen Einblick in die Definition von Triggern am Beispiel von IBM DB2/UDB V7.1, welches die aktuelle SQL-Norm in diesem Punkt weitgehend erfüllt ([KuMC98], [CoPM96]).

Datenbanktrigger implementieren das im vorangegangenen Abschnitt erläuterte ECA-Regelmodell und werden somit im Allgemeinen benutzt, um Aktionen auszuführen, falls bestimmte Bedingungen bzgl. des Zustands einer Datenbank zutreffen ([HCH+99]). Durch das Eintreten eines Ereignisses werden nach Prüfung der optio-

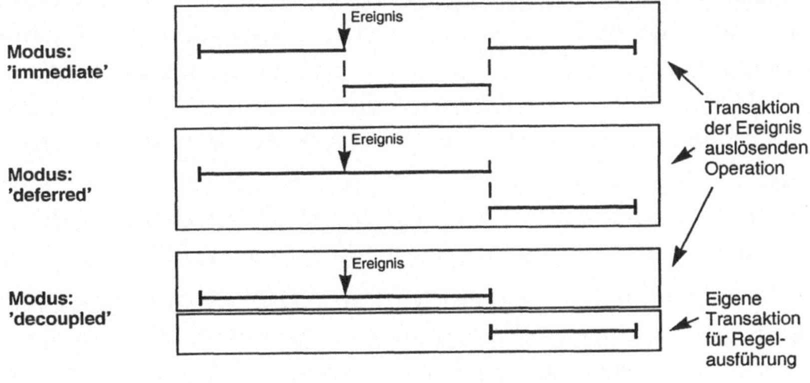

Abb. 4.16: Kopplungsmodi (nach [DiGa00])

nalen Bedingung eine Menge von Aktionen ausgeführt, wie beispielsweise die Generation bzw. Transformation von Werten für eingefügte bzw. geänderte Werte oder das Aufrufen von Datenbankfunktionen. Die Menge der Ereignisse, die Trigger feuern können, umfasst Einfüge-, Veränderungs- und Löschkommandos ('insert/update/delete') und alle in der Datenbank registrierten referentiellen Zusicherungen, die wiederum bei ihrer Verletzung ein Veränderungs- oder Löschkommando implizieren. Die folgende exemplarische Triggerdefinition Nachbestellung implementiert eine Anwendungsregel, in welcher eine Bestellung für ein bestimmtes Teil automatisch ausgeführt wird, falls nach einer Veränderung des aktuellen Lagerbestands für das jeweilige Teil der Schwellwert von 10% der maximalen Lagerkapazität unterschritten wird:

```
CREATE TRIGGER Nachbestellung                          -- Triggername
AFTER                                                  -- Triggeraktivierungszeit
UPDATE OF AktLager ON Teile                            -- Triggerereignis
REFERENCING NEW AS AktTeil                             -- Transitionsvariable
FOR EACH ROW                                           -- Triggergranularität
WHEN (AktTeil.AktLager < 0.10 * AktTeil.MaxLager)      -- Bedingung
BEGIN ATOMIC                                           -- Aktion
        VALUES(FuehreBestellungAus(
                AktTeil.MaxLager - AktTeil.AktLager, AktTeil.TeileNr));
END
```

Eine derartige Triggerdefinition wird durch eine Vielzahl von Parametern beeinflusst:

- *Triggeraktivierungszeit:* Die Aktivierungszeit gibt an, ob die Bedingungsprüfung und Triggeraktion vor (BEFORE) oder nach (AFTER) der Ereignis auslösenden Operation ausgeführt wird.

- *Transitionsvariable:* Mit dem Schlüsselwort REFERENCING werden Transitionsvariable (Übergangsvariable) eingeführt, die den gezielten Zugriff auf Attributwerte vor bzw. nach Durchführung der Ereignis auslösenden Operation erlauben.

- *Triggergranularität:* Die Triggergranularität spiegelt den in [DiGG95] geforderten Bindemodus wider. Dabei wird zwischen einer einmaligen Ausführung von Bedingungsprüfung und Triggeraktion pro Ereignis auslösender Operation (FOR EACH STATEMENT) und einmaliger Ausführung für jedes Tupel, welches Gegenstand der Ereignis auslösenden Operation ist (FOR EACH ROW), unterschieden.

- *Triggeraktion:* Die Triggeraktion besteht schließlich aus einer optionalen Triggerbedingung (WHEN) und einer Menge von SQL-Anweisungen, die ausgeführt werden, wenn die Auswertung der Triggerbedingung erfüllt ist.

Neben der Spezifikation von Triggern wird im ADMS-Manifesto ([DiGG95]) zusätzlich die Fähigkeit einer Kollisionsauflösung gefordert. Das Problem, eine Sequenz aller zur Ausführung anstehenden Aktionen zu finden ([AgCL91]), ist im SQL-Standard durch ein statisches Prioritätenschema gelöst, in welchem die Triggeraktionen in der Reihenfolge ihrer Definition ausgeführt werden. So wird ein Trigger T_1, definiert zu einem früheren Zeitpunkt als ein Trigger T_2, auch vor T_2 ausgeführt, wobei der Trigger T_2 grundsätzlich die von T_1 möglicherweise veränderte Datenbasis sieht ([KuMC98]).

Als weiteres Problemfeld muss im Kontext der allgemeinen Triggerbeschreibung auch die Möglichkeit der Triggerkaskadierung und Nichtterminierung beleuchtet werden. So ist offensichtlich, dass die Ausführung eines Triggers das Feuern weiterer Trigger bzw. des gleichen Triggers zur Folge haben kann. Der im SQL-Standard festgeschriebene Kopplungsmodus *'immediate'* impliziert die tiefendominierte Ausführungsreihenfolge der Triggeraktionen, in welcher durch einen Trigger der n-ten Generation ausgelöste Trigger der n+1-ten Generation vor allen weiteren Triggern der n-ten Generation ausgeführt werden. Das im Allgemeinen unentscheidbare Problem der Erkennung von Nichtterminierung von Triggern spielt im Kontext von Subskriptionssystemen auf Grund der spezifischen Eigenschaft der Vorwärtspropagierung keine Rolle, so dass auf eine ausführliche Diskussion an dieser Stelle verzichtet wird.

4.4.4 Zusammenfassung

Als dritte Klasse von Basisdiensten wird in der Einleitung zu diesem Teil des Buches die Kommunikation interagierender Teilsysteme über abgeleitete Daten adressiert. Konzeptionell wird diese Art der Interaktion unter dem Begriff der 'Aktiven Datenbanksysteme' seit vielen Jahren aufgearbeitet. Als Realisierung wird erst im Rahmen der SQL99-Normierung ein Entwurf festgeschrieben, der einen aktiven Basismechanismus auf syntaktischer und semantischer Ebene spezifiziert. Obwohl dieser Entwurf im Vergleich zu theoretischen Arbeiten und Studien an Prototypen als minimal zu bezeichnen ist, eignet sich das SQL99-Triggerkonzept als Basisdienst für ein Subskriptionssystem. Weitergehende Anwendungslogik, wie beispielsweise die Verknüpfung von Nachrichten aus unterschiedlichen Quellen, muss jedoch von darauf aufbauenden Schichten realisiert werden. Im Vergleich zum allgemeinen ECA-Prinzip mit einer Vielzahl freier Semantikparameter und damit einhergehender Probleme wie Terminierungserkennung ist für den Kontext der Subskriptionssysteme festzuhalten, dass auf der einen Seite auf viele dieser Freiheiten verzichtet und dadurch auf der anderen Seite ein robustes und skalierbares Regelsystem zur Weiterleitung von Nachrichten spezifiziert werden kann.

5 Nachrichtenbasierte Systeme auf Anwendungsebene

Bei der Einteilung von Systemen bzw. von Diensten zur nachrichtenbasierten Kopplung interagierender Teilsysteme in der Einführung zu Teil II dieses Buches wird zwischen vollständig anwendungsneutralen und anwendungsbezogenen Diensten unterschieden. Während die erste Klasse im vorangegangenen Kapitel einer Untersuchung unterzogen wird, beschäftigt sich dieses Kapitel mit der Aufarbeitung von Systemen, die anwendungsspezifische Dienste erbringen. Dabei kann nicht auf alle in der Literatur bekannten Ansätze eingegangen werden; es wird vielmehr versucht, einzelne Systeme exemplarisch herauszugreifen und jeweils aus Sicht der Anwendungsunterstützung und des Systemaufbaus detailliert zu untersuchen. Die Darstellung lehnt sich dabei wiederum an die Klassifikation aus der Einleitung zu diesem Teil des Buches an (Abbildung 3.3 auf Seite 51) und behandelt Systeme, die lediglich einen impliziten Nachrichtenfluss realisieren, Systeme mit expliziter Nachrichtenbehandlung und Ansätze, die eine Verarbeitung des eingehenden Datenbestandes erlauben.

Die Aufarbeitung widmet sich zunächst dem System Yeast, welches als Ereignisübermittlungssystem im Kontext verteilter Softwareherstellung entwickelt wurde. Als wesentliches Kennzeichen kann diesem System die Eigenschaft der Erkennung komplexer und sequenzbasierter Ereignisse zugesprochen werden. Daran schließt sich die Darstellung des Notifikationssystems Elvin an, welches als eines der zentralen Forschungsprojekte im Bereich der Benachrichtigungsdienste gesehen werden muss. Siena, welches in Abschnitt 5.3 aufgearbeitet wird, fokussiert die Verteilung von Notifikationen in großen Netzen bzw. im Kontext des Internets. Die sich daraus ergebenden spezifischen Charakteristika werden in der Darstellung beleuchtet. Als Vertreter der Klasse von Systemen, die eine Verknüpfung von Daten unterschiedlicher Datenquellen erlauben, wird in Abschnitt 5.4 das System Gryphon ausführlich diskutiert und dessen spezifische Eigenschaften aufgearbeitet. Das vorletzte System, welches eine ausführliche Behandlung in Abschnitt 5.5 erfährt, ist das OpenCQ-Projekt. OpenCQ greift auf eine beherrschbare Teilmenge aktiver Datenbankfunktionalität zurück, so dass OpenCQ als einziges System die Aspekte der Subskriptionen und Nachrichtenverarbeitung vereint. Zuletzt wird noch in aller Kürze das System SIFT als Beispiel eines extrem anwendungsorientierten Notifikationsdienstes skizziert. Das Kapitel schließt mit einer kurzen Übersicht weiterer in der Einführung zu diesem Teil des Buches erwähnten Systeme, die aus der Perspektive nachrichtenbasierter Kopplung keine wesentlichen Beiträge liefern, so dass sie eine detaillierte Aufarbeitung nicht erfordern, aber aus Gründen der Vollständigkeit trotzdem einer Erwähnung bedürfen.

5.1 Yeast

Yeast ('*Yet Another Event-Action Specification Tool*') ist als generisches Ereigniserkennungs- und Aktionsauslösungswerkzeug an den AT&T Bell Laboratories entwickelt worden ([KrRo95], [InKY93]). Dabei stellt Yeast einen Dienst nahe der Betriebssystemebene bereit, der inbesondere das Überwachen von Rechnersystemen oder das Erkennen von Dateiveränderungen ermöglicht. Ziel des in [KrRo95] beschriebenen Yeast-Systems ist somit ein offenes und zuverlässiges Ereigniserkennungssystem mit einer einfachen und doch mächtigen Spezifikationssprache bereitzustellen. Das Grundgerüst einer Yeast-Spezifikation folgt dabei dem Muster

<Ereignisbeschreibung> **DO** <Aktion>,

wobei eine Ereignisbeschreibung durch einen komplexen Ausdruck mit zeitlicher Semantik repräsentiert werden kann (Abschnitt 5.1.1). Die Menge der Yeast-Aktionen entspricht den auf dem aktuellen Rechner ausführbaren Anwendungen. Dies bedeutet, dass Yeast nach dem Erkennen eines Ereignisses die Kontrolle zur Ausführung der getriggerten Anwendung an das Betriebssystem übergibt.

5.1.1 Ereignisspezifikation

Das Ereignismodell von Yeast nimmt eine Klassifikation von Ereignissen in mehreren Richtungen vor: Zum einen wird unterschieden, ob eine Ereignisbeschreibung transienten oder persistenten Charakter besitzt. Im transienten Fall ist die Ereignisbeschreibung nur zum Zeitpunkt des Eintritts eines Ereignisses erfüllt; im persistenten Fall reicht das Eintreten eines Ereignisses aus, um die Ereignisbeschreibung von diesem Zeitpunkt an als erfüllt gelten zu lassen. Als zweites Kriterium werden zeitbasierte und objektbasierte Ereignisbeschreibungen unterschieden. Relative zeitliche Beschreibungen bestehen aus dem Schlüsselwort IN bzw. WITHIN gefolgt von einer Zeitintervallangabe. Während eine IN-Ereignisbeschreibung nach Ablauf des Zeitintervalls permanent erfüllt ist, gilt eine WITHIN-Spezifikation nur transient, bis die vorgegebene Zeitspanne abgelaufen ist. Eine ähnliche Unterscheidung existiert bei der Spezifikation eines absoluten Zeitpunktes mit AT und BY: Während ein Ausdruck mit AT nach dem angegebenen Zeitpunkt permanent erfüllt ist, qualifiziert sich ein Filterausdruck mit BY lediglich transient, bis der jeweilige Zeitpunkt erreicht wird.

Objektbasierte Ereignisbeschreibungen folgen dem syntaktischen Muster zur Angabe der Objektklasse (z.B. eine Datei), der Identifikation des konkreten Objektes, welches Gegenstand der Beobachtung ist (z.B. der Name einer Datei), eines Attributes des Objektes (z.B. die Modifikationszeit) und schließlich eines wertemäßigen Vergleichs, bei dessen Eintreten die Ereignisbeschreibung erfüllt ist. Zum Beispiel ist der Ausdruck

```
FILE /etc/passwd MTIME > 11pm Dec 7 2000
```

permanent erfüllt, wenn nach dem 7.12.2000, 23 Uhr die Passwortdatei geändert worden ist. Andererseits gilt der folgende Ausdruck nur transient zum Zeitpunkt des Ereignisses – wenn ein Prozess *netscape* auf dem Rechner faui61.informatik.uni-erlangen.de mehr als 50 MByte Hauptspeicher reserviert hat – als erfüllt:

```
PROCESS netscape@faui61.informatik.uni-erlangen SIZE > 50000
```

Wie bereits aus diesen Beispielen ersichtlich ist, existieren vordefinierte Objektklassen (wie DIR, FILE, HOST, PROCESS etc.) mit jeweiligen Eigenschaften (wie MTIME, OWNER, SIZE für Dateien), die direkt zur Definition von Ereignisbeschreibung verwendet werden können.

Elementare Ereignisbeschreibungen können über die Konnektoren AND, OR und THEN zu kompositen Beschreibungen zusammengesetzt werden. Durch Anwendung des THEN-Konnektors werden zeitliche Sequenzen spezifizierbar. Folgendes Beschreibungsmuster ist 10 Minuten nach der Veränderung der Passwortdatei erfüllt:

```
FILE /etc/passwd MTIME CHANGED THEN IN 10 MINUTES
```

Im Gegensatz dazu ist eine durch AND zusammengesetzte Ereignisbeschreibung nur dann erfüllt, wenn alle partizipierenden primitiven Ereignisbeschreibungen zur gleichen Zeit erfüllt sind. Somit ist die Beschreibung

```
IN 10 MINUTES AND HOST faui61.informatik.uni-erlangen.de LOAD > 5.0
```

erfüllt, wenn nach dem Ablauf einer 10-minütigen Wartezeit die Rechnerlast mit einem Wert größer als 5.0 ermittelt wird.

5.1.2 Benutzerschnittstelle

Die Kommunikation mit Yeast erfolgt über eine kommandozeilenbasierte Schnittstelle. Die folgende Ausführung verzichtet dabei auf die Auflistung aller möglichen Details, sondern konzentriert sich auf einige wesentliche Beispiele. Neben der Nutzung vordefinierter Attribute und Objekte zur Erstellung einer Ereignisbeschreibung ermöglicht das Kommando 'DEFATTR' die Deklaration weiterer Attribute, die dann in einer Ereignisbeschreibung (Kommando 'ADDSPEC') Verwendung finden können:

```
DEFATTR FILE debugged BOOLEAN
ADDSPEC FILE project.c debugged == TRUE
          DO mail -s "file project.c was debugged" devteam
```

Obiges Beispiel führt das neue Attribut debugged vom Typ BOOLEAN ein, welches in der darauffolgenden Ereignisbeschreibung verwendet wird, so dass bei einer Belegung mit dem Wert TRUE eine entsprechende E-Mail an das Entwicklungsteam verschickt wird. Das Publizieren von Attributwerten erfolgt durch Aufruf des AN-NOUNCE-Kommandos:

```
ANNOUNCE FILE project.c debugged = TRUE
```

5.1.3 Zusammenfassung

Yeast stellt einen kommandozeilenbasierten Dienst zur kontrollierten Notifikation von Vorgängen im Bereich der Software-Entwicklung in einer betriebssystemnahen Umgebung zur Verfügung. Herauszuheben sind im Zusammenhang mit dem Yeast-System sowohl die temporale Semantik als auch die in [InKY93] vorgenommene Abbildung von Yeast-Spezifikationen auf Petri-Netze, um Aussagen hinsichtlich bestehender kausaler Abhängigkeiten, Nebenläufigkeitsbetrachtungen und möglicher Konflikte innerhalb einer Menge von Yeast-Ereignisbeschreibungen treffen zu können.

5.2 Elvin

Das generische Notifikationssystem Elvin ([SeAr97], [FMK+99]) muss als eine der zentralen Arbeiten auf dem Gebiet der Notifikations- und Eventsysteme eingeordnet werden. In diesem Abschnitt werden deshalb die wesentlichen Charakteristika bezüglich Architektur und Subskriptionsspezifikation aufgearbeitet. Die Anwendbarkeit und typische Anwendungsgebiete des am 'Distributed Systems Technology Center' der Universität von Queensland entwickelten Elvin-Systems werden durch die Beschreibung einiger Elvin-Applikationen gezeigt.

5.2.1 Entwurfsziele

Bedingt durch den Erfolg der ersten Generation des Elvin-Systems (Elvin3) werden in [FMK+99] Anforderungen und Ziele im Zusammenhang einer Reimplementierung des Elvin-Systems (Elvin4) genannt. Diese Anforderungen spiegeln die Ausrichtung des Systems wider und werden deshalb an dieser Stelle aufgelistet:

- *Einfachheit:* Das zentrale Anliegen der Elvin-Entwickler und gleichzeitig ein wesentlicher Faktor für die Akzeptanz des Systems in unterschiedlichsten Anwendungsbereichen ist der Grundsatz der Einfachheit. So umfasst die Programmierschnittstelle zu Elvin auf Client-Seite lediglich fünf Methoden auf hohem Abstraktionsniveau. Schnittstellen existieren weiterhin für eine Vielzahl von Programmiersprachen (z.B. C, C++, ...). Ein Zugriff auf Elvin ist aber auch über Skriptsprachen (z.B. Phyton, ...) und Kommandozeileninterpreter (z.B. C-Shell) möglich.

- *Generizität:* Elvin ist bewusst für ein breites Spektrum von Anwendungen entwickelt. Adressiert wird lediglich der Aspekt eines reinen Notifikationsdienstes. Weitergehende Dienste wie interne Verarbeitungslogik und Pufferung von Nachrichten werden bewusst nicht adressiert, um den Dienst sowohl allgemein als auch einfach zu halten.

- *Performance:* Ein weiteres erklärtes Entwurfsziel des Elvin-Systems ist eine effiziente Weiterleitung von Notifikationen. So wird in [SeAr97] angegeben, dass mit moderater Rechnerausstattung 500 Notifikationen pro Sekunde gefiltert und weitergeleitet werden können.

- *Schemafreiheit ('Informality'):* Elvin-Notifikationen sind bewusst schemafrei gehalten. Dies impliziert, dass weder eine explizite Registrierung eines Produzenten noch schemabezogene Subskriptionen notwendig sind. Eine Auswahl von Selektionen erfolgt nur über textbasierte Filterausdrücke bezogen auf die gesamte Notifikation, so dass eine vollständig inhaltsbasierte Weiterleitung von Nachrichten in Elvin realisiert ist.

5.2.2 Architektur

Aus architektonischer Perspektive folgt Elvin dem generellen Entwurfsmuster einer (symmetrischen) Client/Server-Beziehung, wobei implementierungstechnisch jeder Klient ein entsprechend seiner Funktionalität eingeschränkter Server ist. Produzenten sind in diesem Modell entsprechend Server-Prozesse, die lediglich Nachrichten produzieren, jedoch keine Annahme von Subskriptionen erlauben.

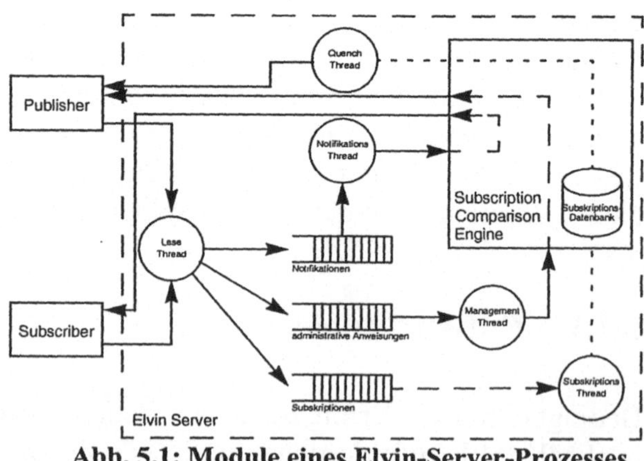

Abb. 5.1: Module eines Elvin-Server-Prozesses

Analog werden Subskribenten als Prozesse aufgefasst, die Notifikationen aufnehmen und entsprechend der Anwendungslogik weiterverarbeiten. Abbildung 5.1 zeigt die unterschiedlichen Module eines Server-Prozesses.

Prinzipiell werden eingehende Nachrichten sowohl von Seiten der Produzenten als auch der Subskribenten über einen gemeinsamen Lese-Thread entgegengenommen, welcher die Nachrichten in Abhängigkeit von der Art der Nachrichten (Notifikation, administrative Anweisung, Subskription) in eine Warteschlange einreiht, wo sie zur weiteren Verarbeitung zwischengespeichert werden. Eine derartige Entkopplung der Bearbeitung von der Aufnahme der Nachricht im System dient nach [SeAr97] im Wesentlichen dazu, den Betrieb des Servers auch bei hohen Belastungen zu gewährleisten, indem der Empfang von Nachrichten nicht blockiert ist.

Nachrichten, welche neue Subskriptionen repräsentieren, werden in einer Subskriptionsdatenbank abgelegt, so dass Publikationen, die auf diese Subskription 'passen', zu einem späteren Zeitpunkt ermittelt werden können. Als wesentlicher Aspekt der Architektur, der gleichzeitig als diskrimierende Eigenschaft des gesamten Elvin-Systems hinsichtlich anderer Notifikationssysteme genannt werden muss, ist der Vorgang des '*Quenching*' zu nennen ([SAB+00]). Dabei wird einem Produzenten im Sinne einer 'inversen Subskription' mitgeteilt, welche Subskriptionen im System registriert sind. Der Produzent kann entsprechend reagieren und Nachrichten unterdrücken, für die kein Empfänger registriert ist. Die Methode des '*Quenching*' sorgt nicht nur für eine abnehmerorientierte Generierung von Nachrichten, sondern eröffnet darüber hinaus neue Anwendungsfelder, die ohne den Mechanismus nicht praktikabel durchführbar wären: So wird in [Mile99] von einer Anwendung zur Überwachung eines Dateisystems berichtet. Dabei werden dem Beobachtungsprozess über den '*Quenching*'-Mechanismus die Dateinamen mitgeteilt, auf welchen eine Subskription registriert ist. Ohne eine derartige Mitteilung müsste jede Änderung jeder beliebigen Datei eines Rechensystems an den Notifikationsdienst mitgeteilt werden, was insbesondere im Serverbereich als nicht praktikabel einzustufen ist.

Beim Eingang einer neuen Notifikation wird diese an die Vergleichskomponente ('*Subscription Comparison Engine*') des Elvin-Servers weitergeleitet. Dort erfolgt sequentiell für jede registrierte Subskription der Test, ob die aktuelle Nachricht der Filterbedingung der Subskription genügt. Ist die Filterbedingung erfüllt, wird die Nachricht an den korrespondierenden Subskribenten ausgeliefert. Es erfolgt weder eine Pufferung der Nachricht für Subskribenten, die nicht erreichbar sind, noch kann die Reihenfolge der Auslieferung durch Prioritäten gesteuert werden. Erfüllt eine Notifikation die Filterbedingungen von mehreren Subskriptionen eines Subskribenten, so wird die Notifikation entsprechend auch mehrmals zugestellt. Eine Optimierung der Auswertung von Filterausdrücken ist in [GoSm95] angedacht, jedoch im System nicht realisiert worden.

Die Kommunikation zwischen den einzelnen Komponenten eines Elvin-Systems ist durch einen flexibel konfigurierbaren Protokoll-Stack realisiert ([SAB+00]). Auf Ebene der Transportschicht stehen TCP, UDP und darauf aufbauend HTTP zur Verfügung. Darauf setzt eine Sicherungsschicht auf. Verfügbare Elvin-Module realisieren gesicherte Verbindungen durch den Einsatz von SSL ([FrKK96]) oder Kerberos5 ([KoNe93]). Zur Realisierung eines Plattform übergreifenden Notifikationsdienstes existiert eine weitere Schicht zur Umwandlung der Nachrichten in ein einheitliches Datenformat; verfügbar sind Module für XDR ([SUN87]) und XML ([W3C01a]).

5.2.3 Publikationen und Subskriptionen

Bedingt durch die Forderung nach Schemafreiheit der Notifikationen, existiert lediglich ein schwach ausgeprägtes Regelwerk, welches Produzenten bei der Publikation einzuhalten haben. Eine Notifikation besteht dementsprechend aus einer Menge von Datenelementen. Jedes Element ist zusammengesetzt aus einer Bezeichnung zur eindeutigen Identifikation innerhalb einer Nachricht, der Angabe eines Datentyps und dem zugeordneten Wert. Eine Nachricht zum Thema 'eBusiness', die vom weltweiten Usenet-System ([SpLa98]) in das Elvin-System zur Weiterleitung an subskribierte News-Leser eingespielt wird, könnte folgende Gestalt aufweisen:

```
('subject', string, "New Ways in eBusiness Computing"),
('date', string, "23-11-2000"),
('group', string, "info.ecommerce"),
('body', string, "...bla bla bla...")
```

Subskriptionen entsprechen im Elvin-System einem boole'schen Filterausdruck über mögliche Elemente einer Notifikation. Neben den üblichen Vergleichsoperatoren ($=, \neq, \leq, \geq, <, >$) unterstützt Elvin die Operatoren exists(), datatype() und matches(). Während der Operator exists() die Möglichkeit eröffnet, auf die Existenz eines benannten Datenelementes zu testen, erlaubt der Operator datatype() die Filterung nach dem Datentyp eines Elementes. Der match()-Operator ermöglicht die Filterung von Zeichenketten gemäß eines regulären Ausdrucks ([IEEE95]). So filtert folgender Ausdruck die News-Artikel, die zum Thema eBusiness in einer Vielzahl unterschiedlicher Schreibweisen publiziert werden:

```
(subject matches (".*[eE]-?Business.*"))
```

5.2.4 Anwendungen des Elvin-Systems

Elvin bildet die Grundlage für eine Reihe von Anwendungen ([FMK+99]). Um einen Einblick in die Breite des Anwendungsspektrums zu geben, skizziert die folgende Auflistung lediglich eine kleine Auswahl:

- *Tickertape:* Die Tickertape-Anwendung ist die kleinste, jedoch nach [FMK+99] motivierendste Elvin-Anwendung. In einer einzigen durchlaufenden Textzeile werden die Nachrichten, auf die sich der Benutzer subskribiert hat, am Bildschirm angezeigt. Die Tickertape-Anwendung ist gleichzeitig die Basis für Erweiterungen wie beispielsweise Tickerchat (Diskussionsforum) oder CoffeeBiff (Notifikationen über Anzahl und Namen von Kollegen, die sich momentan in der Kaffeeküche aufhalten).

- *Eddie:* Basierend auf Elvin realisiert die Anwendung Eddie einen umfassenden Mechanismus zur Überwachung und Benachrichtigung von Computersystemen ([Mile99]). Über Konfigurationsdateien werden Eddie die Kontrollpunkte (Plattensysteme, Prozesse, Netzlast etc.) und die Benachrichtungen der zuständigen Administratoren über E-Mail, das oben genannte Tickertape oder SMS-Nachrichten ([HMNS01]) mitgeteilt.

- *Scoop:* Die Anwendung Scoop ist auf Produzentenseite als Client zum weltweiten News-Service realisiert, der relevante Artikel aus dem Usenet-System ([SpLa98]) extrahiert und in das Elvin-System einspeist. Die Relevanz von Beiträgen wird dabei über den 'Quenching'-Mechanismus gesteuert, so dass eine Vorselektion erfolgt, die das Einspeisen aller weltweit veröffentlichten Artikel verhindert.

5.2.5   Zusammenfassung

Das generelle Entwurfsziel bei der Realisierung des Elvin-Systems ist die Einhaltung des Prinzips der Einfachheit. Dies impliziert, dass Elvin als Dienst zur selektiven Notifikation nachrichtenbasierter Ereignisse eingeordnet werden muss. Die dem Ansatz inhärente Einfachheit bedingt jedoch eine geringe Funktionalität: Prioritätensteuerung oder weitergehende Angaben zur Dienstgüte sind übergeordneten Schichten überlassen. Als diskriminierende Eigenschaft ist das 'Quenching'-Verfahren zu nennen, welches eine Vorselektion der zu publizierenden Nachrichten ermöglicht. Das Prinzip der Interaktion zwischen einer Vermittlungskomponente und den Produzenten von Nachrichten ist im allgemeinen Kontext insbesondere aus dem Blickwinkel der Integration von Nachrichten zur Erhaltung einer konsistenten Nachrichtenbasis von fundamentalem Interesse und wird beispielsweise in Abschnitt 7.2 erneut aufgegriffen.

5.3 Siena

Ziel des Siena-Projektes (*'Scalable Internet Event Notification Architecture'*) ist es, einen generischen Ansatz zur Beobachtung und Weiterleitung von Ereignissen in großen verteilten Systemen, insbesondere im Kontext des Internets, zu realisieren ([RoWo97], [CaRW98], [CaRW99], [CaRW00]). Im Gegensatz zu Ansätzen wie Elvin (Abschnitt 5.2) oder Yeast (Abschnitt 5.1) positioniert sich Siena als eine eigene logisch abgeschlossene Anwendung. Aus funktionaler Sicht bietet Siena über die 'üblichen' Dienste hinausreichendes explizites (instanzbasiertes) Offerieren von Notifikationen (*'advertising'*) und einen darauf aufsetzenden Filtermechanismus an, welcher eine Selektion von Notifikationen durch Angabe von Filtermustern (*'pattern'*) erlaubt. Der Aufbau des Siena-Systems adressiert die Dezentralisierung von Diensten und bietet die Möglichkeit, Konfigurationen für diverse Netztopologien zu definieren. Im Kontext der verteilten Architektur von Siena sind unterschiedliche Algorithmen zur Nachrichtenweiterleitung für die jeweilige Netztopologie entwickelt worden, auf deren ausführliche Aufarbeitung im Rahmen der folgenden Darstellung des Siena-Systems jedoch verzichtet wird; der Leser sei auf die Ausführungen in [CaRW00] verwiesen.

5.3.1 Dienstzugangspunkte in Siena

Zur Nutzung der von Siena angebotenen Dienste stellt das System fünf Dienstprimitive zur Verfügung. Wie aus Abbildung 5.2 hervorgeht, können Gegenstandsobjekte (*'object of interest'*) ihre potentiellen Notifikationen durch einen Aufruf der Methode advertise() dem System bekannt machen. Ein derartiger Vorgang dient nicht nur der Registrierung als zukünftiger Lieferant von Notifikationen, sondern grenzt bereits durch die Angabe eines Filterausdrucks (Abschnitt 5.3.2) die Menge aller jemals möglichen Notifikationen ein. Dies bedeutet, dass sich ein Produzent verpflichtet, nur Notifikationen zu emittieren, welche der spezifizierten Filterbedingung genügen. Ein derartiges Offerieren von Notifikationen ist zum einen optional und kann zum anderen durch Aufruf der Methode unadvertise() entweder zurückgenommen oder durch Angabe einer neuen Filterbedingung abgeschwächt werden. Notifikationen werden durch Aufruf der Methode publish() in das Siena-System eingespeist und dort an interessierte Objekte (*'interested party'*) im Sinne von Subskribenten weitergeleitet.

Subskribenten zeigen ihren Wunsch über den Empfang von Notifikationen durch Aufruf der subscribe()-Methode an. Analog zum Vorgang des Anbietens können Subskriptionen durch unsubscribe() entweder aufgehoben, erweitert oder eingeschränkt werden.

Zusammenfassend ergibt sich somit folgende Menge an Dienstzugangspunkten ([CaRW99], [CaRW00]), wobei zu bemerken gilt, dass Publikationsangebote über einzelne Filterausdrücke, Subskriptionen hingegen über Muster bestehend aus einer Komposition mehrerer Filterausdrücke formuliert werden:

> advertise(URI *publisher*, filter *f*)
>
> unadvertise(URI *publisher*, filter *f*)
>
> publish(notification *n*)
>
> subscribe(URI *subscriber*, pattern *p*)
>
> unsubscribe(URI *subscriber*, pattern *p*)
>
> notify(notification *n*)

Zur Benennung von Objekten, d.h. Produzenten und Subskribenten, weist Siena ein eigenes Benennungsmodell auf ([RoWo97]), welches im Wesentlichen auf dem URI-Mechanismus (*'Universal Resource Identifier'*, [BFIM98]) basiert. Ein URI stellt dabei eine einheitliche Syntax zur Beschreibung von Adressen im Internet zur Verfügung. So ist beispielsweise jede WWW-Adresse durch einen URI spezifizierbar.

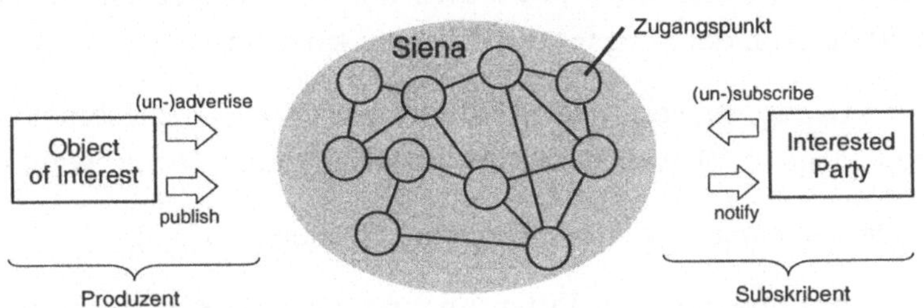

Abb. 5.2: Konzeptueller Aufbau von Siena

5.3.2 Publikation und Filterung von Notifikationen

Eine Notifikation besteht im Siena-System aus einer Menge von getypten Attributen, wobei jedes Attribut aus einer expliziten Typangabe, einer Bezeichnung und einem atomaren Wert besteht. Abbildung 5.3a zeigt exemplarisch eine Siena-Notifikation. In Analogie beispielsweise zum Elvin-System und im Gegensatz zum COR-BA-Notifikationsdienst wurde auf ein explizites Notifikationsschema verzichtet. In [CaRW00] wird diese Entscheidung dadurch begründet, dass durch diese Einschränkung flexible Mechanismen zur Weiterleitung von Nachrichten in verteilten Systemen ermöglicht werden.

```
string    class = finance/exchanges/stock
time      date = Nov 27 12:39:32 MST 2000
string    exchange = NYSE
string    symbol = MSFT              string    class >* finance/exchanges/
float     prior = 105.25             string    exchange = NYSE
float     change = -4                string    symbol = MSFT
float     earn = 2.04                float     change < -10
```

a) Beispiel einer Siena-Notifikation   b) Beispiel eines Siena-Filters

Abb. 5.3: Notifikationen und Filterung in Siena

Filterausdrücke

Ein Filterausdruck im Siena-System selektiert Notifikationen durch Angabe einer
Menge von Attributen und Zusicherungen hinsichtlich der Ausprägungen der Attribute. Eine Zusicherung besteht aus einer Typangabe, einer Attributbezeichnung, einem binären Operator und einer Attributausprägung. Die Menge der Operatoren
umfasst die üblichen Operatoren wie =, ≠, <, > etc. Zusätzlich sind Präfix- (>*), Suf-
fix- (*<) und Substring-Operatoren (*) für Zeichenketten definiert. Der Operator any
dient dem Test auf Existenz eines Attributes und qualifiziert das jeweilige Filte-
rattribut unabhängig von der konkreten Attributausprägung.

Ein Attribut $\alpha = (type_\alpha, name_\alpha, value_\alpha)$ qualifiziert sich bzgl. eines Ausdrucks
$\theta = (type_\theta, name_\theta, operator_\theta(), value_\theta)$, notiert als $\theta \sqsubseteq \alpha$, genau dann, wenn gilt:

$$type_\alpha = type_\theta \ \wedge \ name_\alpha = name_\theta \ \wedge \ operator_\theta(value_\alpha, value_\theta).$$

Die Menge von attributbezogenen Filterangaben wird als Konjunktion aufgefasst,
so dass für eine erfolgreiche Qualifikation einer Notifikation n hinsichtlich einer Filterbedingung f einer Subskription ($\sqsubseteq_S^N$) gelten muss:

$$f \sqsubseteq_S^N n \Leftrightarrow \forall \theta \in f: \exists \alpha \in n: \theta \sqsubseteq \alpha$$

Zur Verdeutlichung der Filtersemantik in Siena sei folgendes Szenario gegeben, in
welchem die Notifikation die Filterbedingung einer Subskription erfüllt, da die Notifikation sowohl alle Attribute des Filterausdrucks der Subskription enthält, als
auch die Wertänderung im geforderten Bereich liegt:

Filter der Subskription f: Notifikation n:

$$
\begin{bmatrix}
string & class >* finance/exchanges \\
string & symbol = MSFT \\
float & change < +10 \\
float & change > -10
\end{bmatrix}
\sqsubseteq_S^N
\begin{bmatrix}
string & class = finance/exchanges/stock \\
time & date = Nov 27 12:39:32 MST 2000 \\
string & exchange = NYSE \\
string & symbol = MSFT \\
float & change = +3
\end{bmatrix}
$$

Definition von Filtermustern

Als eine funktionale Erweiterung im Vergleich zu anderen bereits vorgestellten Systemen werden in Siena Subskriptionen nicht als einfache Filterausdrücke, sondern über Filtermuster ('*filter patterns*') formuliert. Ein Muster im Siena-System besteht dabei aus einer Sequenz elementarer Filterausdrücke $f_1 \cdots f_n$, die mit einer zeitlich geordneten Sequenz von Notifikationen verglichen wird. So wird folgendes Filtermuster als erfüllt betrachtet, wenn eine Notifikation der MSFT-Aktie gefolgt von einer Nachricht über die ORAC-Aktie mit jeweils positiver Kursentwicklung eintrifft:

$$
\begin{bmatrix} \text{string} & \text{class} >\!* \text{ finance/exchanges/} \\ \text{string} & \text{symbol} = \text{MSFT} \\ \text{float} & \text{change} > 0 \end{bmatrix} \cdot \begin{bmatrix} \text{string} & \text{class} >\!* \text{ finance/exchanges/} \\ \text{string} & \text{symbol} = \text{ORAC} \\ \text{float} & \text{change} > 0 \end{bmatrix}
$$

Die zu Grunde liegende Semantik der Musterevaluierung nimmt dabei Rücksicht auf die globale Reihenfolge der Nachrichten bzgl. der jeweiligen Erzeugungszeit. Zur Illustration bezeichnen A_i^j bzw. B_i^j Notifikationen, die zum Zeitpunkt t_i publiziert und zum Zeitpunkt t_j bzgl. eines Filtermusters f_A bzw. f_B überprüft werden ($i \leq j$). Die folgende Sequenz von Notifikationen sei hinsichtlich des Musters $f_A \cdot f_B$ zu überprüfen:

$$
\ldots - B_4{}^6 - A_3{}^7 - B_1{}^8 - B_2{}^9 - A_5{}^{10} - B_6{}^{11} - A_7{}^{12} - B_8{}^{13} - \ldots
$$

Die in Siena verfolgte Semantik wählt nun das erste A_i^j gefolgt vom ersten B_k^m aus, so dass gilt $i < k$ und $j < m$. Erst nach einer vollständigen Evaluierung des Musters wird ein erneuter Anlauf zur Musterauswertung genommen. Am konkreten Beispiel qualifizieren sich bei der ersten Auswertung des Musters $f_A \cdot f_B$ die Notifikationen $A_3{}^7$ und $B_6{}^{11}$, beim zweiten Lauf das Paar $A_7{}^{12}$ und $B_8{}^{13}$. Die erste Notifikation $B_4{}^6$ wird verworfen, da zuerst der Filterausdruck f_A qualifiziert werden muss. Die Notifikationen $B_1{}^8$ und $B_2{}^9$ hingegen werden verworfen, da sie vor der Notifikation $A_3{}^7$ zum Zeitpunkt t_3 generiert worden sind. Es ist offensichtlich, dass ein derartiges Verfahren eine globale Zeitrechnung erfordert. Dieser Aspekt wird explizit in einem Zeitmodell reflektiert ([RoWo97]). In [CaRW00] wird in diesem Kontext auf Verfahren logischer Uhren ([Lamp78], [Matt89]) oder Mechanismen wie NTP ([Mill96]) oder GPS ([IGEB01]) verwiesen und argumentiert, dass dadurch eine hinreichend genaue globale Zeitrechnung erreicht werden kann.

Filterung bei der Erzeugung von Notifikationen

Während eine Subskription die Menge an Notifikationen einschränkt, an denen der Subskribent interessiert ist, schränkt ein Angebot ('*advertisement*') die Menge der jemals von einem Produzent potentiell generierten Notifikationen ein. Eine erzeugungsbasierte Filterung von Notifikationen ist somit nur dann für einen Subskribenten von Interesse, wenn die Schnittmenge der Notifikationen nach erzeugungsbasierter und subskriptionsbasierter Filterung nicht leer ist. Im Rahmen dieser angebotsbasierten Semantik (*'advertisement-based semantics'*) gilt somit, dass eine Notifikation n produziert von einem Objekt Y genau dann an einen Subskribenten X weitergeleitet wird, wenn Y ein Angebot a und X eine Subskription s registriert haben, für die gilt:

$$a \sqsubseteq_A^N n \text{ und } s \sqsubseteq_S^N n.$$

Dabei ist die Relation $\sqsubseteq_A^N$ analog zur subskriptionsbasierten Filterung ($\sqsubseteq_S^N$) definiert durch:

$$a \sqsubseteq_A^N n \Leftrightarrow \forall \alpha \in n: \exists \theta \in a: \theta \sqsubseteq \alpha$$

Bei einer alternativen subskriptionsbasierten Semantik (*'subscription-based semantics'*) wird auf das Prinzip des Angebots entweder vollständig verzichtet oder das Prinzip lediglich zur internen Optimierung herangezogen.

Filterausdrücke zur Einschränkung der Angebote und Subskriptionen

Wie in Abschnitt 5.3.1 bereits erwähnt, stellt Siena zwei Primitive zur Einschränkung von Angeboten und Subskriptionen bereit. Der Aufruf der Methode unsubscribe(X, f) beispielsweise entfernt alle von X registrierten Subskriptionen bzgl. eines einfachen Musters bestehend aus einem einzelnen Filterausdruck g, für die $f \sqsubseteq_S^S g$ gilt, wobei $\sqsubseteq_S^S$ die auf Subskriptionen bezogene Filterbedingung reflektiert. Der Aufruf unsubscribe(X, P) mit $P = f_1 \cdot \ldots \cdot f_n$ entfernt entsprechend alle Subskriptionen der Form $S = g_1 \cdot \ldots \cdot g_n$, so dass $f_1 \sqsubseteq_S^S g_1 \wedge \ldots \wedge f_n \sqsubseteq_S^S g_n$ gilt.

5.3.3 Netztopologie und Wegewahl

Bei der Klassifizierung von Siena muss berücksichtigt werden, dass Siena für den Einsatz als skalierbares und hochgradig verteiltes System – insbesondere für den Einsatz im Internet – entworfen ist. Dementsprechend kann Siena derart konfiguriert werden, dass unterschiedliche Netztopologien realisiert werden können. Abbildung 5.4 zeigt vier unterschiedliche Arten, ein weit verteiltes Siena-System aus Sicht der Architektur zu realisieren:

- *Hierarchische Architektur:* Eine hierarchische Anordnung partizipierender Rechner in einem Siena-System ist als direkte Erweiterung des zentralisierten Ansatzes zu sehen. Ein Server-Rechner S empfängt Subskriptionen, Angebote und Notifikationen entweder von einem Client oder einem direkt unterstellten Server. Als Antwort werden lediglich Notifikationen zugestellt (Abbildung 5.4a). Problematisch bei einer hierarchischen Architektur ist zum einen die Gefahr einer Überlastung von weiter oben im Baum angesiedelten Rechnern und zum anderen, dass beim Ausfall eines Rechners der gesamte von ihm subsumierte Teilbaum vom Siena-System abgetrennt wird.

- *'Peer-to-Peer'-Architektur:* Eine Erweiterung von Siena um ein bidirektionales Server/Server-Protokoll ermöglicht die Konfiguration eines Siena-Systems nach der *'Peer-to-Peer'*-Architektur (Abbildung 5.4b). Im Fall einer azyklischen *'Peer-to-Peer'*-Architektur entfällt die bei einem generischen *'Peer-to-Peer'*-Ansatz (Abbildung 5.4c) einhergehende Problematik endlos kreisender Nachrichten. Der Vorteil, eine derartige Kontrollinstanz einzusparen, muss durch fehlende Redundanz im azyklischen Fall erkauft werden.

- *Hybride Architektur:* Eine Kombination von hierarchischen und generischen *'Peer-to-Peer'*-Architekturansätzen spiegelt sich in einer hybriden Topologie wider. Abbildung 5.4d zeigt eine Konfiguration, in welcher mehrere hierarchische Teilsysteme über ein redundant ausgelegtes *'Peer-to-Peer'*-Netz verbunden sind. Durch eine derartige Kombination können die Vorteile der verschiedenen Architekturansätze genutzt und die Nachteile reduziert werden.

In [CaRW99] und [CaRW00] werden detailliert Verfahren für eine Weiterleitung von Nachrichten durch ein Netz partizipierender Rechner diskutiert. Auf die Aufarbeitung der im Kontext von Siena entwickelten Algorithmen zur inhaltsbasierten Wegewahl wird an dieser Stelle jedoch verzichtet.

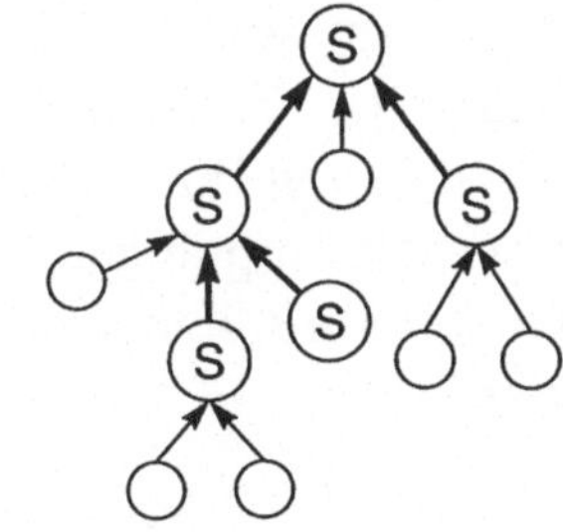

a) Hierarchische Architektur

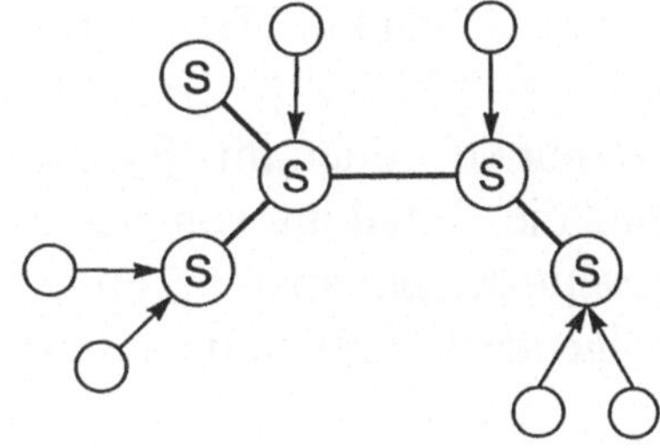

b) Azyklische 'peer-to-peer'-Architektur

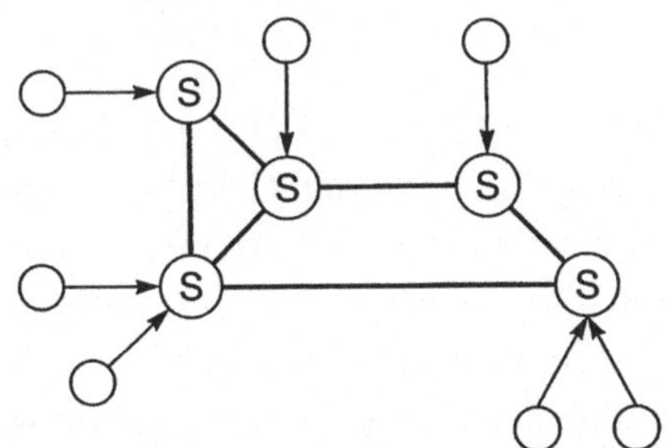

c) Generische 'peer-to-peer'-Architektur

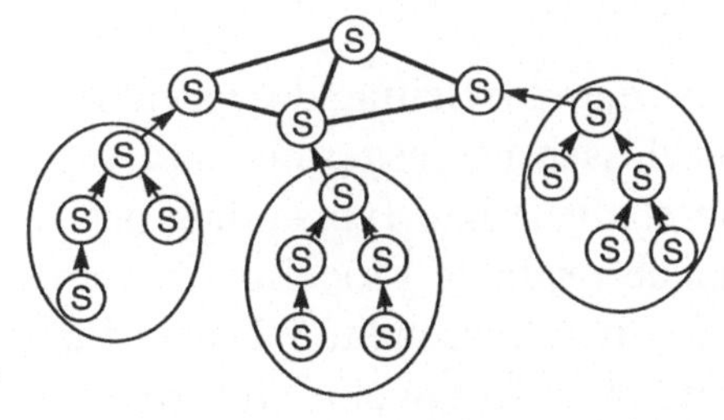

d) Hybride Architektur

Abb. 5.4: Unterschiedliche Netztopologien zur Konfiguration eines Siena-Systems

5.3.4 Zusammenfassung

Siena dient als Plattform für die Entwicklung von spezifischen Anwendungen, die auf eine transparente und gegenseitige Nutzung von Ressourcen angewiesen sind. So wird beispielsweise in [Heim00] eine Anwendung von Siena beschrieben, welche eine dem Gnutella-System ([Gnut00]) ähnliche Funktionalität vollständig dezentralisierter Ressourcenverwaltung implementiert. Der forschungsmäßige Schwerpunkt von Siena liegt dabei auf der Problematik der verteilten und hochgradig skalierbaren Bereitstellung von Notifikationsdiensten in Internet-Umgebungen. Wesentlich am Siena-System ist die Existenz komplexer Filtermechanismen zu nennen, die insbesondere im verteilten Fall den Betrieb eines effizienten Notifikationsdienstes erlauben.

5.4 Gryphon

Das Ziel des Gryphon-Projektes, welches am IBM T.J. Watson Research Center durchgeführt wird, ist die Realisierung eines massiv verteilten Nachrichtenvermittlungssystems, welches neben inhaltsbasierter Weiterleitung von Nachrichten auch eine eingeschränkte Transformation der Nachrichten ermöglicht ([BKS+99], [SBC+98], [StBS98], [BCM+99], [ASS+99], [AgSt99]). Forschungsmäßige Schwerpunkte bilden im Gryphon-Projekt die Modellierung von Informationsflüssen und die Verteilung von Nachrichten an die subskribierten Empfänger. Während der zweite Aspekt ausführlich in Abschnitt 5.4.2 behandelt wird, konzentriert sich die folgende Aufarbeitung auf den Modellierungsaspekt.

5.4.1 Informationsflussgraphen

Als zentraler Beitrag des Gryphon-Projektes muss die Modellierung von Informationsflüssen herausgestellt und aufgearbeitet werden, da sich der Gryphon-Ansatz durch die strikte Typisierung der vermittelten Nachrichten und die damit einhergehende explizite Modellierung eines Informationsflusses erheblich von Systemen wie Elvin (Abschnitt 5.2) oder Siena (Abschnitt 5.3) absetzt. Neben dieser expliziten Modellierung eines Informationsflusses zeichnet sich der Gryphon-Ansatz weiterhin durch Einführung von zustandslosen Transformationsoperatoren (z.B. zur Ausführung von Skalaroperationen) und ansatzweise durch eine Interpretation von Nachrichtenhistorien aus.

Das Schema eines Informationsflusses wird in Gryphon durch einen Informationsflussgraphen (IFG) abgebildet. Ein Informationsflussgraph modelliert den Fluss von Nachrichten von Produzenten zu Subskribenten als azyklischer Graph, wobei Knoten Informationsumgebungen ('*information spaces*') und Kanten Operatoren zur Filterung oder Transformation von Nachrichten repräsentieren. Im Kontext einer Informationsumgebung wird die Modellierung lokaler Vorgänge wie Erfassung, Auslieferung und Export an andere Informationsumgebungen vorgenommen. So modelliert die Informationsumgebung 1 in Abbildung 5.5 zwei Produzenten von Nachrichten (symbolisiert durch Kreise mit je einer ausgehenden Kante), die Nachrichten über aktuelle Aktienkurse an der NYSE erzeugen. Diese Nachrichten werden sowohl an zwei lokale Subskribenten ausgeliefert (symbolisiert durch Kreise mit je einer eingehenden Kante) als auch an Informationsumgebung 3 exportiert.

Neben Produzenten und Konsumenten unterscheidet Gryphon weiterhin zwischen Knoten, die eine Historie in Form einer Sequenz von Nachrichten ('*event histories*') repräsentieren (symbolisiert durch einen ausgefüllten Kreis), und Knoten, die einen Zustand, d.h. eine einzelne Nachricht, widerspiegeln (symbolisiert durch ein ausgefülltes Rechteck). Der Knoten NYSE in Abbildung 5.5 ist dabei ein Beispiel eines Historienknoten, während der Knoten MaxCur aus der Umgebung 4 einen Zustand repräsentiert.

Gerichtete Kanten im Informationsflussgraphen geben den Fluss der Nachrichten wieder. Dabei ist eine Auswahl aus vier Operatoren zu treffen:

- *Selektion:* Der Selektionsoperator dient der Spezifikation einer inhaltsbasierten Filterung zwischen zwei Historienknoten mit identischem Schema. Lediglich Nachrichten, die der jeweiligen Filterbedingung, formuliert als Prädikat über die Attribute einer Nachricht (z.B. issue='IBM' & price<120), genügen, werden an den Zielknoten weitergeleitet.

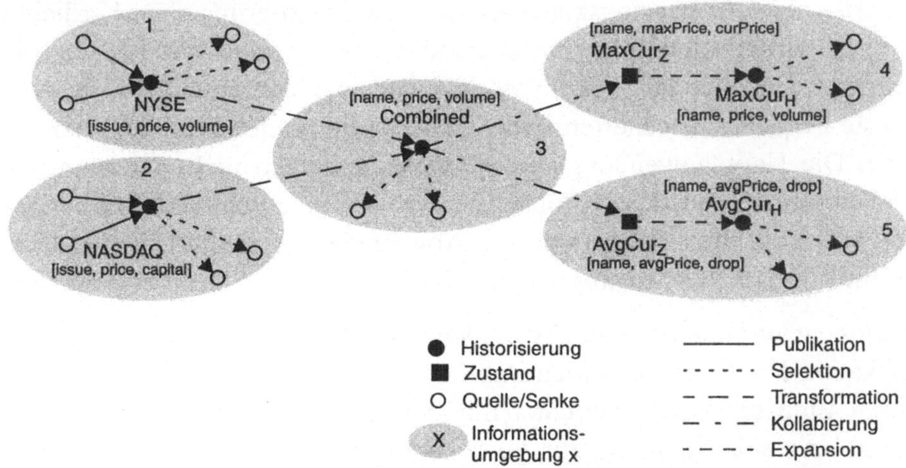

Abb. 5.5: Beispiel eines Informationsflussgraphen in Gryphon

- *Transformation:* Eine Transformationskante verbindet Historienknoten mit unterschiedlichen Schemata. Eine Abbildungsvorschrift gibt an, nach welchen Regeln eingehende Nachrichten in das Schema des Zielknotens transformiert werden. Es gilt anzumerken, dass Transformationsregeln isoliert auf einer einzelnen Nachricht operieren. Beispielsweise gleicht die Regel

    [issue:i, price:p, capital:c] $\rightarrow$ [name:NAS(i), price:p, volume:c/p]

  das Schema von NASDAQ-Nachrichten an das Schema von NYSE-Nachrichten zur Vereinigung der beiden Nachrichtenströme in der Informationsumgebung 3 an. Dabei nimmt die Funktion NAS() eine Abbildung der Ausgabe auf einen Namen vor und das Attribut volume wird bestimmt durch Division von Kapital (capital:c) durch Preis (price:p).

- *Verdichtung ('collapse'):* Eine Verdichtungskante leitet aus einer Historie von Ereignissen einen einzelnen Zustand ab und verbindet dementsprechend einen Historien- mit einem Zustandsknoten. Die Aktualisierung des Zustandsknotens erfolgt dabei inkrementell (Abschnitt 7.3), wobei aus dem aktuellen Zustand und einer neuen Nachricht der neue Zustand ermittelt wird. Eine Regel bestehend aus Mustern bestimmt dabei die Abbildung. So wird der Zustand $MaxCur_z$ durch eine Regel mit den beiden Mustern

    [n, p, v], (n, p>maxPrice, curPrice) $\cup$ s $\rightarrow$ (n, p, p) $\cup$ s
    [n, p, v], (n, p$\leq$maxPrice, curPrice) $\cup$ s $\rightarrow$ (n, maxPrice, p) $\cup$ s

  abgeleitet. Beim Eintreffen einer neuen Nachricht v wird der Preis einer Aktie als neuer Maximalwert in den Zustand übernommen, falls er den bisherigen Maximalpreis übertrifft. Ansonsten bleibt der Maximalpreis im Zielknoten unverändert.

- *Expansion:* Eine Expansionskante realisiert die Invertierung einer Verdichtungskante, indem aus einem einzelnen Zustand wieder eine Sequenz von Nachrichten erzeugt wird. Durch das in [BKS+99] angegebene Verfahren wird versucht, die kürzeste Sequenz zu generieren, deren Verdichtung den Ausgangswert liefern würde. Die Hauptanwendung dieser im Allgemeinen nicht-deterministischen Operation besteht darin, dass Subskribenten nach einer temporären Abwesenheit vom System nicht mit allen in dessen Abwesenheit aufgelaufenen Nachrichten, sondern lediglich mit der minimalen Anzahl von Nachrichten versorgt werden.

- *Vereinigung und Replikation:* Die beiden Operatoren Vereinigung ('*merge*') und Replikation ('*replicate*') werden implizit dann durchgeführt, wenn ein Knoten mehrere Eingänge von Nachrichten mit identischem Schema verzeichnet (Vereinigung) bzw. eine Nachricht zur Auslieferung an mehrere Empfänger dupliziert werden muss (Replikation).

Abbildung 5.5 zeigt eine Auswahl an anwendbaren Operatoren: so werden in einem ersten Schritt eingehende Nachrichten durch Transformationen auf ein gemeinsames Schema gebracht (Informationsumgebungen 1, 2 zu 3). Darauf aufbauend sind zwei Auswerterichtungen definiert, wobei in Umgebung 4 der Maximalkurs und in Umgebung 5 der Durchschnittskurs von Interesse ist.

5.4.2 Restrukturierung von Informationsflussgraphen

Neben der Modellierung wird in [BKS+99] und [SBC+98] die Realisierung des Gryphon-Modells dahingehend adressiert, dass Regeln für die Transformation von Informationsflussgraphen angegeben werden. Ziel ist es, weitgehend in Analogie zur Anfrageoptimierung in relationalen Datenbanksystemen ([Grae93], [Mits95]) grundsätzlich alle Selektionen so nahe an dem Produzenten auszuführen, dass die Nachrichten, die eine Filterungsbedingung nicht erfüllen, bereits so früh wie möglich aus dem System eliminiert werden. Im Einzelnen werden zwei Restrukturierungen durchgeführt:

- *Verschieben von Selektionen vor Transformationen:* Für jeden Datenfluss, in welchem eine Transformation von einer Selektion gefolgt wird, existiert ein äquivalenter Datenfluss, in welchem die Selektion *vor* der Transformation ausgeführt wird. Zur Veranschaulichung werden eine Selektion und eine Transformation f() auf ein Nachrichtenschema $[x_1, x_2]$ betrachtet. Eine Transformation unter Einbeziehung von Konstanten c_1 und c_2 resultiert in dem Nachrichtenschema $[y_1=f_1(x_1,x_2,c_1),\ y_2=f_2(x_1,x_2,c_2)]$; eine darauffolgende Selektionsbedingung ergibt sich dann mit einem Prädikat P und einer beliebigen Konstanten d zu $P(y_1, y_2, d)$. Die Ausführung der Selektion kann vor die Transformation gezogen werden, wenn die Filterbedingung entsprechend angepasst wird. So ergibt sich für das Beispiel der Selektionsausdruck zu $P((f_1(x_1,x_2,c_1),\ f_2(x_1,x_2,c_2),\ d)$.

- *Gruppierung von Selektionen und Transformationen:* Während offensichtlich ist, dass eine sequentielle Ausführung von mehreren Selektionen äquivalent zu einer Ausführung einer Selektion über ein durch Konjunktionen verbundenes Prädikat der einzelnen Selektionen ist, können auch funktionale Abhängigkeiten im Kontext von Transformationen gruppiert werden. Sind auf einem Nachrichtenschema $[x_1, x_2]$ zwei Transformationen $[y_1=f_1(x_1,x_2,c_1),\ y_2=f_2(x_1,x_2,c_2)]$ und $[z_1=f_1(y_1,y_2,d_1),\ z_2=f_2(y_1,y_2,d_2)]$ definiert, so lassen sich diese Transformationen durch eine einzelne Transformation mit folgender Regel ersetzen:

$$[z_1=f_1(f_1(x_1,x_2,c_1),f_2(x_1,x_2,c_2),d_1),\ z_2=f_2(f_1(x_1,x_2,c_1),f_2(x_1,x_2,c_2),d_2)]$$

Durch Anwendung der beiden Restrukturierungsregeln kann jeder Pfad in einem Informationsflussgraphen durch Anwendung einer Selektion und einer Transformation ausgedrückt werden. Da im Zuge einer derartigen Restrukturierung Knoten aus dem Graphen entfernt werden könnten, die jedoch als Ankopplungspunkt für Produzenten bzw. Subskribenten weiterhin zur Verfügung stehen sollen, werden vor einer Restrukturierung alle inneren Knoten durch zwei externe Knoten, je ein Produzenten- und Subskribentenknoten, ergänzt. Abbildung 5.6 zeigt den Vorgang exemplarisch, wobei die Knoten Combined und LargeTrades um potentielle Produzenten bzw. Subskribenten erweitert und diese über Identitätskanten an den ursprünglichen Knoten angeknüpft werden.

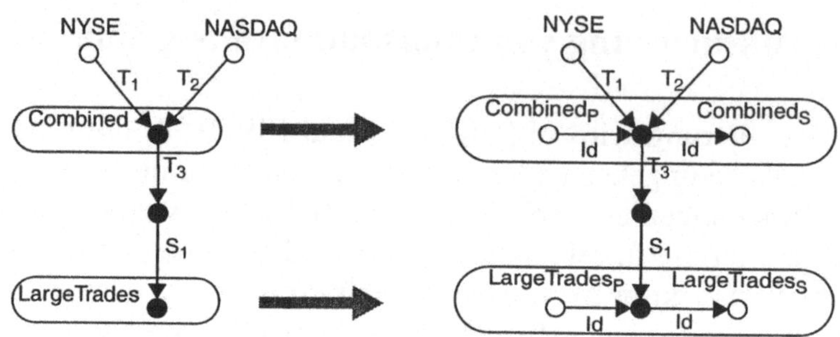

Abb. 5.6: Anreicherung eines Informationsflussgraphen

Die eigentliche Restrukturierung wendet nun iterativ die Vertauschung und Gruppierung von Selektions- und Transformationsknoten an, bis jeder Produzent jeden Subskribenten direkt versorgen kann. Abbildung 5.7 illustriert die Zusammenfassung für den Pfad der Nachrichten vom Produzenten NYSE zum im vorangegangenen Schritt künstlich hinzugefügten Subskribenten LargeTrades$_S$.

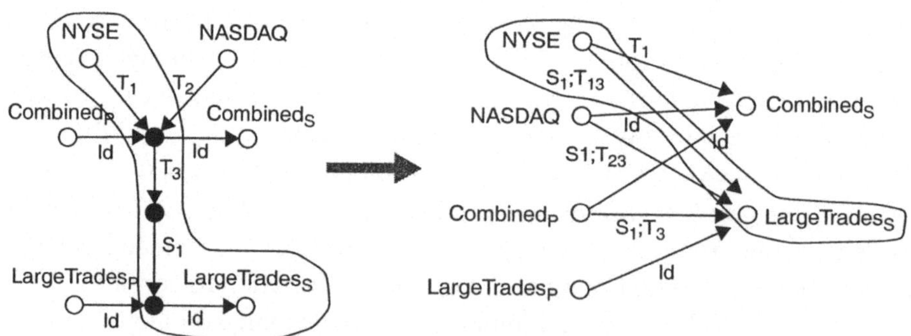

Abb. 5.7: Restrukturierung eines Informationsflussgraphen

Der Vorgang der Restrukturierung eines Informationsflussgraphen wird vom System vorgenommen und ist für den Benutzer völlig transparent. Der Benutzer modelliert die Zusammenhänge durch Definition und Konfiguration von Informationsumgebungen auf logischer Ebene. Die physische Realisierung ist für den Benutzer nicht zugänglich.

5.4.3 Meta-Informationsumgebungen

In einem Gryphon-System existiert zu jeder Informationsumgebung auf Objektebene ein korrespondierender Graph auf Metaebene ([StBS98]). Darin werden alle Veränderungen an der Umgebung, wie das Hinzufügen einer Operation oder die Einführung eines neuen Zustands, aufgezeichnet. Tabelle 5.1 enthält die vollständige Liste von Ereignissen, die vom System generiert werden und in der Meta-Informationsumgebung ihren Niederschlag finden.

Nachrichten auf Metaebene	Beschreibung
addArc() / deleteArc()	Hinzufügen bzw. Löschen einer Kante, die eine entsprechende Operation realisiert
requestAddArc() / requestDeleteArc()	Da viele der Nutzer nicht berechtigt sind, tatsächliche Änderungen am Informationsflussgraphen selbst vorzunehmen, werden entsprechende Anforderungen an das System zur Durchführung der Operationen formuliert.
requestProcessed()	Derartige Nachrichten werden vom System generiert, wenn eine Anforderung sowohl mit positivem als auch negativem Ergebnis bearbeitet worden ist.
disableArc() / enableArc()	Zur Behandlung von momentan nicht am System angeschlossenen Subskribenten kann der Datenfluss zu diesen Subskribenten temporär unterbrochen bzw. wieder hergestellt werden.
addSpace() / deleteSpace()	Erstellen bzw. Löschen einer neuen Informationsumgebung inbesondere das Hinzufügen/Löschen neuer Produzenten und Subskribenten

Tab. 5.1: Nachrichtentypen für Meta-Informationsumgebungen

Subskribenten können sich entsprechend für interessante Nachrichtentypen registrieren und erhalten dadurch Kenntnis von jeder Veränderung am Informationsflussgraphen. Insbesondere können Subskribenten über alle neuen Datenquellen unterrichtet werden. Jede Systemkomponente, die eine Veränderung anfordert bzw. tatsächlich vornimmt, wirkt als Produzent von Meta-Nachrichten.

5.4.4 Zusammenfassung

Das System Gryphon ist als zentrale Arbeit der nachrichtenbasierten Vermittlung nach dem *'Publish/Subscribe'*-Muster auf dem Gebiet der Modellierung zu sehen. Im Gegensatz zu anderen Ansätzen bietet Gryphon bereits fest im Modell verankert die Möglichkeit, lokal für jede einzelne Nachricht eine Transformation vorzunehmen und nicht nur eine Selektion über Filterausdrücke zu erlauben. Des Weiteren eröffnet Gryphon durch Einführung von Zuständen bereits die rudimentäre Fähigkeit, sequenzbasierte Auswertungen vorzunehmen. Auf Realisierungsseite werden Restrukturierungsregeln angegeben, die jedoch einige Fragen und Kritikpunkte offen lassen. So ist beispielsweise lediglich eine sofortige Auswertung von abhängigen Knoten vorgesehen; verzögerte Auswertungen, wie sie durch Einführung von Auslieferungsbedingungen ermöglicht werden, sind nicht Bestandteil des Konzeptes. Als weiterer möglicher Aspekt, der eine eingehende Untersuchung erfordert, ist die Eliminierung bzw. geschickte Ausnutzung funktionaler Abhängigkeiten zu sehen, die bei der Gruppierung von Transformationsoperationen entstehen.

5.5 OpenCQ-Projekt

Das Projekt OpenCQ, entwickelt am Oregon Graduate Institute of Science and Technology, realisiert ein durchgängiges und skalierbares System zur Beobachtung von Veränderungen in der Umwelt und einer sich anschließenden ereignisbasierten Auswertung und Auslieferung von Nachrichten ([LiPT99], [LPT+98], [PuLi98]). Wie im Folgenden deutlich herausgearbeitet wird, kann OpenCQ dem Bereich der datenbankbasierten Notifikationssysteme zugeordnet werden. OpenCQ leistet dabei eine Verknüpfung von zwei klassischen Disziplinen der Datenbankforschung. Auf der einen Seite basiert OpenCQ auf dem Projekt DIOM ([LiPu97]), welches ein verteiltes Informationssystem über heterogene Datenbestände realisiert. Der Integrationsaspekt heterogener Datenquellen durch eine kapselbasierte Architektur wird bereits ausführlich in Abschnitt 3.1.1 diskutiert. Auf der anderen Seite ist in OpenCQ klar die Nähe zu aktiven Datenbanksystemen erkennbar, die jedoch in dem exzellenten Beitrag von [LiPT99] dahingehend relativiert wird, dass lediglich eine – entsprechend beherrschbare – Teilfunktionalität in OpenCQ Verwendung findet. Die unterschiedlichen Aspekte sowohl aus funktionaler als auch aus architektonischer Sicht werden in den nachfolgenden Ausführungen bearbeitet.

5.5.1 Funktionale Aspekte

Das zentrale Konstrukt spiegelt aus funktionaler Sichtweise im OpenCQ-Projekt eine 'Continual Query' (CQ) wider. Eine 'Continual Query' überwacht notwendige Datenquellen und liefert ein aktualisiertes Ergebnis zurück, sobald die Veränderung einen gewissen Schwellwert überschritten hat. Dabei deckt eine 'Continual Query' lediglich einen Teilaspekt des vollständigen Notifikationsmodells ab; insgesamt ist das OpenCQ-Framework in fünf abstrakten Teilmodellen organisiert:

- *Objektmodell:* OpenCQ verfolgt die Sichtweise, dass alle an einem CQ-System partizipierenden Komponenten als benutzerdefinierte oder systemgenerierte Objekte aufgefasst werden.

- *Ereignis- und Zeitmodell:* Die Menge primitiver Ereignisse (Basisereignisse) lässt sich in zeitbasierte Ereignisse (absoluter Zeitpunkt oder Zeitintervall) und Objektereignisse unterteilen. Basisereignisse gliedern sich weiterhin in vordefinierte und benutzerdefinierte Ereignisse. Im Fall vordefinierter Ereignisse ist das System selbst in der Lage, das Eintreten eines Ereignisses zu erkennen. Im Fall benutzerdefinierter Ereignisse muss der Benutzer dem System Informationen über die Semantik der Ereignisse liefern, so dass das System in der Lage ist, eine 'relevante' Veränderung zu erkennen.
Das Zeitmodell sichert eine globale Zeit zu, so dass Ereignisse eindeutig durch das Objekt der Veränderung, die verändernde Methode, das verändernde Objekt und den Zeitpunkt des Eintretens der Veränderung beschrieben werden können.

- *Beobachtungsmodell:* Das OpenCQ-Beobachtungsmodell adressiert Fragestellungen mit Bezug auf die verwandten Mittel zur Durchführung einer Beobachtung, wann ein beobachtetes Ereignis als Auslöser einer Notifikation dient oder wann, wo und auf welche Weise Objekte zur Durchführung der Beobachtung erzeugt bzw. gelöscht werden.

- *Notifikationsmodell:* Das Notifikationsmodell legt den Rahmen fest, in welchem Benutzer den Gegenstand und Filterbedingungen von Benachrichtigungen spezifizieren. Dazu dient das Konzept der *'Continual Queries'*, welches im folgenden Abschnitt detailliert behandelt wird.

- *Ressourcenmodell:* Im Ressourcenmodell wird hinterlegt, wo im Internet Beobachtungs- und Notifikationskomponenten platziert sind und wie Ressourcen für Berechnungen herangezogen werden können. Eine Realisierung des Ressourcenmodells erfolgt durch einen kapsel-basierten Ansatz, wodurch jede Informationsquelle in ein OpenCQ-Objekt verpackt wird.

5.5.2   Konzept einer 'Continual Query'

Eine *'Continual Query'* ist in Form eines Tripels $(Q_{cq}, Trig_{cq}, Term_{cq})$ spezifiziert, wobei Q_{cq} eine beliebige in SQL formulierte Datenbankanfrage ist, $Trig_{cq}$ die Triggerbedingung (Abschnitt 4.4.3) reflektiert und $Term_{cq}$ die Stoppbedingung der *'Continual Query'* beschreibt ([LiPT99], [PuLi98]). Eine exemplarische *'Continual Query'* zur Überwachung von Lagerbeständen gültig für die kommenden sechs Monate könnte wie folgt spezifiziert werden:

```
CREATE CQ Lagerbestandsüberwachung AS
QUERY:
        SELECT ArtikelName, ArtikelNr, AnzahlBestand, AnzahlBestellt,
```

```
AnzahlMinBestand
     FROM   Lagerbestand
TRIGGER:
     AnzahlBestand + AnzahlBestellt < AnzahlMinBestand;
STOP:
     six months
```

Obwohl diese *'Continual Query'* leicht auf eine korrespondierende Triggerdefinition abgebildet werden kann, wird in [LiPT99] auf eine Abgrenzung von Notifikationssystemen im Allgemeinen – und OpenCQ im Speziellen – zum generellen ECA-
Prinzip hingewiesen. Dabei werden eine 'fehlende' Definition von Operatoren zum
Erkennen eines Ereignisses, eine explizite Terminierung und die Freiheit von Sei-
teneffekten durch die 'fehlende' Aktion als wesentlich für eine effiziente und spezialisierte Implementierung eines Ereignisbeobachtungs- und Nachrichtenweiter-
leitungssystems genannt.

Konzeptionell wird eine *'Continual Query'* nach folgendem Muster abgearbeitet:
Nach der Registrierung wird der Anfrageteil initial ausgeführt und die vollständige
Antwort auf Q_{cq} in der 0-ten Iteration ($[Q_{cq}]_0$) zwischengespeichert. Eine wiederholte Ausführung der Anfrage, resultierend im Ergebnis $[Q_{cq}]_i$ ($i \geq 1$), wird nur dann angestoßen, wenn die Triggerbedingung erfüllt, die Stoppbedingung jedoch nicht erfüllt ist. Eine derartige wiederholte Ausführung von Q_{cq} umfasst im Einzelnen folgende Schritte:

- *Identifikation und Erkennung der Basisereignisse:* In einem ersten Schritt wird
  überprüft, ob ein aufgetretenes Ereignis Bestand der Triggerbedingung und die
  atomare Triggerbedingung für dieses Ereignis erfüllt ist.

- *Auswertung der zusammengesetzten Ereignisse:* Nach der Auswertung einer atomaren Triggerbedingung wird die Qualifikation der kompositen Triggerbedingung evaluiert.

- *Ausführung des Anfrageteils der 'Continual Query':* Nach erfolgreichem Test
  der Triggerbedingung wird die Anfrage Q_{cq} in der i-ten Generation ($[Q_{cq}]_i$) ausgeführt und die Veränderung des Anfrageergebnisses aus dem zwischengespeicherten Ergebnis der vorangegangenen Anfrageausführung ermittelt. Diese Differenz, d.h. die Menge der veränderten Tupel, wird schließlich dem Benutzer als
  Ergebnis übermittelt.

Der Benutzer muss dementsprechend die Ableitung des absoluten Ergebnisses aus
den ermittelten Differenzen selbst vornehmen. In [LPBZ96] wird eine Erweiterung
zur differentiellen Auswertung von Anfragen (*'Differential Re-Evaluation Algorithm'*) angegeben, in welcher ähnlich dem in Abschnitt 7.3 aufgearbeiteten Verfahren eine inkrementelle Aktualisierung vorgenommen wird.

5.5.3 Kopplungsmodi einer 'Continual Query'

Bei der Auswertung einer *'Continual Query'* werden im OpenCQ-System vier Teiltransaktionen identifiziert, die jeweils in Analogie zu den in Abschnitt 4.4.2 aufgeführten Kopplungsmodi im ECA-Modell auf unterschiedliche Arten miteinander verknüpft werden können. Die möglichen Kopplungsmodi werden in diesem Abschnitt erläutert. Zunächst unterscheidet das Ausführungsmodell vier an der Auswertung einer *'Continual Query'* partizipierende (Teil-)Transaktionen:

1. Transaktion zur Durchführung von Veränderungen am beobachteten Objekt

2. Transaktion zur Erkennung von Veränderungen an einem beobachteten Objekt

3. Transaktion zur Auswertung der Triggerbedingung

4. Transaktion zur Ausführung des Anfrageteils und Ermittlung der Notifikation

Diese vier Transaktionen können über drei unterschiedliche Kopplungsmodi paarweise miteinander in Beziehung gesetzt werden:

- *Kopplung hinsichtlich der Teilnahme an einer gemeinsamen Transaktion:* Die beiden betrachteten Transaktionen können entweder in einer gemeinsamen Transaktion (*'same'*) oder in getrennten Transaktionen ablaufen (*'seperate'*).

- *Kopplung hinsichtlich der Ausführungszeiten:* Im asynchronen Fall laufen die beiden Transaktionen unabhängig voneinander und parallel zueinander ab. Im synchronen Fall kehrt die Ausführungskontrolle nur bei erfolgreichem Abschluss der zweiten Transaktion in den Ausführungskontext der ersten Transaktion zurück.

- *Kopplung hinsichtlich kausaler Abhängigkeiten:* Sind zwei Transaktionen kausal abhängig (*'causally dependent'*) gekoppelt, so kann die Ausführung der zweiten Transaktion nur nach erfolgreichem Beenden der ersten Transaktion stattfinden. Im Fall einer bestehenden kausalen Unabhängigkeit (*'causally independent'*) können beide Transaktionen in beliebiger Reihenfolge ausgeführt werden.

Standardmäßig gelten für die Kopplung der ersten und zweiten Transaktion die Einstellungen *'separate - asynchronous - causally independent'*; für die beiden weiteren Kopplungen der zweiten mit der dritten und der dritten mit der vierten Transaktion gelten die Parameter *'separate - synchronous - causally dependent'*. Darüber hinaus wird in [LiPT99] noch ein weiterer Kopplungsmodus *'Schedule Coupling Mode'* aufgeführt, welcher besagt, dass die Ausführung der zweiten Transaktion verzögert werden darf (*'deferred'*) oder sofort nach erfolgreicher Beendigung der ersten Transaktion ausgeführt werden muss (*'immediate'*). Eine konkretes Beispiel für die Anwendung einer verzögerten Ausführung wird jedoch nicht genannt.

5.5.4 Aufbau des OpenCQ-Systems

Abbildung 5.8 zeigt die dreischichtige Architektur des OpenCQ-Systems. Der Klient besteht im Wesentlichen aus vier Komponenten, die im Zusammenspiel die Anmeldung eines Benutzers am System oder die Formulierung von Continual Queries durch Ausfüllen von Formularen (*'Form Manager'*) ermöglichen. Als Schnittstelle zur mittleren Schicht, der Server-Ebene, dient ein persistentes Repositorium, in welchem die CQ-Definitionen von einem Client abgelegt und vom Server ausgelesen werden.

Der Server selbst ist als modulares System aufgebaut. Als zentrale Komponente dient die CQ-Verwaltungseinheit, welche die Ereigniserkennung, die Auswertung der Triggerbedingung, die Ausführung der entsprechenden CQ-Anfrage und das Ausliefern des Ergebnisses koordiniert. Komplexe Module sind weiter in feinere Einheiten gegliedert: So besteht das Modul der Ereigniserkennung wiederum aus den Komponenten zur speziellen Erkennung von zeitbasierten und inhaltsbasierten Ereignissen. Die Anfrageausführungseinheit, die im Wesentlichen unverändert vom DIOM-Projekt ([LiPu97]) übernommen worden ist, setzt sich aus den Einheiten für eine Aufteilung der globalen Anfrage auf lokale Datenquellen, einer lokalen Anfrageplanung, einer Einheit zum Zusammenbau der Teilergebnisse und einem Generator zur Erzeugung von formatierten Ausgaben zusammen.

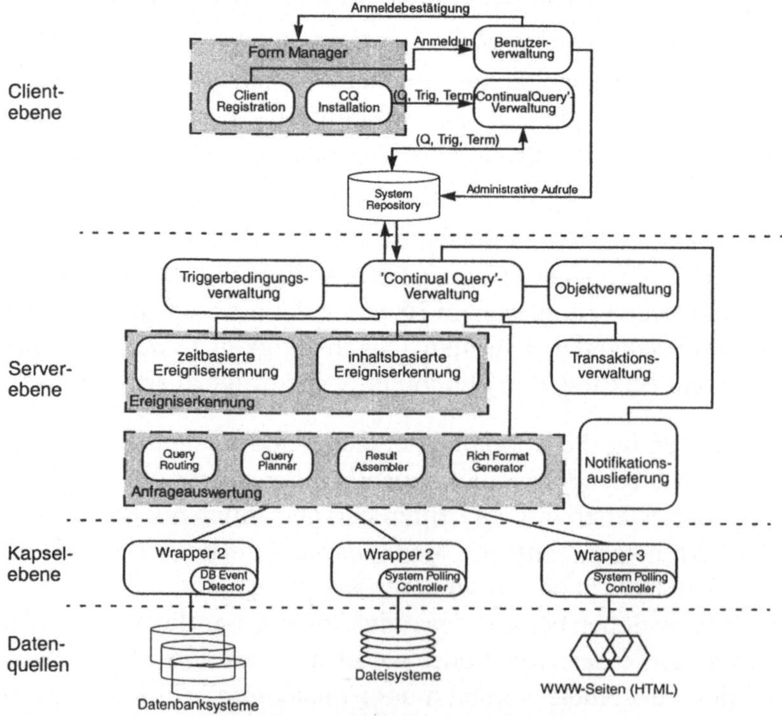

Abb. 5.8: Architektur von OpenCQ

Die dritte Ebene reflektiert die Kapseln ('*wrapper*'), die über eine Datenquelle gelegt werden, so dass externe Datenquellen dem OpenCQ-System zugänglich werden. Neben integrativer Arbeit auf Schemaebene erbringen die Kapseln insbesondere die Leistung, passive Datenquellen in aktive Produzenten zu transformieren. Dabei werden grundsätzlich zwei Kategorien unterschieden: Im Fall von unterliegenden Datenbanksystemen mit gewisser aktiver Funktionalität werden lokale Trigger implementiert, um die Ereigniserkennung zu realisieren. Bei vollständig passiven Systemen, wie beispielsweise Dateien, realisiert die Kapsel einen '*Polling*'-Mechanismus, welcher in regelmäßigen Abständen den Zustand der Datenquelle hinsichtlich Veränderungen kontrolliert.

Im Kontext der Beschreibung der Kapselebene sei insbesondere auf das Projekt XWeb ([LiPH00]) hingewiesen, in welchem ein Verfahren vorgestellt wird, welches eine halbautomatische Generierung von Kapseln für XML- oder HTML-strukturierte Dateien erlaubt und eine weitgehende Unterstützung der Erkennung von Veränderungen ermöglicht.

5.5.5 Zusammenfassung

Das OpenCQ-Projekt implementiert aus funktionaler Sichtweise einen umfassenden Nachrichtendienst, der neben der reinen Filterung von Nachrichten auch deren Verarbeitung im klassischen Datenbankkontext erlaubt. OpenCQ kann somit sowohl aus funktionaler Perspektive hinsichtlich der Verarbeitung und Filterung von Nachrichten als auch aus realisierungstechnischer Perspektive hinsichtlich der Ansätze zur inkrementellen Auswertung von Bedingungen und der gemeinsamen Auswertung von Teilausdrücken als Parallelentwicklung zu dem im letzten Teil dieses Buches vorgestellten *PubScribe*-System eingeordnet werden. Während OpenCQ jedoch noch direkten Bezug beispielsweise zum Relationenmodell und korrespondierenden klassischen Operatoren aufweist, grenzt sich *PubScribe* durch einen noch anwendungsorientierteren Dienst ab. So ermöglicht der Einsatz von XML-Dokumenten auf allen Ebenen (sowohl zwischen Produzenten, Subskribenten und Vermittlungskomponente als auch zwischen den einzelnen Modulen der Vermittlungskomponente) einen offenen Austausch und eine beliebige Partizipation von Anwendern. Aus auswertungsbezogener Sichtweise ist als wesentlicher Unterschied herauszustellen, dass in OpenCQ die zu einer Subskription gehörende Anfrage ausgewertet wird, wenn die korrespondierende Bedingung erfüllt ist; durch Einsatz subskriptionsübergreifender Auswertetechniken (Abschnitt 7.3) wird diese isolierte Ausführung in *PubScribe* aufgehoben. Als weiterer Kritikpunkt kann OpenCQ die explizite Unterteilung in zeit- und datenbasierte Bedingungsauswertung zugesprochen werden. Die Modellierung der Zeit als 'normale', Zeitstempel produzierende Datenquelle würde in einer einheitlichen Sichtweise und vereinfachten Systemarchitektur münden.

5.6 SIFT

Als letzter Vertreter erfährt in diesem Kontext das System SIFT (Stanford Information Filtering Tool; [YaGa95], [YaGa96]) eine ausführliche Aufarbeitung. Mit Bezug auf das in der Einleitung zu diesem Teil des Buches angegebene Klassifikationsraster unterschiedlicher Ansätze zeigt sich, dass SIFT als äußerst anwendungsnaher und entsprechend spezifischer Dienst angesehen werden kann. In der Tat ist SIFT als ein Vertreter von *'Information Retrieval'*-Diensten ([LoTe92]) zu sehen und hat zum Ziel eine Auslieferung von gefilterten Dokumenten an Subskribenten vorzunehmen. Ein Auslieferungsvorgang findet dabei zeitgesteuert einmal pro Tag statt ([YaGa96]) und orientiert sich an Profilen, die der Benutzer bei der Registrierung hinterlegt hat. Zentral im Kontext dieser Aufarbeitung ist beim SIFT-System die Verteilung des Dienstes auf mehrere Rechner und die Realisierung unterschiedlicher Modelle zur Informationsfilterung.

5.6.1 Logische Architektur

Die logische Architektur des SIFT-Systems ist strukturell in Abbildung 5.9 wiedergegeben. Ein Benutzer spezifiziert sein Profil entweder über eine WWW- oder eine E-Mail-Schnittstelle. Das System legt diese Profile in einer Profildatenbasis ab und generiert gleichzeitig eine spezielle Indexstruktur, die von der Filtereinheit verwendet wird, um für jedes eingehende Dokument die Menge der Profile und somit die Subskribenten zu ermitteln, an die das Dokument weitergeleitet wird.

Eingehende Dokumente werden mit dieser spezialisierten Indexstruktur mit dem Ziel verglichen, möglichst jedem Benutzer zum einen nur das von ihm inhaltlich adressierte Dokument und zum anderen dieses Dokument dem Benutzer nur in einfacher Ausfertigung zukommen zu lassen. Dazu wird jedes Dokument gegen die spezifische Indexstruktur abgeglichen und die jeweiligen Subskribenten ermittelt. Parallel dazu werden Duplikate der eingehenden Dokumente erkannt ([YaGa95]). Gegenstand dieser Duplikaterkennung ist dabei sowohl der Test auf Gleichheit als auch auf Inklusion. Im Kontext des weltweiten Usenet-Systems ([SpLa98]) ist der Test auf Gleichheit gerechtfertigt, da oftmals identische Nachrichten in mehreren News-Gruppen veröffentlicht werden (*'cross posting'*). Der Test auf Inklusion hat zum Ziel, Nachrichten auszufiltern, die in einer Antwort auf die Originalnachricht enthalten sind, so dass dem Subskribent nur die aktuellste Reaktion zu einer zuvor publizierten Nachricht übermittelt wird. Für jeden Subskribent wird in einem dritten Schritt die Eliminierung der Duplikate vorgenommen und das Ergebnis dem Benutzer per E-Mail übermittelt.

5.6.2   Filtermodelle und Indexstruktur

SIFT realisiert zwei unterschiedliche Filtermodelle aus dem Bereich des *'Information Retrieval'* ([LoTe92]), die jeweils von einer spezifischen Indexstruktur flankiert werden. Das *Boolean-Modell* erlaubt die Spezifikation einer Positiv- und einer Negativliste von Wörtern, die jeweils in den Dokumenten enthalten sein müssen bzw. nicht enthalten sein dürfen. Die grundlegende Idee des *Vektor-Modells* besteht darin, sowohl die Profile als auch die Dokumente als Vektoren in einem Raum bestehend aus dem Vokabular darzustellen. Ein Dokument mit n Worten entspricht somit einem n-ären Vektor $D=(d_1, ..., d_n)$, wobei d_i ($1 \leq i \leq n$) das Gewicht des jeweiligen Wortes bestimmt. Das Gewicht wird dabei durch Multiplikation aus der Signifikanz und der Häufigkeit des Wortes in einem Dokument ermittelt (*'inverse document frequency'*). Die Signifikanz wiederum muss so gewählt werden, dass der diskriminierende Charakter des jeweiligen Wortes widergespiegelt wird. Ein Maß für die Ähnlichkeit sim(D, P) eines Dokumentes $D=(d_1, ..., d_n)$ mit einem vorgegebenen Profil $P=(p_1, ..., p_n)$ liefert dann der räumliche Abstand beider Vektoren gegeben durch:

$$\text{sim}(D, P) = \sum_{i=1}^{n} d_i \cdot p_i$$

Ein Dokument wird nur dann an einen Subskribenten ausgeliefert, wenn der ermittelte Ähnlichkeitsgrad von Dokument und vorgegebenem Profil einen Schwellwert (*'relevance threshold'*) übersteigt. Die Multiplikation der einzelnen Gewichte der Wörter erfordert eine Zusammenführung von Dokument und Profil. In [YaGa94] werden unterschiedliche Indexstrukturen bzw. darauf basierende Verfahren erläutert:

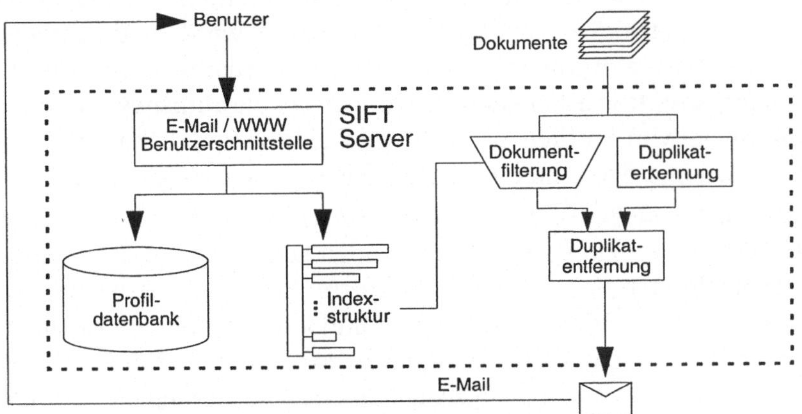

Abb. 5.9: Logische SIFT-Architektur

- *Sequentielles Durchsuchen der Profile:* Ohne Einsatz von Indexstrukturen müssen für jedes Dokument alle registrierten Profile sequentiell gelesen und mit den jeweils aktuellen Dokumenten hinsichtlich der Erfüllbarkeit des Profils untersucht werden. Eine Optimierung kann erreicht werden, falls Informationen über die Häufigkeit der einzelnen Wörter in allen Dokumenten verfügbar sind. Werden die Wörter in den Profilen absteigend hinsichtlich ihrer Häufigkeit sortiert und dann sequentiell die Überprüfung gestartet, so ist die Wahrscheinlichkeit, dass nicht übereinstimmende Profil-Dokumentbeziehungen früher aufgedeckt werden, entsprechend höher.

- *Invertierte Liste und baumstrukturierter Index:* Als mögliche Varianten zur sequentiellen Suche werden in [YaGa94] verschiedene Optimierungen beschrieben. So kann beispielsweise durch die Speicherung aller zu einem Wort gehörenden Profile in einer invertierten Liste eine erhebliche Reduktion beim Abgleich mit einem Dokument erfolgen, da nur die Listen durchsucht werden müssen, deren Wörter auch im Dokument erscheinen. Registrieren mehrere Benutzer ähnlich strukturierte Profile, so kann hinsichtlich einer Präfix-Notation von Wörtern ein baumstrukturierter Index aufgebaut werden, welcher wiederum eine Reduktion der zu vergleichenden Profil-Dokumenten-Paare ermöglicht.

In [YaGa94] werden die unterschiedlichen Methoden sowohl analytisch als auch experimentell untersucht. Als Ergebnis kann dabei festgehalten werden, dass alle Methoden, die kein sequentielles Durchsuchen der Profile vornehmen, ähnlich gute Ergebnisse bei ca. 30% des Aufwands bzgl. Ein-/Ausgabeoperationen und Anzahl der untersuchten Dokumente im Vergleich zum sequentiellen Verfahren aufweisen.

5.6.3   Verteilte Realisierung von SIFT

Wie in [YaGa96] angegeben, verarbeitet SIFT täglich 80.000 Dokumente, die gegen eine Profilbasis von 40.100 Einträgen abgeglichen und an die ermittelte Teilmenge aller 18.400 registrierten Benutzer weitergeleitet werden. Entsprechend wird in [YaGa94] ein Ansatz diskutiert, wie eine konkrete Realisierung von SIFT auf mehrere Rechner verteilt werden kann. Dazu werden quorumsbasierte Ansätze der Replikation sowohl von Profilen als auch von Dokumenten diskutiert. Konkret werden zwei Varianten und deren hierarchische Kombination vorgestellt:

- *Votieren mit Mehrheitsentscheidung ([Thom79]):* Um sicherzustellen, dass jedes Profil auch mit einem potentiell passenden Dokument getestet wird, gilt es beim Ansatz nach Mehrheitsvotieren (*'majority consensus'*), bei einer Gesamtzahl von n Rechnern, jedes Dokument an d und jedes Profil an p Rechner zu replizieren, so dass die Zusicherung der Form p+d=n+1 stets erfüllt ist. Dabei treten zwei Nachteile auf: Zum einen müssen bei einer Änderung der Profildatenbasis p Rechner aktualisiert werden. Zum anderen garantiert diese Lösung jedoch, dass mindestens ein Rechner eine Kombination von einem speziellen Dokument und einem speziellen Profil vorfindet; das Entstehen von Duplikaten ist dabei jedoch nicht ausgeschlossen, so dass eine nachgeschaltete Duplikateliminierung stattfinden muss.

- *Gitterprotokoll ([ChAA90]):* Beim Gitterprotokoll (*'grid protocol'*) werden die am SIFT-System beteiligten Rechner in einer logischen Matrix mit d Reihen und p Spalten angeordnet. Ein Dokument wird dann zufällig auf alle Rechner einer Reihe, ein Profil auf alle Rechner einer Spalte repliziert. Die Gitteranordnung garantiert, dass ein Dokument genau einmal mit einem Profil kombiniert wird. Eine Strukturänderung des Gitters bedeutet jedoch eine vollständige Reorganisation.

- *Hierarchische Anordnung:* Eine dritte Variante, wie sie in [YaGa94] diskutiert wird, besteht darin, alle Dokumente in logische Partitionen zu unterteilen und diese Partitionen rekursiv zu größeren Partitionen zusammenzufassen. Für jede Ebene innerhalb einer hierarchischen Anordnung kann dann eine jeweils unterschiedliche Strategie (Mehrheitsvotieren oder Gitterprotokoll) angewandt werden. Als Verweis auf die grundlegenden Verfahren diene an dieser Stelle [AgAb90] (Gitterprotokoll mit Mehrheitsvotieren in den Gitterpunkten) und [RaST92] (Mehrheitsvotieren mit lokaler Gitteranordnung) für zweistufige und [Kum91] (hierarchisches Mehrheitsvotieren) bzw. [KuCh91] (hierarchisches Gitterprotokoll) für mehrstufige Verfahren.

In einer Vielzahl von Messungen möglicher Kombinationen unter unterschiedlichsten Parametereinflüssen wird das Gitterprotokoll mit möglichst gleich großen Partitionen von Dokumenten und Profilen als günstigste Verteilungsstrategie ermittelt. Weiterhin werden in [YaGa94] neben zufälligen Verteilungen von Profilen und Dokumenten unterschiedliche inhaltliche Gruppierungen analysiert und bewertet. Dabei wird festgestellt, dass eine Gruppierung ähnlicher Profile eine deutliche Reduzierung der Netzwerklast zur Folge hat.

5.6.4 Zusammenfassung

Zusammenfassend kann das SIFT-System als ein hochgradig spezialisiertes System mit dem Schwerpunkt der Informationsfilterung von Dokumenten (insbesondere Artikeln aus dem weltweiten Usenet-System; [SpLa98]) gesehen werden. Aus Sicht der Anforderungen an ein Subskriptionssystem erfüllt SIFT die Formulierung von Subskriptionen in Form von Filterausdrücken, erlaubt jedoch keine inhaltliche Aktivierung einer Auslieferung. Ein Filtervorgang wird stets zeitgesteuert einmal täglich ausgeführt. Des Weiteren muss angemerkt werden, dass SIFT so entworfen ist, dass nur eine Datenquelle (das Usenet-System) als Produzent von Nachrichten auftritt. Eine Integration mehrerer externer und möglicherweise heterogener Quellen ist nicht adressiert.

5.7 Weitere Systeme

In der Literatur finden sich eine Vielzahl weiterer Systeme, die anwendungsnahe Dienste realisieren, auf deren ausführliche Darstellung an dieser Stelle verzichtet wird. Um jedoch eine weitgehend vollständige Übersicht über die Systemlandschaft zu ermöglichen, werden im Folgenden eine Reihe von Systemen aus Sicht abzudek-kender Anforderungen, existierender Besonderheiten und möglicher Einsatzbereiche knapp beschrieben.

Zephyr

In [DEF+88] wird der *'Zephyr Notification Service'* erläutert, welcher im Rahmen des Athena-Projektes ([BaLP85]) eine notifikationsbasierte Infrastruktur zur Kommunikation von Teilsystemen realisiert. Ähnlich dem Elvin-System (Abschnitt 5.2) bietet Zephyr lediglich einen rudimentären Basisdienst an. Die Realisierung weitergehender Aufgaben wie Flusskontrolle, gesicherte Auslieferung etc. bleibt den Anwendungsschichten überlassen.

Corona

Als Repräsentant eines Systems im Kontext der computerunterstützten Gruppenarbeit (*'Computer Supported Cooperative Work'*; CSCW) sei an dieser Stelle auf Corona ([MHJ+95]) verwiesen, welches einen dynamischen Benachrichtigungsdienst mit garantierter Auslieferung und hoher Skalierbarkeit realisiert. Als Besonderheit ist hinzuzufügen, dass Corona neben dem *'Publish/Subscribe'*-Muster ([MHJ+95]) auch eine personenkreisbasierte Kommunikation (*'peer group communication'*) ermöglicht. Die Unterschiede und Gemeinsamkeiten der beiden Kommunikationsmethoden werden in [MHJ+95] ausführlich behandelt.

IMP

[Abel99] stellt einen Ansatz für die effiziente Verteilung von Gütern in digitaler Form im Kontext virtueller Unternehmen vor. Ein erster Realisierungsansatz des Systems IMP (*'Internet Market Place'*) basiert dabei auf CORBA und HTTP und erlaubt durch Nutzung der deklarativen Anfragesprache RSL (*'Request Specification Language'*) die Formulierung von Ausdrücken zur Nutzung von bereitgestellten Diensten. Die Infrastruktur bietet neben einem reinen Auskunftsdienst (*'query service'*), einen Berechnungsdienst (*'derivation service'*) mit initial zu parametrierender Grundmenge und weitere mit Blick auf die jeweilige Anwendung spezialisierte Dienste (*'infrastructural services'*) an.

DBIS

In einer Vielzahl von Veröffentlichungen stellen zwei Forschungsgruppen von den Universitäten 'University of Maryland' und 'Brown University' das DBIS-System (*'Dissemination-Based Information System'*) vor ([FrZd97], [AAB+98], [AAB+99]). Ziel des Systems ist die Unterstützung von mobilen Anwendern unter der besonderen Berücksichtigung von asymmetrischem Datenfluss beim Einsatz von *'Broadcast'*-Techniken in Kombination mit einem Rückflusskanal (*'backward channel'*) ([AcFZ97], [ABF+97]). So basiert das DBIS-System mit verteilter Serverarchitektur im Wesentlichen auf der Idee der *'broadcast disks'* ([FrZd96]). Dabei werden alle Informationen in regelmäßigen Abständen an die Benutzer übermittelt. Dadurch erhalten die Benutzer des Dienstes eine Sichtweise, in welcher der Sender als lokaler Speicher mit entsprechend großer Latenzzeit modelliert ist. Eine Erweiterung gegenüber dieser bereits im Kontext von Datenbanksystemen erprobten Technologie ([HGLW87], [BGH+92]) stellt der Ansatz der *'Broadcast'*-Disks dahingehend dar, dass die zu versendenden Daten in unterschiedliche Kategorien hinsichtlich der 'Relevanz' für die Empfänger eingeteilt werden. So werden beispielsweise bei der Ausstrahlung von Verkehrsinformationen, Stau- oder Unfallmeldungen im Vergleich zu Informationen über Service- und Raststationen mit einer höheren Frequenz ausgestrahlt. Dies resultiert in einer kürzeren Latenzzeit für 'relevante' Informationen hinsichtlich des Zugriffs auf den 'lokalen Speicher'. Über die Verbreitungshäufigkeit wird dementsprechend eine Speicherhierarchie ([GuSS93]) nachgebildet, in welcher sich das Verhältnis von Wichtigkeit und Menge der Informationen indirekt proportional zur Latenzzeit des jeweiligen Speichermediums ergibt.

UbiData

Analog zum DBIS-System adressiert UbiData ([AfRS98], [AfRS99], [ASCR99]) die Datenversorgung von mobilen Endgeräten. Als wesentlicher Beitrag des Systems ist auf konzeptioneller Ebene die Integration von Standortinformationen der jeweiligen Klienten als implizite Filterbedingung zu nennen. Das Schema eines sich durch diese Erweiterung ergebenden dynamischen Kanalmodells wird in [AfRS98] in Form eines UML-Klassendiagramms gezeigt: Ein Sender (*'Transmitter'*) besteht dabei aus mehreren Kanälen, denen wiederum eine Vielzahl von Nachrichten mit jeweils einer speziellen Auslieferungsstrategie zugeordnet sind. Auf der Client-Seite enthält ein Empfänger (*'Tuner'*) eine Menge an Subskriptionen, die sich jeweils auf eine oder mehrere Nachrichten beziehen. Dieses dynamische Kanalmodell wird zur Laufzeit in ein erweitertes CDF-Format ([Elle97]) umgesetzt, so dass CDF-kompatible Empfänger am System teilnehmen können. Aktuell wird UbiData im portugisischen Zivilschutz eingesetzt.

DOEM und Chorel

Im Kontext der Verwaltung semi-strukturierter Daten wird in [ChAW98] und [ChAW99] ein Subskriptionsdienst vorgestellt, welcher ein Abonnement von Inhalten aus dem Internet nach einem festen Zeitraster ermöglichen soll. Dazu wird auf das TSIMMIS-Projekt ([CGH+94]) zum transparenten Zugriff auf externe und heterogene Datenquellen, das System DOEM ([ChAW98]) zur Speicherung semi-strukturierter Daten und Chorel zur Spezifikation von Anfragen auf eine in DOEM gespeicherte Datenbasis zurückgegriffen. Eine Subskription besteht aus drei Komponenten: einer Angabe, mit welcher Häufigkeit die Subskription aus Sicht des Benutzers ausgewertet werden soll (*'frequency specification'*), einer in Chorel formulierten Anfrage (*'polling query'*), die den Rumpf einer Subskription repräsentiert, und ein Filterausdruck (*'filtering query'*). Der Vergleich von aktuellen und zwischengespeicherten Ergebnissen vorangegangener Auswertungen entscheidet, ob das aktuelle Ergebnis ausgeliefert wird. Der Schwerpunkt der in [ChAW98] und [ChAW99] vorgestellten Arbeiten liegt insbesondere in der Speicherung und Abfrage semi-strukturierter Daten. Der genannte Subskriptionsdienst kann somit als eine exemplarische Anwendung für DOEM gesehen werden, zumal keinerlei inhaltsgetriebene, sondern lediglich zeitpunktbasierte Auswertungen vorgenommen werden.

Teil III:

Datenbankunterstützung für Subskriptionssysteme

Wie im bisherigen Verlauf der Aufarbeitung der Subskriptionsthematik gezeigt wird, existieren Subskriptionssysteme sowohl als Basisdienste als auch in Form eigenständiger Anwendungen, wobei die im ersten Teil des Buches aufgestellten Anforderungen nur zu einem gewissen Grad erfüllt werden. Im Hinblick auf eine vollständige Realisierung des Subskriptionskonzeptes gilt es insbesondere folgende Aspekte intensiv zu beleuchten:

- *Über Filterung hinausgehende Verarbeitungsmechanismen:* Subskribenten sind nicht nur an einer durch Filterung bestimmten Teilmenge aller publizierten Nachrichten interessiert, sondern an Informationen, die durch weitergehende Verarbeitungsschritte, wie sie beispielsweise im Bereich der Data-Warehouse-Systeme (Summierung, gleitende Durchschnittswerte) anzutreffen sind, entstehen.

- *Erhaltung eines Subskriptionskontextes:* Subskriptionen spannen einen Kontext auf, in welchem Subskriptionsanfragen bzgl. der eingetroffenen Nachrichten evaluiert werden. Dies bedeutet insbesondere, dass ein (zumindest indirekter) Bezug auf einen Subskriptionszustand erfolgt, welcher einer entsprechenden Pflege beim Eintreffen neuer Nachrichten bedarf. Als Beispiel sei an dieser Stelle die Komposition von Teilen einzelner textueller Nachrichten (z.B. Stellenangebote) oder die summarische Kumulierung (z.B. von Verkaufszahlen) genannt.

Eine umfangreiche Datenbankunterstützung spielt dabei die 'conditio sine qua non' zum Erreichen dieser Anforderungen. Der folgende Teil des Buches nimmt eine Untersuchung von Datenbanktechniken vor, die eine Unterstützung der Bedingungsprüfung (Kapitel 6), der Integration eingehender Nachrichten und der Auswertung von Subskriptionsanfragen (Kapitel 7) versprechen. Ziel dieses Teils des Buches ist es, einen Überblick über aktuelle Entwicklungen im Bereich der Datenbanksysteme zu geben, die zum Aufbau eines Subskriptionssystems herangezogen werden können.

6 Techniken der Auswertung von Subskriptionsbedingungen

Aus datenzentrierter Perspektive lassen sich Subskriptionen als ein Paar bestehend aus Subskriptionsbedingung und Subskriptionsanfrage definieren, wobei die Bedingung den Zeitpunkt der Sättigung einer Subskriptionsanfrage (Abschnitt 2.2.1) festlegt. Aus Sicht einer systemtechnischen Unterstützung zur Verarbeitung von Subskriptionen gilt es daher, beiden Aspekten eine detaillierte Aufarbeitung zu widmen, wobei sich dieses Kapitel in einem ersten Teil (Abschnitt 6.1 und Abschnitt 6.2) dem Verhältnis von Subskriptionsbedingung und Subskriptionsanfrage und in einem zweiten Teil (Abschnitt 6.3 und Abschnitt 6.4) der effizienten Auswertung von Subskriptionsbedingungen widmet. Eine Diskussion der datenbanktechnischen Unterstützung zur Auswertung von Subskriptionsanfragen findet in dem sich anschließenden Kapitel statt.

Im Kontext des ECA-Modells, welches bereits in Abschnitt 4.4.2 bei der Untersuchung der Triggerunterstützung in SQL99 diskutiert wird, erfolgt zunächst in Abschnitt 6.1 eine Darstellung der spezifischen, sich im Kontext eines Subskriptionssystems ergebenden ECA-Regelmuster. So wird auf eine Vielzahl von Gemeinsamkeiten, aber auch auf Besonderheiten von Subskriptionen im ECA-Regelmodell eingegangen und gefolgert, dass das Subskriptionsmodell nur einen kleinen Teil der gesamten Mächtigkeit des ECA-Modells in Anspruch nimmt. Als Beispiel einer Besonderheit von Subskriptionen im ECA-Kontext werden in Abschnitt 6.2 die Kopplung von Bedingungsprüfung und Subskriptionsanfrageausführung ausführlich beleuchtet und alternative Kopplungsformen diskutiert. Die beiden Abschnitte werden zeigen, dass die zentrale Herausforderung an ein Subskriptionssystem in der Bereitstellung einer Methode zur flexiblen Bedingungsprüfung, gefolgt von einer effizienten und zustandsorientierten Auswertung von Subskriptionsanfragen, besteht.

Abschnitt 6.3 arbeitet die Technik der Regelsysteme zur effizienten Bedingungsprüfung auf. In diesem Rahmen werden drei Lösungsansätze (Rete, TREAT und Gator) mit Ursprung aus dem Bereich der künstlichen Intelligenz ausführlich beschrieben, diskutiert und in den Kontext der Datenbanksysteme überführt. Abschnitt 6.4 nimmt schließlich eine weitere Vertiefung der Problematik einer effizienten Bedingungsprüfung vor, indem Techniken der Prädikatauswertung sowohl in lokalen als auch verteilten Subskriptionsszenarios eruiert werden.

6.1 Das ECA-Regelmodell im Subskriptionskontext

Das allgemeine ECA-Regelmodell stellt ein mächtiges Framework zur Verfügung, welches die Reflexion beinahe beliebig komplexer Regelsemantiken ermöglicht. Die damit einhergehende Ausdrucksstärke muss jedoch mit einem enormen Aufwand bei Spezifikation und Realisierung erkauft werden. Wie bereits in Abschnitt 4.4.2 erläutert wird, erscheint das ECA-Prinzip als einfaches Mittel, eine Aktion nach dem Eintreten eines Ereignisses und einer – optional spezifizierten – erfüllten Bedingung zu initiieren. Die Vielzahl unterschiedlicher Semantikparameter, das Terminierungsproblem bei rekursiver Anwendung des ECA-Prinzips und die Behandlung komplexer Ereignisse bilden nur einen Auszug aus dem Katalog der Aspekte, die im allgemeinen ECA-Modell berücksichtigt werden müssen.

Eine Reflexion der grundlegenden Idee des ECA-Modells macht deutlich, dass ein Subskriptionsmodell offensichtlich einfach in ein ECA-Modell übertragen bzw. auf ein ECA-Regelmodell abgebildet werden kann. Der interessante Punkt bei dieser Abbildung ist jedoch, dass das Subskriptionsmodell lediglich einen sehr spezifischen Ausschnitt aus dem allgemeinen ECA-Modell benötigt, so dass sich die Hoffnung regt, durch eine Einschränkung der Mächtigkeit des allgemeinen ECA-Modells ein Framework zu erhalten, welches sowohl die Beliebigkeit auf Spezifikationsebene hinsichtlich subskriptionsspezifischer Unterstützung einschränkt als auch eine effiziente Realisierung und Abbildung auf bzw. Integration in relationale Datenbanktechnik erlaubt.

So ist bei der Abbildung eines Subskriptionsmodells in ein ECA-Modell zu beachten, dass eine Auswertung von Subskriptionen aus konzeptioneller Sichtweise stets einem vorgegebenen und relativ statischen Grundmuster folgt:

```
foreach source (setOfRegisteredDataSources)
    if (thereIsNewMessage(source)) ─────────────────────────▶ Event
        foreach subscription (setofRegisteredSubscriptions)
            if (conditionIsSatisfied(subscription)) ─────────▶ Condition
                evaluateSubscriptionBody(subscription) ──────▶ Action
```

Falls an einer im Subskriptionssystem registrierten Datenquelle eine neue Nachricht eingetroffen ist, werden die Bedingungen sämtlicher registrierter Subskriptionen überprüft und der Rumpf der Subskriptionen ausgewertet, deren Bedingungen durch das Eintreffen der neuen Nachricht erfüllt worden sind. Bereits an diesem Muster lassen sich die drei Komponenten einer ECA-Regel deutlich ausmachen. Im Einzelnen sind jedoch folgende Besonderheiten bzw. Abweichungen vom klassischen ECA-Regelmodell zu beachten:

- *Impliziter primitiver Ereignistyp:* Während im klassischen ECA-Modell der Ereignistyp frei spezifizierbar ist, tritt im Kontext von Subskriptionssystemen das Publizieren einer Nachricht (und damit auf Datenbankebene das Einfügen einer

Nachricht in den Datenbestand) als einziger primitiver Ereignistyp auf. Dies schließt insbesondere die Behandlung komplexer Ereignisse und die Diskussion der damit einhergehenden Semantikparameter, wie Verbrauch von Ereignissen (*'event consumption'*), aus.

- *Behandlung gleichzeitiger Ereignisse:* Wie das zuvor skizzierte Grundmuster der Auswertung von Subskriptionen zeigt, ist das parallele Eintreten von Ereignissen grundsätzlich auf Modellebene abzufangen. Dazu ist entweder durch eine entsprechende Konfliktauflösung eine Serialisierung herzustellen oder die Bedingungsprüfung dahingehend zu erweitern, dass das gleichzeitige Eintreten mehrerer Ereignisse im System unterstützt wird (Abschnitt 7.2).

- *'Event/Condition'-Kopplungsmodus:* Das Publizieren einer Nachricht ist konzeptionell vollkommen unabhängig vom Konsumieren. Entsprechend sind die Transaktionen der Ereignis auslösenden Operation und der Auswertung der Subskriptionsbedingung und -anfrage voneinander vollständig entkoppelt. Die Ereignis auslösende Transaktion befindet sich vollständig außerhalb des Kontrollbereichs des Subskriptionssystems. Erst das Auftreten einer Publikation bewirkt die Übernahme der entsprechenden Nachricht in den Verantwortungsbereich des Subskriptionssystems.

- *Aktionsmuster:* Jede Subskriptionsanfrage, modelliert als Aktion im ECA-Kontext, entspricht einer Anfrage über den zum Zeitpunkt der letzten Publikation aktuellen Datenbestand und dem Transfer des Ergebnisses in den Anwendungskontext des Subskribenten. Die Übergabe erfolgt dabei konzeptionell in einem für System und Subskribent privaten und somit exklusiv für beide Partner zugänglichen Bereich. Das Bereitstellen und die Entnahme laufen dabei in voneinander unabhängigen Transaktionen ab. Die Bereitstellung erfolgt entweder durch Ersetzung des Vorgängerergebnisses durch das Ergebnis der aktuellen Subskriptionsanfrageausführung oder durch eine (inkrementelle) Aktualisierung des Ergebnisses (Abschnitt 7.3).

- *'Condition/Action'-Kopplungsmodus:* Während im klassischen ECA-Konzept die Kopplung zwischen dem Ereignis und der Bedingungsprüfung von Interesse ist (E/C-Kopplungsmodus), steht bei der Auswertung von Subskriptionen das Verhältnis von Bedingungsprüfung und Subskriptionsausführung im Mittelpunkt. Abschnitt 6.2 diskutiert verschiedene Varianten der Kopplung.

- *Zyklenfreiheit:* Ein Subskriptionsdienst spiegelt aus konzeptioneller Sichtweise ein Flussprinzip von Nachrichten von Produzenten zu Konsumenten wider. Eine systemunterstützte direkte Rückkopplung ist ausdrücklich nicht vorgesehen. Im ECA-Kontext bedeutet dies, dass eine Aktion keine direkte Veränderung am lokalen Datenbestand vornehmen kann, so dass keine iterative oder rekursive Ereignisausführung stattfinden kann. Insbesondere wird dadurch die Freiheit von Zyklen durch die einstufige Ereignisbehandlung garantiert.[*]

Diese Eigenschaften können dahingehend ausgenutzt werden, dass aufbauend auf dem klassischen und allgemeinen ECA-Regelmodell ein spezifisch zugeschnittenes Subskriptionsmodell definiert werden kann. Im Rahmen eines derartigen Subskriptionsmodells bietet es sich an, Techniken aus dem Bereich der ECA-Behandlung zu adaptieren und mit Techniken aus anderen Bereichen wie der Aktualisierung materialisierter Sichten (Abschnitt 7.2) oder der Nutzung bzw. Konstruktion gemeinsamer Ausdrücke (Abschnitt 7.3) zu kombinieren.

6.2 Kopplung von Bedingungsprüfung und Subskriptionsauswertung

Bei der Auflistung von Unterschieden bzw. funktionalen Einschränkungen eines Subskriptionsmodells gegenüber dem allgemeinen ECA-Regelmodell wird die Kopplung zwischen Bedingungsprüfung und Subskriptionsauswertung als ein wesentlicher Aspekt bereits herausgearbeitet (Abschnitt 4.4.4). In den folgenden Ausführungen werden mögliche Kopplungsarten im Kontext einer Subskriptionsauswertung detailliert beleuchtet.

Im klassischen ECA-Modell, wie es beispielsweise durch SQL-Trigger seinen Niederschlag in relationalen, aktiven Datenbanksystemen findet (Abschnitt 4.4.1), wird üblicherweise von einer seriellen Ausführung von Bedingungsprüfung und Subskriptionsauswertung ausgegangen. Falls die Bedingung erfüllt ist, wird in der gleichen Transaktion die Ausführung der Subskriptionsanfrage direkt im Anschluss an die Bedingungsprüfung angestoßen (Abbildung 6.1a).

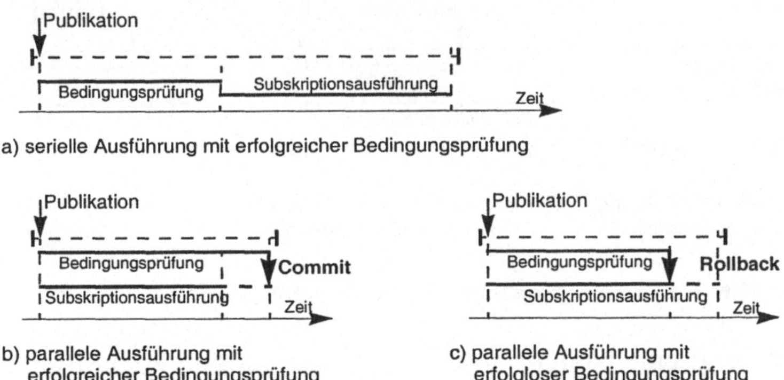

Abb. 6.1: Kopplung von Bedingungsprüfung und Subskriptionsausführung

---

*Natürlich können Zyklen auf Anwendungsebene konstruiert werden, indem beispielsweise ein Subskribent jede Notifikation an das System 'zurück' publiziert. Eine derartige Konfiguration kann jedoch nicht lokal von einem Subskriptionssystem abgefangen werden, sondern muss auf Anwendungsebene behandelt werden.

Subskriptionssysteme erlauben jedoch eine Vielzahl weiterer Varianten, die die Reaktionszeit eines Systems auf ein eintreffendes Ereignis verkürzen. Eine erste Variante besteht in der parallelen Ausführung von Bedingungsprüfung und Subskriptionsauswertung entweder in der gleichen oder in einer Sub-Transaktion. Falls die Bedingungsprüfung einen positiven Bescheid erbringt, so wird, wie in Abbildung 6.1b verdeutlicht, die parallel ausgeführte Subskriptionsanfrage festgeschrieben (*'commit'*); wird andererseits die Bedingungsprüfung mit einem negativen Ergebnis abgeschlossen, so wird die dazugehörige und eventuell noch laufende Subskriptionsauswertung abgebrochen (*'rollback'*) und somit eventuell durchgeführte Änderungen rückgängig gemacht (Abbildung 6.1c). Restriktive Selektionsbedingungen resultieren in diesem Szenario in einen nicht zu vernachlässigen Aufwand ohne direkten Nutzwert.

Frühzeitige und inkrementelle Ausführung

Eine weitere Klasse von Varianten der Kopplung von Bedingungsprüfung und Ausführung der Subskriptionsanfrage ergibt sich, wenn sich beide Vorgänge auf vollkommen unabhängige Datenbestände, wie beispielsweise unterschiedliche Datenquellen, beziehen. Eine derartige Konfiguration erlaubt eine frühzeitige und dadurch natürlich spekulative Auswertung der Subskriptionsanfrage (Abbildung 6.2a). Erfolgt zwischen dem Beginn der Auswertung und dem Eintreffen einer neuen Nachricht, die den logischen Start der vollständigen Subskriptionsauswertung anzeigt, keine weitere Publikation in dem von der Subskriptionsausführung adressierten Datenbestand, so steht nach erfolgreicher Bedingungsprüfung bereits die Notifikation (= das Ergebnis der Subskriptionsanfrage) zur Verfügung und kann ausgeliefert werden.

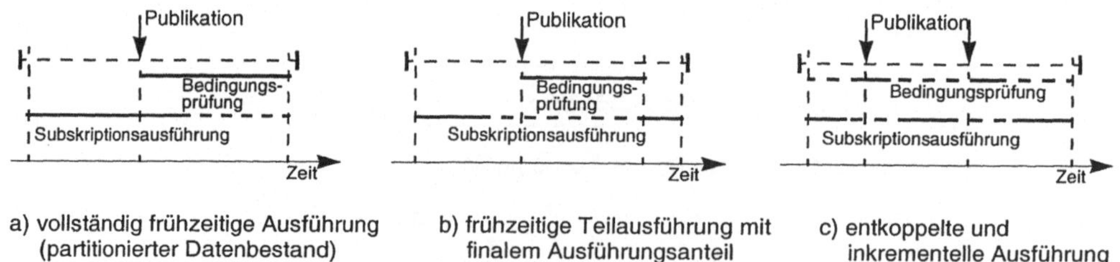

Abb. 6.2: Frühzeitige Subskriptionsausführung

Abbildung 6.2b zeigt eine weitere Möglichkeit der Kopplung von Bedingungsprüfung und Anfrageausführung. Analog zur vorhergehenden Situation erfolgt eine frühzeitige Auswertung der Subskriptionsanfrage. Hängt jedoch der Inhalt der Subskription von der eintreffenden Nachricht ab, so wird entweder der betreffende Teil der Ausführung verzögert oder ein zuvor ermitteltes Ergebnis – sofern algorithmisch möglich – inkrementell unter Einbezug der neu eingetroffenen Nachricht aktualisiert. Hierbei kann die finale Ausführung der Subskriptionsanfrage entweder nach erfolgreicher Bedingungsprüfung oder bereits direkt beim Eintreffen einer Publikation starten. Abbildung 6.2b zeigt die erste Variante, welche verhindert, dass eine finale Ausführung der Subskriptionsanfrage trotz möglicherweise negativ beschiedener Bedingungsprüfung erfolgt.

Die letzte Variante der Kopplung von Bedingungsprüfung und Subskriptionsauswertung, die in diesem Kontext diskutiert wird, besteht darin, nicht nur die Subskriptionsauswertung, sondern auch die Bedingungsprüfung inkrementell und damit vollständig entkoppelt von der Subskriptionsanfrage durchzuführen (Abbildung 6.2c). In diesem Szenario pflegt das Subskriptionssystem einen Zustand, der die jeweilige Bedingung enthält und durch jede Publikation eine Aktualisierung erfährt. Analog unterhält das Subskriptionssystem einen Zustand, der das Ergebnis der Subskriptionsanfrage repräsentiert. Verursacht eine Publikation einen Zustandswechsel, der eine erfüllte Subskriptionsbedingung reflektiert, so wird der aktuell gültige Zustand der Subskriptionsanfrage (evtl. nach einer weiteren inkrementellen Aktualisierung) als Notifikation an den Subskribenten ausgeliefert.

Der folgende Abschnitt adressiert diesen inkrementellen Mechanismus aus dem Blickwinkel der Bedingungsprüfung, wobei Regelsysteme aus dem Bereich der künstlichen Intelligenz untersucht und in den Kontext der Datenbanksysteme übertragen werden. Die Untersuchung der inkrementellen Aktualisierung von Subskriptionsanfragen ist Bestandteil des folgenden Kapitels (Abschnitt 7.3).

6.3 Produktionsregelsysteme zur Bedingungsprüfung

Die in Abbildung 6.2c skizzierte vollkommen lose Kopplung von Bedingungsprüfung und Subskriptionsauswertung unter dem Gesichtspunkt einer inkrementellen Wartung der jeweiligen Zustände erscheint mit Blick auf eine kurze Reaktionszeit verlockend ([CeWi90]). In diesem Abschnitt werden grundlegende Verfahren skizziert, die eine Veränderung am Datenbestand in einem Produktionsregelsystem derart propagieren, dass inkrementell entschieden werden kann, ob die korrespondierende Regel durch die vorgenommene Veränderung erfüllt wird. Dazu werden im ersten Abschnitt das Grundprinzip der Auswertung von Regelsystemen am Rete-Verfahren erläutert und die beiden fundamental wichtigen Anforderungen an den Aufbau eines Subskriptionssystems abgeleitet: inkrementelle und gemeinsame Auswertung der Bedingungsprüfung. Basierend auf dem Rete-Ansatz werden zwei Erweiterungen vorgestellt (TREAT- und Gator-Netz), die einen nahtlosen Übergang vom Bereich der klassischen Produktionsregelsysteme in den Kontext der Datenbanksysteme erlauben. So wird in Abschnitt 6.3.3 die Bestimmung materialisierter Sichten in einem globalen Anfragegraphen basierend auf relationalen Operatoren skizziert. Die Darstellung von Ansätzen zur Auswertung von Produktionsregeln hat somit zum Ziel, bekannte Basistechniken in den Kontext der Datenbanksysteme zu übertragen und die bestehenden Parallelen aufzuzeigen. Insofern hat sie keinerlei Anspruch auf Vollständigkeit hinsichtlich einer Abdeckung aller aus dem Bereich der Produktionsregelsysteme bekannten Verfahren.

6.3.1   Rete-Netzwerk

Der Rete-Algorithmus wurde erstmalig von Forgy in [Forg82] vorgestellt. Der ursprüngliche Anspruch des Rete-Algorithmus bestand darin, ein effizientes Verfahren anzugeben, welches bei einer vorgegebenen Menge von Mustern (in diesem speziellen Fall Produktionsregeln) bezüglich einer Menge von Objekten entscheidet, welches Muster durch die aktuelle Objektmenge, d.h. durch die aktuelle Konfiguration des Arbeitsbereiches, erfüllt ist. Ein derartiges Verfahren bildet somit das Kernstück eines jeden Regelsystem-Interpreters. Der Rete-Algorithmus und das nachfolgend diskutierte TREAT-Verfahren wurden beispielsweise im Kontext des OPS5-Systems ([BrFK85]) entwickelt und realisiert.

Abbildung 6.3 zeigt eine als Rete-Netzwerk spezifizierte Regel, die hinsichtlich der ebenfalls in Abbildung 6.3 aufgezeigten Objekte des Arbeitsbereiches ausgewertet werden soll. Allgemein besteht eine Produktionsregel aus einer linken (LHS) und rechten Seite (RHS). Die linke Seite enthält eine Konjunktion von Musterelementen (*'pattern elements'*), die gegen den Inhalt des Arbeitsbereiches getestet wird. Die rechte Seite spiegelt die Aktion wider, die im Fall einer Regelerfüllung durch die Elemente des Arbeitsbereichs ausgeführt wird.

Ein Rete-Algorithmus erzeugt aus einer Menge von linken Seiten aller im System registrierten Regeln ein Entscheidungsnetzwerk (*'discrimination network'*) in Form eines annotierten Datenflussgraphen. Der Graph besteht aus einem künstlichen Wurzelknoten und zwei weiteren Klassen von Knoten, die die eigentlichen Operationen repräsentieren:

- α-*Knoten:* Die Menge der in einem Rete-Netzwerk auftretenden α-Knoten repräsentiert in Form einer Materialisierung all diejenigen Objekte des Arbeitsbereiches, die eine dem α-Knoten angeheftete Selektionsbedingung erfüllen.
  Das exemplarische Rete-Netzwerk zeigt, wie α-Knoten die Elemente nach dem ersten Musterelement filtern, so dass die α-Knoten jeweils nur die Objekte des Arbeitsbereichs materialisieren, auf die in der Regel zugegriffen wird.

- β-*Knoten:* Ein β-Knoten speichert die Ergebnisse eines Verbundes von Elementen der beiden eingehenden Vorgängerknoten (entweder α- oder β-Knoten) ab. Der Verbund ist dabei über gleiche Variablen in den beteiligten Produktionen definiert. Im Beispiel aus Abbildung 6.3 kombiniert ein erster Verbund die in den α-Knoten für A und B materialisierten Objekte und speichert das Resultat beste-

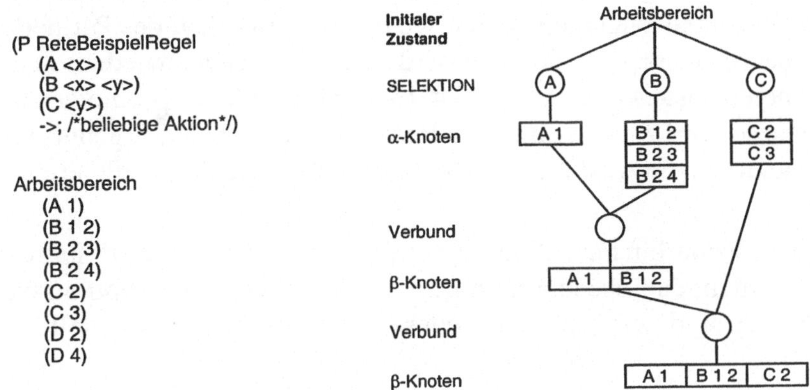

Abb. 6.3: Beispiel eines Rete-Netzwerks

hend aus der Kombination von (A 1) und (B 1 2) ab. Dieses Zwischenergebnis wird herangezogen, um das Endergebnis aus der Kombination mit den Objekten aus dem α-Knoten C zu ermitteln.

Die Aktion, die als rechte Seite einer Produktionsregel spezifiziert ist, wird ausgeführt, wenn der letzte β-Knoten des Rete-Netzwerkes eine nicht-leere Menge von zusammengefügten Elementen aus dem Arbeitsbereich aufweist.

Inkrementelle Aktualisierung des Rete-Netzwerkes

Das wesentliche Charakteristikum an einem Rete-Netzwerk besteht darin, dass Änderungen am Arbeitsbereich durch das hierarchische Netzwerk propagiert werden und sich unmittelbar in einer Veränderung der Ergebnismenge niederschlagen. Abbildung 6.4 skizziert einen derartigen Vorgang basierend auf dem in Abbildung 6.3 exemplarischen Rete-Netzwerk.

Das dem Arbeitsbereich hinzugefügte Objekt (im Kontext von Subskriptionssystemen würde dies einer neu eingetroffenen Nachricht entsprechen) wird dem Wurzelknoten des Netzwerkes hinzugefügt und sofort an alle direkt abhängigen α-Knoten weiter propagiert, wobei auf Grund der Selektionsbedingung nur der α-Knoten für A ergänzt wird.

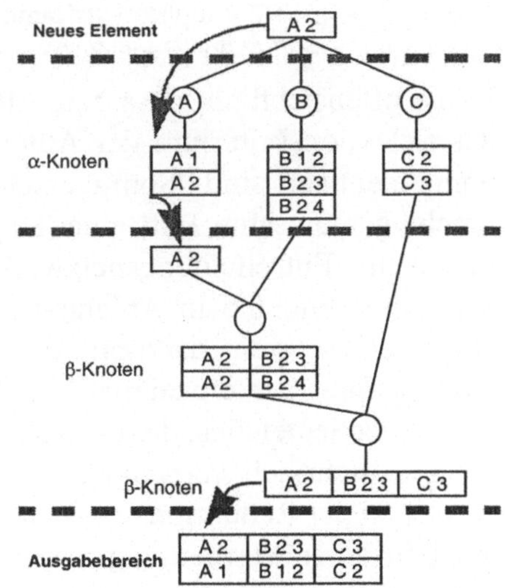

Abb. 6.4: Propagierung bei Rete

In einem zweiten Schritt gibt jeder α-Knoten, der eine Erweiterung erfahren hat, das neue Element an seinen β-Knoten weiter, wo es mit dem Inhalt des Partnerknotens (entweder α- oder β-Knoten) verbunden wird. Dieses Vorgehen wiederholt sich, bis der letzte β-Knoten ausgewertet worden ist. Liefert dieser letzte β-Knoten ein nicht-leeres Ergebnis, so wird zum einen dieses Resultat dem globalen Ergebnis hinzugefügt und zum anderen die Ausführung der in der rechten Seite spezifizierten Aktion angestoßen.

In [Mira87] wird weiterhin ausgeführt, wie Löschungen im Netzwerk inkrementell durchgeführt werden; da Löschoperationen im Kontext von Subskriptionssystemen nicht von Interesse sind, wird auf eine weitere Ausführung an dieser Stelle verzichtet.

Auswertung mehrerer Regeln

Neben einer inkrementellen Auswertung eines Entscheidungsnetzwerkes durch Materialisierung der Knoten wird in den folgenden Ausführungen der Fokus auf die Auswertung mehrerer Regeln in einem einzigen Entscheidungsnetzwerk gelegt. So seien in einem Produktionssystem folgende beiden Regeln definiert:

```
(P ReteBeispielRegel1
    (EMP <Name = 'Mike'> <Salary> <DeptNo>)
    (DEPT <DeptNo> <DName = 'Shoe'> <Floor = '1'> <Mgr>)
    ->; /* Aktion Regel 1 */)


(P ReteBeispielRegel2
    (EMP <Name = 'Mike'> <Salary> <DeptNo>)
    (DEPT <DeptNo> <DName = 'Toy'> <Floor = '1'> <Mgr>)
    ->; /* Aktion Regel 2 */)
```

Es ist offensichtlich, dass beide Regeln bis auf das Selektionskriterium der Abteilungsbezeichnung identisch sind. Somit erscheint es angebracht, gemeinsame Teile einer Regel nur einmal in einem Entscheidungsnetzwerk abzubilden. Wie Abbildung 6.5 in Anlehnung an [SeLR98] zeigt, ergibt sich dadurch eine weitgehende Überlappung der einzelnen Graphen. Verallgemeinert bedeutet dies, dass sowohl α- als auch β-Knoten mehrfach verwendet werden, was sich sowohl in der Reduktion des Speicherbedarfs als auch in einer Vermeidung einer Mehrfachauswertung gleicher Knoten ausdrückt.

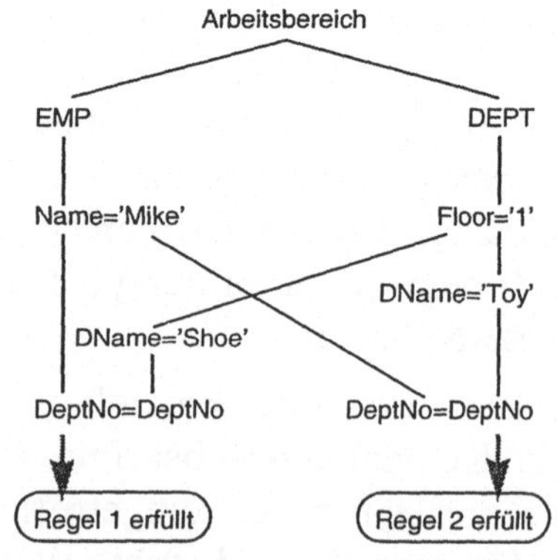

Abb. 6.5: Beispiel zur Auswertung mehrerer Regeln im Rete-Verfahren

Zusammenfassung

Das Rete-Verfahren beschreibt eine einfache Methode, effizient aus einer Menge von Objekten abzuleiten, welche Muster bzw. Regeln von dieser Objektmenge, d.h. von der aktuellen Konfiguration des Arbeitsbereiches, erfüllt werden. Mit Blick auf die Anwendung im Kontext von Subskriptionssystemen und insbesondere im Hinblick auf daraus resultierende Anforderungen an Entscheidungsnetzwerke zur inhaltsbasierten Adressierung lassen sich aus den Ausführungen die beiden folgenden zentralen Aspekte ableiten:

* *Inkrementelle Bedingungsprüfung:* Bedingungsprüfungen sind soweit wie möglich inkrementell vorzunehmen, so dass eine eingehende Nachricht durch das Entscheidungsnetzwerk propagiert wird und die Auswirkungen dieser Publikation für die betroffenen Subskriptionen unmittelbar ersichtlich werden. Das Rete-Netzwerk ist dabei eine Methode, die es erlaubt eine Bedingungsprüfung einer Subskription *inkrementell* unter Anwendung von Selektionen und Verbundoperationen vorzunehmen.

* *Mehrfachnutzung des Entscheidungsnetzwerkes:* Bedingungsprüfungen einzelner Subskriptionen sind soweit wie möglich in einem einzigen *globalen* Entscheidungsnetzwerk zu integrieren und *nicht lokal* für jede Regel durchzuführen. Dadurch wird zum einen der Speicherplatzbedarf der zu materialisierenden Knoten als auch die Auswertezeit aller Subskriptionen beim Eintreffen einer neuen Publikation reduziert.

Beide Aspekte sind zentral für den Aufbau eines effizienten datenbankgestützten Subskriptionssystems und bedürfen einer detaillierten Aufarbeitung. Die beiden folgenden Kapitel nehmen sich jeweils eines dieser beiden genannten Aspekte an, indem unterschiedliche Ansätze und Verfahren vorgestellt werden.

6.3.2   TREAT- und Gator-Netzwerke

Rete-Netzwerke haben in der langen Zeit seit ihrer Einführung eine Vielzahl von Veränderungen und Erweiterungen erfahren. Im Folgenden werden die beiden Rete-Varianten TREAT und Gator skizziert, die eine effizientere Auswertung eines Produktionssystems durch Erhöhung der algorithmischen Komplexität ermöglichen.

TREAT-Netzwerke

Der TREAT-Algorithmus ([Mira87]) stellt in mehreren Punkten eine Erweiterung des Rete-Algorithmus dar: So repräsentieren nun materialisierte Knoten grundsätzlich externspeicherbasierte Einheiten. Weiterhin werden virtuelle α-Knoten eingeführt, welche materialisierte α-Knoten ersetzen, falls die dazu korrespondierende Selektionsbedingung nur eine geringe Selektivität aufweist. Virtuelle α-Knoten eröffnen somit die Möglichkeit, Speicherplatz und Zeitbedarf bei der Bedingungsprüfung gegeneinander aufzuwiegen, erfordern dafür jedoch eine algorithmische Unterstützung bei der Lösung des Problems, ein optimales Verhältnis zu ermitteln. Die wesentliche Unterscheidung zwischen Rete- und TREAT-Entscheidungsnetzen besteht darin, dass in TREAT grundsätzlich keine β-Knoten mehr materialisiert, sondern zur Laufzeit berechnet werden. Aus diesem Grund wurde im Zuge der TREAT-Entwicklung ein P-Knoten als Zielknoten eingeführt, da alle β-Knoten nicht mehr explizit modelliert werden. Erreicht eine Änderung nach der Propagierung durch das Netz diesen P-Knoten, so gilt die entsprechende Regel als erfüllt.

Zusammenfassend werden die Unterschiede zwischen einem Rete- und einem TREAT-Entscheidungsnetz in Abbildung 6.6 verdeutlicht, in welcher für die folgende Regel ein Rete-, ein TREAT- und ein Gator-Netz skizziert sind:

```
(P TreatGatorBeispielRegel
    (A <y₁=k> <x₁> <x₂>)
    (B <y₂≥m> <x₁> <x₃> <x₄>)
    (C <y₃=n> <x₃> <x₅> <x₆>)
    (D <x₂> <x₅>)
    (E <x₄> <x₆>)
    ->; /* Aktion der Regel */)
```

Das Rete-Netz weist die im vorangegangenen Abschnitt eingeführte Form von α-Knoten, gefolgt von binären β-Knoten, auf. Für die A, B und C-Pfade existiert jeweils eine lokale Selektion. Die α-Knoten werden anschließend in den β-Knoten miteinander über die gleichen Variablen (z.B. A und B über $<x_1>$) verbunden. Das TREAT-Netzwerk unterscheidet sich vom Rete-Netz dahingehend, dass einzelne α-Knoten nur noch virtuell existieren (z.B. der α-Knoten auf dem B-Pfad) und dass die Auswertereihenfolge der β-Knoten zur Laufzeit bestimmt wird. In [Mira87] wird gezeigt, dass TREAT-Netze normalerweise Rete-Netzen hinsichtlich Laufzeiteffizienz überlegen sind, da oftmals die Pflege von β-Knoten aufwändiger als deren Berechnung basierend auf den (virtuellen) α-Knoten ist. Dies impliziert jedoch andererseits, dass ein Rete-Netz aus Sicht der Auswertegeschwindigkeit günstiger als ein TREAT-Netz ist, wenn ungleichmäßig verteilte Aktualisierungen und ein für das spezielle Szenario optimal konfiguriertes Rete-Netz zusammentreffen.

Gator-Netze

Gator-Netze versuchen einen Mittelweg zwischen den beiden Extremen der vollständigen Materialisierung von β-Knoten im Rete-Netz und der komplett fehlenden Materialisierung von β-Knoten in TREAT-Netzen einzuschlagen, indem nur eine Teilmenge aller möglichen β-Knoten materialisiert wird. Abbildung 6.6c zeigt ein für das laufende Beispiel mögliches Gator-Netz, in welchem die α-Knoten der Pfade für A, B, und C in einen β-Knoten münden und dieser wiederum in einem einzigen Schritt mit den α-Knoten der Pfade für D und E zum Gesamtergebnis zusammengefügt wird. So werden in diesem Beispielnetz lediglich zwei β-Knoten (der P-Knoten wird dabei als β-Knoten aufgefasst) materialisiert, wobei zu beachten ist, dass in Gator-Netzen grundsätzlich n-äre β-Knoten unterstützt werden.

Zur Bestimmung der zu materialisierenden Teilmenge von β-Knoten wird in [HBH+95] ein zweiphasiger Algorithmus vorgestellt. In der ersten Phase erfolgt eine iterative Verbesserung (*'iterative improvment'*), indem lokale Optimierungen an mehreren zufällig ausgewählten Stellen im Entscheidungsnetz vorgenommen werden. Die zweite Phase basiert auf dem Ansatz des *'Simulated Annealing'* ([CoLR90]), in welchem auf der Suche nach dem globalen Optima auch kurzfristige Verschlechterungen der aktuellen Lösung akzeptiert werden. Der Algorithmus benötigt des Weiteren die Angabe von drei problemspezifischen Parametern:

- *Größe des Suchraumes:* Der Suchraum wird durch alle möglichen Gator-Netze für eine vorgegebene Regel bestimmt, so dass jede Gator-Netzkonfiguration einem Zustand im Suchraum entspricht.

- *Kostenfunktion:* Zur Abschätzung des Nutzwertes eines materialisierten β-Knotens wird in [HBH+95] ein Kostenmodell aufgestellt, welches basierend auf Selektivitätsfaktoren für α- und β-Knoten die Größe eines Knotens abschätzt. Über die Größe wird dann ein Rückschluss auf die Kosten zum Einfügen bzw. Löschen eines Objektes aus dem Arbeitsbereich gezogen. Hinsichtlich Details wird auf [HBH+95] verwiesen.

- *Transformationsregeln:* Neben einer Entscheidung, einen β-Knoten zu materialisieren, bietet der Algorithmus drei Transformationsregeln an, welche die Form eines Gator-Netzes verändern:

  - *Entfernen eines β-Knotens ('kill-beta'):* Ein zufällig ausgewählter β-Knoten wird gelöscht und dessen abhängige Knoten an seinen Vaterknoten angefügt.

  - *Einfügen eines β-Knotens ('create-beta'):* Falls ein zufällig ausgewählter β-Knoten mehr als zwei abhängige Knoten aufweist, werden zwei dieser Knoten einem neu eingefügten β-Knoten hinzugefügt.

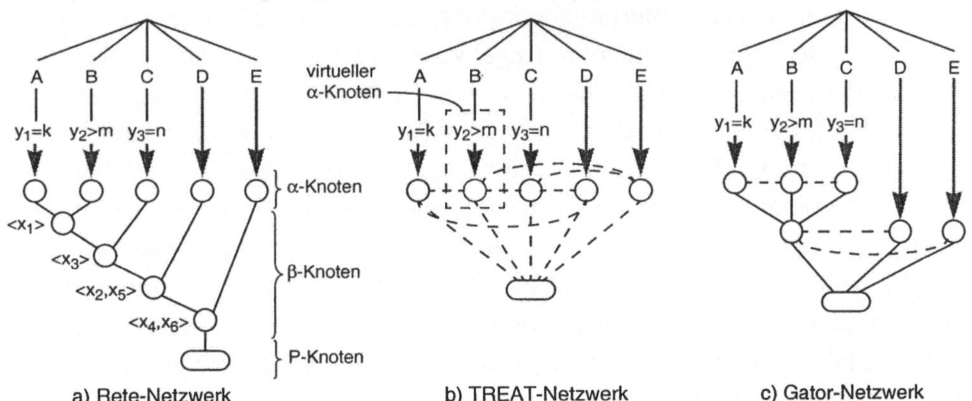

Abb. 6.6: Vergleich von Rete-, TREAT- und Gator-Entscheidungsnetzen

- *Zusammenfügen von Geschwisterknoten ('merge-sibling'):* Falls ein zufällig ausgewählter β-Knoten mehr als zwei Kinderknoten besitzt, werden zwei direkt von diesem Knoten abhängige Kinderknoten ausgewählt und derart umgeformt, dass einer dieser beiden Knoten ein Vorgänger des anderen Knotens wird.

Wie TREAT bzw. die marginal modifizierte Variante A-TREAT ([Hans92], [Hans96]) sind auch Gator-Netzwerke ([HBH+95]) im Forschungsprojekt Ariel prototypisch implementiert. Im Rahmen von Laufzeitmessungen zur Evaluierung des Gator-Ansatzes konnte basierend auf einer statisch vorgegebenen Menge von Regeln eine Beschleunigung des besten Gator-Netzwerkes von 170% im Vergleich zum Rete und 332% im Vergleich zu einem TREAT-Netzwerk ermittelt werden. Allgemeine Aussagen über Laufzeitverbesserungen werden jedoch nicht gegeben.

6.3.3 Netzwerke basierend auf Operatoren der relationalen Algebra

Betrachtet man die Form der zuvor eingeführten Entscheidungsnetzwerke, so ist eine Übertragung dieser Techniken in den Kontext der Datenbanksysteme durch Rückgriff auf Operatoren der relationalen Algebra ([ElNa00], [Date00], [KeEi99], [RaGe00]) offensichtlich ohne große Änderung möglich: Global gesehen entspricht das Regelsystem einem relationalen Anfragegraphen ([Mits95], [Chau98]). Lokal gesehen spiegeln die Eingänge in α-Knoten die an einem relationalen Ausdruck beteiligten Basisrelationen wider. Die α-Knoten selbst werden zu Selektionsknoten und β-Knoten werden zu Verbundoperatoren. Im Vergleich zu Entscheidungsnetzwerken muss im Kontext der relationalen Algebra jedoch weiterhin eine Beachtung von Projektions- und Gruppierungsoperatoren erfolgen. Das Problem, ein optimales TREAT-Netzwerk für eine einzelne Regel zu ermitteln, ist dann äquivalent zur Bestimmung der besten Verbundreihenfolge bei der Ausführungsplanung einer Anfrage ([SAC+79], [Mits95]). Das Problem, ein Gator-Netzwerk zu indentifizieren, in welchem eine möglichst optimale Teilmenge der Operatoren materialisiert wird, findet in der Literatur unter dem Thema Auswahl materialisierter Sichten ihren Niederschlag ([HaRU96], [KoRo99], [GuMu99b]). Dieses Themengebiet wird an dieser Stelle nicht in seiner vollen Breite aufgearbeitet. Es erfolgt vielmehr eine Konzentration auf die Mechanismen, die deutliche Parallelen zu den vorgenannten Entscheidungsnetzwerken aufzeigen ([YaKL97], [Gupt97]). Für eine detaillierte Aufarbeitung des Auswahlproblems materialisierter Sichten im Kontext von Summendaten ([HaRU96], [DRSN98]) wird an dieser Stelle auf [Lehn99] verwiesen.

Die Ermittlung des optimalen Entscheidungsnetzwerkes für eine Menge von Relationen und eine Menge von Anfragen, die in diesem Kontext die Regelauswertungen repräsentieren, erfordert zum einen die Auswahl einer Netzkonfiguration und für jede Konfiguration die Ermittlung der Materialisierungskandidaten ([YaKL97]). Das erste Problem ist dabei thematisch der Optimierung von Anfragemengen (*'Multiple Query Optimization'*) zuzuordnen und wird ausführlich in Abschnitt 7.3.2 diskutiert, so dass sich an dieser Stelle eine Diskussion dieser Thematik verbietet. Insofern wird in den folgenden Ausführungen die grundlegende Idee der Auswahl von Materialisierungskandidaten für ein gegebenes Entscheidungsnetzwerk vermittelt.

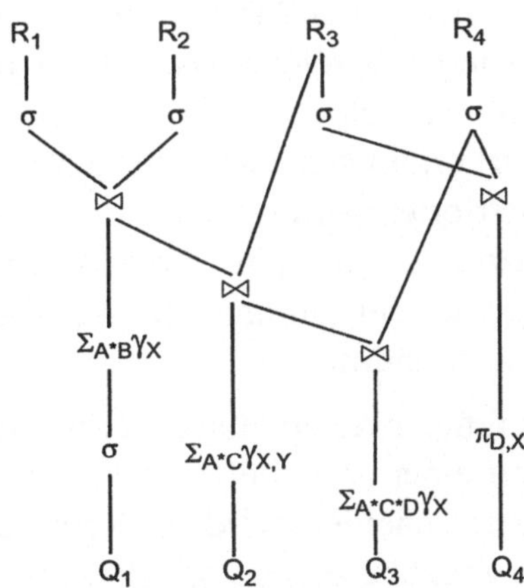

Abb. 6.7: Beispiel eines MVPP
(nach [YaKL97])

Verfahren zur Ermittlung einer Materialisierungskonfiguration

Abbildung 6.7 zeigt exemplarisch ein Entscheidungsnetzwerk mit Operatoren der relationalen Algebra basierend auf den Relationen R_1, R_2, R_3 und R_4 mit vier Regeln (= Anfragen; Q_1, Q_2, Q_3 und Q_4), die auf diesen Relationen ausgewertet werden. Als Operatoren finden sich Selektionen (σ), Verbundoperatoren ($\bowtie$), Projektionen (π) und Aggregationsoperatoren bestehend aus einer Aggregationsfunktion (im Beispiel: Σ) und einer Gruppierungsangabe (γ). Zur Berechnung einer Materialisierungskonfiguration seien des Weiteren die in Tabelle 6.1 angegebenen Parameter zur kostenbasierten Auswahl am Beispiel des in [YaKL97] angegebenen Verfahrens (Abbildung 6.8; Parameter in Tabelle 6.1) bekannt.

Parameter	Erläuterung der Parameter
$f_Q(q)$	Auswertungshäufigkeit der Regel bzw. Anfrage q
$f_U(r)$	Änderungshäufigkeit der Basisrelation r
$c_a^q(v)$	Kosten zur Auswertung der Anfrage q unter der Bedingung eines materialisierten Knotens v
$c_m^r(v)$	Kosten der Aktualisierung des Knotens v bei Änderung der Relation r
Q_v	Menge aller registrierten Anfragen bzw. Regeln
I_v	Menge der Blattknoten (Basisrelationen), die in die Bestimmung von v eingehen
S_v	Menge aller Knoten, die in die Bestimmung von v eingehen
D_v	Menge aller von v abhängigen Knoten

Tab. 6.1: Parameter zur Auswahl von Materialisierungskandidaten

In einer ersten Phase wird im Zuge der Ermittlung von Materialisierungskandidaten für jeden Knoten dessen 'Gewicht' oder Materialisierungspotential ermittelt. Dazu wird ein potentieller Nutzwert gegen den Aufwand der Pflege verrechnet. Der Nutzwert ergibt sich dabei aus der Differenz der Summe aller Anfragekosten für alle registrierten Anfragen mit Bezug auf die Basisrelationen bzw. der Anfragekosten mit Bezug auf die jeweilige Materialisierungskonfiguration. Der Aufwand berechnet sich aus der Summe der Aktualisierungskosten bei einer Änderung einer beteiligten Basisrelation.

In einer zweiten Phase werden alle Knoten gemäß ihres Gewichtes einzeln hinsichtlich einer potentiellen Materialisierung betrachtet. Um über eine Materialisierung zu entscheiden, wird der Nettogewinn abzüglich der bereits bei der Bestimmung des Gewichts errechneten Aktualisierungskosten bei einer Veränderung der eingehenden Basisrelationen ermittelt. Für jeden Knoten definiert sich der Nettogewinn als die Kosten, die die Auswertung des aktuellen Knotens unter Berücksichtigung der bis zu diesem Zeitpunkt ermittelten Materialisierungskonfiguration verursachen würden. Falls sich eine Verbesserung durch Materialisierung des Knotens ergibt, d.h. die Kostenersparnis den Aktualisierungsaufwand übersteigt, wird der Knoten in die Menge der Materialisierungskandidaten aufgenommen. Ansonsten werden alle Knoten, die direkt oder indirekt zur Bestimmung des aktuellen Knotens benötigt werden, als potentielle Materialisierungskandidaten nicht weiter berücksichtigt.

In einer dritten Phase wird schließlich jeder Knoten der ermittelten Materialisierungskonfiguration daraufhin abgeprüft, ob alle Knoten, zu deren Berechnung der aktuelle Knoten beiträgt, als Materialisierungskandidaten im Verlauf der zweiten Phase ermittelt worden sind. In einer derartigen Situation wird der Knoten aus der Menge der Materialisierungskandidaten entfernt, da niemals eine Anfrage bzw. Regel diesen Knoten zur Auswertung heranziehen würde.

Es zeigt sich somit sehr schön, wie Techniken aus dem Bereich der 'Multiple Query Optimization' (MQO) im Kontext der Auswertung von Regelsystemen komplexer Natur herangezogen werden können (Abschnitt 7.3.2).

6.3.4   Zusammenfassung

Entscheidungsnetze reflektieren die Bedingungsprüfung einzelner Subskriptionen in einem Subskriptionssystem. So wird im Rahmen dieser Aufarbeitung gezeigt, wie ausgehend von einfachen Produktionsregelsystemen wie Rete eine stetige Verfeinerung über TREAT- und Gator-Netzwerke hin zu komplexen Anfragenetzen zur Auswertung mehrerer Regeln (bzw. Anfragen) definiert über Operatoren der relationalen Algebra vorgenommen werden kann. Insofern wird motiviert, dass datenbankgestützte Subskriptionssysteme Mechanismen bereitzustellen haben, welche

Algorithmus: Bestimmung der Menge von zu materialisierenden Knoten
Eingabe: Menge V aller Knoten im Netzwerk
     Parameter für v gemäß Tabelle 6.1
Ausgabe: Menge M aller Materialisierungskandidaten

Begin

     // Berechne für jeden Knoten das Gewicht bestehend aus dem Nutzen aller Anfragen
     // abzüglich des Aufwands, den Knoten bei einer Veränderung der eingehenden
     // Basisrelationen zu aktualisieren.
     Foreach ($v \in V$)

$$w(v) = \sum_{q \in Q_v} (f_Q(q) \cdot C_a^q(v)) - \sum_{r \in I_v} (f_U(r) \cdot C_m^r(v))$$

     End Foreach
     $V' := sort(V, w())$ // Sortierung gemäß dem zuvor ermittelten Gewicht

     // Durchlaufe alle nach dem Gewicht sortierten Knoten bestimme Materialisierungskandidaten
     $M := \{\}$
     While ($V' \neq \{\}$)
         $v := pop(V')$ // Entferne Knoten v mit größtem Nettonutzwert

$$C_v := \sum_{q \in Q_v} \left(f_Q(q) \cdot \left(C_a^q(v) - \sum_{u \in S_v \cap M} C_a^q(u) \right) \right) - \sum_{r \in I_v} (f_U(r) \cdot C_m^r(v))$$

         If ($C_v > 0$)
             $M := M \cup \{v\}$ // v wird Materialisierungskandidat
         Else
             // Lösche alle Knoten, die in dem von v aufgespannten Baum enthalten sind
             Foreach ($u \in V'$)
                 If ($u \in subtree(v)$)
                     $V' := V' \setminus \{u\}$
                 End If
             End Foreach
         End If
     End While

     // Prüfe jeden Materialisierungskandidaten v dahingehend, ob alle seine Zielknoten D(v)
     // ebenfalls Materialisierungskandidaten sind; dann ist eine Materialisierung von v nicht sinnvoll.
     Foreach ($v \in M$)
         If ($D_v \subset M$)
             $M := M \setminus \{v\}$
         End If
     End Foreach
     Return M
End

Abb. 6.8: Bestimmung von Materialisierungskandidaten in einem Entscheidungsnetzwerk

ein globales Entscheidungsnetz adäquat auf interne Datenbankstrukturen abbilden. Dazu werden bereits in Abschnitt 6.3.1 die beiden Aspekte der inkrementellen Bedingungsprüfung und der Mehrfachnutzung eines Entscheidungsnetzwerkes genannt. Diese Aspekte gilt es in den beiden folgenden Kapiteln entsprechend aufzuarbeiten.

6.4 Auswertung von Prädikaten zur Subskriptionsfilterung

Zur Auswahl von interessanten Publikationen ist in einer Vielzahl von Situationen bereits die Angabe eines Filterausdrucks über Attribute der Publikation ausreichend. In zahlreichen Systemen ist dies sogar die einzige Möglichkeit, eine automatische Vorauswahl zu treffen. Die Angabe eines Filterausdrucks realisiert somit die inhaltliche Adressierung logischer Objekte und bietet dementsprechend die einzige Möglichkeit eines intensionalen Adressierungsschemas. Aus diesem Grund verdient die Auswertung von Filterausdrücken eine besondere Berücksichtigung, so dass in diesem Abschnitt verschiedene Verfahren zur Auswertung von Prädikaten zur Nachrichtenfilterung vorgestellt werden.

6.4.1 Übersicht über Prädikatindizierungsmethoden

Wie im vorangegangenen Abschnitt ausführlich gezeigt, adressieren allgemeine Regelsysteme Auswertungen über mehrere Quellen. Ein wesentlicher Bestandteil eines Regelsystems bildet dabei die Auswertung von Filterausdrücken, was sich in einem Testen von Prädikaten bzgl. einer vorgegebenen Nachricht widerspiegelt. Dabei ist zu beachten, dass das Verfahren nicht nur effektiv, sondern insbesondere möglichst effizient vom System durchgeführt wird. So ist es natürlich nicht verwunderlich, dass in der Literatur eine Vielzahl von unterschiedlichen Verfahren diskutiert werden, die im Folgenden eine kurze Erwähnung finden:

- *Kombination von Hashing und sequentieller Suche:* In diesem Verfahren, welches z.B. von [Forg82] und [Mira87] implementiert worden ist, hält sich das System für jede Relation eine Liste von Prädikaten. Bei jeder Veränderung des Datenbestands wird über einen Hash-Vorgang die Liste der zu überprüfenden Prädikate ermittelt. Die an der Veränderung des Datenbestands beteiligten Objekte werden dann sequentiell gegen die Prädikate dieser Relation getestet.

- *Nutzung von Zugriffspfaden:* Bei dieser Methode, die in einer ersten Implementierung des Regelsystems in Postgres eingesetzt wurde ([StHP88]), wird ein Filterausdruck analog zu einer vollständigen Anfrage behandelt und als solche dem Optimierungsmodul des Datenbanksystems übergeben, welches einen möglichst optimalen Zugriffsplan erzeugt. Bei Nutzung eines Sekundärindex werden die von der Regel angesprochenen Elemente bzw. Intervalle mit speziellen Sperren markiert. Beim Einfügen eines neuen Elementes werden im Zuge der Indexaktualisierung diese Sperren dahingehend interpretiert, dass ein Versuch einen Eintrag in einem gesperrten Bereich zu platzieren einer positiven Auswertung des Filterausdrucks entspricht. Bei einem Tabellendurchlauf (*'table scan'*) wird die gesamte Relation markiert, so dass ein Einfügevorgang in einer vollständigen Auswertung der Filteranfrage resultiert. Als nachteilig wurde an diesem Verfahren insbesondere festgestellt, dass die Realisierung dieser speziellen Gattung von Sperren aufwändig und die Verwaltung der Sperren zur Laufzeit in einem nicht akzeptablen Mehraufwand resultiert, da eine Sperre pro Filterausdruck gesetzt werden muss.

- *Nutzung multidimensionaler Zugriffsstrukturen:* Im Fall einer Nutzung multidimensionaler Zugriffsstrukturen werden Prädikate als Regionen in einem n-dimensionalen Raum repräsentiert, wobei n der Anzahl möglicher Selektionskriterien entspricht ([StSH86]). Diese Räume werden durch bekannte Verfahren wie R-Baum ([Gutm84]) oder R^+-Baum ([SeRF87]) indiziert. Bei einem Einfügevorgang werden über den Index die Regionen aufgefunden, die mit dem neu eingefügten Tupel überlappen und somit den korrespondierenden Filterausdruck erfüllen. Das Hauptproblem dieses Ansatzes besteht jedoch nach [HCKW90] darin, dass das Verhältnis der Anzahl möglicher Attribute zur Anzahl der in einem Filterausdruck tatsächlich auftretenden Attribute sehr unausgewogen ist, so dass bei jeder Änderung n-k-dimensionale Teilräume (mit k typischerweise sehr viel kleiner als n) vollständig durchsucht werden müssen.

- *Spezielle Prädikatindexstrukturen:* In [McCr85] oder in [HCKW90] werden spezielle Indexstrukturen zur Verwaltung von Prädikaten vorgestellt. Im Mittelpunkt steht dabei die Indizierung von Intervallen ($[c_1, c_2]$), um allgemeine Ausdrücke der Form '$c_1 \leq x \leq c_2$' speichertechnisch erfassen zu können. So wird in [McCr85] die Methode des PST-Baumes (*'priority search tree'*) zur Repräsentation von Intervallen vorgestellt. Ein PST-Baum organisiert Intervalle hierarchisch mit einem Speicherplatzaufwand von $O(N)$ (mit N als Anzahl der zu indizierenden Intervalle) dergestalt, dass effizient ein Test eines Filterausdrucks durch gezieltes Absteigen in der Baumstruktur vorgenommen werden kann. In [HCKW90] wird eine weitere Variante eines Intervallindizierungsmechanismus (IBS-Baum; *'interval binary search tree'*) vorgestellt, die insbesondere die Ablage mehrerer Intervalle mit gleicher unterer Schranke erlaubt. Der Speicherplatzaufwand beträgt jedoch $O(N \log N)$ im schlechtesten und $O(N)$ im besten Fall.

- *Problemspezifische Entscheidungsbäume:* Als weitere Klasse von Verfahren finden in Subskriptionssystemen wie Elvin (Abschnitt 5.2), Siena (Abschnitt 5.3) und Gryphon (Abschnitt 5.4) Techniken eine Anwendung, die auf geordneten Listen von Prädikaten über einzelne Attribute arbeiten, die einmalig in spezifisch entworfene Entscheidungsbäume transformiert werden. Exemplarisch werden im folgenden Abschnitt derartige Mechanismen aufgearbeitet.

Wie aus dieser Liste von möglichen Verfahren ersichtlich ist, existiert eine Vielzahl unterschiedlicher Techniken, eine effiziente Filterung von Publikationen vorzunehmen. Das Spektrum der Methoden reicht dabei von einem sequentiellen Suchlauf durch den Datenbestand über die Nutzung mehrdimensionaler Zugriffspfade hin zu speziell für diesen Anwendungskontext entwickelten Indizierungsverfahren, wie beispielsweise dem IBS-Baum, der als Grundlage einer Regelauswertung im Ariel-System ([HCKW90]) Anwendung findet.

6.4.2   Entscheidungsbaumbasierte Methoden der Filterauswertung

Eine besondere Form der Auswertung von Prädikaten zur Subskriptionsfilterung ist im Einsatz von Entscheidungsbäumen, die jeweils spezifisch sowohl für die aktuelle Subskriptionskonfiguration als auch hinsichtlich der Infrastruktur in verteilten Subskriptionssystemen erstellt werden, zu sehen. Wie in den folgenden Ausführungen sowohl allgemein als auch am Beispiel der Verfahren von Elvin (Abschnitt 5.2), Siena (Abschnitt 5.3) und Gryphon (Abschnitt 5.4) gezeigt wird, stellen Entscheidungsbäume ein effizientes Verfahren dar, Prädikate zur Filterung von Publikationen zu evaluieren.

Einsatz von Entscheidungsbäumen mit offenen Varianten

Abbildung 6.9 zeigt einen aus [BCM+99] entlehnten Entscheidungsbaum mit offenen Varianten definiert über einer Menge von Attributen $A_1,...,A_h$ ($h{\geq}1$). Ein Blattknoten repräsentiert dabei einen Filterausdruck über diese konjunktiv verknüpfte Menge von Attributen. Eine Kante zwischen einem Knoten der Ebene k und k+1 ($0{\leq}k{<}h$) eines Entscheidungsbaumes der Höhe h repräsentiert die konkret in einem speziellen Filterausdruck geforderte Ausprägung des k-ten Attributes. Der Wert des Attributes ist dabei an der Kante angegeben. Weist ein Filterausdruck keine Einschränkung in einem konkreten Attribut auf, so wird entweder auf eine Kante verzichtet, was zu unbalancierten Baumstrukturen führt ([ASS+99]), oder eine Alternativkante mit dem Wert '*' für eine offene Variante eingeführt. Eine '*'-Kante ('*don't care*'-Kante) signalisiert somit, dass auf dem Pfad über diese Kante keine Einschränkung hinsichtlich des konkreten Attributes der jeweiligen Stufe gefordert ist. Bei der Auswertung eines Filterausdrucks wird das Filterprädikat von der Wurzel aus soweit wie möglich in die Blätter des Baumes propagiert. Ein Knoten 'leitet' den Ausdruck dabei nur an diejenigen direkten Kindknoten weiter, deren Kanten das Filterprädikat im jeweiligen Attribut erfüllen. Alle Blattknoten, die der Ausdruck erreicht, erfüllen entsprechend den an der Wurzel des Entscheidungsbaumes injizierten Filterausdruck. Dieses Verfahren ist am Entscheidungsbaum mit offenen Varianten aus Abbildung 6.9 verdeutlicht, welcher ein Filtersystem über die Attribute $A_1,...,A_5$ realisiert. Eine Publikation mit der Wertebelegung <1, 2, 3, 1, 2> wird lediglich an vier Subskriptionen weitergeleitet. Alle Knoten, die dabei im Kontext dieses Filtervorgangs ausgewertet werden müssen, sind dunkel hinterlegt. So wird bei der Überprüfung des Attributes A_1 sowohl die '1'- als auch parallel die '*'-Kante verfolgt.

Konstruktion von Entscheidungsbäumen mit offenen Varianten

Allgemein besteht ein Filterausdruck einer Subskription i ($1 \leq i \leq m$) aus einer Konjunktion über h Prädikate P_{ij} ($j \leq 1 \leq h$), wobei jedes Prädikat über genau ein Attribut A_j ($j \leq 1 \leq h$) definiert ist:

$$\forall (i \in \{1, 2, ..., m\}) : \bigwedge P_{ij}$$

Dem Verfahren nach [GoSm95] folgend, werden in einem ersten Schritt einzelne Selektionsausdrücke in einem nicht deterministischen endlichen Automaten zusammengefasst, so dass ausgehend von einem Startknoten S alle parallelen Pfade der gleichen Länge über eine Kante mit leerer Transitionsbedingung ε erreicht werden können. Abbildung 6.10 zeigt auf der linken Seite einen nicht deterministischen endlichen Automaten, der durch vier Filterausdrücke über drei Attribute entstanden ist. Das Erreichen eines Endzustandes signalisiert, dass ein konkreter Ausdruck die durch den Pfad definierte Filterbedingung erfüllt. Das Problem, welches sich bei der Verwendung eines nicht deterministischen Automaten ergibt, ist, dass zur Laufzeit die Anzahl der Subskriptionen und nicht die Länge der Pfade den Aufwand der Bedingungsprüfung bestimmt. Aus diesem Grund wird in [GoSm95] der Vorschlag unterbreitet, eine Transformation in einen deterministischen endlichen Automaten derart vorzunehmen, dass der Aufwand durch die Anzahl der Attribute bestimmt wird ([HoMU01]). Abbildung 6.10 zeigt das Ergebnis der Transformation des nicht deterministischen in den korrespondierenden deterministischen endlichen Automaten. Dabei ist zu beachten, dass beispielsweise der hervorgehobene Pfadausdruck zur Repräsentation der Bedingung A_1 = 'α', $A_2 \in \{2,4,5\}$, A_3 = 'x' in einen Teilbaum mit mehreren Varianten transformiert wird, da sich der erlaubte Wertebereich für das Attribut A_2 mit einem 'benachbarten' Pfadausdruck überschneidet und sich diese Überschneidung in einem eigenen Pfad niederschlägt.

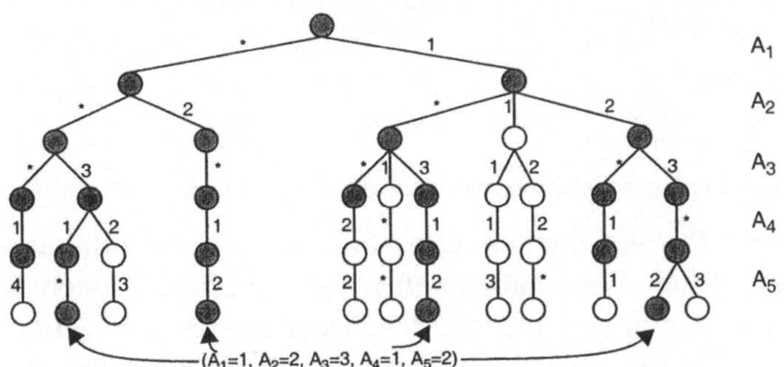

Abb. 6.9: Entscheidungsbaum mit offenen Varianten

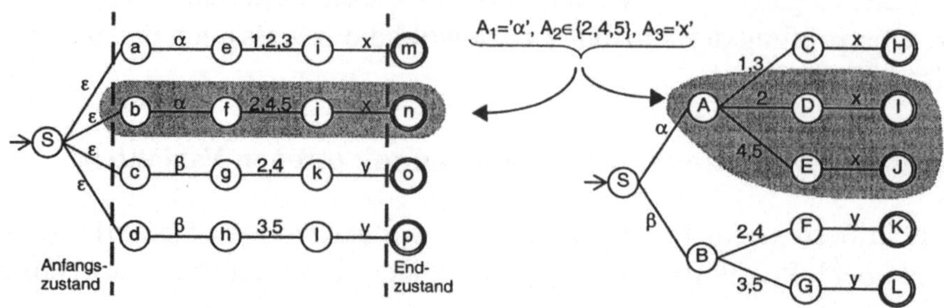

Abb. 6.10: Beispiel einer Transformation eines nicht deterministischen in einen deterministischen endlichen Automaten

Betrachtet man den Aufbau eines derart konstruierten deterministischen endlichen Automaten in der Funktion eines Entscheidungsbaumes, so ist offensichtlich, dass die Ordnung der Attribute wesentlichen Einfluss auf die Größe des Entscheidungsbaumes besitzt. Insbesondere ist es sinnvoll, Attribute mit geringer Kardinalität nahe am Wurzelknoten zu platzieren. Auf das allgemeine Verfahren der Transformation in einen Entscheidungsbaum über die Konstruktion von Teilmengen wird an dieser Stelle nicht detailliert eingegangen, sondern auf [GoSm95] verwiesen. Jedoch gebührt der Abbildung verschiedener Prädikatmuster eine eingehende Betrachtung. Dabei sind eine Vielzahl unterschiedlicher Konfigurationen zu unterscheiden:

- *Prädikate mit Gleichheitstest:* Weisen Prädikate lediglich die Form eines Tests auf Gleichheit auf, so kann die Transformation lediglich die Anzahl der Tests in einem Zustand reduzieren, da Übergänge mit gleichen Werten zusammengefasst werden. Im günstigsten Fall (Abbildung 6.11a) zweigen alle nicht erfüllbaren Pfade an einem Knoten über eine Kante ab, so dass maximal n+1 Vergleichsoperationen durchgeführt werden müssen. Im schlechtesten Fall zweigen in jedem Zustand nicht-erfüllbare Pfade ab, so dass sich die Anzahl der Vergleichsoperationen zu n+(m-1) ergibt. Exemplarisch zeigt Abbildung 6.11b zwei derartige Konfigurationen.

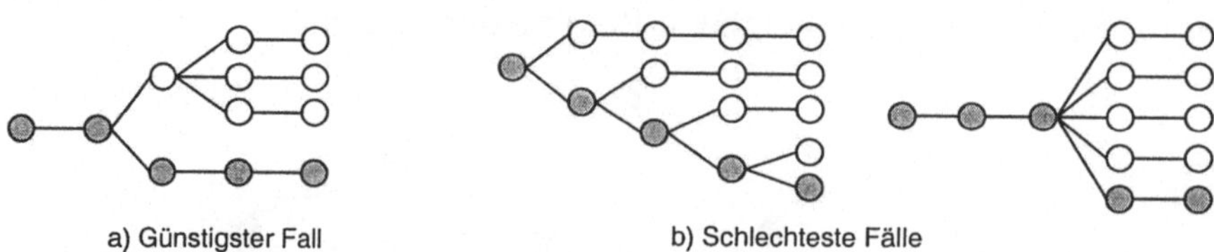

a) Günstigster Fall   b) Schlechteste Fälle

Abb. 6.11: Entscheidungsbaumkonfigurationen mit Test auf Gleichheit

- *Prädikate mit Test auf Element einer Menge:* In dem Fall, dass ein Prädikat auf Enthaltensein eines Elementes in einer Menge prüft, können bei der Erstellung des endlichen Automaten bis zu 2^m-1 Zustände benötigt werden, um alle potentiellen Überschneidungen abzubilden, die sich zwischen den Mengen der einzelnen Filterausdrücke ergeben können. Für drei Filterbedingungen (m=3) skizziert

Abbildung 6.12 diesen Fall, in welchem entsprechend 2^3-1=7 Knoten im endlichen Automaten entstehen. Es zeigt sich weiterhin, dass durch eine derartige Beachtung von Überschneidungen die Baumstruktur eines klassischen Entscheidungsbaumes zu Gunsten eines azyklischen Graphen aufgegeben wird.

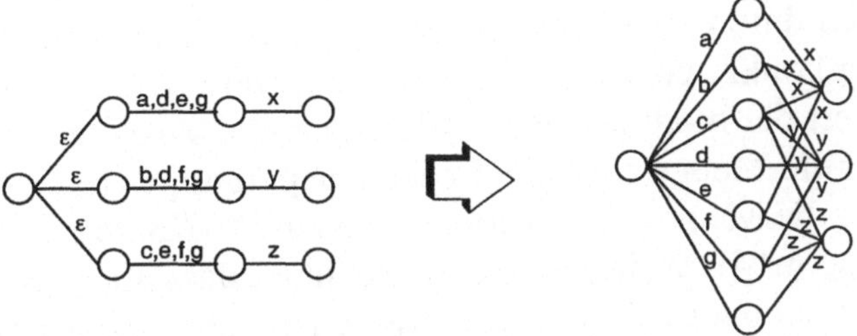

Abb. 6.12: Entscheidungsbaumkonfigurationen mit Test auf Element einer Menge

* *Prädikate mit Test auf Element eines Intervalls:* Im Fall einer Filterung über einen Test auf Enthaltensein eines Wertes in einem Intervall reduziert sich der im Kontext von Mengensemantik schlechteste Fall, da jedes Intervall ein bestehendes Intervall maximal an zwei Stellen aufteilen kann, so dass maximal 2m-1 Intervalle (und entsprechend viele Knoten) bei m Filterausdrücken erzeugt werden können. Abbildung 6.13 verdeutlicht das Szenario, in dem drei Filterbedingungen (m=3) über zwei Prädikate mit Test auf Element eines Intervalls gezeigt werden. Das Beispiel ist dabei derart konstruiert, dass zur Auswertung die maximal mögliche Anzahl von 2·3-1=5 Knoten benötigt wird. Im zweiten Schritt ist diese maximale Knotenzahl lediglich für das 'zentrale' Intervall 10-15 nötig. Alle anderen Bereiche implizieren geringere Knotenzahlen.

Diese Fallunterscheidungen veranschaulichen, inwieweit die Form eines Prädikates die Struktur eines deterministischen endlichen Automaten zur Auswertung von Filterbedingungen beeinflusst. Jedoch bleibt ein weiterer Faktor, nämlich die Behandlung von konstanten TRUE-Prädikaten repräsentiert durch eine '*'-Kante, zu disku-

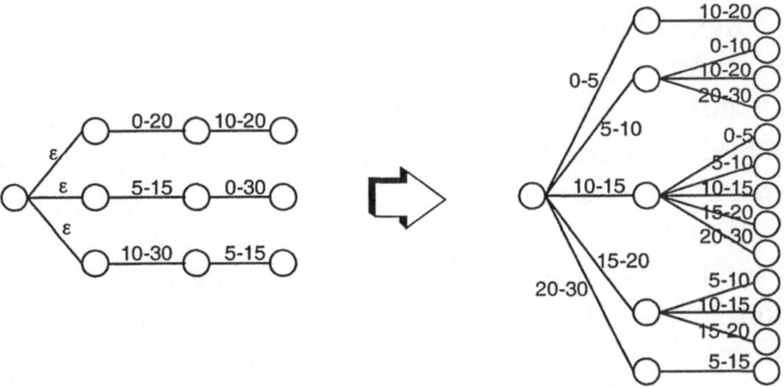

Abb. 6.13: Entscheidungsbaumkonfigurationen mit Test auf Element eines Intervalls

tieren. Wird dem Ansatz der Transformation in einen deterministischen endlichen Automaten strikt gefolgt, so dürften '*'-Kanten nicht länger im erzeugten Automaten auftreten, da ein Freiheitsgrad bestehen bleibt, entweder einer Kante mit einer konkreten Wertebelegung oder der '*'-Kante zu folgen. Eine Lösung, wie sie in [GoSm95] vorgeschlagen wird, besteht darin, die '*'-Kante des nicht deterministischen Automaten durch eine Kante zu ersetzen, die dann verfolgt wird, wenn alle Kanten mit einer konkreten Wertebelegung nicht weiter verfolgt werden können, so dass sich der Wert der modifizierten '*'-Kante zu $DOM(A) \setminus \{v_1, ..., v_k\}$ ergibt. Dabei steht $DOM(A)$ für die Menge aller möglichen Ausprägungen des aktuellen Attributes und $\{v_1, ..., v_k\}$ für die Menge aller Werte, die an zur '*'-Kante parallelen Kanten auftreten (Abbildung 6.14). Weiterhin ist zu beachten, dass alle Zustände, die von der '*'-Kante aus erreichbar sind, auch über Kanten mit spezifischer Wertebelegung erreicht werden können. In Abbildung 6.14 werden aus diesem Grund Kanten mit Werten d und e von dem über a erreichbaren Zustand zu den wertemäßig korrespondierenden Zuständen des von der '*'-Kante aufgespannten Teilbaumes eingefügt. Weiterhin ist bei der Existenz von '*'-Knoten darauf zu achten, dass Attribute mit einer hohen Selektivität, d.h. Attribute, über die oft eine Einschränkung vorgenommen und somit nur selten der '*'-Kante gefolgt wird, so früh wie möglich zur Auswertung im Entscheidungsbaum herangezogen werden.

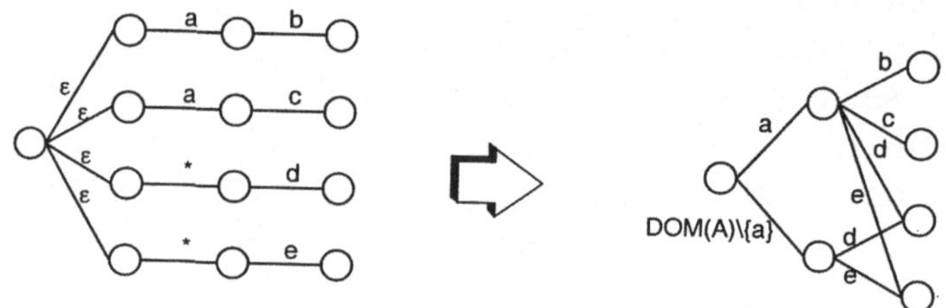

Abb. 6.14: Entscheidungsbaumkonfigurationen mit '*'-Kanten

Die Erzeugung eines deterministischen endlichen Automaten, wie sie in [GoSm95] vorgeschlagen wird, weist insbesondere aus dem Blickpunkt der Behandlung der '*'-Kanten einige Schwächen auf. Dieser Punkt wiegt insbesondere schwer, da Filterausdrücke im Allgemeinen dadurch gekennzeichnet sind, dass eine Filterbedingung nur eine kleine Anzahl möglicher Selektionskriterien auch wirklich adressiert und somit die Behandlung von konstanten Prädikaten als zentral angesehen werden muss. Eine Umwandlung eines konstanten TRUE-Wertes in ein Prädikat, welches disjunktiv auf alle nicht explizit ausgewählten Werte testet, verspricht nicht in eine elegante Lösung zu münden. Aus diesem Grund wird in den nachfolgenden Betrachtungen über die Filterauswertung in verteilten Subskriptionssystemen die Determiniertheit dahingehend abgeschwächt, dass bei n ausgehenden Kanten eines Knotens in einem Entscheidungsbaum n-1 Kanten nur exklusiv und eine '*'-Kante dazu parallel verfolgt werden können. Um weiterhin den Vorteil eines parallel ablaufenden Suchvorganges nicht strukturell zu verbauen, wird die Baumstruktur aufrechterhalten, indem überlappende Teilbäume repliziert werden. Ein Beispiel eines derartigen parallelen Suchbaumes (*'parallel search tree'*, PST) findet sich angelehnt an [BCM+99] bereits in Abbildung 6.9.

6.4.3 Einsatz von Entscheidungsbäumen in verteilten Systemen

Wie in Abschnitt 2.4 im Rahmen des Anforderungskatalogs an einen Subskriptionsdienst bereits skizziert wird, ist eine verteilte Systemarchitektur eines Subskriptionssystems angeraten, um eine zentrale Vermittlungskomponente aus Sicht der Lastverteilung und aus Sicht einer im zentralen Fall einhergehenden Fehleranfälligkeit zu vermeiden. In diesem Abschnitt wird gezeigt, wie Entscheidungsbäume herangezogen werden können, um von einem lokalen Knoten aus zu ermitteln, ob bzw. an welche Nachbarknoten eingehende Nachrichten weiterzuleiten sind, so dass die Anzahl der zu übermittelnden Nachrichten minimal wird und trotzdem jeder Subskribent die von ihm durch Angabe einer Filterbedingung gewünschten Nachrichten erhält ([KoTc91]). Dazu wird im Folgenden der in [BCM+99] vorgestellte Algorithmus am Beispiel skizziert und dadurch die grundlegende Idee der Verwendung von Entscheidungsbäumen für die Nachrichtenweiterleitung in verteilten Systemen vermittelt. Dazu reflektiere der in Abbildung 6.15 gezeigte Entscheidungsbaum die Bedingungsprüfkonfiguration von elf Subskriptionen (S_1 bis S_{11}) über drei Attribute A_1, A_2 und A_3 mit den Ausprägungen $\text{dom}(A_1) = \{1,2\}$, $\text{dom}(A_2) = \{a,b\}$ und $\text{dom}(A_3) = \{\alpha,\beta\}$. Wie im vorangegangenen Abschnitt ausführlich diskutiert, signalisiert ein '*' als Kantenbeschriftung, dass die durch den aktuellen Pfad repräsentierte Filterbedingung keine Einschränkung über das jeweilige Attribut enthält. An den Blattknoten befinden sich jeweils die Subskriptionen, deren Filterbedingung durch den Pfad vorgegeben ist. Die inneren Knoten (N_i, $1 \leq i \leq 21$) werden zur späteren Referenz fortlaufend durchnummeriert.

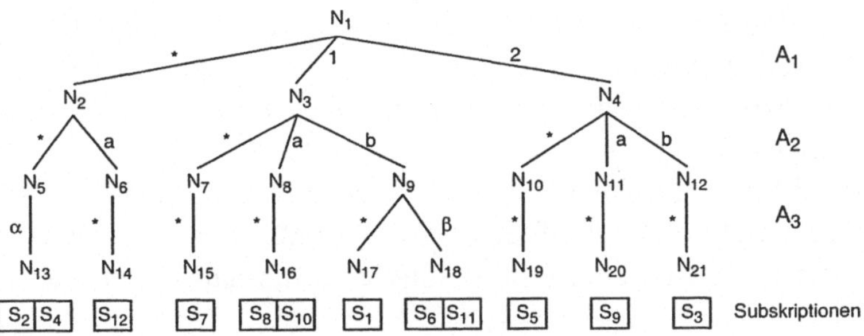

Abb. 6.15: Global bekannter Entscheidungsbaum in verteilten Subskriptionssystemen

Das Verfahren nach [BCM+99] setzt voraus, dass jeder Knoten in einem verteilten Subskriptionssystem eine Kopie des globalen Entscheidungsbaumes hält. Weiterhin ist im System die Konfiguration des vollständigen Systems dahingehend bekannt, dass jeder Knoten den günstigsten Weg zu jedem Teilnehmer am System ermitteln kann und in einem aufspannenden Baum ([CoLR90]) die tatsächlich genutzten Verbindungswege abspeichert. Die Tatsache, dass jeder Knoten eine Kopie des globalen Entscheidungsbaumes hält, wird nicht als Einschränkung gewertet, da argumentiert wird, dass nur selten Änderungen an der Menge der registrierten Subskriptionen vorgenommen werden und somit kein exorbitanter Aufwand bei der Pflege der Entscheidungsbaumkopien auftritt. Bei der Konstruktion des günstigsten Weges wird des Weiteren bewusst auf die Möglichkeit der Berücksichtigung alternativer Pfade zur Lastbalancierung oder Erhöhung der Fehlertoleranz aus Gründen der Einfachheit verzichtet.

Vorbereitungsphase

In einer Vorbereitungsphase wird der lokale Entscheidungsbaum eines Knotens mit einem Vektor so genannter *'Trits'* annotiert. Ein Trit repräsentiert dabei eine dreiwertige Variable, die die Ausprägungen 'Yes', 'No' und 'MayBe' annehmen kann und eine Weiterleitung von Nachrichten signalisiert. Ausgehend von den Blättern wird durch Anwendung von alternativen und parallelen Kombinationsoperatoren ein Trit-Vektor an der Wurzel des Entscheidungsbaumes ermittelt. Ein Vektor enthält dabei so viele Trits, wie der aktuelle Knoten ausgehende Kanten aufweist. Ein Trit gibt schließlich an, ob eine Nachricht unabhängig von der konkreten Wertebelegung der Bedingungsattribute an den Zielknoten der ausgehenden Kante übermittelt werden soll ('Yes') oder nicht ('No'). Der Wert 'MayBe' eines Trits für eine ausgehende Kante zeigt an, dass eine Weiterleitung von der konkreten Ausprägung der Attribute abhängt und erst zur Laufzeit für jede eingehende Publikation bestimmt werden kann.

Trit-Vektoren werden rekursiv aufsteigend ermittelt, indem alle Kanten, die eine spezifische und wertebasierte Filterbedingung reflektieren, mittels einer alternativen Kombination verknüpft werden. Die alternative Kombination (Abbildung 6.16a) liefert den Wert 'Yes'/'No', wenn beide Kanten eine Weiterleitung erfordern bzw. wenn eine Weiterleitung nicht notwendig ist. Ansonsten kann die Weiterleitung erst zur Laufzeit für eine konkrete Nachricht entschieden werden. So liefern in Abbildung 6.16b die beiden Vektoren [MYY][†] und [NYN] mittels der alternativen Kombination verknüpft den Vektor [MYM]. Dieses Ergebnis wird mit dem Trit-Vektor der '*'-Kante über eine parallele Kombination verknüpft, die besagt,

---

[†]In den nachfolgenden Ausführungen findet folgende Kurzschreibweise [NMY] für Trit-Vektoren der Form ['No', 'MayBe', 'Yes'] Anwendung.

dass eine Weiterleitung ohne weitere Prüfung zur Laufzeit erforderlich ist, sobald
entweder die alternativ kombinierten Kanten oder die '*'-Kante oder beide eine
Weiterleitung erfordern.

Alternative Kombination	Yes	MayBe	No
Yes	Yes	MayBe	MayBe
MayBe	MayBe	MayBe	MayBe
No	MayBe	MayBe	No

Parallele Kombination	Yes	MayBe	No
Yes	Yes	Yes	Yes
MayBe	Yes	MayBe	MayBe
No	Yes	MayBe	No

a) Trit-Matrizen für Alternativ- und Parallelkombinationen

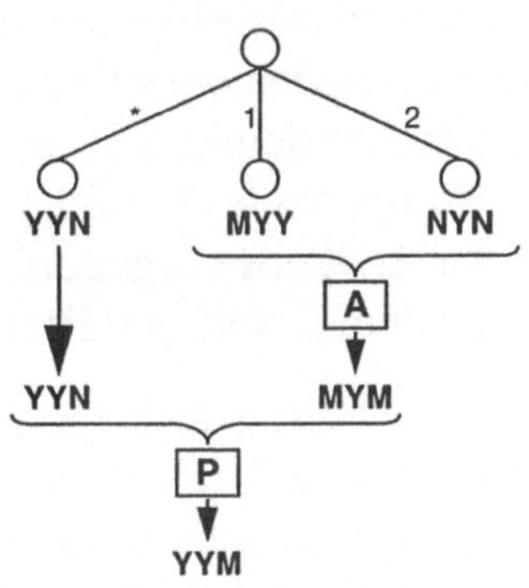

b) Beispiel einer Trit-Bestimmung

Abb. 6.16: Beispiel zur Bestimmung übergeordneter Trits

Neben der Initialisierung des Entscheidungsbaumes wird für jeden Knoten im System eine Initialisierungmaske bestimmt. Diese Maske besteht wiederum aus einem Trit-Vektor, in welchem jedes Trit besagt, ob auf der ausgehenden Kante unabhängig vom lokalen Entscheidungsbaum eine Nachricht stets ('Yes'), grundsätzlich nicht ('No') oder in Abhängigkeit vom konkreten Kontext bezüglich Entscheidungsbaum und Nachricht ('MayBe') weitergeleitet wird. Damit kann zum einen für jeden Knoten der aufspannende Baum realisiert werden, in dem physisch existierende Pfade durch einen 'No'-Wert im entsprechenden Trit als Verbindung deaktiviert werden. Zum anderen kann durch einen Trit-Wert eine bidirektionale Verbindung in eine unidirektionale abgebildet und dadurch ein Rückfluss von Nachrichten und insbesondere das Entstehen von Zyklen vermieden werden.

Abbildung 6.17 zeigt eine Konfiguration eines verteilten Subskriptionssystems mit elf Subskribenten (S_1-S_{11}), die jeweils mit den Subskriptionen des Entscheidungsbaumes in Abbildung 6.15 korrespondieren. Darüber hinaus existieren in der Subskriptionskonfiguration sechs Komponenten (B_1-B_6) zur Weiterleitung von Nachrichten. Ein ausgezeichneter Produzent publiziert Nachrichten an die Vermittlungskomponente B_1, welche die Nachrichten an vier benachbarte Komponenten (den Subskribenten S_1 und die Vermittlungskomponenten B_2, B_3 und B_4) weiterleiten kann.

Bedingt durch die vier ausgehenden Wege, besteht ein Trit-Vektor für B_1 somit aus vier Trits, die eine Weiterleitung an S_1, B_2, B_3, und B_4 repräsentieren. Die Initialisierungsmaske für B_1 ergibt sich zu [MMMM], da alle benachbarten Systemkomponenten je nach eintreffender Nachricht als Empfänger einer Nachricht auftreten können.

Für die Komponente B_2 ergäbe sich andererseits eine Initialisierungsmaske von [NMMM], da niemals eine von B_1 empfangene Nachricht an B_1 zurückgesendet werden darf.

Um am laufenden Beispiel die Weiterleitung einer Publikation des ausgezeichneten Produzenten demonstrieren zu können, ist die Initialisierung des Entscheidungsbaumes aus Abbildung 6.15 mit entsprechenden Trit-Vektoren aus Sicht der Vermittlungskomponente B_1 nötig. Wie bereits erläutert, wird die Annotation ausgehend von den Blättern vorgenommen, die sich wiederum aus den Subskriptionen ableiten, die dem jeweiligen Blattknoten zugeordnet sind.

So wird der zur Subskription S_1 korrespondierende Knoten N_{17} im Entscheidungsbaum mit dem Trit-Vektor [YNNN] initialisiert, da eine Nachricht, die der Filterbedingung von S_1 entspricht, lediglich über die erste Kante von B_1 ausgeliefert werden muss; eine Weiterleitung über die verbleibenden Kanten ist nicht notwendig. Abbildung 6.18 zeigt den Knoten N_{17} in dem zum Entscheidungsbaum aus Abbildung 6.15 gehörigen Propagierungsgraph zur Ermittlung der Initialmaske von B_1. Diese Situation ändert sich bei der Ermittlung des Trit-Vektors für den Knoten N_{16} (und damit gleichzeitig für N_8), der eine Filterbedingung für die beiden Subskriptionen S_8 und S_{10} repräsentiert. Um die Subskribenten mit den angeforderten Nachrichten versorgen zu können, muss die Vermittlungskomponente B_1 die Nachrichten an B_2 und B_4 weiterleiten. Der Trit-Vektor ergibt sich für N_8/N_{16} somit zu [NYNY] (Abbildung 6.18).

Als Beispiel einer laufzeitabhängigen Entscheidung zur Weiterleitung von Nachrichten diene die Bestimmung der Annotation des Knotens N_4 aus dem Entscheidungsbaum aus Abbildung 6.17, welcher die Subskriptionen S_5, S_9 und S_3 subsumiert. Die Subskription S_9 wird über B_4 angesprochen, so dass sich der initiale Trit-Vektor für den Blattknoten N_{20} und den inneren Knoten N_{11} zu [NNNY] ergibt (Abbildung 6.18). Analog werden die Knoten N_{21} und N_{12} für die Subskription S_3

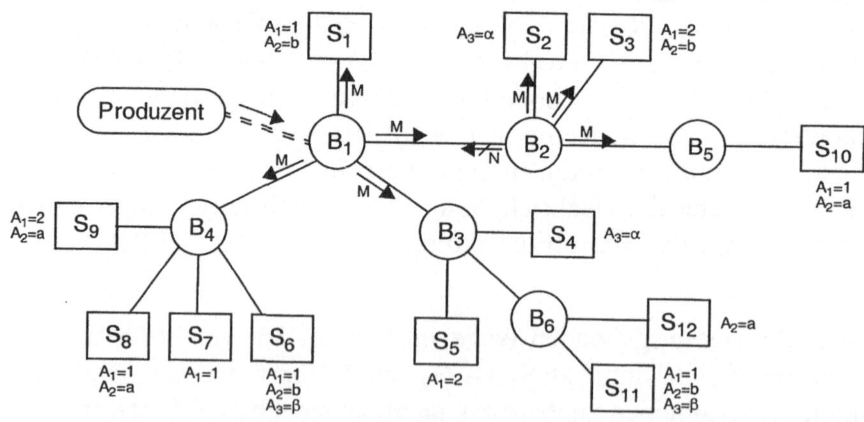

Abb. 6.17: Beispiel einer Netztopologie

mit [NYNN] für die Weiterleitung über B_2 annotiert. Eine alternative Kombination der beiden Trit-Vektoren der Knoten N_{11}/N_{20} und N_{12}/N_{21} resultiert in [NMNM], welche durch eine parallele Kombination mit dem Trit-Vektor des Knotens N_{10}/N_{19} für die Subskription S_5 in den Vektor [NMYM] für den Knoten N_4 mündet. Dieses Verfahren rekursiv für alle Subskribenten fortgesetzt liefert, wie in Abbildung 6.17 ausführlich gezeigt, den Trit-Vektor [MYYM] für den Wurzelknoten N_1, der für B_1 steht und besagt, dass ohne Prüfung eine Weiterleitung jeder Nachricht an B_2 und B_3 erfolgt; eine Weiterleitung an die Knoten B_1 und B_4 hängt hingegen von der aktuellen Attributbelegung der Nachricht ab und bedarf einer Überprüfung zur Laufzeit.

Gezielte Weiterleitung einer Publikation

Der annotierte Entscheidungsbaum wird beim Eintreffen einer Nachricht an einer Vermittlungskomponente herangezogen, um alle betroffenen Zielknoten zu ermitteln. Dazu wird im Folgenden exemplarisch eine Nachricht mit der Attributbelegung $\langle A_1=1, A_2=a, A_3=\gamma\rangle$ betrachtet. Im ersten Schritt werden alle 'Yes'-Trits des Trit-Vektors des Entscheidungsbaumes in die Initialisierungsmaske des Knotens übernommen, da über diese Kanten auf alle Fälle eine Weiterleitung erfolgen muss. Für alle 'MayBe'-Werte wird ein rekursiver Abstieg im Entscheidungsbaum vollzogen, bis diese Werte entweder in finale 'No'- oder 'Yes'-Werte transformiert worden sind. Im Beispiel werden auf Grund der Belegung von A_1 die beiden Knoten N_2 und N_3 aufgesucht (Abbildung 6.15). Für den Knoten N_2 wurde initial bereits der Trit-Vektor [NYYN] mit finalen Werten bestimmt, so dass kein rekursiver Abstieg erfolgen muss. Für die Ermittlung des Trit-Vektors für N_3 mit finalen Werten werden auf Grund des Attributwertes von A_2 die Vektoren für N_7 ([NNNY]) und N_8 ([NYNY]) parallel zu [NYNY] kombiniert, so dass sich für die aktuell untersuchte Nachricht mit der Attributbelegung $\langle A_1=1, A_2=a, A_3=\gamma\rangle$, wiederum durch Parallelkombination mit dem

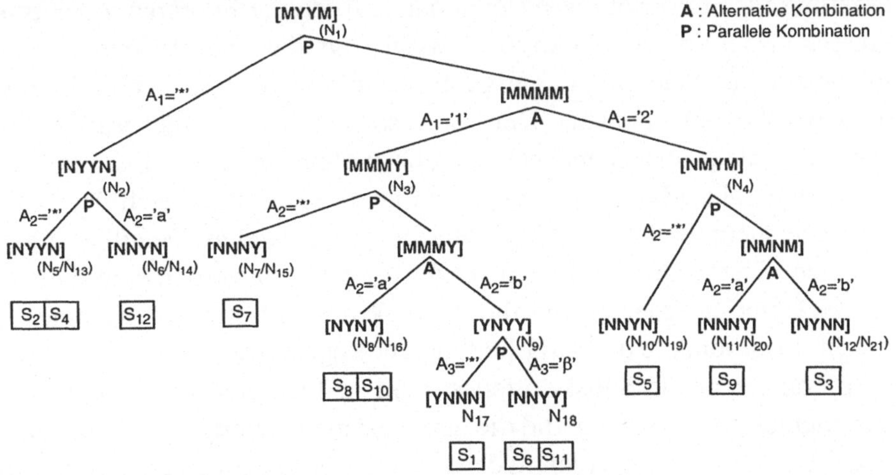

Abb. 6.18: Trit-Propagierung zur Bestimmung der Initialbelegung einer Komponente

Trit-Vektor von N_2 ([NYYN]), die Maske [NYYY] an der Wurzel des Entscheidungsbaumes ergibt. Diese Maske bedeutet korrekterweise, dass die eingehende Nachricht an die Vermittlungskomponenten B_2 (für S_{10}), B_3 (für S_{12}) und B_4 (für S_7 und S_8) weitergeleitet wird.

Es bleibt anzumerken, dass auf Grund der konkreten Attributausprägungen keine 'MayBe'-Werte mehr erzeugt werden können, so dass eine in der Initialisierungsphase aufgetretene 'Unsicherheit' zur Laufzeit für jede Nachricht eliminiert werden muss. Andererseits bietet dieses Verfahren jedoch die Möglichkeit einer gezielten Weiterleitung von Nachrichten in einem verteilten Subskriptionssystem, wobei durch Ermittlung einer Initialmaske der Aufwand zur Entscheidung über eine Weiterleitung zur Laufzeit auf ein Mindestmaß reduziert wird.

6.5 Zusammenfassung

Ziel dieses Kapitels ist es, einen Einblick in die mit der Auswertung von Subskriptionen zusammenhängenden Aspekte unabhängig von einer konkreten Realisierungsplattform zu geben. Dabei wird ein Bogen von der Einbettung der Subskriptionsthematik in das ECA-Modell über die Auswertung von Regelsystemen hin zur Verwendung von Entscheidungsbäumen für die Weiterleitung von Nachrichten in verteilten Subskriptionssystemen gespannt.

Zusammenfassend ist erkennbar, dass Subskriptionen einem sehr spezifischen ECA-Muster folgen, in welchem jedoch lediglich die Bedingungsprüfung eine Herausforderung für Subskriptionssysteme darstellt, da die Erkennung des primitiven Ereignisses 'Nachrichtenpublikation' trivial und die angestoßene Aktion einer Schablone zur Bereitstellung des Ergebnisses für den Subskribenten in einem privaten Arbeitsbereich gleicht. Der Bereich der Bedingungsprüfung wird in Abschnitt 6.3 daher ausgehend von einfachen Rete-Verfahren bis zur Ermittlung möglichst optimaler Materialisierungskonfigurationen im Bereich der Datenbanksysteme untersucht. Im letzten Abschnitt erfolgt eine weitere Detaillierung des Problems, einen Filterausdruck effizient auszuwerten. Dazu werden eine Vielzahl alternativer Verfahren aufgelistet und die Technik des Entscheidungsbaumes intensiv untersucht. Insbesondere die Aufarbeitung der Regelsysteme hat zwei fundamentale Anforderungen an ein Subskriptionssystem zu Tage gefördert (Abschnitt 6.3.1): die inkrementelle Auswertung und die gemeinsame Nutzung einer Regelbasis. Diese beiden Anforderungen werden in den beiden nachfolgenden Kapiteln ausführlich aus Sicht der Datenbanksysteme diskutiert und unterschiedliche Verfahren eruiert.

7 Techniken der Auswertung von Subskriptionsanfragen

Die grundlegende Idee eines Subskriptionssystems besteht, wie in der Einleitung ausführlich erläutert, darin, eine Vermittlung von publizierten Nachrichten an interessierte Subskribenten zu ermöglichen. Ein derartiges Verfahren kann bereits durch einen einfachen Filter- und Weiterleitungsprozess erfolgen, wie er von einer Vielzahl von Systemen (Kapitel 5) bereits realisiert wird. Neben der reinen Weiterleitung ist es jedoch oftmals sinnvoll, eine Verarbeitung der publizierten Nachrichten vorzunehmen und das Ergebnis einer derartigen Subskriptionsanfrage an den Subskribenten auszuliefern. Somit kann ein Subskriptionssystem konzeptionell auch als eine klassische Datenbankanwendung gesehen werden, wobei auf der einen Seite eingehende Nachrichten in einer globalen Datenbasis abgelegt und auf der anderen Seite Subskribenten eine Ausführung ihrer Subskriptionsanfrage über den jeweils aktuellen Datenbestand initiieren. Im Gegensatz zu einer derartigen Vollauswertung scheint eine inkrementelle Auswertung von Subskriptionen, wie sie in diesem Kapitel allgemein und im Kontext spezifischer Lösungsansätze diskutiert wird, sowohl aus Sicht der Anwendung notwendig als auch aus Sicht einer effizienten Verarbeitung wünschenswert.

Dazu erfolgt im ersten Abschnitt eine generelle Betrachtung von Redundanz in Datenbanken und eine spezifisch auf Subskriptionssysteme bezogene Anwendbarkeitsanalyse. So wird gezeigt, dass gemäß der 3-Schema-Schichtenarchitektur nach ANSI/SPARC ausschließlich zum Zweck einer Effizienzsteigerung Redundanz auf allen Ebenen eingeführt werden kann. Da eine explizite Redundanz jedoch mit erhöhtem Aktualisierungsaufwand erkauft werden muss, werden in diesem Abschnitt weiterhin Grundprinzipien der Aktualisierung eingeführt.

Die beiden sich diesen Ausführungen anschließenden Abschnitte eruieren konkrete Verfahren der Wartung und der inkrementellen Aktualisierung redundanter Daten in Subskriptionssystemen. Dazu werden in Abschnitt 7.2 Verfahren erläutert, die zur Integration publizierter Nachrichten Verwendung finden können. Dabei wird eine Unterteilung in Verfahren mit bzw. ohne Rückgriff auf einen historisierten Datenbestand eines Produzenten vorgenommen. Abschnitt 7.3 schließlich adressiert Verfahren zur Aktualisierung redundanter Informationen innerhalb eines Subskriptionssystems, um sowohl die Bedingungsprüfung als auch die Auswertung der jeweiligen Subskriptionsanfrage zu beschleunigen.

7.1 Verwendung expliziter Redundanz

Die klassische Datenbanklehre ([Date00], [ElNa00], [KeEi99], [RaGe00]) nennt als Hauptziel bei der Erstellung eines Datenbankschemas die Vermeidung von Redundanzen. Ziel ist es, durch Anwendung der Normalformenlehre, ein Datenbankschema in eine Normalform zu überführen, so dass die Datenbank vollständig und widerspruchsfrei die modellierte Miniwelt reflektiert. Diese Tatsache erstreckt sich dabei insbesondere auf eine durch Modifikationsoperatoren vorgenommene Veränderung der Ausprägung einer Miniwelt, so dass eine Änderung an einem Objekt der Miniwelt durch genau eine Änderung an einem einzelnen Objekt in der Datenbank nachgezogen werden kann. Eine derartige Forderung nach 'one fact in one place' ([Date00]) spiegelt somit das zentrale Entwurfskriterium für die Schemaentwicklung auf konzeptioneller Ebene wider. Dieser Abschnitt führt in die Technik ein, genau diesen Grundsatz auf unterschiedlichen Ebenen zu unterwandern. So wird im Folgenden eruiert, wann und auf welcher Ebene explizit Redundanz in eine Datenbank eingebracht werden kann. Abschnitt 7.1.2 adressiert die Aktualisierungsstrategie, welche darüber Auskunft erteilt, wann und von wem redundant gehaltene Daten mit den Änderungen an den Basisdaten synchronisiert werden. Im letzten Abschnitt wird schließlich aufgearbeitet, an welchen Stellen es sinnvoll ist, in einem Subskriptionssystem explizite Redundanz einzuführen.

7.1.1 Einsatz von Redundanz

Wie bereits erwähnt, hat die Anwendung der Normalformenlehre während eines Schemaentwurfs zum Ziel, ein 'schönes' konzeptionelles Schema zu ermitteln, wobei sich die 'Schönheit' durch Redundanzfreiheit und Eliminierung von (mehrwertigen) Abhängigkeiten ausdrückt. Die Forderung nach Erhöhung der Geschwindigkeit der Anfrageausführung motiviert jedoch den kontrollierten Einsatz expliziter Redundanz ([LeRT95], [LeRT96], [WSD+95]). Um die Möglichkeiten des Einsatzes und die damit einhergehenden unterschiedlichen Arten redundanter Daten in einem Datenbanksystem klassifikatorisch aufarbeiten zu können, wird bei der Beschreibung im Folgenden auf das 3-Schema-Schichtenmodell nach ANSI/SPARC ([TsKl78]) Bezug genommen. In jeder dieser dort aufgeführten Schichten können jeweils redundante Strukturen mit unterschiedlicher Semantik eingeführt werden:

- *Konzeptionelle Ebene:* Die konzeptionelle Ebene spiegelt neutral für eine spezifische Sichtweise einer Anwendung das Datenbankschema einer zu modellierenden Miniwelt wider ([BaCN92]). Die Herstellung eines konzeptionellen Schemas hat grundsätzlich Redundanzfreiheit zum Ziel und orientiert sich dabei an der Normalformenlehre, sofern nicht konstruktiv durch Anwendung der Begriffsschemalehre ([Wede91]) ein redundanzfreies konzeptionelles Schema bestimmt wird. Die Einführung von Redundanz auf der Ebene des konzeptionellen Schemas drückt sich insbesondere durch eine nicht vollständig durchgeführte Normalisierung bzw. absichtlich vorgenommene Denormalisierung ([Kimb96], [Inmo92]) aus, so dass zur Laufzeit aufwändige Verbundoperationen eingespart werden können. Eine Redundanz auf konzeptioneller Ebene kann dann in Kauf genommen werden, wenn die Anwendung überwiegend lesend auf den Datenbestand zugreift.[*] Für die Erhaltung der Konsistenz ist ausschließlich das Anwendungsprogramm verantwortlich, welches Änderungen am Datenbestand initiiert.

- *Interne Ebene:* Die interne Ebene beschreibt die Menge von Speicherstrukturen zur Ablage einer konkreten Datenbankausprägung. Die Einführung von Redundanzen erstreckt sich von der Definition von Indexstrukturen, die eine alternative Speicherung von Daten zur effizienten Suche realisieren, bis hin zur Anlage von Replikaten, die ausschließlich in verteilten Datenbanksystemen zur Erhöhung der Zugriffslokalität Anwendung finden ([Lenz97]). Ein Replikat ist allgemein definiert als eine physische Ausprägung eines logischen Objektes existent auf einem konkreten Rechner, so dass ein logisches Objekt eine Vielzahl physischer Repräsentationen aufweisen kann. Das Prinzip der Verteilungstransparenz, welches grundsätzlich aus Sicht der Anwendung in einem verteilten Datenbanksystem zu gelten hat, impliziert darüber hinaus, dass eine Synchronisation der Replikate bei einer Änderung vom System vorgenommen wird.

- *Externe Ebene:* Die externe Ebene umfasst eine Menge von Sichtendefinitionen, die jeweils für eine konkrete Anwendung eine Sichtweise auf einen Teil des konzeptionellen Schemas definieren. Eine Sicht ist dabei definiert als ein abgeleitetes Datenobjekt, dessen Zustand zu jedem Zeitpunkt aus den Zuständen der Objekte des konzeptionellen Schemas ermittelt werden kann ([GuMu99a], [CeWi91]). Die Einführung von Redundanz auf externer Ebene besteht darin, eine (zunächst virtuelle) Sicht zu materialisieren. Anfragen können sich nun einerseits direkt auf derartig materialisierte Sichten beziehen; Anfragen, die Objekte aus dem konzeptionellen Schema adressieren, werden andererseits transparent auf materialisierte Sichten umgelenkt, sofern diese die Anfrage (zumindest teilweise) befriedigen können ([GuHQ95], [ZCP+00]). Diese Technik, wie sie insbesondere im Bereich des Data Warehousing (Abschnitt 3.1.2) zur Ermittlung von Summendaten Anwendung findet, ermöglicht einen Zugriff auf teilweise vorberechnete Daten, was üblicherweise in einer deutlichen Beschleunigung der Anfrageausführung resultiert. Konkret wurden beispielsweise im Rahmen einer Kooperation mit der Gesellschaft für Markt-, Absatz- und Konsumforschung (GfK) in Nürnberg unterschiedliche Konfigurationen hinsichtlich Aufwand und

---

[*]Dieser Sachverhalt darf streng genommen nicht in den Schemaentwurf eingehen; die Grenzen zwischen logischem, konzeptionellem und physischem Entwurf sind jedoch oftmals fließend.

Nutzen einer Materialisierung von Summendaten untersucht ([LeRT95],
[LeRT96]). Dabei konnten enorme Laufzeitverbesserungen erzielt werden, wodurch die im Kontext des Kooperationspartners geforderte interaktive Analyse-
möglichkeit der umfangreichen Datenbestände basierend auf einem Data-Warehouse-Ansatz (Abschnitt 3.1.2) erst ermöglicht wurde. Die Wartung materialisierter Sichten im Fall einer Änderung der Basisdaten fällt je nach
Aktualisierungsstrategie (Abschnitt 7.1.2) entweder dem System zu oder in den
Verantwortungsbereich eines Datenbankadministrators. Ferner bleibt anzumerken, dass diese Art der Aktualisierung orthogonal zum Problem der Propagierung von Änderungen an den Sichten zu den darunterliegenden Basisrelationen
([BaSp81]) und zum Problem der Aktualisierung einer Sicht nach Modifikation
der Spezifikation ([GuMR95], [Bell98], [QiWi91]) steht.

Im weiteren Verlauf wird die Technik der materialisierten Sichten und die damit einhergehende Synchronisierung beim Eintreffen neuer Nachrichten in das Subskriptionssystem fokussiert ([Tesc99]). Dieses Vorgehen ist dadurch begründet, dass eine
Subskriptionsanfrage als Teil einer vom Benutzer registrierten Subskription konzeptionell als Sichtendefinition auf die Menge aller Produzenten und der von ihnen
produzierten Nachrichten angesehen werden kann. Somit bieten sich zwei alternative Varianten der Nachrichtenspeicherung an: Entweder werden alle Nachrichten
in eine globale Datenbasis eingebracht und Subskriptionen über die Datenbasis ausgewertet oder die einzelnen Nachrichten werden soweit als möglich bereits bei ihrem Eintreffen verarbeitet und den einzelnen Subskriptionen 'zugeordnet'. Das Ziel
einer derartigen Zuordnung ist dann eine materialisierte Sicht, die die jeweilige
Ausprägung einer Subskriptionsanfrage reflektiert; derartige Strukturen werden im
Folgenden als *Subskriptionssichten* bezeichnet.

7.1.2 Aktualisierung materialisierter Sichten

Wie bereits angeschnitten, erscheint es im Kontext von Subskriptionssystemen angebracht, Subskriptionsbedingungen und die jeweils korrespondierenden Anfragen
als Sichten im Datenbanksystem zu registrieren und zumindest bis zum Zeitpunkt
der Auslieferung temporär zu materialisieren. So ist beim Eintreffen einer neuen
Nachricht in das Subskriptionssystem in einem ersten Schritt die globale Datenbasis
zu aktualisieren und darauf aufbauend die Bedingungsprüfung aller registrierten
Subskriptionen vorzunehmen und im Fall eines positiven Ergebnisses die dazu gehörigen Subskriptionsanfragen auf Grundlage dieser globalen Datenbasis auszuführen. Dieses ineffiziente Vorgehen ist strukturell bereits in Abschnitt 6.1 skizziert. Im
Kontext materialisierter Sichten wird ein derartiges Vorgehen als *Rematerialisie-
rung* bezeichnet: Die materialisierte Sicht wird unabhängig von dem Zustand der
Sicht und nur mit Rückgriff auf die zur Definition der Sicht herangezogenen Objek-

te der konzeptionellen Ebene (Menge aller gespeicherten Nachrichten) vollständig neu berechnet. Wie an einem Fallbeispiel in [Hans87] gezeigt wird, entspricht diese Methode nicht immer dem effizientesten Verfahren, eine materialisierte Sicht zu aktualisieren. Als alternatives Vorgehen bietet sich eine inkrementelle Wartung der materialisierten Sichten an ([GuMS93]), wobei die Änderungen an den Basisrelationen mit dem Zustand der materialisierten Sicht S_V dergestalt verknüpft werden, dass der neue Zustand der materialisierten Sicht S'_V ausschließlich durch Rückgriff auf die Änderungen an den Basisrelationen abgeleitet werden kann. Das Verfahren einer inkrementellen Wartung teilt sich dabei in die beiden nachfolgend diskutierten Phasen der Änderungsermittlung und dem Einbringen der Änderungen in die Datenbasis auf ([GuMS93], [MuQM97]).

Ermittlung der einzubringenden Änderungen

Da eine materialisierte Sicht über eine Berechnungsvorschrift spezifiziert ist, müssen Änderungen an den Basisrelationen in einem ersten Schritt durch Anwendung dieser Berechnungsvorschrift in das Schema der zu aktualisierenden Sicht transformiert werden. Änderungen werden in dieser Phase lediglich propagiert (*'propagate-phase'*), so dass auf die materialisierten Sichten weiterhin uneingeschränkt zugegriffen werden kann. Die Ermittlung der Änderungen ([LHM+86]) ist dabei nicht Gegenstand dieser Aktualisierungsphase. Im Kontext relationaler Datenbanksysteme ergibt sich die Änderung als Ergebnis eines Modifikationsoperators ([Mits95], [Grae93]) oder mittels eines vorgeschalteten Algorithmus ([LPBZ96]). In Subskriptionssystemen reflektieren eingehende Nachrichten eines Produzenten die Menge der Änderungen.

Als wesentliches Kriterium bei der Ermittlung der einzubringenden Änderungen ist zu beachten, dass zu einem konkreten Zeitpunkt Änderungen an mehreren Basisrelationen vorgenommen werden können, die es zu einer einzigen Änderung an der materialisierten Sicht zu verschmelzen gilt ([BlLT86], [Hans87], [LPBZ96]). Derartige Situationen treten beispielsweise bei der Wahrung referentieller Integritäten durch kaskadierendes Löschen auf relationaler Ebene oder beim gleichzeitigen Eintreffen von Nachrichten unterschiedlicher Produzenten im Kontext von Subskriptionssystemen auf. Für n Relationen ergibt sich beispielsweise der Änderungsterm ΔS_V bei gleichzeitiger Modifikation der Relationen R_i (ΔR_i) und R_j (ΔR_j) zu:

$$\Delta S_V := (R_1 \bowtie ... \bowtie \Delta R_i \bowtie ... \bowtie \Delta R_j \bowtie ... \bowtie R_n)$$
$$\cup\, (R_1 \bowtie ... \bowtie \Delta R_i \bowtie ... \bowtie R_j \bowtie ... \bowtie R_n)$$
$$\cup\, (R_1 \bowtie ... \bowtie R_i \bowtie ... \bowtie \Delta R_j \bowtie ... \bowtie R_n)$$

Offensichtlich ergibt sich allgemein bei n partizipierenden und gleichzeitiger Änderung der darunter liegenden Relationen die Nettoänderung ΔS_V durch Kombination von 2^n-1 Einzeltermen.

Einbringen der Änderungen in die materialisierte Sicht

In der zweiten Phase einer inkrementellen Aktualisierung werden die ermittelten Änderungen ΔS_V in die materialisierte Sicht S_V eingebracht (*'apply phase'*), so dass gilt:

$$S'_V = S_V \uplus \Delta S_V$$

Dabei steht $\uplus$ in Abhängigkeit von der zu Grunde liegenden Verarbeitungssemantik für die Duplikat erhaltende (bei Multimengen-Semantik) bzw. Duplikat eliminierende Vereinigung (bei Mengensemantik). Alternativ kann die Aktualisierung auch in zu löschende und der Sicht neu hinzuzufügende Änderungen aufgespalten und durch folgenden Term ausgedrückt werden. Eine Modifikation von Teilen einer Sicht wird dabei durch Wegnahme der alten und Hinzufügen der neuen Tupel abgebildet:

$$S'_V := (S_V - \Delta^-(S_V)) \cup \Delta^+(S_V)$$

Wichtig ist an dieser Stelle zu vermerken, dass das Einbringen der Änderungen ausschließlich auf den ermittelten Änderungen und der Sichtendefinition beruht.[†] Allgemein wird in diesem Zusammenhang von autonom aktualisierbaren Sichten (*'self maintainable views'*) gesprochen ([BlTo88], [GuBl95], [Huyn96a], [LPBZ96], [AMR+98], [Tesc99]). Offensichtlich weisen nicht alle Sichtendefinitionen diese Eigenschaft auf. So werden in [BlCL89], [Huyn96b] und [Huyn97] beispielsweise Regeln angegeben, mit denen eine autonome Aktualisierbarkeit auf Schema- bzw. Instanzebene festgestellt werden kann. Invers dazu stellt zum Beispiel [GuJM96] hinreichende Kriterien für selbst wartbare Sichten auf. Da eine vollständig autonome Aktualisierbarkeit auf Grund der eingeschränkten Ausdrucksmächtigkeit nur sehr selten erreicht wird, werden häufig folgende Abschwächungen bzw. Erweiterungen vorgenommen:

- *Abschwächung der Forderung nach vollständig autonomer Aktualisierbarkeit:* Eine erste Möglichkeit, die Menge der autonom wartbaren Sichten zu vergrößern, besteht darin, nicht mehr eine vollständig autonome Aktualisierbarkeit zu fordern. Dazu bietet sich eine mögliche Abschwächung dahingehend an, dass die jeweiligen Sichten nicht mehr für alle Modifikationsoperatoren autonom wartbar sind. Mit Bezug auf Löschoperationen sind beispielsweise Sichten, die den minimalen oder maximalen Wert aller in die Sicht eingehenden Werte berechnen,

---

[†]Dabei wird zunächst absichtlich davon abstrahiert, dass zur Ermittlung der Nettoänderung ein Rückgriff auf die Basisrelationen notwendig ist. Dieses Vorgehen, den Begriff der autonomen Aktualisierbarkeit dennoch in diesem Kontext einzuführen, wird durch die spezifische Konstruktion beim Einsatz materialisierter Sichten in Subskriptionssystemen (Abschnitt 7.2) gerechtfertigt.

nicht mehr autonom wartbar. Die autonome Wartbarkeit gilt jedoch für Einfüge-operationen, was insbesondere für den Bereich der Subskriptionssysteme von Interesse ist ([TGNO92]).

- *Hinzunahme von Hilfsinformationen und Erweiterung der Sichtendefinition:* Eine weitere Möglichkeit, die Menge der autonom wartbaren Sichten zu vergrößern, besteht darin, Rückgriff auf Informationen zuzulassen, die a priori nicht Teil der Sichtendefinition sind. Als Beispiel sei hier das explizite Mitführen einer Zählvariablen genannt ([ShIt84], [GuHQ95], [MuQM97], [LPCS00]).

Abschnitt 7.3.1 beleuchtet diesen Teil der inkrementellen mit Blick auf die ermittelten Änderungen autonomen Aktualisierung im Detail, so dass an dieser Stelle keine weiteren Ausführungen nötig sind.

Aktualisierungsstrategien

Interessanterweise können unter Beibehaltung der Ausführungsreihenfolge beide oben eingeführte Phasen voneinander entkoppelt und somit zu unterschiedlichen Zeitpunkten vorgenommen werden ([CKL+97], [CGL+96]). Für jede Phase existiert die Möglichkeit der umgehenden (*'immediate'*) oder verzögerten (*'deferred'*) Ausführung, so dass sich wie in Abbildung 7.1 gezeigt vier Kombinationsmöglichkeiten ergeben:

- *'immediate propagate / immediate apply'*: In diesem Fall werden Änderungen an den Basisrelationen sofort, d.h. im Kontext der ausgeführten Änderungsoperation, zu einer Änderung der materialisierten Sicht transformiert.

- *'immediate propagate / deferred apply'*: Die Nettoänderung wird in dieser Konfiguration sofort, d.h. im Kontext der Modifikationsoperation, ermittelt und temporär zwischengespeichert. Dies eröffnet die Möglichkeit, auflaufende Änderungen zu kumulieren und gesammelt (z.B. in Zeiten geringer Systemlast) in die materialisierte Sicht einzubringen ([CGL+96]). Dabei ist jedoch zu beachten, dass eine Vielzahl von Nettoänderungen wiederum unmittelbar vor dem Einbringen in die materialisierte Sicht zu einer einzelnen Nettoänderung transformiert werden muss.[‡]

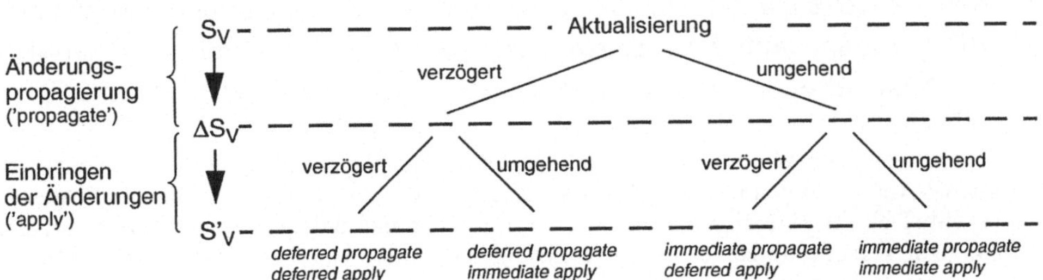

Abb. 7.1: Klassifikation der Aktualisierung materialisierter Sichten

- *'deferred propagate / immediate apply':* In dieser Konfiguration werden lokale Änderungen nachträglich aus externen Informationen gewonnen und zur Aktualisierung der materialisierten Sicht verwendet. Als externe Informationen dienen dabei üblicherweise Protokolldateien des jeweiligen Datenbanksystems ([SBCL00]).

- *'deferred propagate / deferred apply':* Eine zweimalige Verzögerung des Aktualisierungsvorgangs (sofern sinnvoll) vereint im Wesentlichen die Eigenschaften der beiden vorangegangenen Kombinationen der verzögerten Ermittlung und das verzögerte Einbringen von Änderungen.

An dieser Stelle gilt es anzumerken, dass im Kontext materialisierter Sichten in relationalen Datenbanksystemen eine Aktualisierung in der Kontrollsphäre des jeweiligen Modifikationsoperators abläuft. Wählt man als Aktualisierungsgranulat die Einheit von Transaktionen in Kombination mit einer verzögerten Aktualisierung, so kann die Menge materialisierter Sichten als Datenbank-*'Snapshot'* ([AdLi80], [KäRi87], [LaGa96]) aufgefasst werden. Ein *'Snapshot'* ist dabei als ein eingefrorener transaktionskonsistenter Zustand einer beliebigen Menge von Objekten einer Datenbasis definiert. Wie bereits in [Tesc99] ausgeführt, kann damit das Konzept der Datenbank-*'Snapshots'* nahtlos in das Modell der materialisierten Sichten als Speziallfall eingeordnet werden.

Weiterhin sei an dieser Stelle vermerkt, dass eine Vielzahl von Einflussfaktoren existieren, die darüber entscheiden, ob eine inkrementelle Wartung von Sichten grundsätzlich möglich ist bzw. die Menge der anwendbaren Algorithmen begrenzt. Abbildung 7.2 zeigt angelehnt an [GuMu95] den durch die Einflussfaktoren aufgespannten Problemraum der inkrementellen Aktualisierung, wobei folgende Dimensionen auszumachen sind:

- *Komplexität der Sichtendefinition:* Sowohl die Struktur als auch die in der Sichtendefinition verwendeten Operatoren bilden eine Einflussgröße, die die Menge der anwendbaren Operationen beeinflusst ([GrLi95], [Quas96]).

- *Verfügbare Informationen:* Als wesentliches Kriterium ist die Menge der Informationen zu sehen, auf die im Zuge einer inkrementellen Aktualisierung zurückgegriffen werden kann. So wird Abschnitt 7.2 bei der Integration von Publikationen verteilter Produzenten Verfahren vorstellen, die entweder einen Rückgriff

---

‡Im Kontext von Data-Warehouse-Systemen bietet diese Konfiguration die Möglichkeit, externen OLAP-Anwendungen ihre lokalen Datenspeicher über dieses vom relationalen System bereitgestellte Delta zu aktualisieren. Oftmals ist sogar im relationalen System eine materialisierte Sicht nur zur Versorgung von externen Werkzeugen definiert. Häufig wird darüber hinaus sogar auf eine initiale Auswertung und ein Einbringen dieser Änderungen in die materialisierte Sicht des relationalen Datenbanksystems in derartigen Szenarios verzichtet.

auf den Nachrichtenbestand, d.h. Basisrelationen, erlauben oder deren Nachrichten temporär in Hilfsstrukturen zwischengespeichert werden müssen ([GuHQ95], [MuQM97]).

- *Arten von Modifikationen:* Als dritte Klasse von Einflussfaktoren sind die unterschiedlichen Arten von Modifikationsoperationen zu sehen. Bei einem Einsatz einer inkrementellen Aktualisierungsstrategie gilt es zu analysieren, inwieweit eine Unterstützung aller möglichen Modifikationen, d.h. Einfügen, Löschen und Ändern an Basisrelationen, erforderlich ist. Weiterhin gilt es zu untersuchen, ob die Definition einer materialisierten Sicht zur Laufzeit verändert werden darf ([GuMR95]).

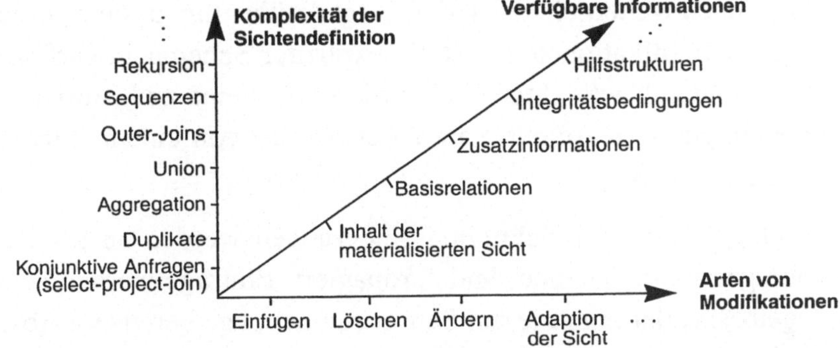

Abb. 7.2: **Einflussfaktoren bei der Aktualisierung von Sichten (angelehnt an [GuMu95])**

Bei Betrachtung dieser Einflussfaktoren kann im Kontext von Subskriptionssystemen eine Fokussierung auf einen Teilraum des aufgespannten Problembereiches erreicht werden. So ist beispielsweise die Behandlung rekursiver Sichtendefinitionen verzichtbar. Ebenso kann die Artenvielfalt möglicher Modifikationen auf Einfüge- und Sichtenadaptionsoperationen reduziert werden, so dass sich das Gebiet der Subskriptionssysteme auch aus der Perspektive der inkrementellen Aktualisierung als ein hervorragendes Anwendungsfeld für den Einsatz materialisierter Sichten ergibt.

7.1.3 Materialisierte Sichten in Subskriptionssystemen

Die spezielle Architektur eines Subskriptionssystems erlaubt den Einsatz materialisierter Sichten an einer Reihe von Punkten. Der Einsatz kann dabei entsprechend den in Abschnitt 7.1.2 eingeführten Phasen der Ermittlung und des Einbringens von Änderungen unterteilt werden. Abbildung 7.3 skizziert die Verwendung materialisierter Sichten in einem Subskriptionssystem. Auf der Nachrichteneingangsseite werden eintreffende Nachrichten, d.h. die publizierten Änderungen an einem Datenbestand, temporär zwischengespeichert, so dass eine Verknüpfung mit Nachrichten anderer Datenbestände ermöglicht wird. Eine Zwischenspeicherung, wie sie in

Abschnitt 7.2 ausführlich detailliert wird, ist nicht zwingend notwendig, falls die entsprechende Datenquelle abfragbar ist, so dass bei Bedarf auf den Zustand des Produzenten zurückgegriffen werden kann.

Ziel dieser ersten Phase ist es, die durch eintreffende Nachrichten verursachte Zustandsänderung konsistent als Publikationsdelta temporär zur nachfolgenden Auswertung der Subskriptionen abzuspeichern. Diese Nettoänderungen, die sich entweder aus einer einzelnen Nachricht oder aus der Verknüpfung mehrerer Nachrichten unterschiedlicher Produzenten ergeben, bleiben im klassischen Subskriptionskontext nur so lange im System erhalten, bis sie an alle von dieser Änderung betroffenen Subskriptionen weitergeleitet sind. Erfolgt darüber hinaus eine permanente Abspeicherung der Publikationen, so ist ein expliziter Schemaentwurf vorzunehmen und die eingehenden Nachrichten sind in diesem Schema zu historisieren. In einer derartigen Konfiguration spricht man üblicherweise von einem 'Message Warehouse' (Abschnitt 3.1.2).

Die im Publikationsdelta reflektierten Änderungen werden an zwei datenmäßig vollkommen getrennte Datenbestände propagiert. Einträge werden herangezogen, um die Regelbasis aller registrierten Subskriptionen, wie bereits im Abschnitt 7.1.2 erläutert, inkrementell und autonom zu aktualisieren. Dies erfolgt, sobald ein neuer publikationskonsistenter Zustand (Abschnitt 7.2) im System eingetreten ist. Wird durch diese Aktualisierung eine Bedingung für die Auswertung einer Subskription erfüllt, so wird die temporär zwischengespeicherte publikationskonsistente Änderung zur Aktualisierung der Subskriptionsbasis herangezogen. Dabei ist anzumerken, dass im Zuge der Aktualisierung einer speziellen Subskription möglicherweise bereits implizit eine partielle Auswertung anderer Subskriptionen vorgenommen wird.

Als zentrale Erkenntnis muss festgehalten werden, dass der Einsatz materialisierter Sichten somit den vollständigen Verzicht auf die eigentliche Datenbasis im Sinne der Ausprägung des konzeptionelles Schemas erlaubt, da eingehende Nachrichten direkt den registrierten Endverbrauchern zugesprochen werden können. Somit gilt es im Kontext materialisierter Sichten für Subskriptionssysteme Lösungsansätze aufzuarbeiten, welche sowohl die Integration publizierter Nachrichten als auch die autonome Aktualisierung der Regel- bzw. Subskriptionsbasis ermöglichen. Die beiden folgenden Abschnitte widmen sich diesem Thema.

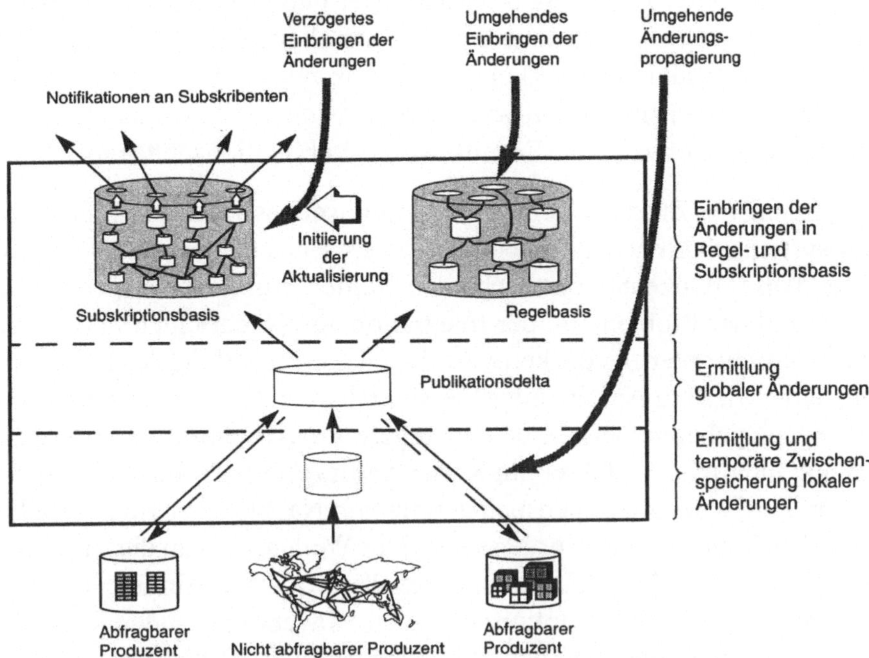

Abb. 7.3: Einsatz materialisierter Sichten in einem Subskriptionssystem

7.2 Integration publizierter Nachrichten

Wie im vorangegangenen Abschnitt eingeführt, findet die erste Phase einer inkrementellen Aktualisierung materialisierter Sichten zur Ermittlung der Nettoänderungen in Form des Publikationsdeltas (Abbildung 7.3) bei der Integration publizierter Nachrichten statt. Ziel dieser Phase ist somit die Bereitstellung von Änderungen, die sich in einem publikationskonsistenten Zustand befinden. Ein publikationskonsistenter Zustand ist dann erreicht, wenn die Sequenz der eingehenden Nachrichten sich in einer Sequenz von Zustandsänderungen der Menge aller Publikationsdeltas niederschlägt. Der Begriff der 'Publikationskonsistenz' ist somit gleichbedeutend mit der schwachen Konsistenz, wie sie in [ZGHW95] und [ZhWG97] für die allgemeine Verwendung materialisierter Sichten postuliert wird.

Somit ist bei der Publikationskonsistenz nicht gefordert, dass sich ein publikationskonsistenter Zustand lediglich aus den zum gleichen Zeitpunkt gültigen Zuständen der jeweils partizipierenden Produzenten ergeben muss. Diese Eigenschaft eröffnet dem Subskriptionssystem die Freiheit, parallel eintreffende Nachrichten zu serialisieren und Prioritäten einzelner Produzenten zu berücksichtigen. Des Weiteren ist nicht garantiert, dass jede eingehende Nachricht, d.h. Zustandsänderung eines Produzenten, auch in einer Änderung der Menge der Publikationsdeltas resultiert, was beispielsweise unter dem Terminus der 'Vollständigkeit' in [ZhWG97] gefordert wird. Diese Einschränkung ermöglicht dem Subskriptionssystem, eine Vorverarbeitung eingehender Nachrichten eines einzelnen Produzenten vorzunehmen, so dass der Aktualisierungsaufwand zur Ermittlung des Publikationsdeltas reduziert wird.

Die Bestimmung des Zustandes eines Publikationsdeltas wird vom Einsatz des Subskriptionssystems dahingehend beeinflusst, dass zunächst grundsätzlich zwischen zwei Arten von Produzenten unterschieden werden muss. Der folgende Abschnitt befasst sich mit der Problematik der Integration von Nachrichten in das Publikationsdelta für Produzenten, an die keine Anfragen zur Ermittlung des Zustandes möglich sind; dabei wird ein Ansatz unter Verwendung von Hilfssichten zur temporären Speicherung eingehender Nachrichten vorgestellt. Abschnitt 7.2.2 diskutiert das Problem und mögliche Verfahren im Kontext abfragbarer Produzenten, in welchen eine Vermeidung einer Zwischenspeicherung von Nachrichten durch erhöhten Koordinierungsaufwand erkauft werden muss. Des Weiteren sei an dieser Stelle darauf hingewiesen, dass bei der Aufarbeitung detailliert auf den Einfügevorgang eingegangen wird, wie er in Subskriptionssystemen Anwendung finden kann. Auf eine ausführliche Zusammenfassung der Aktualisierung universell eingesetzter materialisierter Sichten sei an dieser Stelle insbesondere auf [Tesc99] hingewiesen.

7.2.1 Integration von Nachrichten nicht abfragbarer Produzenten

Für die folgenden Ausführungen zur Integration von Nachrichten nicht abfragbarer Produzenten, wie beispielsweise Inhalte von Internet-Diensten, sei angenommen, dass n Produzenten (P_i; $1{\leq}i{\leq}n$) im System bekannt sind und das Publikationsdelta ΔP_S sich durch eine Verknüpfung der Nachrichten dieser Produzenten ergibt:

$$\Delta P_S := (P_1 \bowtie \ldots \bowtie P_n)$$

Da von den Produzenten lediglich die aktuelle Zustandsänderung mitgeteilt wird, ist für jeden Produzenten eine Hilfssicht ΔP_i ($1{\leq}i{\leq}n$) erforderlich, die eintreffende Nachrichten so lange temporär zwischenspeichert, bis sie in das globale Publikationsdelta ΔP_S übernommen werden. Der Einsatz derartiger Hilfssichten garantiert, dass die Menge aller Nachrichten eines Produzenten P_i, die für mindestens einen Subskribenten im System noch zur Auswertung herangezogen werden müssen, vollständig durch folgenden Terminus rekonstruiert werden kann:

$$\Pi_{P_i}(\Delta P_S) \cup \Delta P_i$$

Dieser Ausdruck besagt, dass sich eine Nachricht entweder im P_i-Teil des Publikationsdeltas ΔP_S oder in der temporären Hilfssicht ΔP_i befindet. Das Vorgehen der Aktualisierung des Publikationsdeltas für eine neu eingetroffene Nachricht Δp_i besteht im Wesentlichen aus den folgenden Schritten:

- Überprüfung, ob die neue Nachricht durch Verknüpfung mit Nachrichten anderer Produzenten aus dem Publikationsdelta einen neuen Propagierungseintrag liefert:

$$\Delta p_i \bowtie \Pi_{P_1, \ldots, P_{i-1}, P_{i+1}, \ldots, P_n}(\Delta P_S)$$

Im Fall einer nicht leeren Menge, wird das Ergebnis dem Publikationsdelta hinzugefügt.

- Überprüfung, ob die neue Nachricht durch Verknüpfung mit den temporär zwischengespeicherten Nachrichten anderer Produzenten einen neuen Propagierungseintrag liefert:

$$\Delta P_1 \bowtie \ldots \bowtie \Delta P_{i-1} \bowtie \Delta p_i \bowtie \Delta P_{i+1} \bowtie \ldots \bowtie \Delta P_n$$

Falls dieser Ausdruck eine nicht leere Menge liefert, wird das Ergebnis dem Publikationsdelta hinzugefügt und zusätzlich für jede temporäre Tabelle die nun im Publikationsdelta enthaltenen Nachrichten entfernt:

$$\Delta P'_j = \Delta P_j \setminus \Pi_{P_j}(\Delta P_S) \quad (1 \leq j \leq n,\ i \neq j)$$

Falls der obige Ausdruck kein Ergebnis für das Publikationsdelta liefert, wird die aktuelle Nachricht temporär zwischengespeichert:

$$\Delta P'_i = \Delta P_i \cup \Delta p_i$$

Dieses einfache Verfahren, welches als Adaption der allgemeinen Verfahren von [HuZh96] bzw. [QGMW96] angesehen werden kann, ermöglicht, dass nicht abfragbare Produzenten derart in das System integriert werden können, als wäre auf ihren Zustand zugreifbar. Im größeren Rahmen impliziert dieses Vorgehen, dass auf eine explizite und extern vorzunehmende Historisierung verzichtet werden kann.

7.2.2 Integration von Nachrichten abfragbarer Produzenten

Ermöglicht ein Produzent die Abfrage seines Zustandes, d.h. aller seiner jemals produzierten Nachrichten, so kann auf die temporäre Zwischenspeicherung innerhalb des Subskriptionssystems verzichtet werden. Für die Aufarbeitung unterschiedlicher Verfahren, mit besonderem Fokus auf die Einfügeoperationen in die Menge der Publikationsdeltas, seien wiederum n Produzenten P_i ($1 \leq i \leq n$) im System registriert. Für die Ermittlung einer Änderung im Fall einer neuen Publikation Δp_i muss, analog zum vorangegangenen Szenario, auf die Menge der Nachrichten aller anderen Produzenten zurückgegriffen werden:

$$P_1 \bowtie \ldots \bowtie P_{i-1} \bowtie \Delta p_i \bowtie P_{i+1} \bowtie \ldots \bowtie P_n$$

Da sich die Zustände außerhalb des Subskriptionssystems befinden, werden entsprechende Aktualisierungsanfragen an die Produzenten geschickt, auf deren Ergebnisse gewartet und das sich daraus ergebende Publikationsdelta ermittelt ([QuWi97]). Dieses Verfahren birgt jedoch die Gefahr konkurrierender Nachrichten. Ein Nachricht wird (in Anlehnung an [AASY97]) als konkurrierend bezeichnet, falls sie von einem Produzenten P_j zwischen dem Versand einer Aktualisierungsanfrage Q_i einer vorangegangenen Nachricht und dem Empfang des dazu korrespondierenden Ergebnisses A_i in das Subskriptionssystem eingebracht wird. Abbildung 7.4 skizziert an einem Zeitstrahl eine derartige Verzahnung von Aktualisierungsanfrage und neuer Publikation.

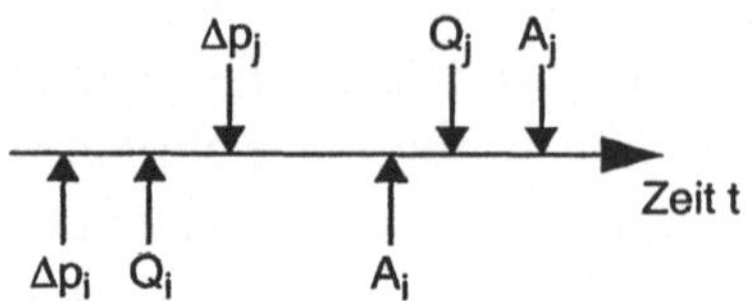

Abb. 7.4: Beispiel
konkurrierender Nachrichten

Ohne weitere Maßnahmen können konkurrierende Nachrichten eine so genannte verteilte inkrementelle Aktualisierungsanomalie ([ZhWG97], [Tesc99]) auslösen, die am laufenden Beispiel der konkurrierenden Nachrichten Δp_i und Δp_j exemplarisch erläutert wird:

- Nach Eintreffen der Nachricht Δp_i erzeugt das Subskriptionssystem die Aktualisierungsanfrage Q_i

  $$Q_i = P_1 \bowtie ... \bowtie \Delta p_i \bowtie ... \bowtie P_n$$

  und erhält bedingt durch die mittlerweile produzierte Nachricht Δp_j die Antwort A_i:

  $$A_i = P_1 \bowtie ... \bowtie \Delta p_i \bowtie ... \bowtie (P_j + \Delta p_j) \bowtie ... \bowtie P_n$$

- Nach Eintreffen der Nachricht Δp_j wird die Aktualisierungsanfrage mit Bezug auf den neuen Zustand $(P_i + \Delta p_i)$ des Produzenten P_i formuliert als:

  $$Q_j = A_j = P_1 \bowtie ... \bowtie (P_i + \Delta p_i) \bowtie ... \bowtie \Delta p_j \bowtie ... \bowtie P_n,$$

  was gleichzeitig unter der Annahme keiner weiteren konkurrierenden Nachrichten das Ergebnis A_j der Aktualisierungsanfrage Q_j reflektiert.

Die ermittelten Änderungen als Reaktion auf die beiden Nachrichten Δp_i und Δp_j ergeben sich somit durch $A_i \cup A_j$ zu:

$$(P_1 \bowtie ... \bowtie \Delta p_i \bowtie ... \bowtie (P_j + \Delta p_j) \bowtie ... \bowtie P_n) \cup$$
$$(P_1 \bowtie ... \bowtie (P_i + \Delta p_i) \bowtie ... \bowtie \Delta p_j \bowtie ... \bowtie P_n) =$$

$$(P_1 \bowtie ... \bowtie \Delta p_i \bowtie ... \bowtie P_j \bowtie ... \bowtie P_n) \cup$$
$$(P_1 \bowtie ... \bowtie \Delta p_i \bowtie ... \bowtie \Delta p_j \bowtie ... \bowtie P_n) \cup$$
$$(P_1 \bowtie ... \bowtie P_i \bowtie ... \bowtie \Delta p_j \bowtie ... \bowtie P_n) \cup$$
$$(P_1 \bowtie ... \bowtie \Delta p_i \bowtie ... \bowtie \Delta p_j \bowtie ... \bowtie P_n),$$

woraus ersichtlich ist, dass der Term bestehend aus der Verknüpfung der beiden neu eingetroffenen Nachrichten dupliziert worden ist. Dieser Term wird im Allgemeinen als Fehlerterm ([ZGHW95], [ZhWG97], [Tesc99]) bezeichnet. Verfahren, die eine Integration von Nachrichten abfragbarer Produzenten erlauben, müssen entsprechende Vorkehrungen treffen, um diesen Fehlerterm entweder zu kompensieren oder dessen Entstehung a priori zu verhindern. Dazu werden im Folgenden unterschiedliche Ansätze beleuchtet und hinsichtlich einer Einsetzbarkeit im Kontext von Subskriptionssystemen bewertet.

Externe Kompensation des Fehlerterms

Eine erste Möglichkeit, trotz konkurrierender Nachrichten einen publikationskonsistenten Zustand zu erreichen, besteht darin, bei der Formulierung einer Aktualisierungsanfrage für eine Nachricht, die während einer laufenden Aktualisierungsanfrage für eine vorangegangene Nachricht eingetroffen ist, den zu erwartenden Fehlerterm zu berücksichtigen. Ein derartiges Verfahren wurde erstmalig von [ZGHW95] als *'Eager Compensation Algorithm'* vorgeschlagen. Für das obige Szenario würde beispielsweise die Aktualisierungsanfrage Q_j wie folgt formuliert werden:

$$Q_j = (P_1 \bowtie ... \bowtie (P_i + \Delta p_i) \bowtie ... \bowtie \Delta p_j \bowtie ... \bowtie P_n)$$
$$- (P_1 \bowtie ... \bowtie \Delta p_i \bowtie ... \bowtie \Delta p_j \bowtie ... \bowtie P_n)$$

Da zum Zeitpunkt der Anfrageformulierung im Subskriptionssystem bekannt ist, dass die Nachricht Δp_j konkurrierend zu Δp_i aufgetreten ist, kann der Fehlerterm a priori bestimmt und extern bei der Ermittlung der Nettoänderungen berücksichtigt werden. Als nicht praktikable Einschränkung muss diesem Verfahren jedoch angelastet werden, dass nur Szenarios unterstützt werden, in welchen die Produzenten untereinander gegenseitigen Zugriff ermöglichen, was konzeptionell einem einzelnen Produzenten entspricht und damit ein unrealistisches Szenario widerspiegelt.

Eine Abschwächung dieser Einschränkung kann dadurch erzielt werden, dass neben Aktualisierungsanfragen im Fall konkurrierender Nachrichten explizite Kompensationsanfragen vom Subskriptionssystem an die Produzenten gestellt werden ([ZhWG97]). Für den Fall, dass eine konkurrierende Nachricht Δp_j während der Aktualisierungsanfrage

$$Q_i^0 = P_1 \bowtie ... \bowtie \Delta p_i \bowtie ... \bowtie P_n$$

auftritt, wird umgehend eine Kompensationsanfrage Q_i^1 zur Ermittlung des Fehlerterms an die partizipierenden und aus Sicht des Subskriptionssystems externen Produzenten verschickt:

$$Q_i^1 = (P_1 \bowtie ... \bowtie \Delta p_i \bowtie ... \bowtie \Delta p_j \bowtie ... \bowtie P_n)$$

Tritt während dieser Kompensationsanfrage Q_i^1 eine weitere konkurrierende Nachricht Δp_k ein, so impliziert dies eine weitere Kompensationsanfrage Q_i^2 zur Ermittlung des von Δp_k verursachten Fehlerterms:

$$Q_i^2 = (P_1 \bowtie ... \bowtie \Delta p_i \bowtie ... \bowtie \Delta p_j \bowtie ... \bowtie \Delta p_k \bowtie ... \bowtie P_n)$$

Wie in [ZhGW96] geschildert, müssen für n Produzenten im schlechtesten Fall k^{n-2} Kompensationsanfragen generiert und beantwortet werden, wobei sich k aus der maximalen Anzahl konkurrierender Nachricht ergibt. Die Anzahl der Kompensationsanfragen, die zur Ermittlung einer einzelnen Änderung am Publikationsdelta im schlechtesten Fall benötigt werden, kann durch Kompaktifizierung und lokal vorgenommene Kompensationen, wie sie im folgenden Abschnitt erläutert werden, jedoch auf (n-1)! reduziert werden, was bei einer hinreichend großen Anzahl von Produzenten eine deutliche Reduktion des Aufwands impliziert.

Lokale Kompensation und verzögerte Änderungsermittlung

Eine weitere Möglichkeit, eine verteilte inkrementelle Aktualisierungsanomalie zu vermeiden, wird in [ZhGW96] und [ZhWG98] im Kontext der Familie der Strobe-Algorithmen vorgeschlagen. Die zentrale Idee des einfachen Strobe-Algorithmus übertragen in den Kontext der Subskriptionssysteme besteht darin, das Ermitteln der Änderungen für das Publikationsdelta so lange zu verzögern, bis im System keine konkurrierenden Nachrichten mehr existieren. Analog zum vorangegangenen Szenario werden Aktualisierungsanfragen an die partizipierenden Produzenten gestellt; zusätzlich werden jedoch die Abhängigkeiten der eingetroffenen Nachrichten und ihrer dazugehörigen Aktualisierungsanfragen protokolliert. Fehlerterme, die sich durch konkurrierende Nachrichten im Zuge laufender Aktualisierungsanfragen in den ermittelten Änderungen ergeben, werden in einem Ruhezustand lokal im Subskriptionssystem basierend auf den protokollierten Abhängigkeiten korrigiert und schließlich atomar in das Publikationsdelta eingebracht. Das Verfahren wird für Einfügevorgänge wiederum am laufenden Beispiel mit n Produzenten exemplarisch skizziert. Für eine Darstellung der allgemein formulierten Algorithmen wird an dieser Stelle jedoch auf die Originalliteratur ([ZhGW96]) verwiesen.

Zur Protokollierung der Abhängigkeiten sind im Wesentlichen drei Hilfstrukturen notwendig. Zum einen wird für jede Aktualisierungsanfrage Q_i in pendingQueries(Q_i) die Menge der Aktualisierungsanfragen protokolliert, die zum Zeitpunkt der Formulierung von Q_i aktiv waren. Zum anderen werden global für das System die Strukturen runningQueries() für die Menge aller aktuell laufenden Aktualisierungsanfragen und Δs_V für die Zwischenspeicherung aller aufgelaufenen Änderungen zum Einbringen in das Publikationsdelta ΔS_V definiert.

- Beim Eintreffen einer Nachricht Δp_i wird eine Aktualisierungsanfrage
$$Q_i = P_1 \bowtie \ldots \bowtie \Delta p_i \bowtie \ldots \bowtie P_n$$
  formuliert und an die partizipierenden Produzenten weitergeleitet. Q_i selbst wird der Menge aller laufenden Aktualisierungsanfragen hinzugefügt; die abhängige Anfrage bleibt zunächst leer:

  runningQueries = { Q_i }   pendingQueries(Q_i) = { }

- Beim Eintreffen einer konkurrierenden Nachricht Δp_j wird unabhängig von parallel ablaufenden oder bereits abgelaufenen Aktualisierungsnachrichten die Aktualisierungsanfrage Q_j formuliert und an die Produzenten weitergeleitet. Weiterhin wird Q_j der Menge aller laufenden Nachrichten hinzugefügt und die Abhängigkeit von laufenden Aktualisierungsanfragen (in diesem Beispiel Q_i) in der lokalen Variable pendingQueries(Q_j) protokolliert:

$$\text{runningQueries} = \{\, Q_i, Q_j \,\} \qquad\qquad \text{pendingQueries}(Q_j) = \{\, Q_i \,\}$$

- Bei Erhalt einer Antwort einer Aktualisierungsanfrage wird im Subskriptionssystem und somit lokal ohne Interaktion mit einem externen Produzenten der Fehlerterm eliminiert. Dazu werden die Ergebnisse aller abhängigen Aktualisierungsanfragen von der Antwort der gerade betrachteten Aktualisierungsanfrage abgezogen. Für das laufende Beispiel ergeben sich zunächst die beiden Antworten A_i und A_j hinsichtlich der Aktualisierungsanfragen Q_i und Q_j zu:

$$A_i = P_1 \bowtie \ldots \bowtie \Delta p_i \bowtie \ldots \bowtie (P_j + \Delta p_j) \bowtie \ldots \bowtie P_n$$
$$A_j = P_1 \bowtie \ldots \bowtie (P_i + \Delta p_i) \bowtie \ldots \bowtie \Delta p_j \bowtie \ldots \bowtie P_n$$

Da Q_i Element der abhängigen Anfragen openQueries(Q_j) ist, wird das Anfrageergebnis A'_j durch $A_j - A_i$ korrigiert, so dass der entstandene Fehlerterm kompensiert wird:

$$A'_j = A_j - A_i = (P_1 \bowtie \ldots \bowtie (P_i + \Delta p_i) \bowtie \ldots \bowtie \Delta p_j \bowtie \ldots \bowtie P_n) -$$
$$(P_1 \bowtie \ldots \bowtie \Delta p_i \bowtie \ldots \bowtie (P_j + \Delta p_j) \bowtie \ldots \bowtie P_n) =$$

$$[\, (P_1 \bowtie \ldots \bowtie P_i \bowtie \ldots \bowtie \Delta p_j \bowtie \ldots \bowtie P_n) \cup$$
$$(P_1 \bowtie \ldots \bowtie \Delta p_i \bowtie \ldots \bowtie \Delta p_j \bowtie \ldots \bowtie P_n) \,] -$$
$$[\, (P_1 \bowtie \ldots \bowtie \Delta p_i \bowtie \ldots \bowtie P_j \bowtie \ldots \bowtie P_n) \cup$$
$$(P_1 \bowtie \ldots \bowtie \Delta p_i \bowtie \ldots \bowtie \Delta p_j \bowtie \ldots \bowtie P_n) \,] =$$

$$(P_1 \bowtie \ldots \bowtie P_i \bowtie \ldots \bowtie \Delta p_j \bowtie \ldots \bowtie P_n),$$

da sich der zweite und vierte Term gegenseitig aufheben und eine Subtraktion des dritten vom ersten Term auf Grund der Disjunktheit von P_i und Δp_i keine Änderung des ersten Terms bewirkt.

- Nachdem die Antworten aller ausstehenden Aktualisierungsanfragen eingetroffen sind und lokal korrigiert wurden, können die aufgelaufenen Änderungen in das Publikationsdelta eingepflegt werden. Im laufenden Beispiel ergibt sich folgende Nettoänderung am Publikationsdelta bestehend aus den beiden korrigierten Ergebnissen A_i und A'_j:

$$
\left.
\begin{array}{l}
(P_1 \bowtie \ldots \bowtie \Delta p_i \bowtie \ldots \bowtie \Delta p_j \bowtie \ldots \bowtie P_n) \cup \\[4pt]
(P_1 \bowtie \ldots \bowtie \Delta p_i \bowtie \ldots \bowtie P_j \bowtie \ldots \bowtie P_n) \cup
\end{array}
\right\} \quad // \ A_i
$$
$$(P_1 \bowtie \ldots \bowtie P_i \bowtie \ldots \bowtie \Delta p_j \bowtie \ldots \bowtie P_n) \qquad // \ A'_j$$

Wie exemplarisch gezeigt, ist es möglich, lokal Korrekturen vorzunehmen. Da die einzelnen Änderungen nach derartigen Korrekturmaßnahmen nicht mehr für sich genommen einen konsistenten Zustand im Publikationsdelta erzeugen würden, müssen alle ermittelten Änderungen temporär zwischengespeichert und gesammelt in das Publikationsdelta eingebracht werden. Dieses Vorgehen weist jedoch den entscheidenden Nachteil auf, dass permanent eintreffende Nachrichten eine Aktualisierung der Subskriptionsbasis verhindern würden, so dass eine Erweiterung dieses Verfahrens angeraten scheint.

Iterative Aktualisierungsanfragen mit lokaler Kompensation

Ein weitere Klasse von Verfahren, wie sie in [AASY97] unter der Bezeichnung *'Sweep-Algorithmus'* eingeführt werden, basiert auf einer detaillierten Betrachtung der Ausführung von Aktualisierungsanfragen. Da die Produzenten untereinander keinerlei Kooperation erlauben bzw. keinerlei Kenntnis über die Existenz weiterer Produzenten besitzen, wird eine Aktualisierungsanfrage Q_i nach Eintritt einer Nachricht Δp_i als Folge einzelner Anfragen ausgeführt und das Gesamtergebnis iterativ bestimmt, d.h.:

$$Q_i = P_1 \bowtie \ldots \bowtie \Delta p_i \bowtie \ldots \bowtie P_n$$

kann beispielsweise durch folgende prozedurale Anweisung ermittelt werden:

```
        ΔS_L = ΔS_R = Δp_i
PARBEGIN
        for (k = i-1; k≥1; k--)
                Q_i^k = P_k ⋈ ΔS_L
                A_i^k = answerQuery(Q_i^k, k)    // Auswertung der Anfrage Q_i^k am
Produzenten P_k
                ΔS_L = A_i^k
        for (k = i+1; k≤n; k++)
                Q_i^k = ΔS_R ⋈ P_k
                A_i^k = answerQuery(Q_i^k, k)
                ΔS_R = A_i^k
PAREND
        ΔS = ΔS_L ⋈ ΔS_R
```

Möglichkeit einer lokalen Eliminierung des Fehlerterms

Dabei zeigen die Begrenzungen PARBEGIN und PAREND an, dass die beiden Schleifen zur Ermittlung des Terms links bzw. rechts von P_i parallel durchgeführt werden können. Diese inkrementelle Auswertung einer Aktualisierungsanfrage macht sich der Ansatz von [AASY97] dahingehend zu Nutze, dass durch Eintritt einer konkurrierenden Nachricht Δp_k der dadurch verursachte Fehlerterm direkt nach der Ermittlung der partiellen Aktualisierungsanfrage Q_i^k eliminiert wird (*'online error correction'*). Dazu wird das Ergebnis für die Weiterverarbeitung nur dann uneingeschränkt übernommen, wenn bis zu dem Zeitpunkt der Auswertung der partiellen Aktualisierungsanfrage Q_i^k keine konkurrierenden Nachrichten eingetroffen sind. Ist jedoch andererseits bis zu diesem Zeitpunkt eine konkurrierende Nachricht Δp_k eingegangen, wird vom Ergebnis der partiellen Aktualisierungsanfrage A_i^k der Fehlerterm abgezogen. Der Vorteil dieses Verfahrens ist, dass konkurrierende Nachrichten, die nach der lokalen Aktualisierungsanfrage $Q_i{}^k$ jedoch noch während der globalen Ermittlung der Nettoänderung für Δp_i eintreten, nicht weiter berücksichtigt werden müssen.

Die obige Ermittlung der durch Δp_i verursachten Änderung am Publikationsdelta ΔS_V wird an den beiden in obiger Prozedur angezeigten Stellen wie folgt modifiziert:

$$\text{if } (\exists \Delta p_k) \qquad\qquad\qquad\qquad\qquad \text{if } (\exists \Delta p_k)$$
$$\Delta S_L = A_i{}^k - (\Delta p_k \bowtie \Delta S_L) \qquad\qquad \Delta S_R = A_i{}^k - (\Delta S_R \bowtie \Delta p_k)$$
$$\text{else} \qquad\qquad\qquad\qquad\qquad\qquad\qquad \text{else}$$
$$\Delta S_L = A_i{}^k \qquad\qquad\qquad\qquad\qquad\qquad \Delta S_R = A_i{}^k$$

Die Behandlung des Fehlerterms auf Ebene der partiellen Aktualisierungsanfragen ermöglicht eine weitere Optimierung der Ermittlung von Änderungen konkurrierender Nachrichten, indem identische Teile nur einmal ausgewertet und die durch konkurrierende Nachrichten verursachten Terme zusammengefasst werden können. Ohne auf die spezifische Erweiterung einzugehen, sei das Optimierungspotential an den beiden Aktualisierungsanfragen Q_i und Q_j für die eingetroffenen Nachrichten Δp_i und Δp_j erläutert:

$$Q_i = (P_1 \bowtie \ldots \bowtie P_{i-1} \bowtie \quad \Delta p_i \bowtie \ldots \bowtie P_j \bowtie P_{j+1} \bowtie \ldots \bowtie P_n)$$
$$Q_j = (P_1 \bowtie \ldots \bowtie P_{i-1} \bowtie (P_i + \Delta p_i) \bowtie \ldots \bowtie \Delta p_j \bowtie P_{j+1} \bowtie \ldots \bowtie P_n)$$

einmalige   Zusammenfassen   einmalige
Auswertung   Auswertung

Die Idee besteht darin, dass in einer laufenden Ermittlung der Aktualisierungsanfrage Q_i bei dem Auftreten einer konkurrierenden Nachricht Δp_j an dieser Stelle (d.h. $k=j$ in obigem Algorithmus) die laufende Aktualisierungsermittlung für Δp_i ausgesetzt wird und die für Δp_j benötigten partiellen Aktualisierungsanfragen zwischen P_i und P_j ermittelt werden. Das Ergebnis dieser partiellen Aktualisierungsanfrage wird dann mit dem bereits für Δp_i ermittelten Ergebnis zwischen P_i und P_j zusammengefasst, so dass die partiellen Aktualisierungsanfragen für die restlichen Produzenten ($P_1 \bowtie \ldots \bowtie P_{i-1}$ und $P_{j+1} \bowtie \ldots \bowtie P_n$) für die vormals konkurrierenden Nachrichten nun gemeinsam und somit nur einmalig ausgewertet werden müssen. Auf die Einbettung dieser Erweiterung in den oben skizzierten Algorithmus wird an dieser Stelle verzichtet; der Leser wird vielmehr auf die Originalliteratur [AASY97] oder auf die Zusammenfassung in [Tesc99] verwiesen.

7.2.3 Zusammenfassung

Ziel dieses Abschnitts ist es, einen Einblick in die Probleme und in alternative Lösungsansätze zu geben, die auftreten, wenn eine Menge von Produzenten Nachrichten in ein Subskriptionssystem publiziert, so dass ein publikationskonsistenter Zustand im System erhalten bleibt. Diese erste Stufe einer Subskriptionsauswertung unter Rückgriff auf das Konzept der materialisierten Sichten liefert somit einen für alle registrierten Subskriptionen referenzierbaren und konsistenten Zustand. Es sei an dieser Stelle nochmals darauf hingewiesen, dass das Publikationsdelta, wie es in Abschnitt 7.1.3 eingeführt wurde, lediglich temporärer Natur ist; Einträge bleiben – sofern sie nicht anwendungsseitig explizit historisiert werden – nur so lange zwischengespeichert, wie noch mindestens eine Subskription diese Einträge zur Auswertung benötigt.

7.3 Aktualisierung der Subskriptionsbasis

Die zweite Phase der Auswertung von Subskriptionen unter Verwendung materialisierter Sichten besteht darin, Änderungen im Publikationsdelta sowohl in die Regelbasis als auch in die Subskriptionsbasis, welche wiederum die Ergebnisse aller Subskriptionsanfragen repräsentiert, einzubringen. Für die Regelbasis wird das Einbringen von Änderungen (*'apply'-Phase*; Abschnitt 7.1.2) *unmittelbar* nach einem Zustandswechsel des Publikationsdeltas vorgenommen (*'immediate apply'*). Nur für Subskriptionen, deren Auslieferungsbedingung dadurch erfüllt werden, erfolgt *nach* der Regelauswertung (*'deferred apply'*) ein Einbringen der Änderungen in die zu den Subskriptionsanfragen korrespondierenden materialisierten Sichten (Subskriptionssichten). Der Vorgang des Einbringens greift dabei nicht mehr auf die einzelnen Zustände der Produzenten, sondern nur noch auf das Publikationsdelta zurück. Somit können beim Einsatz materialisierter Sichten nach der Ermittlung einer konsistenten Änderung nur noch mit Blick auf Einfügevorgänge (partiell) autonom aktualisierbare Subskriptionssichten unterstützt werden.

Diese scheinbare Einschränkung kann jedoch bedenkenlos bei Betrachtung des Anwendungskontextes von Subskriptionssystemen hingenommen werden. So fordert ein Großteil der Anwendungen lediglich die Möglichkeit einer Informationsfilterung, um sich vor einer Überflutung zu schützen. Eine Vielzahl subskriptionsähnlicher Dienste (Kapitel 5) auf anwendungsspezifischer Ebene sowie das *'Oracle Advanced Queuing'*-Modul (Abschnitt 4.3) auf Datenbankebene leisten ausschließlich einen derartigen Filtermechanismus. Eine wesentliche Erweiterung der Funktionalität, die darüber hinaus noch über (partiell) autonom wartbare Subskriptionssichten abgedeckt werden kann, besteht in der Verdichtung eingehender Daten. Eine derartige Verdichtung kann entweder textueller oder numerischer Natur sein. Als Beispiel einer textuellen Verdichtung mag an dieser Stelle das Szenario gelten, aus einem E-Mail-Verteiler von Stellenangeboten zum einen nur interessierende Angebote zu extrahieren und zum anderen täglich ein Komplettangebot bestehend aus allen interessierenden Einzelangeboten zusammenzustellen. Als Beispiel einer numerischen Verdichtung sei an dieser Stelle eine einfache Summierung der täglich aufgelaufenen Umsätze (*'trading volumes'*) im Aktienhandel genannt. Das Einbringen von Änderungen wird in den beiden folgenden Abschnitten diskutiert, indem im ersten Schritt das Verfahren lokal für eine Subskription bestehend aus Filterung und Verdichtung der eingehenden Daten untersucht wird. Im Abschnitt 7.3.3 wird aufgezeigt, wie die Pflege mehrerer Subskriptionen global optimiert werden kann.

7.3.1 Verfahren subskriptionslokaler Aktualisierung

Nach Ermittlung der globalen Zustandsänderung durch das Eintreffen neuer Nachrichten ist aufzuarbeiten, wie diese globalen Änderungen in lokale Subskriptionssichten eingebracht werden können (Abbildung 7.5a). Um die Menge aller möglichen autonom aktualisierbaren Subskriptionssichten auszuweiten, wird üblicherweise sowohl auf interne als auch auf externe Zusatzinformationen zurückgegriffen. Neben Kenntnis über Primär- und Fremdschlüsselbeziehungen wird insbesondere für jedes nicht identifizierende Attribut einer Nachricht eine Zählvariable in die Subskriptionssicht integriert, in welcher die Anzahl der von NULL verschiedenen Einträge für eine konkrete Ausprägung eines Attributes protokolliert wird. Verfahren zur Aktualisierung materialisierter Sichten, welche derartige Zählvariablen nutzen, sind üblicherweise unter dem Begriff der *'Counting Algorithmen'* in der Literatur bekannt ([ShIt84], [BlLT86], [LHM+86], [GrLi95], [GuHQ95], [MuQM97]). Basierend auf [LPCS00] wird im Folgenden schrittweise das Verfahren zum Einbringen von Änderungen in eine Subskriptionssicht skizziert. Die einzelnen Arbeitsschritte sind dabei in Abbildung 7.5b wiedergegeben.

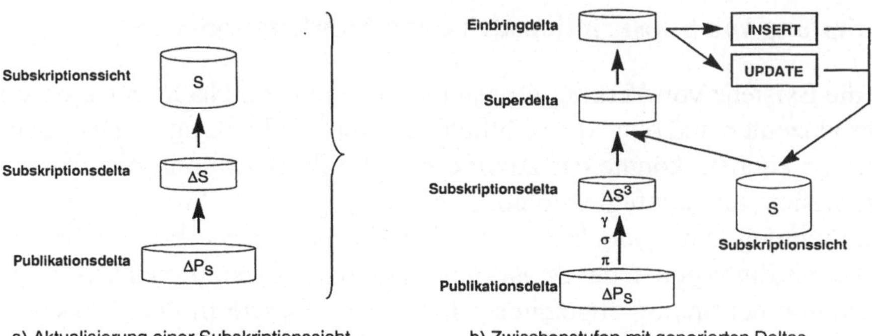

Abb. 7.5: Einbringen von Änderungen in eine Subskriptionssicht

Bestimmung des Subskriptionsdeltas

Basierend auf dem Publikationsdelta muss in einem ersten Schritt das Delta für die jeweilige Subskriptionssicht bestimmt werden, welches sich durch Anwendung der Subskriptionsanfrage auf alle noch nicht eingebrachten Einträge des Publikationsdeltas ΔP_S ergibt. Im Einzelnen werden drei Operationen zur Bestimmung des Subskriptionsdeltas ausgeführt. Dabei bestehe das Publikationsdelta aus einer Attributmenge S und das Subskriptionsdelta sei definiert über eine Attributmenge S' $\subseteq$ S.

- *Projektion:* Durch eine Projektion auf die Menge der in der Subskription referenzierten Attribute werden die Bruttoänderungen für die jeweilige Subskription bestimmt; dabei sind Duplikate zu eliminieren, da diese bei der Integration einer Nachricht durch Verknüpfung mit Nachrichten anderer Produzenten entstanden sind: $\Delta S^1 = \pi_{S'}(\Delta P_S)$

- *Filterung:* Durch eine Selektion werden die Bruttoänderungen auf die sich über die Filterbedingung qualifizierenden Nachrichten reduziert. Die Filterbedingung ist dabei spezifiziert durch ein Prädikat P() über die Menge aller von der Subskription referenzierten Attribute S':
$$\Delta S^2 = \sigma_{P(S')}(\Delta S^1)$$

- *Verdichtung:* Durch eine Verdichtung werden mehrere Einträge des Publikationsdeltas über die Verdichtungsoperation zusammengefasst. Dabei wird die Menge der Attribute S' in zwei Partitionen S$^-$ mit den Attributen zur Festlegung der Verdichtung und S$^+$ mit den Attributen, über die eine Verdichtung vorgenommen wird, aufgeteilt:
$$\Delta S^3 = \gamma_{(S-,S+)}(\Delta S^2)$$

Das Ergebnis dieses dreistufigen Prozesses ist eine Menge von Nachrichten, die sowohl hinsichtlich ihres Schemas als auch hinsichtlich der Filterbedingung der Subskriptionssicht entspricht.

Verknüpfung von Subskriptionsdelta und Subskriptionssicht

Ohne die Existenz von Verknüpfungsmöglichkeiten von Nachrichten unterschiedlicher Produzenten und ohne die Möglichkeit, eine Verdichtung von Nachrichten vornehmen zu können, könnte das zuvor ermittelte Subskriptionsdelta direkt der Subskriptionssicht hinzugefügt werden. Sowohl durch die Verknüpfung als auch durch die Verdichtung kann jedoch die Situation eintreten, dass Einträge im Subskriptionsdelta mit Einträgen in der Subskriptionssicht korrespondieren und lediglich eine Veränderung der analog abgeleiteten logischen Objekte in der Subskriptionssicht hervorrufen. So ändern sich beispielsweise die täglich aufgelaufenen Umsätze (*'trading volumes'*) mit jeder eingegangenen Nachricht innerhalb eines Tages, die wiederum einen Umsatz meldet. Offensichtlich ist, dass in einer derartigen Situation die neue Umsatzmeldung nicht der Subskriptionssicht hinzugefügt, sondern der bestehende kumulierte Umsatz erhöht wird, was durch eine Aktualisierung des entsprechenden Eintrags in der Subskriptionssicht erfolgt.

Um für einen Eintrag im Subskriptionsdelta entscheiden zu können, ob dieser Eintrag der Subskriptionssicht neu hinzugefügt oder ein in der Subskriptionssicht bestehender Eintrag aktualisiert werden soll, ist eine Verknüpfung des Subskriptionsdeltas mit dem Inhalt der Subskriptionssicht vorzunehmen. Wie in [LPCS00] erläutert, findet dazu ein linker äußerer Verbund (*'left-outer-join'*) mit dem Subskriptionsdelta auf der linken Seite Verwendung ($\Delta S^3 \bowtie S_V$). Diese Operation ordnet – sofern vorhanden – jedem Eintrag im Subskriptionsdelta den korrespondierenden Eintrag aus der Subskriptionssicht zu, ohne dass Einträge aus dem Subskriptionsdelta eliminiert werden. Das Ergebnis wird als Superdelta bezeichnet (Abbildung 7.5).

Ermittlung der aktualisierten Einträge

Nach der Paarbildung werden für jeden Eintrag des Superdeltas die zu aktualisierenden Einträge der Subskriptionssicht berechnet. In Abhängigkeit von der verwendeten Aggregationsfunktion werden die korrespondierenden Attribute miteinander wertemäßig verknüpft. So wird zum Beispiel die neue Umsatzmeldung der kumulierten Umsatzmeldung aus der Subskriptionssicht hinzuaddiert. Bei textueller Verdichtung erfolgt entweder eine Konkatenation beider Textfelder (z.B. Stellenausschreibungen) oder ein vollständiges Ersetzen der alten Mitteilung (z.B. aktuelle Wettervorhersage).

Einbringen der aktualisierten Einträge in die Subskriptionssicht

Im letzten Schritt werden die ermittelten Werte in die Subskriptionssicht eingebracht. Dabei gilt es hinsichtlich der Einbringart eine Unterscheidung zu treffen. Alle Einträge des Subskriptionsdeltas, die bei der Verknüpfung mit der originalen Subskriptionssicht einen Partnereintrag zugewiesen bekommen haben, werden über ein *'update'*-Kommando der Subskriptionssicht hinzugefügt. Alle neuen Einträge, für die kein korrespondierender Eintrag ermittelt wurde, werden entsprechend mit einem *'insert'*-Kommando der Subskriptionssicht hinzugefügt.

Abbildung 7.5b fasst die einzelnen Schritte nochmals graphisch zusammen und zeigt den Datenfluss ausgehend vom (globalen) Publikationsdelta zum (lokalen) Subskriptionsdelta über die Verknüpfung, Aktualisierung und das physische Einbringen der Änderungen in die Subskriptionssicht.

7.3.2　Grundlagen subskriptionsübergreifender Aktualisierungen

Da in einem Subskriptionssystem nicht von einer einzelnen Subskription ausgegangen werden kann, gilt es Verfahren einzuführen, die eine Aktualisierung mehrerer Subskriptionen erlauben. Abbildung 7.6 zeigt das sich ergebende Szenario, in welchem eine Vielzahl von lokalen Subskriptionssichten über lokale Subskriptionsdeltas aus einem globalen Publikationsdelta gespeist werden.

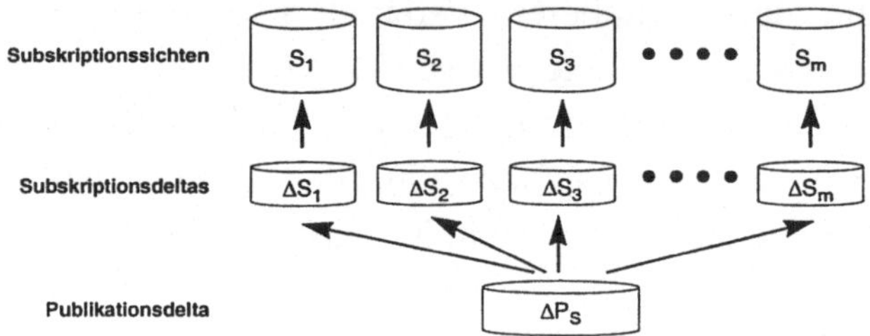

Abb. 7.6: Einbringen von Änderungen in Subskriptionssichten

Die naive Variante zum Einbringen von Änderungen im Publikationsdelta in die Subskriptionssichten besteht naturgemäß in der wiederholten Ausführung der im vorangegangenen Abschnitt aufgeführten Aktualisierungsmaßnahmen. Abbildung 7.7 zeigt die sich ergebende Konfiguration, wobei Subskriptionsdeltas voneinander isoliert bestimmt, mit der jeweiligen Datenbasis verknüpft, aktualisiert und in die Subskriptionssichten zurückgeschrieben werden.

Diese Methode erscheint dahingehend verbesserungswürdig, dass einzelne Subskriptionen von ähnlicher Gestalt sein können und dadurch gemeinsame Vorauswertungen ermöglicht werden ([CoMu96]). Einzelne Subskriptionsdeltas werden dann nicht mehr isoliert und nacheinander, sondern gemeinsam und gleichzeitig berechnet. Die diesem Gedanken zu Grunde liegende allgemeine Datenbankoptimierungstechnik ist in der Literatur unter dem Begriff der *'Multiple Query Optimization'* (MQO) bekannt und in einer Vielzahl von Beiträgen (z.B. [Hall76], [Fink82], [Sell88], [PaSe88], [AlRa92], [ShSN94], [LPCZ01]) behandelt worden.

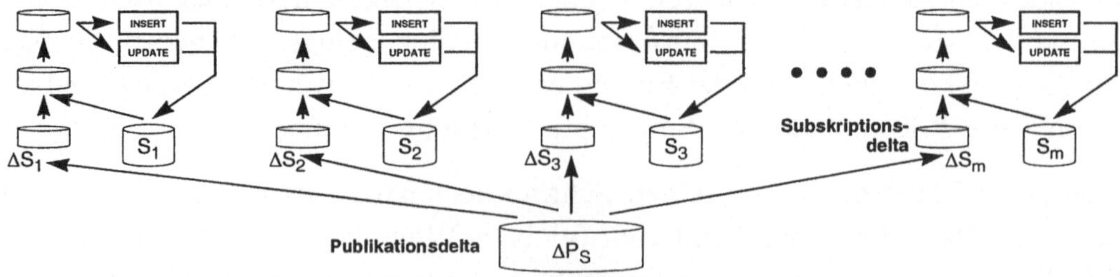

Abb. 7.7: Isolierte Subskriptionsaktualisierung

Grundgedanke der 'Multiple Query Optimization'

Die grundsätzliche Idee der '*Multiple Query Optimization*' besteht darin, eine Vielzahl von Anfragen gemeinsam zu optimieren und auszuwerten. Ziel ist dabei, durch Verwendung gemeinsamer Bestandteile der Anfrage eine Reduktion der Anfrageausführungszeiten zu erreichen. Mangels konkreter Anwendungen führt die MQO-Technik ein ausgeprägtes Schattendasein. Da die übliche Interaktion eines Benutzers mit einer Datenbank dem transaktionalen ACID-Prinzip ([GrRe93]) folgt, welches eine Isolation (das 'I' in ACID) einzelner Anfragen explizit fordert, reduziert sich der Anwendungsbereich der MQO-Technik auf den Bereich der deduktiven Datenbanksysteme, in welchen ein einzelnes Prädikat durch mehrere Regeln definiert werden kann. Zum Beispiel definieren die drei Regeln das Prädikat A:

$$(R_1)\ A \leftarrow B_1 \wedge B_2 \wedge \ldots \wedge B_l$$
$$(R_2)\ A \leftarrow C_1 \wedge C_2 \wedge \ldots \wedge C_m$$
$$(R_3)\ A \leftarrow D_1 \wedge D_2 \wedge \ldots \wedge D_n$$

Eine Auswertung von A würde eine Ausführung aller A bestimmenden Regeln erfordern, so dass eine gemeinsame Auswertung von Anfragen sinnvoll erscheint. Eine weitere Anwendung von MQO-Techniken findet sich darüber hinaus im kleinen Rahmen innerhalb von einzelnen Anfragen. Als Beispiel dafür gelte folgendes Fragment einer SQL-Anfrage, welches numerische in textuelle Temperaturangaben übersetzt:[**]

```
            SELECT ..., 'kalt', ...
            FROM ...
            WHERE Temperatur < 10
    UNION
            SELECT ..., 'warm', ...
            FROM ...
            WHERE Temperatur >= 10
                AND Temperatur <= 30
    UNION
            SELECT ..., 'heiss', ...
            FROM ...
            WHERE Temperatur > 30
    UNION
```

[**]Natürlich könnte diese Anfrage durch folgende CASE-Anweisung vereinfacht werden:

```
    CASE IF Temperatur < 10 THEN 'kalt' ENDIF
            IF Temperatur BETWEEN 10 AND 30 THEN 'warm' ENDIF
            IF Temperatur >30 THEN 'heiss' ENDIF
            DEFAULT 'unbekannt'
    END
```

Es existieren jedoch noch eine Vielzahl von Anwendungsprogrammen, die SQL für Datenbanksysteme ohne CASE-Funktionalität erzeugen, so dass dieses Beispiel durchaus seine Berechtigung hat.

```
SELECT ..., 'unbekannt', ...
FROM ...
WHERE ISNULL(Temperatur)
```

Ohne Ausnutzung gemeinsamer Teile wird die FROM-Klausel mehrfach ausgewertet, was insbesondere bei der Existenz von Verbundoperationen einen enormen (und unnötigen) Aufwand bedeutet. Allgemein kann das Problem der *'Multiple Query Optimization'* in die beiden Teilprobleme der Bestimmung des globalen Ausführungsplanes und der Ermittlung gemeinsam nutzbarer Teilanfragen untergliedert werden ([ChDu98], [ShSN94]), die im Folgenden kurz skizziert werden.

Bestimmung eines global optimalen Ausführungsplanes

Jede einzelne Anfrage Q_i ($1 \leq i \leq n$) aus einer Menge von gemeinsam zu optimierenden Anfragen $\{Q_1, ..., Q_n\}$ kann durch eine Menge von Anfrageplänen $P^i = \{P^i_1, .., P^i_{k_i}\}$ ausgewertet werden. Das Problem, einen global optimalen Ausführungsplan zu bestimmen, besteht darin, für jede Anfrage einen lokalen Ausführungsplan P^i_j ($1 \leq i \leq n$, $1 \leq j \leq k_i$) auszuwählen, so dass die Gesamtkosten des globalen Anfrageplanes minimal sind.

Da dieses allgemeine Problem der Klasse NP-harter Probleme zugesprochen werden kann ([Sell88]), existieren verschiedene Ansätze, das MQO-Problem approximativ zu lösen. So geben [Sell88], [SeGh90] und darauf aufbauend [ShSN94] jeweils ein heuristisches Verfahren an, welches über Zustände operiert, die durch die lokalen Anfragepläne bestimmt sind. Ein ähnlicher nach dem *'Branch-and-Bound'*-Verfahren operierender Algorithmus, wird in [GrMi82] und in [Cosa99] vorgeschlagen; [PaSe88] geben einen Lösungsansatz basierend auf dem Prinzip der dynamischen Programmierung an. In [RSSB00] werden Greedy-Strategien auf AND/OR-Graphen diskutiert und am TPCD-Szenario evaluiert. Für das Anwendungsszenario von *'Star-Queries'* (Abschnitt 3.1.2) wird in [ZDNS98] eine Strategie beschrieben, multidimensionale Anfragen gemeinsam auszuwerten. [ÖzSu96] schließlich diskutiert das MQO-Problem im Kontext von Datenbank-Middleware-Systemen. Alle Ansätze weisen die Forderung auf, dass die Erkennung von gemeinsamen Teilen zweier Anfragen effektiv und effizient durchgeführt werden kann, was, wie im Folgenden ausgeführt, als gleichberechtigtes Teilproblem zur Bestimmung des optimalen Ausführungsplanes angesehen werden muss.

Ermittlung der gemeinsam nutzbaren Teile von Anfragen

Vorbedingung einer gemeinsamen Nutzung von Anfrageteilen ist die Bestimmung des Granulats der als gemeinsam zu betrachtenden Objekte ([AlRa92]). So können beispielsweise Zugriffe auf Datenblöcke als gemeinsame Aktionen bzw. physische oder relationale Operatoren als gemeinsame Einheiten betrachtet werden.

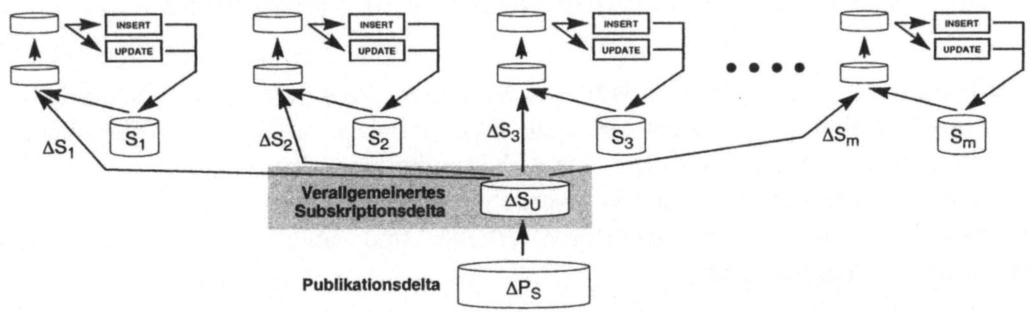

Abb. 7.8: Subskriptionsübergreifende Aktualisierung

Erste Arbeiten zur Ermittlung gemeinsam nutzbarer Teile von Anfragen wurden bereits von [Hall76] und [Fink82] durchgeführt. [RoHu80] zeigt, dass das Problem, allgemeine Teilausdrücke zwischen zwei Anfragen zu erkennen, NP-hart ist. In [Jark85] werden nach einem heuristischen Verfahren gemeinsame Ausdrücke in relationaler Algebra, im Tupel- und Bereichskalkül identifiziert. Wiederum durch Anwendung von Heuristiken wird in [ChMi86] die Erkennung von Gleichheit und Subsumtion von Teilausdrücken auf logischer Ebene eingeführt. Durch Bildung von AND/OR-Graphen gibt [RoCh88] ein Verfahren an, welches ebenfalls die Erkennung von Subsumtionsbeziehungen ermöglicht. Zwei weitere Verfahren, die im folgenden Abschnitt 7.3.3 einer ausführlichen Diskussion unterzogen werden, sind in [ChDu98] und [ZCP+00]/[LPCZ01] zu finden. Während der Ansatz von [ChDu98] ablauforientierter Natur durch sukzessive Reduktion eines Multi-Graphen ist, wird in [ZCP+00] ein konstruktives und zustandsorientiertes Verfahren basierend auf dem *Query Graph Model* ([PiLH97]) angegeben.

Abbildung 7.8 zeigt das Szenario zur Optimierung der Aktualisierung von Subskriptionssichten, in dem lokale Subskriptionsdeltas zu einem verallgemeinerten Subskriptionsdelta zusammengefasst sind. Ein derartiges Vorgehen im Kontext von Subskriptionssystemen weist neben der Vermeidung der Ausführung ähnlicher Operationen zur Bestimmung der Subskriptionsdeltas eine implizite Auswertung nicht direkt auszuwertender Subskriptionen auf. Dies bedeutet, dass im Kontext einer Subskriptionsauswertung implizit, und ohne dass deren Auslieferungsbedingungen zutreffen, Vorauswertungen ohne zusätzlichen Aufwand stattfinden, so dass die Reaktionszeit zwischen dem Eintreffen einer Nachricht zur Erfüllung der Auslieferungsbedingung und der tatsächlichen Auswertung reduziert wird und eine schnelle Reaktion auf eingehende Nachrichten erfolgen kann.

7.3.3 Techniken zur Nutzung gemeinsamer Ausdrücke

Zur Ermittlung gemeinsamer Ausdrücke werden im Folgenden zwei Verfahren unterschiedlicher Natur diskutiert. Die erste Technik basiert auf einem graphentheoretischen Ansatz, in welchem sukzessive Abhängigkeiten reduziert werden. Die zweite Technik spiegelt ein konstruktives Vorgehen wider, in welchem schrittweise Subsumtionsbeziehungen von Operatoren erkannt und entsprechende Ausgleichsoperatoren erzeugt werden.

Ablauforientierte Nutzung gemeinsamer Ausdrücke

Als Beispiel einer ablauforientierten Nutzung gemeinsamer Ausdrücke wird im Folgenden der auf [ChMi86] basierende Ansatz nach [ChDu98] vorgestellt. Die grundlegende Idee dieses Verfahrens zur Auswahl gemeinsamer Operationen für die Auswertung mehrerer Anfragen basiert auf einem Multigraph, der anfänglich die Menge der Anfragen repräsentiert und sukzessive durch Zusammenfassung einzelner Operationen reduziert wird (*'contraction based multi-graph transformation'*). Endzustände entsprechen dann den jeweiligen Ergebnissen der Anfragen.

Ein Multigraph $G(R, E_S, E_J)$ besteht nach [ChDu98] aus einer Menge von Knoten R, wobei jedes $r \in R$ eine Relation oder ein durch Anwendung relationaler Operatoren abgeleitetes Zwischenergebnis ist. Eine Kante $e_i \in E_S$ repräsentiert mit identischem Anfangs- und Endknoten eine Selektionsbedingung (*'selection edge'*) auf die Relation, die durch den jeweiligen Knoten repräsentiert ist. Eine Kante $e_j \in E_J$ steht für eine Verbundbedingung zwischen den Relationen, die die jeweils unterschiedlichen Anfangs- und Endknoten beschreiben (*'join edge'*). Abbildung 7.9 zeigt zwei Multigraphen, die vier Anfragen über die Relationen 'customer', 'orders', employees' und 'corporations' mit den jeweiligen Selektions- und Verbundkanten repräsentieren.

Bei der Suche nach gemeinsamen Ausdrücken können mehrere gemeinsame Operationen gleichzeitig ausgeführt werden. Aus diesem Grund werden in [ChDu98] folgende heuristische Regeln angegeben, die eine prioritätengesteuerte Ordnung zur Ausführung gemeinsamer Operationen implizieren. Dabei bedeute $QL\{E_S(u,u)\}$ die Menge der Anfragen, die eine Selektionskante am Knoten u aufweisen; analog liefert $QL\{E_J(u,v)\}$ die Menge der Anfragen, die eine Verbundkante zwischen den beiden Knoten u und v besitzen:

(1) Auswahl einer Gruppe von Kanten $E_S(u,u)$ mit identischen Selektionsbedingungen und $QL\{E_J(u,v)\} \subseteq QL\{E_S(u,u)\}$.

(2) Auswahl einer Gruppe von Kanten $E_S(u,u)$ mit identischen Selektionsbedingungen und $QL\{E_J(u,v)\} \nsubseteq QL\{E_S(u,u)\}$.

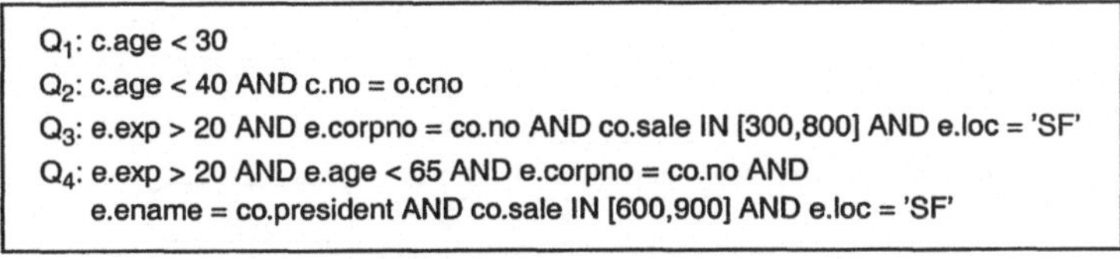

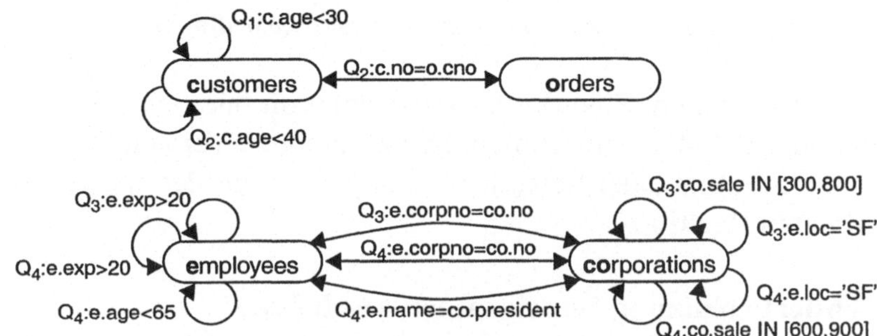

Abb. 7.9: Multigraphen für Anfrageszenario

(3) Auswahl einer Gruppe von Kanten $E_S(u,u)$, so dass die Selektionsbedingungen eine Ordnung hinsichtlich Subsumierbarkeit aufweisen und für die $QL\{E_J(u,v)\} \subseteq QL\{E_S(u,u)\}$ gilt.

(4) Auswahl einer Gruppe von Kanten $E_S(u,u)$, die überlappende Selektionsbedingungen aufweisen und für die $QL\{E_J(u,v)\} \subseteq QL\{E_S(u,u)\}$ gilt.

(5) Auswahl einer Gruppe von Kanten $E_J(u,v)$ mit identischen Verbundprädikaten und $QL\{E_J(u,w)\} \subseteq QL\{E_J(u,v)\}$, wobei $w{\neq}u$ oder $w{\neq}v$ gilt.

(6) Auswahl einer Gruppe von Kanten $E_J(u,v)$ mit subsumierenden Verbundprädikaten und $QL\{E_J(u,w)\} \subseteq QL\{E_J(u,v)\}$, wobei $w{\neq}u$ oder $w{\neq}v$ gilt.

(7) Behandlung überlappender Verbundprädikate.

Hinsichtlich dieser Regeln zeigt Abbildung 7.10 die Reihenfolge der Nutzung gemeinsamer Ausdrücke am oberen Multigraph aus obigem Beispiel (Abbildung 7.9). So wird in einem ersten Schritt Regel 3 hinsichtlich subsumierender Prädikate angewandt und eine Selektion über das Prädikat c.age<40 auf der Relation 'customer' ausgeführt. Für Q_1 wird dann eine weitere Reduktion auf 'customer' durchgeführt; Q_2 ist nach Ausführung der Verbundoperation mit der Relation 'orders' berechnet.

Als weiteres Beispiel zeigt Abbildung 7.11 die Auswertung des Anfrageszenarios über Q_3 und Q_4 aus Abbildung 7.9. Durch Anwendung von Regel 1 werden sofort gemeinsame Selektionsbedingungen (e.exp>20 und co.loc='SF') ausgeführt. Eine zweite Transformation wählt gemäß Regel 4 die überlappenden Selektionen (co.sale IN [300,800] und co.sale IN [600,900]) und erzwingt eine Ausführung der Disjunktion der beiden Selektionsprädikate. Für die endgültige Auswertung bleiben die Selekti-

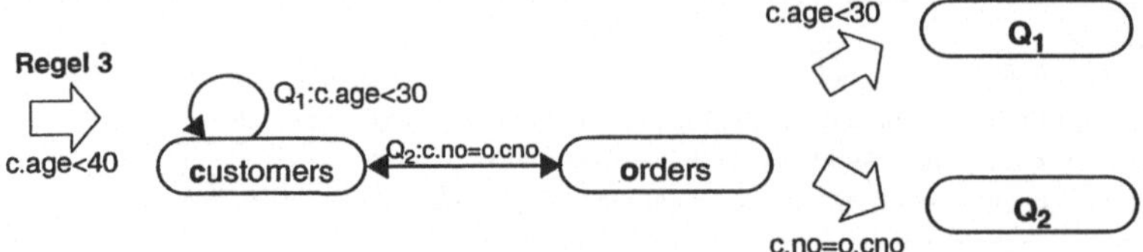

Abb. 7.10: Beispiel zu subsumierten Selektionsbedingungen

onskriterien jedoch erhalten. Eine dritte Transformation fasst nach Regel 5 die gemeinsamen Verbundprädikate zusammen. Die zusätzliche Verbundbedingung e.name=co.president mutiert zu einer Selektionsbedingung bzgl. der nach dieser Transformation erzeugten Relation.

Zustandsorientierte Nutzung gemeinsamer Ausdrücke

Im Gegensatz zum ablauforientierten Ansatz der Erkennung und Nutzung gemeinsamer Ausdrücke wird im Folgenden das Verfahren nach [ZCP+00] erläutert, welches neben der Erkennung einer Subsumtionsbeziehung Kompensationsoperationen derart erzeugt, dass der einschließende Ausdruck und die Kompensation mit Rückgriff auf den eingeschlossenen Ausdruck ein äquivalentes Ergebnis liefern (Abbildung 7.12). Wird eine Subsumtionsbeziehung zwischen Teilen zweier Anfragen festgestellt, so wird eine Einschlussbeziehung (*'match'*) zwischen diesen Teilen aufgezeichnet. Diese Beziehung bestimmt den eingeschlossenen, den einschließenden Operator und den zugehörigen Kompensationsoperator. Eine derartige Bezie-

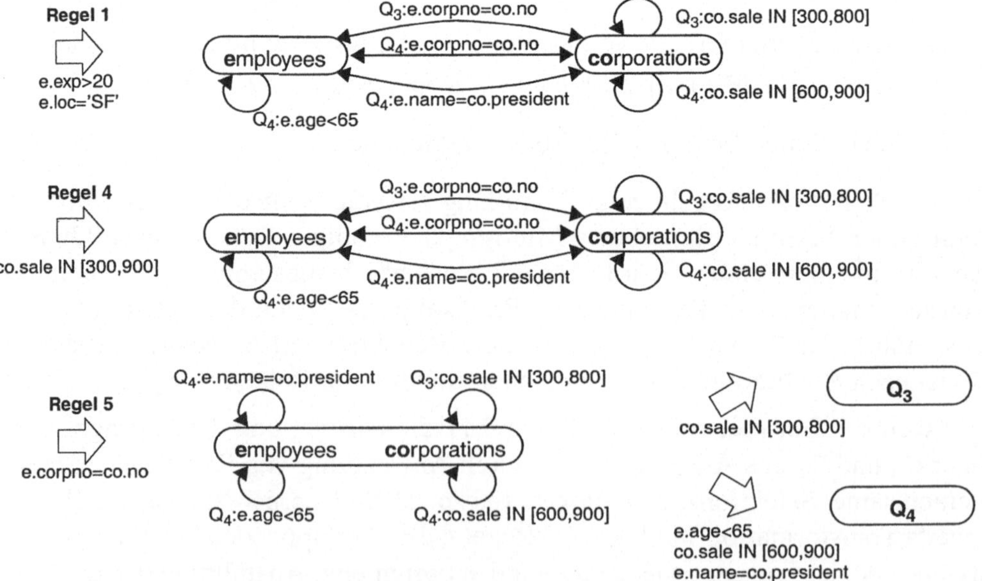

Abb. 7.11: Reduzierte Multigraphen für Anfrageszenario

hung ist in Abbildung 7.12 skizziert, in welcher der Kompensationsoperator eine Summation über eine Zählvariable des eingeschlossenen Operators implementiert, so dass der einschließende Operator und der Kompensationsoperator mit Bezug auf den eingeschlossenen Anteil ein äquivalentes Ergebnis produzieren. Der einschließende Operator wird in [ZCP+00] als *Subsumee*, die eingeschlossene Operation als *Subsumer* bezeichnet.

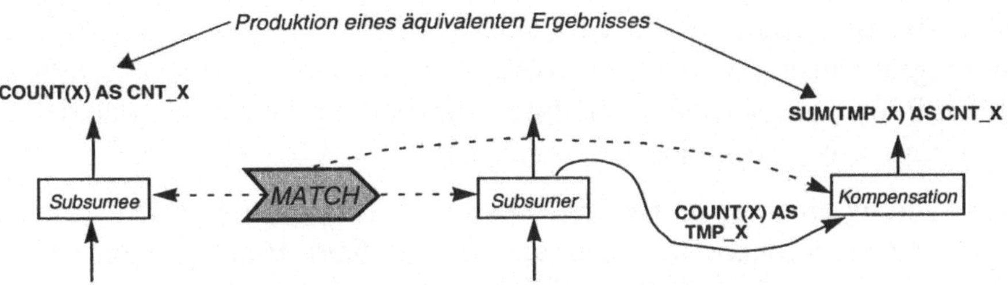

Abb. 7.12: Subsumtionsbeziehung mit Kompensation

Hinsichtlich einer erfolgreichen Aufzeichnung einer Subsumtionsbeziehung zwischen zwei Operationen sind folgende notwendige Voraussetzungen in Abhängigkeit von den Operationstypen gefordert:

- *Menge der produzierten Attribute:* Die von der eingeschlossenen Operation (Subsumer) produzierte Menge von Attributen muss mindestens die von der einschließenden Operation produzierten Attribute umfassen. Zusätzlich müssen alle Attribute, die in der Kompensation beispielsweise zur nachträglichen Auswertung von Selektionen oder Verbundbedingungen benötigt werden, vom Subsumer bereitgestellt werden.

- *Selektionsbedingungen:* Die Selektionsbedingung der eingeschlossenen Operation darf nicht restriktiver als die Selektionsbedingung der einschließenden Operation sein. Die Kompensation übernimmt dabei die Selektionsbedingungen, für die in der eingeschlossenen Operation keine äquivalente Bedingung existiert.

- *Verbundbedingungen:* Die allgemeine Regel für Verbundoperationen fordert, dass sich beide Operationen auf die gleiche Menge von Relationen beziehen und die Verbundbedingungen identisch sind. Allerdings können nach [ZCP+00] bestimmte Situationen eine Sonderbehandlung erfahren und damit eine Ausnahme der allgemeinen Regel darstellen:

  - *'Extra Child'-Kompensation:* Weist der Subsumer eine zusätzliche Relation auf, die über einen verlustfreien N:1-Verbund mit den gemeinsamen Relationen verknüpft ist, so kann dennoch eine Subsumtionsbeziehung erfolgreich aufgezeichnet werden (Abbildung 7.13a), da im Gegensatz zu einem normalen Verbund keine Einträge eliminiert werden. Vorraussetzung ist jedoch, dass diese Beziehung vorab dem Datenbanksystem als Zusicherung zur Einhaltung der referentiellen Integrität (*'referential constraint'*) explizit mitgeteilt worden ist.

- *Kompensation mit 'Re-Join':* Verbundoperationen mit Relationen, die bei einem Subsumee, aber nicht beim Subsumer vorhanden sind, können in die Kompensation verzögert werden, sofern die Verbundattribute vom Subsumer produziert werden (Abbildung 7.13b).

- *Gruppierungsbedingungen:* Für einfache Gruppierungsanweisungen muss der Subsumer mindestens nach den Attributen gruppieren, nach denen im Subsumee ebenfalls eine Gruppierung vorgenommen wird. Im Fall von komplexen Gruppierungsanweisungen, wie CUBE(), ROLLUP() und GROUPING SETS() ([GBLP96]) hat ebensfalls eine Inklusionsbedingung hinsichtlich der produzierten Gruppierungskombinationen zu gelten.

Die Erkennung eines gemeinsamen Ausdrucks erfolgt nun stufenweise ausgehend von den Basisrelationen. Nachdem alle notwendigen Bedingungen zwischen zwei Operatoren auf gleicher Ebene evaluiert sind, wird für jede Ebene eine korrespondierende Kompensation konstruiert. Abbildung 7.14a zeigt das Verfahren für die Erzeugung einer Kompensation auf unterster Ebene am Beispiel einer kombinierten Selektions- und Verbundoperation. In einem ersten Schritt ((1) in Abbildung 7.14) wird die Operation des einschließenden Operators (Subsumee) kopiert und alle Prädikate, die bereits durch den eingeschlossenen Operator (Subsumer) abgedeckt werden, aus der Kopie eliminiert. In einem zweiten Schritt (2) wird die Versorgung der kopierten Operation durch den Subsumer sichergestellt. Abschließend werden Verbundoperationen, die im Subsumer nicht existieren (Verbund mit der Relation T in Abbildung 7.14a), der Kompensation als 'Re-Join' hinzugefügt (3).

Das Verfahren zur Generierung von Kompensationen auf höherer Ebene unterscheidet sich vom Vorgehen auf unterer Ebene in einigen Punkten (Abbildung 7.14b). Bevor wiederum nach erfolgreicher Prüfung auf Subsumtion zwischen Subsumee und Subsumer die Operation des einschließenden Operators kopiert werden kann ((2) in Abbildung 7.14b), muss die bereits existierende Kompensation an die neue Gegebenheit angepasst werden, so dass sie nicht mehr vom Subsumer der tiefer lie-

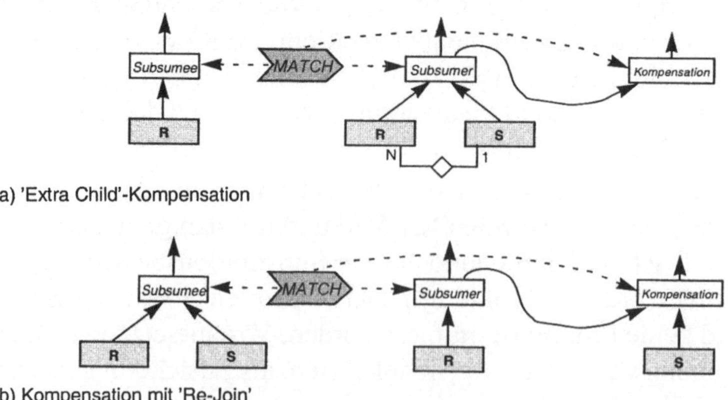

Abb. 7.13: Ausnahmen für die Kompensationen bei Verbundoperationen

genden Ebene, sondern von der aktuell betrachteten Subsumer-Operation versorgt wird (1). Im letzten Schritt muss schließlich noch die Versorgung für den neuen Operator der Kompensation von der unterliegenden Subsumee-Operation auf die Kompensationsoperation der unterliegenden Ebene angepasst werden (3).

Das Auffinden gemeinsamer Ausdrücke und die Konstruktion der Kompensation erfolgt so lange, bis eine erfolgreiche Subsumtionsbeziehung zwischen Operatoren einer Ebene nicht mehr festgestellt werden kann. Als Ergebnis ist dann ein Teil einer Anfrage von einer umschließenden Anfrage als subsumiert erkannt.

Identische Ausdrücke zwischen zwei Anfragen werden dadurch aufgedeckt, dass eine bidirektionale Subsumtionsbeziehung mit einer jeweils leeren Kompensation erzeugt wird. Neben der Erkennung gemeinsamer Teilanfragen konstruiert das Verfahren nach [ZCP+00] somit die Menge an Kompensationsoperationen, die notwendig sind, um eine Substituierung der einschließenden durch die eingeschlossene Anfrage unter Zuhilfenahme der Kompensation zu ermöglichen.

7.3.4 Konstruktion verallgemeinerter Subskriptionsdeltas

Neben der Nutzung existierender Abhängigkeiten zwischen zwei Anfragen, die beispielsweise lokale Subskriptionsdeltas berechnen, wird im Folgenden eine Methode vorgestellt, wie verallgemeinerte Subskriptionsdeltas systematisch generiert wer-

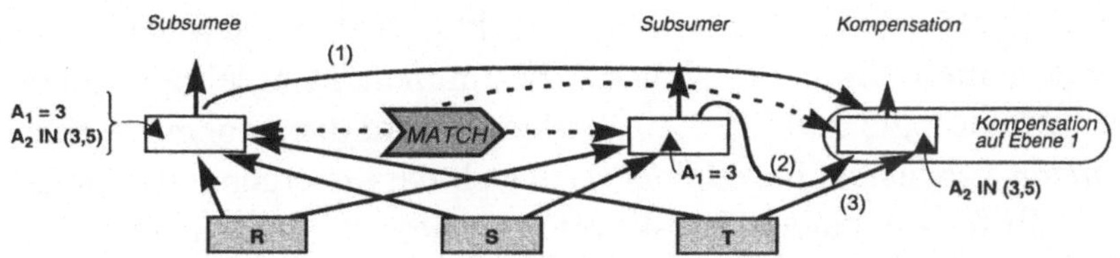

a) Aufzeichnen einer Subsumtionsbeziehung und Kompensationsgenerierung auf unterster Ebene

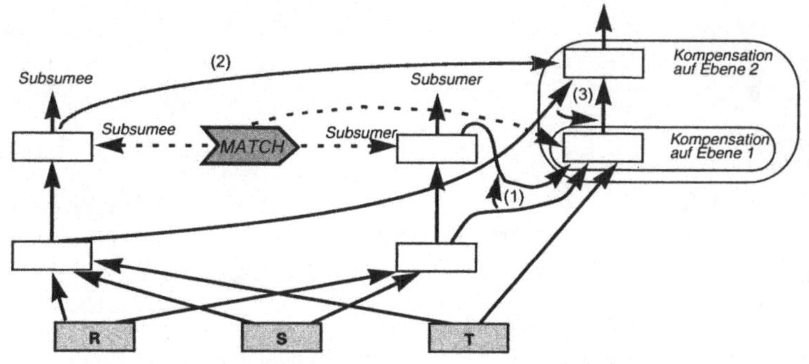

b) Aufzeichnen einer Subsumtionsbeziehung und Kompensationsgenerierung auf höherer Ebene

Abb. 7.14: Aufzeichnen einer Subsumtionsbeziehung und Kompensationsgenerierung

den können. Dazu wird auf das im vorangegangenen Abschnitt eingeführte zustandsorientierte Verfahren nach [ZCP+00] Bezug genommen und die einzelnen Konstruktionsschritte am Beispiel von [LPCZ01] vorgestellt. Als Vorausblick sei bereits an dieser Stelle erwähnt, dass die Pflege der Subskriptionsbasen des im Teil IV dieses Buches skizzierten Forschungsprojektes *PubScribe* auf dieser Technik aufbaut und eine Adaption an die konkrete Systemumgebung vornimmt. In diesem Kontext werden auch Messungen vorgestellt, die die Effizienz dieses Ansatzes untermauern.

Abbildung 7.15a zeigt ein Szenario zur Aktualisierung von zwei Subskriptionssichten, wobei die Subskriptionsdeltas in einer Subsumtionsbeziehung zueinander stehen. Wie aus dieser Abbildung ersichtlich ist, spielt das Subskriptionsdelta zur Aktualisierung der Subskriptionssicht S_2 die Rolle des eingeschlossenen Anfrageteils bzw. des Subsumers. Der Aktualisierungszyklus für S_2 kann direkt aus diesem Anfrageteil gespeist werden. Das Subskriptionsdelta für die Subskriptionssicht S_1 hingegen ist der einschließende Teil (Subsumee), der durch die Kompensationsoperatoren basierend auf dem Subskriptionsdelta für S_2, d.h. dem Subsumer, ausgewertet werden kann. Somit wird beispielsweise bei der Auswertung von S_1 implizit das Subskriptionsdelta für S_2 berechnet. Diese Form der Auswertung wird in [LPCZ01]/[LCS+01] als 'query stacking' bezeichnet. Als Nachteil muss dieser Methode jedoch angelastet werden, dass zwei Anfragen auf der einen Seite relativ selten eine echte Subsumtionsbeziehung aufweisen, auf der anderen Seite jedoch häufig von ähnlicher Gestalt sind, so dass eine Erweiterung der Technik des 'query stacking' angeraten erscheint. Eine derartige Strategie, die in [LPCZ01] als 'query sharing' bezeichnet wird, versucht für zwei strukturell ähnliche Subskriptionsdeltas künstlich einen gemeinsamen Vorgänger zu bestimmen. In Anlehnung an die bereits eingeführte Terminologie und [LPCZ01] folgend, wird dieser gemeinsame Vorgänger als 'common subsumer' bezeichnet. Das sich daraus ergebende Szenario ist in Abbildung 7.15b für die beiden Subskriptionssichten S_1 und S_2 skizziert. Der ge-

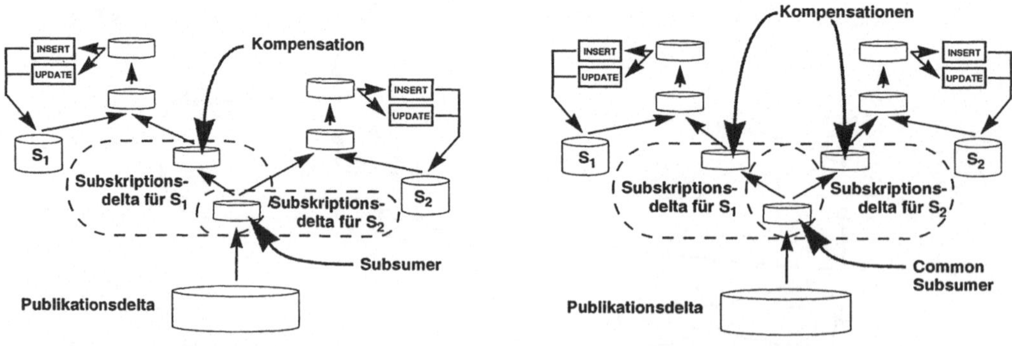

a) Bestimmung des Subskriptionsdeltas über 'Query Stacking'

b) Bestimmung des Subskriptionsdeltas über 'Query Sharing'

Abb. 7.15: Subskriptionsübergreifende Aktualisierung

meinsame Vorgänger speist nun keinen Aktualisierungszyklus mehr direkt, sondern subskriptionslokale Kompensationen, die eine jeweils spezifische Anpassung vornehmen.

Konstruktion eines gemeinsamen Vorgängers auf unterster Ebene

Bei der Konstruktion eines gemeinsamen Vorgängers wird in dem Verfahren nach [LPCZ01] auf die im vorangegangenen Abschnitt eingeführte Technik der Aufzeichnung von Subsumtionsbeziehungen zwischen einer Subsumer- und einer Subsumee-Operation zurückgegriffen. Die Grundidee bei der Konstruktion besteht darin, dass eine Operation (in der Rolle eines Subsumer-Kandidaten) als Vorlage für den zu generierenden gemeinsamen Vorgänger dient. Diese Operation wird in einem ersten Schritt kopiert ((1) in Abbildung 7.16a). In einem zweiten Schritt wird versucht, eine Subsumtionsbeziehung mit der zweiten Operation (in der Rolle eines Subsumee-Kandidaten) zu erstellen. Dieser Versuch ist nun per definitionem zum Scheitern verurteilt, da ja sonst eine echte Subsumtionsbeziehung zwischen den beiden Operatoren bestehen würde. Jeder Fehlversuch legt jedoch einen Defekt am gemeinsamen Vorgänger offen. Sukzessive werden (sofern möglich) diese Defekte eliminiert, indem fehlende Attribute dem gemeinsamen Vorgänger sowohl auf Eingangsseite als auch auf Ausgangsseite hinzugefügt werden ((2) bzw. (3) in Abbildung 7.16b).

Der Angleichungsprozess des Subsumee-Operators an den sukzessive generierten gemeinsamen Vorgänger ist beendet, wenn erfolgreich eine Subsumtionsbeziehung ('*match*') aufgezeichnet worden ist. Da in dieser Phase lediglich die Existenz einer Subsumtionsbeziehung von Interesse ist, wird die Subsumtionsbeziehung zum Auf-

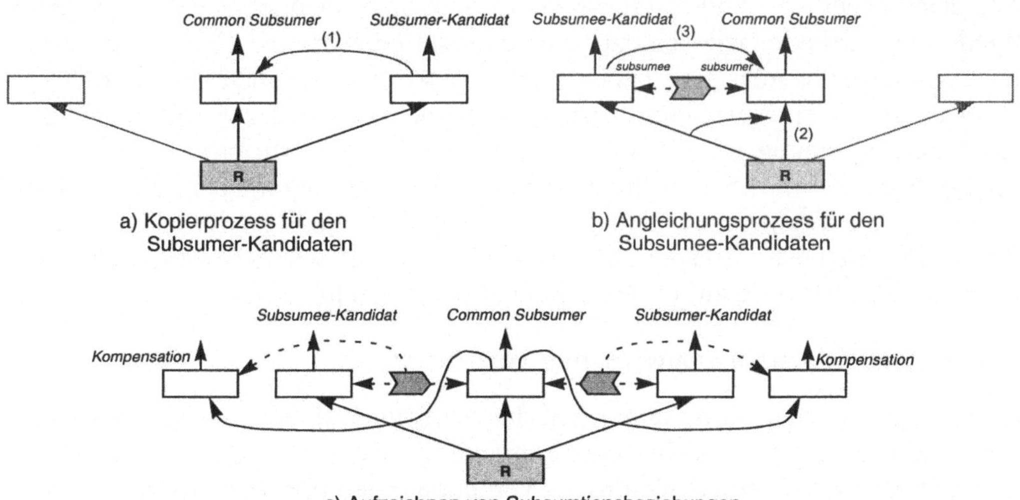

Abb. 7.16: Konstruktion eines gemeinsamen Vorgängers auf unterster Ebene

decken der Defekte umgehend wieder gelöscht. Die zweite Phase der Konstruktion eines gemeinsamen Vorgängers nimmt nun den zuvor generierten gemeinsamen Vorgänger und zeichnet erneut Subsumtionsbeziehungen zwischen dem Subsumee-Kandidaten und dem Common-Subsumer und zwischen dem Subsumer-Kandidaten und dem Common-Subsumer auf. Dabei werden ordnungsgemäß die nun notwendigen Kompensationen auf beiden Seiten generiert. Anzumerken ist an dieser Stelle, dass das Erzeugen dieser Subsumtionsbeziehungen erfolgreich abgeschlossen werden muss, da einerseits der Common-Subsumer aus dem Subsumer per Kopie hervorgegangen ist und andererseits der Common-Subsumer so lange in der ersten Phase verändert worden ist, bis der Subsumee-Kandidat erfolgreich eine Einschlussbeziehung (*'match'*) aufgezeichnet hat. Abbildung 7.16c zeigt das Szenario einer Common-Subsumer-Produktion auf der untersten Ebene, bestehend aus den beiden Subsumtionsbeziehungen und den korrespondierenden Kompensationen.

Konstruktion eines gemeinsamen Vorgängers auf höherer Ebene

Analog zur Konstruktion eines gemeinsamen Vorgängers auf unterster Ebene beginnt die Erzeugung eines Common-Subsumers auf höherer Ebene damit, dass der Subsumer-Kandidat als Vorlage für eine spätere Anreicherung durch den Subsumee-Kandidaten per Kopie dienen muss ((1) in Abbildung 7.17). Da dieser Operator nicht mehr direkt aus den Basisrelationen bzw. dem Publikationsdelta im Kontext der Änderungspropagierung in Subskriptionssystemen abgeleitet ist, muss die Versorgung durch den Common-Subsumer auf tieferer Ebene gewährleistet und eine entsprechende Modifikation der Zuleitung vorgenommen werden ((2) in Abbildung 7.17). Wiederum nahezu analog zur Erstellung eines gemeinsamen Vorgängers auf unterster Ebene wird nun versucht, eine Subsumtionsbeziehung zwischen dem Subsumee-Kandidaten und dem Common-Subsumer zu etablieren. Alle aufgedeckten Defekte, wie fehlende eingangsseitige Attribute (3) bzw. fehlende vom Common-Subsumer produzierte Attribute (4), werden sukzessive eliminiert. Beim Hinzufügen eines weiteren Attributes wird auf die von der darunterliegenden Subsumtionsbeziehung erstellten Translationstabellen der Attribute dieser Ebene zurückgegriffen. Nach der Beseitigung aller Defekte wird die temporäre Subsumtionsbeziehung gelöscht, von beiden Seiten eine endgültige Subsumtionsbeziehung aufgezeichnet und die korrespondierende Kompensation, wie im vorangegangenen Abschnitt 7.3.2 erläutert, auf dieser höheren Ebene erstellt.

Verbundoperationen im gemeinsamen Vorgänger

Wie im vorangegangenen Abschnitt bei der Auflistung aller notwendigen Bedingungen für eine Subsumtionsbeziehung erläutert, müssen Subsumee- und Subsumer-Kandidat grundsätzlich identische Verbundpartner und Verbundoperationen aufweisen. Jedoch können die dort angesprochenen Besonderheiten des *'Extra Child'*-Verbundes und des *'Re-Join'*-Verfahrens auf die Erstellung eines Common-

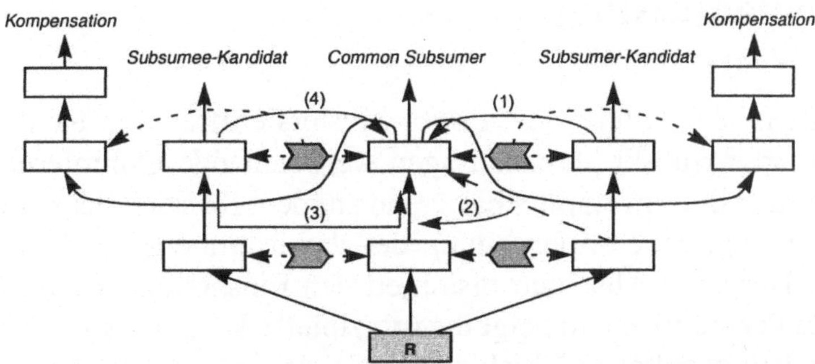

Abb. 7.17: Konstruktion eines gemeinsamen Vorgängers auf höherer Ebene

Subsumers übertragen werden. So muss jede Relation des Subsumee-Kandidaten, die über einen N:1-Verbund mit dem Verbundpartner verknüpft ist, dem gemeinsamen Vorgänger hinzugefügt und der Common-Subsumer-Operator um alle vom Subsumee-Kandidaten referenzierten Attribute ergänzt werden. In Abbildung 7.18 ist dieser Vorgang unter (1) bei der Hinzunahme der Relation R zum Common-Subsumer illustriert.

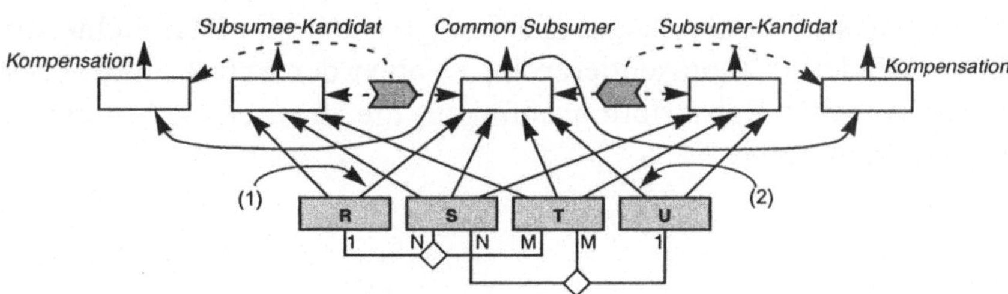

Abb. 7.18: Besonderheiten bei Verbundoperationen eines gemeinsamen Vorgängers

Weist jedoch andererseits der gemeinsame Vorgänger (bzw. der Subsumer-Kandidat) einen Verbundpartner auf, den der Subsumee-Kandidat nicht nutzt, so kann nur dann ein gemeinsamer Vorgänger unter Beibehaltung dieses zusätzlichen Verbundpartners gebildet werden, wenn es sich um einen verlustfreien 1:N-Verbund handelt. Diese Situation ist in Abbildung 7.18 unter (2) illustriert. Die Hinzunahme der Relation U zum gemeinsamen Vorgänger impliziert bedingt durch die N:1-Beziehung keine Elimination von Tupeln, sondern führt lediglich zu einer Verbreiterung des Schemas des Common-Subsumers. Gilt die Eigenschaft der Verlustfreiheit eines Verbundpartners nicht, so wird der Versuch, einen gemeinsamen Vorgänger zu konstruieren, aufgegeben.

7.4 Zusammenfassung

Die Eigenschaften des *'Publish/Subscribe'*-Musters eröffnen im Kontext der Auswertung registrierter Subskriptionsanfragen weitreichende Optimierungsmöglichkeiten. Dazu wird in diesem Kapitel basierend auf dem Konzept der materialisierten Sichten eine umfangreiche Aufarbeitung der damit einhergehenden Problematik vorgenommen. Der erste Abschnitt diskutiert den Einsatz materialisierter Sichten aus allgemeiner Perspektive und zeigt die prinzipielle Vorgehensweise bei der Pflege dieser redundant gehaltenen Objekte auf. Als wesentlich sind in diesem Zusammenhang die Eigenschaft der autonomen Wartbarkeit und die Möglichkeit der Entkopplung von Bestimmung der Nettoänderung und dem Einbringen dieser Änderungen in die materialisierte Sicht zu nennen. Diese Aufteilung liefert den Rahmen für die detaillierte Untersuchung der damit einhergehenden Techniken: So adressiert der zweite Abschnitt die Integration konkurrierender Nachrichten unter dem Aspekt der Ermittlung der Nettoänderung. Als Fachterminus wird dazu der Begriff des Publikationsdeltas eingeführt. Der dritte Abschnitt fokussiert die zweite Phase des Einbringens von Änderungen in materialisierte Sichten. Neben der Erläuterung des grundlegenden Verfahrens für eine einzelne materialisierte Sicht wird unter Anwendung von Techniken aus dem Bereich der *'Multiple Query Optimization'* die Anwendbarkeit dieses Verfahrens auf eine Menge materialisierter Sichten erweitert. Diese Sichten wiederum repräsentieren im Kontext der Subskriptionssysteme die Ergebnisse registrierter Subskriptionsanfragen, die in ihrer Gesamtheit die Subskriptionsbasis reflektieren.

Teil IV:

Das *PubScribe* -Projekt

Der letzte Teil des vorliegenden Buches widmet sich der Beschreibung des Forschungsprojektes *PubScribe*, in welchem ein durchgängiger Gebrauch von 'Publish/Subscribe'-Mechanismen, ausgehend von der Anwendungsebene bis in die einzelnen Systemmodule, vorgenommen wird. Ziel des *PubScribe*-Projektes ist zu zeigen, dass ein Subskriptionssystem vollständig durch Nutzung des 'Publish/Subscribe'-Entwurfsmuster realisierbar ist. Die Diskussion des Systems wird dabei in den beiden folgenden Kapiteln derart vorgenommen, dass zunächst das konzeptionelle Framework aus Sicht der Subskriptionsmodellierung flankiert von der Beschreibung der logischen Architektur aufgearbeitet wird. Wesentlich dabei ist zum einen das Rollenverständnis von Produzenten und Subskribenten, welches eine durchgängige Verwendung von 'Publish/Subscribe'-Mechanismen aus konzeptioneller Sichtweise erst ermöglicht. Als weiterer zentraler Baustein ist zum anderen das vorgeschlagene Nachrichtenpropagierungsmodell einzuordnen. Basierend auf der offenen Datenaustauschsprache 'eXtended Markup Language' (XML) ist es in diesem Kontext möglich, Nachrichten mit nahezu beliebiger, aber dennoch schematischer Struktur von Produzenten an interessierte Subskribenten weiterzuleiten bzw. während der Propagierung die Nachrichten gemäß den von Subskribenten spezifizierten Verfahren zu verarbeiten.

Der zweite Teil der Darstellung des *PubScribe*-Projektes fokussiert die Auswertung von Subskriptionen. Dieses Kapitel widmet sich der Architektur des Systems und fokussiert die Optimierungsansätze, die auf eingehende Subskriptionen angewandt werden. Ziel dieser Restrukturierungen ist eine möglichst effiziente Auswertung sowohl der Regelbasis als auch der korrespondierenden Subskriptionsanfragen zu erreichen.

Die Intention der folgenden Darstellung ist es, einen globalen Überblick über und einen punktuellen Einblick in das *PubScribe*-System zu vermitteln. Auf eine ausführliche Beschreibung wird auf entsprechende Literatur, wie beispielsweise [RRLH01], [ReLH01], [RRHL01], aber auch auf die elektronisch abrufbaren Information unter http://www.pubscribe.org verwiesen.

8 Subskriptionsmodellierung

Zwei notwendige Kriterien müssen von Subskriptionssystemen erfüllt werden, damit eine Akzeptanz von Seiten der Produzenten und Subskribenten erreicht wird: Offenheit aus systemtechnischer Perspektive und Flexibilität aus Sicht der Subskriptionsmodellierung. Das letztere der beiden Kriterien steht in diesem Kapitel im Kontext des *PubScribe*-Systems zur Debatte ([LeHR01]). Dabei gilt es, einen Eindruck zu vermitteln, welche Strukturen und Operationen dem Benutzer zur Verfügung stehen, um sowohl als Produzent als auch als Subskribent an einem *PubScribe*-Szenario zu partizipieren. Leitmotiv des Entwurfs einer Umgebung zur Subskriptionsmodellierung ist die geforderte Flexibilität ohne Verlust eines zu Grunde liegenden Schemas zu erreichen. Gerade der Verzicht auf ein explizit angegebenes Schema – in Systemen wie Elvin unter der Eigenschaft der '*Informality*' gepriesen (Abschnitt 5.2; [FMK+99]) – ist mit Blick sowohl auf die geforderte weitergehende Verarbeitung von Nachrichten aber auch mit Blick auf anzuwendende Optimierungsstrategien auf systemtechnischer Ebene zu vermeiden und durch ein dynamisches und flexibles Framework zur Subskriptionsmodellierung zu ersetzen.

Im Rahmen dieses Kapitels erfolgt somit die Aufarbeitung der strukturellen und operationalen Aspekte der Subskriptionsmodellierung im *PubScribe*-System. Dazu bedarf es jedoch einer eingehenden Einführung in die logische Architektur, um die zentralen Komponenten und grundlegenden Abläufe zwischen den jeweiligen Komponenten zu vermitteln. Dies erfolgt in Abschnitt 8.1, in welchem das dem *PubScribe*-Ansatz zu Grunde liegende Rollenmodell beim Einsatz des '*Publish/Subscribe*'-Kommunikationsmusters ausführlich diskutiert wird und die an diesem Rollenmodell partizipierenden Komponenten aus Sicht der Anwendung erläutert werden. Der zweite Abschnitt fokussiert die strukturelle Sichtweise der Subskriptionsmodellierung. Zentral dabei ist die Modellierung sowohl einzelner Nachrichten als auch die Zusammenfassung in mengen- und sequenzbasierte Einheiten. In Abschnitt 8.3 werden schließlich Operatoren eingeführt, die auf den strukturellen Einheiten aufsetzen und eine Transformation sowohl inhaltlicher als auch struktureller Natur ermöglichen. Das Kapitel schließt mit einer Zusammenfassung in Abschnitt 8.4.

8.1 Logische Architektur

Bevor in den folgenden Abschnitten ein Subskriptionsmodell aus struktureller und operationaler Perspektive eingeführt werden kann, bedarf es in diesem Abschnitt einer Aufarbeitung des logischen Aufbaus und des dem *PubScribe*-Ansatz zu Grunde liegenden Rollenkonzeptes. Das Rollenkonzept erlaubt den Einsatz des allgemeinen und zunächst kontextfreien *'Publish/Subscribe'*-Mechanismus auf vier Ebenen (Abschnitt 8.1.1). Die Rollen des Produzenten und der Subskribenten, die wechselseitig beliebig von jeder Systemkomponente angenommen werden können, erfahren eine detaillierte Aufarbeitung in den Abschnitten 8.1.2 und 8.1.3. In Abschnitt 8.1.4 findet sich schließlich eine Darstellung exemplarischer Kommunikationsabläufe, wie sie zwischen Produzenten und Subskribenten auftreten, um das Zusammenspiel der partizipierenden Komponenten zu verdeutlichen.

8.1.1 Rollenmodell

Aus der Aufarbeitung von *'Publish/Subscribe'*-Mechanismen auf Ebene von Basisdiensten in Kapitel 4 kann der Schluss gezogen werden, dass ein Produzent bzw. Subskribent nicht eine einem Modul zugesprochene Eigenschaft, sondern eine Rolle ist, die jeweils temporär angenommen werden kann. Diese Idee liegt der logischen Architektur des gesamten *PubScribe*-Ansatzes zu Grunde. Darüber hinaus verfolgt die logische Architektur eine weitgehende Differenzierung von *'Publish/Subscribe'*-Mechanismen hinsichtlich der jeweiligen Verwendungsebene:

* *Anwendungsebene:* Auf Anwendungsebene besteht ein Subskriptionsszenario ausschließlich aus Nachrichten publizierenden Produzenten und darauf subskribierenden Subskribenten. Die Existenz eines vermittelnden Subskriptionssystems ist aus Sicht der Anwendung vollkommen transparent.

* *Komponentenebene:* Eine detailliertere Sichtweise mit Bezug auf die an einem Subskriptionsszenario partizipierenden Komponenten zeigt (Abbildung 8.1a), dass die Vermittlungskomponente im *PubScribe*-Ansatz zum einen die Rolle eines Subskribenten und zum anderen die Rolle eines Produzenten annehmen kann. Dieser symmetrische Ansatz, der durch die konsequente Anwendung des *'Publish/Subscribe'*-Verfahrens impliziert wird, ist folgendermaßen motiviert: Auf der Subskriptionsseite nimmt die Vermittlungskomponente eine Subskription entgegen und publiziert in Analogie zu einem normalen Produzenten das Ergebnis der Subskription an den Subskribenten. Auf der Produzentenseite tritt die Vermittlungskomponente als Subskribent auf und teilt durch Subskription dem Produzenten mit, ob überhaupt Abnehmer bzw. mit welcher geforderten Publikationsfrequenz Abnehmer für produzierte Nachrichten existieren; der Publika-

tionsvorgang wird somit als Erfüllung einer Subskription modelliert. Durch eine derartige Modellierung der Beziehungen von Produzenten und Vermittlungssystem wird implizit der im Kontext des Elvin-Systems explizit eingeführte *'Quenching'*-Mechanismus (Abschnitt 5.2.2) realisiert. Die konsequente Anwendung des Rollenkonzeptes auf dieser Ebene führt beispielsweise auch dazu, dass interne Dienste des Subskriptionssystems, wie Metadatenverwaltung oder Zeitgeber, ebenfalls als eigene Produzenten und das Kernsystem als Subskribent modelliert werden können. Abschnitt 8.1.4 greift diesen Aspekt nocheinmal im Detail auf.

- *Modulebene:* Ohne auf systemtechnische Details an dieser Stelle einzugehen, ist im *PubScribe*-Ansatz jede Vermittlungskomponente in einzelne Module mit jeweils spezifischen Aufgaben untergliedert. Die Kommunikationsabläufe zwischen den einzelnen Modulen erfolgen wiederum nach dem *'Publish/Subscribe'*-Prinzip, indem Subskriptionen auf angebotene Dienste der einzelnen Module spezifiziert werden und Ergebnisse als Publikationen beim subskribierenden Modul eintreffen. Abbildung 8.1b skizziert den Aufbau einer Vermittlungskomponente; für eine ausführliche Beschreibung der Module wird an dieser Stelle auf Abschnitt 9.2 verwiesen.

- *Nachrichtenknotenebene:* Als letzte Stufe, auf der wiederum das *'Publish/Subscribe'*-Prinzip Anwendung findet, ist die Ebene der Nachrichtenknoten zu nennen (Abbildung 8.1c). Ohne wiederum eine detaillierte Aufarbeitung an dieser Stelle vorzunehmen, die in Abschnitt 8.3 aus Sicht der Subskriptionsspezifikation begonnen und in Abschnitt 9.3 aus Sicht der Verarbeitung und Optimierung vertieft wird, sei in diesem Kontext vermerkt, dass ein globaler Auswertungsgraph für Bedingungen bzw. Subskriptionsanfragen aus einzelnen Knoten besteht (Abschnitt 6.3). Jeder Knoten repräsentiert die Auswertung eines im weiteren Verlauf dieses Kapitels eingeführten Operators und bietet sein Ergebnis interessierenden Nachfolgerknoten in Form einer (Mikro-)Publikation an. Die

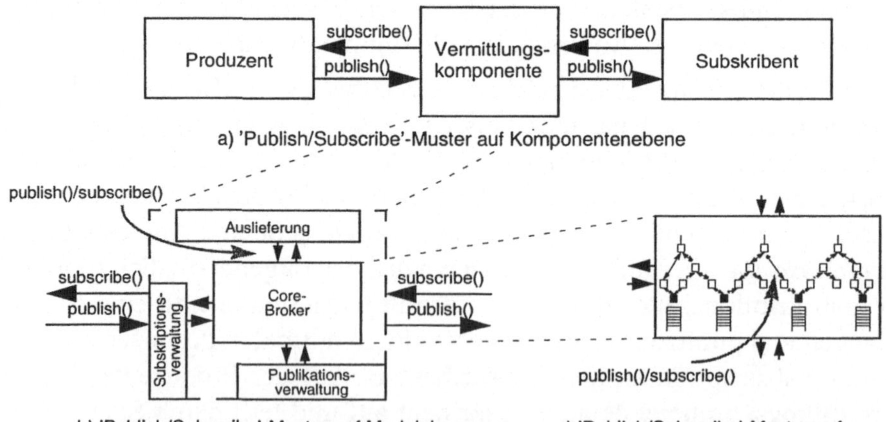

Abb. 8.1: Rollenmodell zur Anwendung des 'Publish/Subscribe'-Mechanismus

Anwendung des *'Publish/Subscribe'*-Konzeptes auf dieser Ebene stellt eine Voraussetzung für den Einsatz subskriptionsübergreifender Optimierungstechniken dar, die in Abschnitt 9.3 und in Abschnitt 9.4 eine ausführliche Erläuterung erfahren.

Die Aufteilung und Anwendung des Subskriptionsverfahrens auf allen Ebenen eines Subskriptionssystems ist aus konzeptioneller Sichtweise eines der diskriminierenden Eigenschaften von *PubScribe* im Vergleich zu existierenden Ansätzen auf Anwendungs- und Basisdienstebene (Kapitel 4 und Kapitel 5). Neben der konzeptionellen Sichtweise kann eine derartige logische Architektur darüber hinaus als solide Basis für einen verteilten physischen Architekturentwurf (Abschnitt 7.1) dienen. Bedingt durch das Rollenmodell kann eine Verteilung des Subskriptionsdienstes auf Komponentenebene, Modulebene und sogar auf Ebene der Nachrichtenknoten erfolgen.

Voraussetzung einer ablaufbasierten Verteilung ist ein gemeinsames Verständnis der zu bearbeitenden Daten sowohl auf technischer Ebene als auch aus Sicht eines gemeinsam verständlichen Schemas. Wie bereits in der Einleitung erwähnt, greift *PubScribe* auf die Technik der *'eXtended Markup Language'* (XML; [W3C01a]) zurück, so dass jeder Kommunikationsvorgang auf den zuvor beschriebenen Ebenen über XML-strukturierte Dokumente erfolgt. Die Schemata der XML-Dokumente für einzelne Abläufe werden dabei unterschiedlich in Abhängigkeit vom jeweiligen Einsatz ermittelt. Ein Produzent beispielsweise registriert sich und das Schema der von ihm publizierten Nachrichten explizit (Abschnitt 8.1.2); das Schema eines XML-Dokumentes als Ergebnis einer Subskription auf Anwendungsebene leitet sich aus der Subskriptionsspezifikation ab; Schemata zur Kommunikation zwischen Modulen sind beispielsweise statisch im Sinne einer Parameterliste vorgegeben.

8.1.2 *PubScribe*-Produzenten

Die Rolle eines Produzenten besteht vereinfacht ausgedrückt darin, Nachrichten zu produzieren und an einen Abnehmer, der eine Subskribentenrolle einnimmt, weiterzuleiten. Der Vorgang der Nachrichtenproduktion kann dabei ausgehend von der Beobachtung der Veränderung bis zur Nachbildung in der modellierten Miniwelt von nahezu beliebig komplexer Natur sein. Die Nachrichtenproduktion erfolgt jedoch vollkommen außerhalb des Subskriptionssystems und unterliegt somit alleine dem Verantwortungsbereich des Produzenten. Als Schnittstelle zum Subskriptionssystem dient zum einen ein expliziter Registrierungsvorgang eines Produzenten am Subskriptionssystem und zum anderen der Vorgang der eigentlichen Publikation, wobei eine Nachricht vom Produzenten in den Verantwortungsbereich des Subskriptionssystems übergeht (Abschnitt 6.1).

Registrierung von Produzenten

Das große Ziel der Offenheit des Subskriptionssystems spiegelt sich konkret bei der
Aufnahme weiterer Produzenten in ein Subskriptionsszenario wider. Bedingt durch
den Rückgriff auf das XML-basierte Verfahren zum Datenaustausch kann die Problematik der technischen Heterogenität ([Wede98]) bereits ausgeschlossen werden.
Jedes Systemmodul, welches in der Lage ist, XML-Dokumente zu generieren (bzw.
aus Subskriptionssicht zu interpretieren), kann aus technischer Sichtweise am Subskriptionsszenario partizipieren. Eine Anwendungsheterogenität kann, wie im ersten Teil dieses Buches in Kapitel 3 diskutiert, a priori vom Subskriptionssystem
nur zu einem gewissen Maß eliminiert werden und muss somit auf den einzelnen
Anwender verschoben werden. Um die Thematik der Schemaintegration so offen
und flexibel wie möglich zu gestalten, muss der Produzent sein Nachrichtenschema
in Form einer auf dem 'XML-Schema'-Ansatz ([W3C01b]) basierenden Spezifikation an das Subskriptionssystem annoncieren. Diese Nachricht erfolgt wiederum als
Publikation in einem vom Subskriptionssystem explizit zur Verfügung gestellten
Registrierungskanal und muss einem vorgegebenen XML-Dokumentenschema genügen. Zur Illustration findet sich die Registrierungsnachricht des in den nachfolgenden Abschnitten referenzierten Produzenten StockInfo, der fiktive Informationen
zum Börsengeschehen anbietet, im Anhang A auf Seite 252; das dazu korrespondierende XML-Schema ist dabei in Anhang C (Seite 254) wiedergegeben. Wie aus
dieser Schemaspezifikation hervorgeht, kann ein Attribut einer Nachricht neben
Standarddatentypen (Verweis auf die XML-Schema-Spezifikation unter http://
www.w3.org) ein vom Produzenten bereitgestelltes, eigenes Schema aufweisen, welches entsprechend beliebige XML-Strukturen enthalten kann. Im Beispiel findet
sich dazu das Attribut 'TradingInfo', für welches der Produzent die Lokation der
Schemaspezifikation angibt, welche das korrespondierende XML-Schema für dieses Attribut enhält.

Eigenschaften von Produzenten

Neben der Spezifikation des Nachrichtenschemas übermittelt ein Produzent Eigenschaften, die den Produzenten aus Subskriptionssicht näher beschreiben. Neben einer Benennung gibt ein Produzent die minimale und maximale Aktualität an. Die
minimale Aktualität entspricht dabei der maximalen Publikationsfrequenz, die ein
Produzent fähig ist zu erfüllen. Zur Publikation anstehende Nachrichten werden
entsprechend beim Produzenten gesammelt, bis die minimale Aktualitätsangabe erfüllt ist und die Nachrichten übertragen werden können. Die maximale Aktualität
beschreibt die Zeitspanne, die zwischen dem Eintritt eines Ereignisses, d.h. dem Be-
obachtungszeitpunkt aus Sicht des Produzenten, und der Übergabe der zu diesem
Ereignis korrespondierenden Nachricht maximal verstreichen kann. Zwei Klassen
von Produzenten werden dadurch gekennzeichnet:

- *Inhaltsgetriebene Produzenten:* Eine Verzögerung aus Sicht eines Produzenten ist vernachlässigbar, wenn beispielsweise aktive Datenbankmechanismen auf Seite des Produzenten eingesetzt werden, so dass umgehend nach Abbildung der Änderung in der modellierten Miniwelt der Publikationsmechanismus durch den Einsatz von Datenbanktriggern ausgelöst wird.

- *Zeitgetriebene Produzenten:* Im Fall zeitgetriebener Produzenten reflektiert die Verzögerung üblicherweise ein *'Polling'*-Intervall, indem der Produzent einen passiven Datenlieferanten durch regelmäßige Abfrage als aktive Komponente in das Subskriptionssystem integriert (*'wrapper'*; [NeAM98], [LiPH00]). Von besonderem Interesse ist dabei die Beobachtung von Änderungen an Internet-Angeboten. Dabei werden in regelmäßigen Abständen bestimmte Internet-Seiten ausgelesen, eine datenmäßige Änderung des Inhaltes festgestellt und entweder die Änderungen oder der neue Abzug vollständig an das Subskriptionssystem weitergeleitet. Der interessierte Leser sei in diesem Zusammenhang auf das zu *PubScribe* als Parallelentwicklung betriebene Forschungsprojekt XWeb ([LuHü01]) verwiesen.

Des Weiteren ist es dem Produzenten möglich, entweder einen vollständigen Abzug seiner lokalen Miniwelt mit jeder Publikation dem Subskriptionssystem zu übergeben oder sich auf die datenmäßigen Änderungen zu reduzieren. Entsprechend kann zwischen folgenden Typen von Produzenten unterschieden werden:

- *Transitionsproduzenten:* Ein Transitionsproduzent teilt einem Subskriptionssystem jeweils seinen seit der letzten Publikation veränderten Ausschnitt aus seiner Miniwelt mit, so dass logisch lediglich der Übergang von einem alten in einen neuen Zustand reflektiert wird. Jede Nachricht eines Transitionsproduzenten wird beim Eintreffen mit einem Zeitstempel versehen. Dieser Zeitstempel hat die Außenwirkung, dass der in der Nachricht mitgeteilte Fakt ab diesem Zeitpunkt Gültigkeit (*'valid time'*; [SnAh85]) aus Sicht des Subskriptionssystems besitzt. Anzumerken ist, dass sich die einen Übergang beschreibende Publikation nicht wertemäßig, sondern datenmäßig ergibt. Während die Ermittlung der datenmäßigen Änderung Aufgabe des Produzenten ist, fällt eine (anwendungsorientierte) wertemäßige Änderung dem Subskriptionssystem selbst zu. Als Beispiel ist in dieser Kategorie ein Produzent zu nennen, welcher Kursentwicklungen durch Nachrichten isoliert für jeweils eine Aktie reflektiert.

- *Zustandsproduzent:* Aus konzeptioneller Sichtweise erhält im Fall eines Zustandsproduzenten das Subskriptionssystem mit jeder Nachricht einen vollständigen Abzug der lokalen Miniwelt des Produzenten. Obwohl prinzipiell als orthogonale Eigenschaft einzustufen, ist es angeraten, dass Zustandsproduzenten stets eine – wie nachfolgend ausgeführt – enge Kopplung mit dem Subskriptionssystem eingehen. Die Bereitstellung und vollständige Aktualisierung von Währungsumrechnungstabellen würde beispielsweise in Form eines Zustandsproduzenten modelliert werden.

Als letztes Klassifikationskriterium von Produzenten in einem Subskriptionsszenario ist anzugeben, ob der jeweilige Produzent eine Auswertung von Subskriptionen erlaubt. Dieses scheinbar paradoxe Klassifikationskriterium sei zunächst durch die beiden folgenden Gedanken motiviert: Erstens wird bereits in Abschnitt 7.2 im Kontext der Aufarbeitung der Problematik der Integration konkurrierender Publikationen eine Unterscheidung hinsichtlich abfragbarer und nicht abfragbarer Produzenten vorgestellt und die sich daraus ergebenden Integrationsverfahren abgeleitet; es wird gezeigt, dass es – im Gegensatz zu nicht abfragbaren Produzenten – bei abfragbaren Produzenten keiner temporären Zwischenspeicherung von noch nicht an Subskribenten propagierten Nachrichten bedarf und somit auf eine redundante Speicherung im Subskriptionssystem verzichtet werden kann. Zweitens kann in einer verteilten Systemkonfiguration eine Vermittlungskomponente als Produzent auftreten, die natürlich in der Lage ist, gegebenenfalls auch Subskriptionen selbst auszuwerten und sich als 'intelligenter' Produzent an einer weiteren Vermittlungskomponente registriert (Abschnitt 9.2). Somit kann eine letzte Klassifikation von Produzenten erfolgen:

- *Nicht abfragbare Produzenten:* Nicht abfragbare Produzenten reflektieren Hersteller von Nachrichten im klassischen Sinne; um dennoch in den nachfolgenden Ausführungen eine einheitliche Sicht zu erhalten (z.B. im Kontext der Anmeldung einer Subskription, Abschnitt 8.1.3), wird auf konzeptioneller Ebene davon ausgegangen, dass a priori nicht abfragbare Produzenten in der Lage sind, Subskriptionen mit der Identitätsfunktion als Subskriptionsanweisung zu erfüllen. Wie ausführlich in Abschnitt 8.2 im Rahmen unterschiedlicher Subskriptionsarten diskutiert wird, kann eine Referenz auf nicht abfragbare Produzenten die Abweisung bestimmter Subskriptionen erforderlich machen.

- *Abfragbare Produzenten:* Abfragbare Produzenten sind in der Lage Subskriptionen lokal auszuwerten, indem diese in eine entsprechende Anfragesprache transformiert werden. Als weitere Unterteilung abfragbarer Produzenten kann angegeben werden, ob der Produzent eng oder lose mit dem Subskriptionssystem gekoppelt ist. Eine enge Kopplung bedeutet, dass das Subskriptionssystem direkt auf den Datenbestand des Produzenten zugreifen kann. Eingehende Nachrichten werden in diesem Fall lediglich als Auslöser für eine Subskriptionsaktualisierung gesehen und deren Inhalte ignoriert.

Der Einsatz des *'Publish/Subscribe'*-Kommunikationsmusters auch zwischen Produzenten und Vermittlungskomponente eines Subskriptionsszenarios erfordert eine weitreichende Selbstklassifikation von Produzenten, die in diesem Abschnitt vorgestellt wird. Anzumerken ist dabei zum einen, dass nicht jede mögliche Kombination auch eine sinnvolle Konfiguration eines Produzenten beschreibt. Zum anderen ist zu bemerken, dass selbst die Registrierung als Publikation auf Metaebene modelliert ist (Abschnitt 8.1.4) und Eigenschaften der Produzenten Auskunft über ihre Mächtigkeit und Datenlieferungscharakteristik geben.

8.1.3   *PubScribe*-Subskriptionen

Allgemein drücken Subskriptionen das Interesse eines Subskribenten an publizierten Nachrichten aus. Während Subskriptionen in Ansätzen wie Elvin (Abschnitt 5.2) oder Siena (Abschnitt 5.3) aus einfachen Filterbedingungen bestehen, können in Gryphon (Abschnitt 5.4) komplexere Subskriptionen durch Anwendung von Operatoren wie Vereinigung und Aggregation gebildet werden. In Open-CQ (Abschnitt 5.5) besteht eine Subskription aus einer frei in SQL formulierten Datenbankanfrage. Offensichtlich sind Filterbedingungen schneller auszuwerten als komplexe Datenbankanfragen, so dass wiederum Performance gegen Ausdrucksmächtigkeit steht. Der im Kontext von *PubScribe* verfolgte Ansatz versucht einen Mittelweg zwischen völliger Beliebigkeit und reduzierter Ausdrucksmächtigkeit einzuschlagen. Dazu wird eine Subskription durch folgende Komponenten beschrieben:

*   *Rumpf der Subskription ('subscription body'):* Der Subskriptionsrumpf enthält die Spezifikation einer Anfrage, deren Ergebnis als Notifikation an den Subskribenten ausgeliefert wird. Ein Subskriptionsrumpf besteht dabei aus einem azyklischen Graphen von Operatoren, die in Abschnitt 8.3 detailliert zusammen mit ihrer jeweiligen Semantik am Beispiel eingeführt werden.

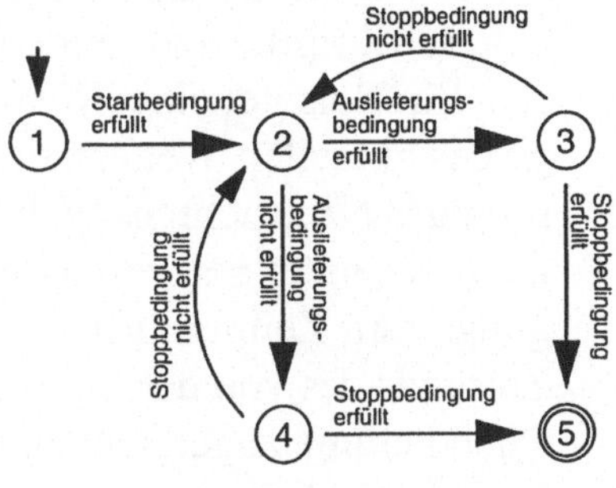

Stoppbedingung nicht erfüllt
Startbedingung erfüllt
Auslieferungs-bedingung erfüllt
Stoppbedingung nicht erfüllt
Auslieferungs-bedingung nicht erfüllt
Stoppbedingung erfüllt
Stoppbedingung erfüllt

Abb. 8.2: Zustände einer Subskription

*   *Startbedingung ('opening condition') und Stoppbedingung ('closing condition'):* Die Startbedingung fügt, nachdem sie das erste Mal erfüllt worden ist, die betroffene Subskription der Menge der aktiven Subskriptionen hinzu, während die Stoppbedingung dafür sorgt, dass die Subskription – wie vom Benutzer gewünscht – bei erstmaliger Erfüllung aus dem System entfernt wird. Start- und Stoppbedingungen gehören logisch zu einer Subskription, werden aber zur Laufzeit als Metainformation von der Ablaufsteuerung des Subskriptionssystems zur Verwaltung der einzelnen Subskriptionen überwacht.

*   *Auslieferungsbedingung ('delivery condition'):* Die Auslieferungsbedingung schließlich repräsentiert die Regel, die angibt, wann der Subskriptionsrumpf ausgewertet und das Ergebnis an den Subskribenten ausgeliefert wird.

Abbildung 8.2 zeigt den Lebenszyklus einer Subskription. Nach der Erfüllung der Startbedingung wird beim Eintritt einer neuen Publikation die Auslieferungsbedingung und daran anschließend die Stoppbedingung überprüft. Ist die Auslieferungsbedingung erfüllt, so wird der Subskriptionsrumpf ausgewertet und das Ergebnis publiziert. Ist die Stoppbedingung erfüllt, geht die Subskription in den Endzustand über und wird aus dem System entfernt. Im Kontext einer Ergebnisauslieferung ist anzumerken, dass aus terminologischen Gründen von einer Notifikation bzw. Auslieferung gesprochen wird, wobei jedoch bedingt durch das Rollenmodell stets der Vorgang einer Publikation zu Grunde liegt. Entsprechend können Notifikationen, also Publikationen von einer Vermittlungskomponente an einen Subskribenten, zustands- oder übergangsorientiert sein, je nachdem, ob sich der Subskribent das Subskriptionssystem als Zustands- oder Transitionsproduzenten wünscht.[*]

Arten von Subskriptionen

In Abschnitt 2.2.1 wurde bereits die Theorie der Subskriptionen aus der Sichtweise einer noch ungesättigten Funktion aufgearbeitet. Vor diesem Hintergrund lassen sich die vom *PubScribe*-System unterschiedenen Arten von Subskriptionen leicht einordnen:

- *'Snapshot'-Subskription:* Eine *'Snapshot'*-Subskription bezieht sich lediglich auf den aktuellen Zustand eines oder mehrerer Produzenten, so dass die einzelnen Subskriptionszustände im System nicht zwischengespeichert werden müssen. Ein Beispiel einer *'Snapshot'*-Subskription wäre in der periodischen Abfrage des aktuellen Wetters zu sehen. Alle Subskriptionen, die lediglich eine Filterung des Nachrichtenangebots vornehmen, sind dieser Klasse zuzuordnen. Existiert, unter der Voraussetzung einer erfüllten Start- und Auslieferungsbedingung, zum Zeitpunkt der Subskriptionsspezifikation eine temporäre Kopie des Zustands des von der Subskription adressierten Produzenten, so wird dieser Zustand herangezogen und an den Subskribenten ausgeliefert; andernfalls wird die nächste Nachricht des oder der Produzenten abgewartet, bevor eine Notifikation ausgeliefert wird.

- *'Ex-nunc'-Subskription:* Eine Subskription wird als *'ex-nunc'* klassifiziert, falls sie sich auf Nachrichten bezieht, die ausgehend vom Zeitpunkt der Subskriptionsregistrierung im Subskriptionssystem gesammelt werden können. Beispiel einer *'Ex-nunc'*-Subskription wäre ein Abonnement auf kumulierte Werte, wie beispielsweise aufgelaufene Tagesumsätze einzelner Aktien, wobei punktuelle Umsätze jeweils in einer eigenen Nachricht publiziert und beginnend mit dem Ablauf der Startbedingung den Tagesumsätzen hinzuaddiert werden.

---

[*]Eine datenmäßige Änderung ist insbesondere im Bereich mobiler Endgeräte wünschenswert; soll jedoch auf die Logik zum Einbringen der Änderungen in den aktualisierten Anwendungszustand verzichtet werden, so bietet sich alternativ eine zustandsbasierte Auslieferung an.

- *'Ex-tunc'-Subskription:* Eine *'Ex-tunc'*-Subskription referenziert in ihrem Subskriptionsrumpf einen Datenbereich, der jenseits des eigenen Registrierungszeitpunktes liegt. Eine *'Ex-tunc'*-Subskription wird abgewiesen, falls der referenzierte Produzent übergangsbasiert und nicht abfragbar ist und somit keinen Rückgriff auf Zustände vor dem Zeitpunkt der Subskriptionsregistrierung ermöglicht. Exemplarisch ist ein Szenario in der Anbindung eines Data-Warehouse-Systems zu sehen, in welchem die Datenbasis sowohl einen historischen Datenbestand enthält als auch eine abfragbare und möglicherweise enge Kopplung aus Sicht des verwendeten Datenbanksystems zulässt.

Neben der Klassifikation von Subskriptionen hinsichtlich ihres Bezugs auf adressierte Datenbereiche ist der Begriff einer *'Ad-hoc'*-Subskription einzuführen. Eine *'Ad-hoc'*-Subskription bildet dahingehend eine Spezialform einer normalen Subskription, als dass Start-, Stopp- und Auslieferungsbedingung mit dem Wert TRUE belegt und somit bereits zum Registrierungszeitpunkt erfüllt sind. Mit Bezug auf das Zustandsübergangsdiagramm aus Abbildung 8.2 wird deutlich, dass eine *'Ad-hoc'*-Subskription sofort nach der Registrierung exakt einmal ausgeführt und dadurch eine klassische Prozeduraufrufsemantik simuliert wird.

8.1.4 Kommunikationsabläufe

Im Rahmen der folgenden Aufarbeitung werden wesentliche Kommunikationsabläufe erläutert, die bei der Registrierung eines Produzenten bzw. einer Subskription bedingt durch das Rollenmodell auftreten. Dazu ist jedoch eine Betrachtung von systemseitig vorgegebenen Produzenten vorzuschalten.

Systemproduzenten

Neben Produzenten, die sich freiwillig an einem Subskriptionssystem registrieren, um Nachrichten in das Subskriptionsszenario einzuspeisen, sind im *PubScribe*-System eine Reihe vordefinierter Produzenten verfügbar, die eine einheitliche Abbildung unterschiedlicher Systemvorgänge, wie sie nachstehend kurz skizziert werden, durch Einsatz von *'Publish/Subscribe'*-Mechanismen erlauben:

- *Systemzeit:* Ein Blick auf Systeme wie OpenCQ (Abschnitt 5.5) zeigt, dass oftmals zwischen zeit- und datengetriebenen Ereignissen und deren Erkennung unterschieden wird. Die Auslagerung der Systemzeit als 'normalen' Produzenten erlaubt im *PubScribe*-System eine einheitliche Behandlung ohne auf Funktionalität zu verzichten. Im Gegenteil ermöglicht die Subskriptionsbeziehung zwischen Vermittlungskomponente und Produzenten im Allgemeinen die Realisierung des *'Quenching'*-Mechanismus (Abschnitt 5.2.2) auch im Hinblick auf die Systemzeit; dazu wird zum Zeitpunkt der Registrierung einer Subskription dem System-

zeitproduzenten mitgeteilt, in welcher Frequenz die Generierung von Nachrichten, bestehend aus der aktuellen Zeitangabe, gefordert ist.
Die Systemzeit ist als lose gekoppelter, nicht abfragbarer Zustandsproduzent in das in Abschnitt 8.1.2 aufgestellte Klassifikationsraster einzuordnen.

- *Konstanten:* Für Basisdatentypen werden Produzenten registriert[†], die als Zustandsproduzenten den Wertebereich eines bestimmten Datentyps reflektieren. Nach Anwendung einer Filteroperation (Abschnitt 8.3.1) kann dann auf die gewünschten Einzelwerte zugegriffen werden.

- *Metadaten:* Das Modul zur Verwaltung von Metadaten tritt im *PubScribe*-System nicht nur als Emittent von Nachrichten, sondern auch als Ziel von Publikationen auf. Zunächst kann jede Systemkomponente bzw. jeder Anwender eine Subskription auf dem Metadatenkanal formulieren und über den aktuellen Zustand gemäß der jeweiligen Auslieferungsbedingung informiert werden. Auf der anderen Seite tritt jede Systemkomponente, die eine Aktualisierung der Metadaten vorzunehmen hat, als Produzent auf und publiziert eine Nachricht in den entsprechenden Metadatenkanal, wodurch wiederum Auslieferungsbedingungen erfüllt und die Auswertung von Subskriptionsrümpfen initiiert werden können. Die Metadatenverwaltung enthält neben Registrierungsdaten von Produzenten und Subskribenten weitere laufend aktualisierte Informationen wie Anzahl der Publikationen oder letzter Publikations- bzw. Subskriptionsauswertezeitpunkt.

- *Systemzustand:* Damit nach einem Neustart das System wieder in der zuletzt aktuellen Konfiguration aufsetzen kann, publizieren alle Systemmodule ihre aktuellen Zustände bzw. Zustandsänderungen in einen Informationskanal zur Aufzeichnung des Systemzustands. Der 'Produzent' sorgt für eine persistente Speicherung der Systemzustände. Nach einem Neustart wird zunächst dieser Systemzustandsproduzent initialisiert. In einer darauf folgenden Phase setzt das System (bzw. die einzelnen Module) selbst eine *'Ad-hoc'*-Subskription auf diesen Systemzustandskanal ab und erhält die zuletzt gespeicherte Konfiguration. Abbildung 8.3 zeigt den zugehörigen Kommunikationsablauf beim Neustart der Vermittlungskomponente. Dabei bezieht sich die *'Ad-hoc'*-Subskription auf den Informationskanal, der dem Produzent Repository bei dessen Registrierung zugewiesen wurde.

- *Produzentenverzeichnis ('channel directory'):* Als letzter in dieser Reihe zu skizzierender systemseitig vorgegebener Produzenten ist das Produzentenverzeichnis zu nennen. Wie bereits in Abschnitt 8.1.2 erwähnt, erfolgt eine Produzentenregistrierung durch eine Publikation in einen entsprechenden Informationskanal

---

[†] Aus systemtechnischer Sicht ist sowohl die Systemzeit als auch der Produzent für Konstanten als Teil der Vermittlungskomponente realisiert, so dass kein eigenständiger Prozess für diese Produzenten existiert. Es kann in diesem Zusammenhang von 'virtuellen' Produzenten gesprochen werden.

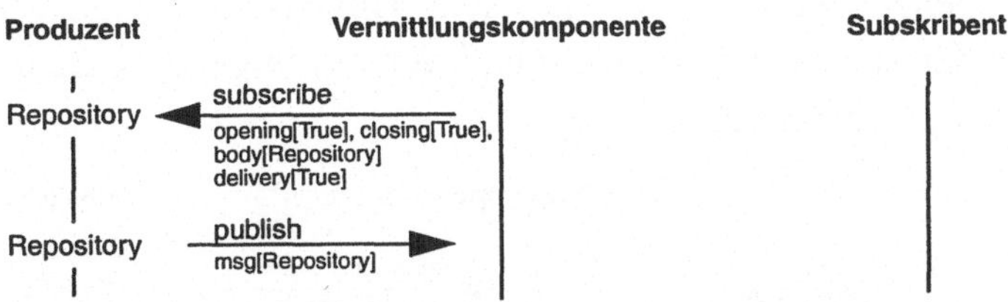

Abb. 8.3: Kommunikationsablauf beim Neustart der Vermittlungskomponente

der Vermittlungskomponente. Beliebige Benutzer, wie Benutzer1 in Abbildung 8.4, können sich auf neue Produzenten subskribieren und werden benachrichtigt, falls ein entsprechender Neuzugang an Produzenten zu verzeichnen ist.

Diese genannten Produzenten werden zum Zeitpunkt des Systemstarts automatisch beim Subskriptionssystem wie jeder 'normale' Produzent registriert und verwaltet. Für eine ausführliche Beschreibung einschließlich der jeweiligen Publikationsschemata wird an dieser Stelle auf [RRLH01] verwiesen.

Kommunikationsablauf beim Registrieren einer Subskription

Während bereits der einfache Kommunikationsablauf im Zuge eines Neustarts bzw. bei einer Registrierung eines Produzenten im Kontext der systemseitig vorgegebenen Produzenten diskutiert wird, beschäftigt sich die folgende Darstellung mit dem Kommunikationsablauf beim Registrieren einer neuen Subskription.

Abbildung 8.5 zeigt den Subskriptionsvorgang eines Benutzers, dessen Subskription sich in der Start- und Auslieferungsbedingung und im Subskriptionsrumpf auf Informationen des Produzenten StockInfo bezieht. Die Stoppbedingung ist in Form eines Endzeitpunktes mit Bezug auf den Systemproduzenten Timer angegeben. Die Auslieferungsbedingung bezieht sich zusätzlich auf Informationen aus der Systemzeit und der Metadatenverwaltung (z.B.: 'maximal eine Nachricht pro Stunde'). Die Vermittlungskomponente zerlegt die eingegangene Subskriptionsanforderung in atomare Subskriptionen, die von allen Produzenten lokal erfüllbar sind. Aus der benutzerdefinierten Subskriptionsspezifikation kann in diesem Fall beispielsweise die

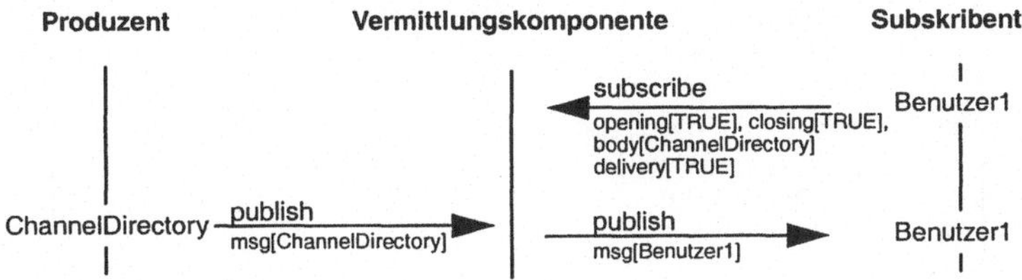

Abb. 8.4: Kommunikationsablauf bei der Registrierung eines Produzenten

Publikationsfrequenz von akutellen Zeitstempelnachrichten über die Auslieferungsbedingung der zwischen Produzent und Vermittlungskomponente installierten Subskription gesteuert werden.

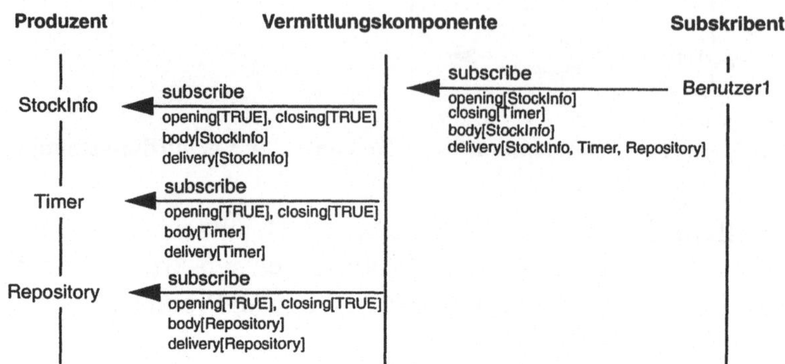

Abb. 8.5: Kommunikationsablauf bei Registrierung einer Subskription

Subskriptionsregistrierung mit Initialauswertung

Die Zerlegung einer Subskription mit Bezug auf eine Vielzahl einzelner Produzenten kann eine komplexere Gestalt annehmen, falls es sich um eine 'Ex-tunc'-Subskription handelt. In diesem Fall ist eine 'Ad-hoc'-Subskription zur Initialauswertung an die Produzenten zu formulieren, die Gegenstand der historischen Datenanforderung sind. Abbildung 8.6 verdeutlicht dies wiederum an einem Beispiel, in welchem sich eine Subskription auf einen abfragbaren Produzenten StockInfoDB bezieht, so dass eine vorgeschaltene 'Ad-hoc'-Subskription zur Durchführung der Initialsauswertung notwendig wird. Erst nach Abschluss dieser Initialauswertung wird eine permanente 'Ex-nunc'- bzw. 'Snapshot'-Subskription an den Produzenten formuliert. Die zwingende Eigenschaft der Abfragbarkeit des Produzenten ist dabei offensichtlich.

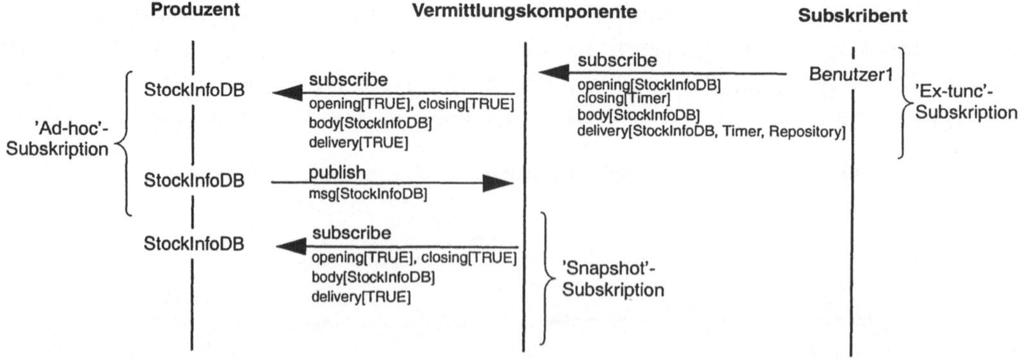

Abb. 8.6: Kommunikationsablauf einer neuen Subskription mit initialer Auswertung

8.1.5 Zusammenfassung

Der Abschnitt hat zum Ziel, einen Einblick in die logische Architektur und insbesondere in das Zusammenspiel der beteiligten Komponenten zu geben. Produzenten auf der einen Seite und Subskribenten auf der anderen Seite spannen den Raum auf, der durch verschiedene Komponenten aufgefüllt wird. Neben dem Aufzeigen der Durchgängigkeit des Subskriptionsansatzes angefangen von der Anwendungsebene bis hin zur Ebene der Nachrichtenknoten, die jeweils atomar einen der in Abschnitt 8.3 eingeführten Operatoren für einen bestimmten Datenstrom reflektieren, ist es Gegenstand dieses Abschnitts, in die Grundidee des Rollenmodells einzuführen. Alle Abläufe im *PubScribe*-System orientieren sich am *'Publish/Subscribe'*-Muster. Die Grundform dieses Kommunikationsablaufs wird, neben der eigentlichen Publikation von Nachrichten auf Objektebene bei der Verwaltung von Metadaten über Produzenten und Subskribenten, bei der Zustandssicherung und einem anschließenden Wiederanlauf nach einem Systemneustart bis hin zur Publikation der aktuellen Systemzeit, durchgängig eingesetzt.

8.2 Strukturen zur Subskriptionsmodellierung

Bereits im Vorspann zum Teil II wird eine Klassifikation existierender Ansätze hinsichtlich ihrer Spezifikationsmächtigkeit vorgenommen (Abbildung 3.3 auf Seite 51). Das Spektrum reicht dabei von reinen Notifikationssystemen wie Elvin oder Siena bis hin zu Systemen mit weitreichender Anwendungssemantik wie Gryphon, OpenCQ oder SIFT. In diesem Abschnitt wird der strukturelle Teil zur Subskriptionsmodellierung eingeführt, welcher im sich anschließenden Abschnitt um den operationalen Aspekt erweitert wird. Dazu wird zunächst formal die Struktur einer 'Nachricht' erläutert, woran sich die Beschreibung der strukturellen Einheiten MSGSEQ (Sequenzen von Nachrichten) und MSGSET (Mengen von Nachrichten) zur Aufnahme mehrerer Nachrichten anschließt.

Nachrichten und Nachrichtenattribute

Eine Nachricht im *PubScribe*-System spiegelt die zentrale strukturelle Einheit der Verarbeitung von Informationen wider. Grundsätzlich besteht eine Nachricht $M = (H, B)$ aus einem Kopfteil $H = (H_1,...,H_n)$ mit einer möglicherweise leeren Menge von Kopf- bzw. Identifikationsattributen H_i ($1 \leq i \leq n$) und einem Nachrichtenrumpf $B = (B_1,...,B_m)$ mit mindestens einem Informationsattribut B_j ($1 \leq j \leq m$). In Analogie zum Primärschlüsselkonzept des relationalen Datenmodells ([Codd70]) weisen Identifikationsattribute die Eigenschaft der Eindeutigkeit auf. Die im Kontext des Primärschlüsselkonzeptes darüber hinaus geltenden Eigenschaften wie Definiertheit und Minimalität sind im *PubScribe*-Ansatz jedoch nicht gefordert.

Die Ausprägungen der Attribute sind XML-Dokumente, die einem vorgegebenen XML-Schema entsprechen müssen. Gemäß der XML-Schemaspezifikation sind Attributtypen wie integer, float, string, datetime und boolean vordefiniert. Ein Beispiel eines Nachrichtenschemas wird bereits in Abschnitt 8.1.2 auf Seite 193 im Kontext der Registrierung des Produzenten StockInfo diskutiert (Anhang A auf Seite 252). Dabei reflektieren die XML-Elemente Header und Body jeweils die oben eingeführten Komponenten einer Nachricht. Nachrichtenattribute können entweder von einem vordefinierten Typ (z.B. <Kurs>145.6</Kurs> als Ausprägung der Schemaspezifikation <element name="Kurs" type="float">) oder vom Produzenten eingeführte Attributtypen sein. Alle Attribute, die keine weitere Strukturierung aufweisen, werden in den folgenden Ausführungen auch als einstufige Attribute ('*single level attributes*') bezeichnet.

Wie ebenfalls bereits in Abschnitt 8.1.2 skizziert, ist es Produzenten erlaubt, komplexe Attribute selbst zu definieren, wobei das Schema im Kontext der Registrierung durch Nutzung des von XML bereitgestellten Namensraummechanismus ([W3C01b]) angegeben werden muss. Nachstehend findet sich eine Nachricht mit XML-Dokumenten als Attributausprägungen, welche das Schema aus Anhang A (Seite 252) erfüllt. Das mehrstufige Attribut TradingInfo besteht aus einem Kommentar mit jeweils einer Quellenangabe. Alle weiteren Attribute sind einstufig.

<table>
<tr><td>Identifikationsattribute</td><td></td><td colspan="4">Informationsattribute</td></tr>
<tr><th>StockName</th><th>StockExchange</th><th>Price</th><th>ChangeAbs</th><th>TradingVolume</th><th>TradingInfo</th></tr>
<tr>
<td><StockName>
Oracle
</Stockname></td>
<td><StockExchange>
FSE
</
StockExchange></td>
<td><Price>
97.50
</Price></td>
<td><ChangeAbs>
2.75
</ChangeAbs></td>
<td><TradingVolume>
3400
</TradingVolume></td>
<td><TradingInfo>
<InfoSource>
W. Lehner
</InfoSource>
<Comment>
buy or die....
</Comment>
</TradingInfo></td>
</tr>
</table>

Neben der Existenz und Einhaltung eines Schemas müssen Attribute weitere Bedingungen erfüllen. So dürfen komposite Attribute nicht im Kopfteil einer Nachricht auftreten. Ferner können einstufige Attribute, die nicht den im XML-Schema vorgegebenen Datentypen entsprechen, sondern von Produzenten selbst definiert werden, ausschließlich zur Filterung über Gleichheit herangezogen werden. Die Anwendung weiterer Operationen, wie sie im folgenden Abschnitt diskutiert werden, ist ausgeschlossen. Als letzte Anmerkung sei in diesem Kontext vermerkt, dass ein Attributwert auch leer sein darf; eine leere Ausprägung des Attributes A wird beispielsweise durch <A></A> bzw. <A/> angezeigt.

Mengen und Sequenzen von Nachrichten

Die zeitlich versetzte Publikation einzelner Nachrichten impliziert aus einer ersten Betrachtungsweise heraus eine Sequenz von Nachrichten. In der Tat wird diese Auffassung direkt im *PubScribe*-Ansatz reflektiert, indem Nachrichten von Transitionsproduzenten intern als Sequenz aufgefasst werden. Die einzelnen Nachrichten sind nach dem Zeitstempel ValidTime geordnet, den sie bei Eintritt in das Subskriptionssystem erhalten. Grundsätzlich wird in diesem Zusammenhang die intervallbasierte Sichtweise von Elementen einer Sequenz vertreten ([SeSh93]), welche besagt, dass der Gegenstand einer Nachricht vom Eintritt bis zu einer erneuten Aktualisierung Gültigkeit besitzt. Diese übergangsorientierte Sichtweise wird in *PubScribe* durch eine zusätzliche zustandsorientierte Sichtweise, wiederum motiviert durch den korrespondierenden Typ von Produzenten (Abschnitt 8.1.2), ergänzt. Somit ergeben sich die zwei hinsichtlich einer zu Grunde liegenden Ordnung zu unterscheidenden Strukturen für die Verwaltung einzelner Nachrichten:

- *Sequenz von Nachrichten ('MSGSEQ'):* Die Struktur MSGSEQ hält eine Menge von Nachrichten des gleichen Schemas, die gemäß dem Eintrittszeitpunkt sortiert sind. Neue von Transitionsproduzenten publizierte Nachrichten werden dieser Struktur angefügt.

- *Menge von Nachrichten ('MSGSET'):* Die Struktur MSGSET reflektiert eine (ungeordnete) Menge von Nachrichten, die zu jedem Zeitpunkt in ihrer Extension als 'vollständig' angesehen werden kann; eine Publikation eines Zustandsproduzenten erzeugt eine aktualisierte Version der jeweiligen MSGSET-Struktur.

Beide Strukturen dienen als Grundlage für die im Folgenden eingeführten Operatoren, wobei insbesondere im Kontext der Kombination zweier derartiger Strukturen eine entsprechende Fallunterscheidung vorzunehmen ist. Bevor jedoch im Einzelnen die Operatoren erläutert werden, bedarf es der Einführung eines Beispielszenarios, welches als Orientierungshilfe für die nachfolgenden Ausführungen dient.

Beispielszenario

Als exemplarische Anwendung wird im Folgenden, wie bereits in den einführenden Beispielen verdeutlicht, das Szenario fiktiver Börsennachrichten herangezogen. Aktuelle Kurse, Nachrichten, Meinungen und Kommentare werden von einer Vielzahl von Systemen bereitgestellt und erfordern eine Analyse, die sich nicht auf einen reinen Filtermechanismus reduziert, sondern auch weitergehende Operationen wie Gruppierungen und gleitende Durchschnittsberechnungen erfordert. Dazu seien zwei Produzenten bekannt: Ein Transitionsproduzent StockInfo liefert periodisch aktuelle Kursinformationen zum Schema aus Anhang A auf Seite 252. Die entsprechenden Nachrichten werden in einer MSGSEQ-Struktur vom Subskriptionssystem verwaltet.

Ein weiterer Produzent StockRanking stellt einen Zustand zur Verfügung, der eine Einschätzung bestimmter Aktienwerte liefert. Dabei werden die einzelnen Nachrichten in einer MSGSET-Struktur gemäß dem Schema aus Anhang B (Seite 253) modelliert. Zwei exemplarische Einträge, die in Abschnitt 8.3.6 zur Illustration der Verbundsemantik zwischen sequenz- und zustandsbasierten Nachrichtenmengen referenziert werden, finden sich in Abbildung 8.7. Im Unterschied zum StockInfo-Produzenten ist dabei zu beachten, dass bei einer Aktualisierung alle Einträge durch einen neuen Wert ersetzt werden.

StockName	Ranking	Comment
<StockName> Oracle </Stockname>	<Ranking> **** </Ranking>	<Comment> Oracle is a member of the NASDAQ since ... </Comment>
<StockName> IBM </Stockname>	<Ranking> ***** </Ranking>	<Comment> IBM has a long tradition and .... </Comment>

Abb. 8.7: Beispiel einer zustandsbasierten Nachrichtenstruktur

8.3 Operatoren zur Subskriptionsmodellierung

Zu den beiden eingeführten Strukturen der sequenz- bzw. zustandsbasierten Repräsentation einer Menge von Nachrichten wird in diesem Abschnitt das operationale Gegenstück eingeführt. Grundlage der Operatorenspezifikation ist die Eigenschaft, dass die Menge der Operatoren auf der einen Seite einem gewissen Minimalitätsanspruch genügt und komplexere Operatoren durch Komposition primitiver *PubScribe*-Operatoren zusammengesetzt werden können. Auf der anderen Seite ist jedoch zu beachten, dass diese Operatoren dem Benutzer direkt bzw. indirekt in Form einer graphischen Spezifikationsschnittstelle zur Formulierung von Subskriptionen bestehend aus Subskriptionsrumpf und Subskriptionsbedingungen zur Verfügung gestellt werden und somit allgemein verständlich und handhabbar sein müssen. Des Weiteren ist die Menge der Operatoren abgeschlossen hinsichtlich der eingeführten Strukturen MSGSEQ und MSGSET, so dass sich für einen der nachfolgend eingeführten Operatoren OP( ), angewandt auf eine Struktur Y bzw. auf ein Paar Y_1, Y_2, für das Ergebnis wiederum eine Struktur X ergibt:

$$[X] \Leftarrow OP(\,)[Y] \qquad \text{bzw.} \qquad [X] \Leftarrow OP(\,)[Y_1, Y_2]$$

Die Eigenschaft der Abgeschlossenheit erlaubt die Schachtelung von Ausdrücken und damit den Aufbau komplexer Ausdrücke, wie beispielsweise die Anwendung eines Operators $OP_A(\,)$ vor einem Operator $OP_B(\,)$:

$$[X] \Leftarrow OP_B(\,)[Y1, OP_A(\,)[Y_2]]$$

Da die detaillierte Einführung derart komplexer Ausdrücke jedoch die Kenntnis der einzelnen Operatoren voraussetzt, wird die Erläuterung der durch Schachtelung entstehenden Operatorengraphen in den Abschnitt 8.3.7 verschoben.

8.3.1   Filterung

Der vermutlich wichtigste Operator eines Subskriptionssystems, welcher sich ebenfalls in Notifikationssystemen wiederfindet, dient der Filterung einzelner Nachrichten aus der Menge aller produzierten Publikationen. So selektiert beispielsweise der Ausdruck

[InterestedStocks] $\Leftarrow$ FILTER(StockName IN ('Oracle', 'IBM'))[StockInfo]

alle Kursinformationen der Firmen Oracle und IBM aus dem vom Produzenten StockInfo korrespondierenden Informationskanal. Im Vergleich zu generischen Notifikationssystemen bzw. Basisdiensten wie CORBA oder COM$^+$ gelten in *PubScribe*, aus Gründen der autonomen Wartbarkeit der später im System existierenden Subskriptionssichten (Abschnitt 9.4) und der Anwendbarkeit subskriptionsübergreifender Optimierungstechniken, Einschränkungen hinsichtlich der Mächtigkeit der Filterbedingung. So besteht ein Filterausdruck grundsätzlich aus einer Menge von konjunktiv zusammengesetzten Klauseln. Jede Klausel ist ein Ausdruck zum Test bezüglich der Operatoren =, <, > für numerische Attribute, zum Test auf Erfüllung eines regulären Ausdrucks (~=) für textuelle Attribute und ein Test auf Mitgliedschaft einer Enumeration (IN). Die Negation eines Ausdrucks ist nicht erlaubt. Aus konzeptioneller Sicht heraus gilt weiterhin die Einschränkung, dass eine Filterung ausschließlich über Attribute des Nachrichtenkopfes erlaubt ist; weder Attribute des Rumpfes noch weitere Metainformationen, die ein Produzent während seiner Registrierung dem Subskriptionssystem mitteilt, dürfen direkt in der Filterbedingung referenziert werden. Indirekt ist sowohl eine Referenz der Rumpfattribute (über den SHIFT-Operator; Abschnitt 8.3.2) als auch ein Rückgriff auf Metainformation möglich. Dieser kann jedoch nur über einen expliziten Zugriff auf den systemseitig vorgegebenen Metadatenproduzenten erfolgen.

8.3.2   Attributmigration

Unter der Attributmigration wird im *PubScribe*-System das Verschieben eines Attributes aus dem Nachrichtenrumpf in den Nachrichtenkopf verstanden, wobei die Zusicherung Bestand haben muss, dass nach Abschluss dieser Operation alle Kopfattribute einstufig sind. Als Motivation für das Konzept der Attributmigration sei an dieser Stelle nur exemplarisch die Anwendung einer Gruppierung auf Monatsniveau skizziert. Dazu wird in einem ersten Schritt durch Anwendung eines EVAL()-

Operators (Abschnitt 8.3.3) aus dem Nachrichtenzeitstempel der Monatswert ermittelt. Dieser wird dann vom Rumpf der Nachricht in den Kopfteil verschoben und kann anschließend durch Anwendung einer Kollabierungsfunktion (Abschnitt 8.3.4) zur Definition von Gruppen herangezogen werden. Ein ausführliches Beispiel zur Anwendung der Attributmigration durch den SHIFT()-Operator ist in Abschnitt 9.4 bei der Aufarbeitung subskriptionsübergreifender Optimierungstechniken zu finden (Abbildung 9.7).

8.3.3 Nachrichteninterne Berechnungen

Eine komplexe Aufgabe wird von der Familie der Operationen im Kontext des EVAL()-Operators zur Realisierung nachrichteninterner Berechnungen erfüllt. Im Wesentlichen erfolgt durch deren Anwendung die Generierung von neuem Inhalt entweder durch numerische oder textuelle Operationen. Alle verbleibenden Operatoren verändern lediglich die Struktur einer Nachricht. Konkret lässt sich die Menge der einzelnen Operatoren in drei Kategorien einteilen:

* *Kombination einstufiger Attribute:* In die Kategorie der Kombination einstufiger Attribute fallen alle klassischen binären Skalarfunktionen wie PLUS(), MINUS(), MULT() und DIV(); zusätzlich finden sich die Vergleichsoperatoren GREATER(), SMALLER() und EQUAL(), die als Ergebnis einen Wert vom Typ boolean zurückliefern. Als Sonderfall kann dieser Kategorie zusätzlich eine Menge von Kalenderoperationen zugesprochen werden, wie beispielsweise YEAR(), MONTH(), DAY() etc., die als Parameter lediglich ein Attribut vom Typ datetime erlauben.
Der folgende Aufruf eines EVAL-Operators, angewandt auf die in Abbildung 8.7 auf Seite 206 gezeigte Nachricht, liefert als Ergebnis die relative Änderung (ChangeRel), ermittelt aus dem aktuellen Preis und der Preisdifferenz. Ferner werden durch Multiplikation von Price und TradingVolume die von der Nachricht gemeldeten Umsätze (Turnover) bestimmt. Darüber hinaus werden die Attribute des Nachrichtenrumpfes Price und TradingVolume explizit genannt und somit unverändert in die Ergebnisnachricht übernommen. Die Attribute eines Nachrichtenkopfes sind von der Anwendung eines EVAL()-Operators nicht betroffen.

```
[ExtendedStockInfo] ⇐ EVAL(Price,
                          TradingVolume,
                          ChangeRel:DIV(ChangeAbs, MINUS(Price, ChangeAbs)),
                          Turnover:MULT(Price, TradingVolume))
                     [StockInfo]
```

StockName	StockExchange	Price	TradingVolume	ChangeRel	Turnover
<StockName> Oracle </Stockname>	<StockExchange> FSE </StockExchange>	<Price> 97.50 </Price>	<TradingVolume> 3400 </TradingVolume>	<ChangeRel> 0.029 </ChangeRel>	<Turnover> 331500 </Turnover>

- *Aggregationsfunktionen:* Als Aggregationsfunktionen sind in *PubScribe* die vier Funktionen MIN(), MAX(), SUM() und COUNT() definiert. Die Anwendung einer Aggregationsfunktion erfolgt dabei auf die direkten Geschwisterattribute in der baumstrukturierten Ausprägung eines Nachrichtenattributes. Ein Beispiel dazu findet sich in Abschnitt 8.3.4 im Zusammenhang mit der Einführung des COLLAPSE()-Operators.

- *Operatoren für komplex strukturierte Attribute*
  Die beiden Operatoren EXTRACT() und COMBINE() gestatten die Restrukturierung eines hierarchisch organisierten Attributwertes. Während der EXTRACT()-Operator aus einer Attributausprägung alle Werte des als Parameter übergebenen Attributes in die Ergebnisausprägung übernimmt, bietet der COMBINE()-Operator die Möglichkeit, zwei beliebig komplex strukturierte Attribute zusammenzufassen.
  Als Sonderform kann dieser Kategorie die Identitätsfunktion zugeordnet werden, die Attribute unverändert in die Ergebnisnachricht übernimmt. Dies erfolgt – wie bereits im obigen Beispiel praktiziert – implizit durch Nennung der jeweiligen Attributbezeichnung.

Zur Verdeutlichung der Operatoren werden folgende Beispielmodifikationen an einer einzelnen Nachricht vorgenommen. Dazu werden in einem ersten Schritt aus folgender Nachricht

StockName	StockExchange	TradingInfoList
<StockName> IBM </Stockname>	<StockExchange> FSE </StockExchange>	<TradingInfoList> <TradingInfo> <InfoSource>W. Lehner</InfoSource> <Comment>buy or die...</Comment> </TradingInfo> <TradingInfo> <InfoSource>S. sdfsdf</InfoSource> <Comment>sell the stuff; it's hot!</Comment> </TradingInfo> </TradingInfoList>

durch Anwendung des EXTRACT()-Operators jeweils die Komponenten InfoSource bzw. Comment aus dem komplex strukturierten Attribut TradingInfoList in jeweils ein eigenes Attribut extrahiert, so dass sich folgendes Ergebnis ableiten lässt:

[ExtractedStockInfo] $\Leftarrow$ EVAL(CommentList:EXTRACT(Comment, TradingInfoList),
InfoSourceList:EXTRACT(InfoSource, TradingInfoList))
[StockInfo]

StockName	StockExchange	CommentList	InfoSourceList
<StockName> IBM </Stockname>	<StockExchange> FSE </StockExchange>	<CommentList> <Comment>buy or die... </Comment> <Comment>sell the stuff; it's hot! </Comment> </CommentList>	<InfoSourceList> <InfoSource>W. Lehner </InfoSource> <InfoSource>S. sdasd </InfoSource> </InfoSourceList>

Basierend auf diesem Ergebnis kann die Wirkung eines COMBINE()-Operators illustriert werden, indem die beiden zuvor extrahierten Attribute wieder zusammengefügt werden. Folgender Aufruf resultiert in einem neuen Attribut mit einem als Parameter zu übergebenden neuen Wurzelknoten und den zuvor eigenständigen Attributwerten als direkte Nachfolgerknoten:

$$[\text{InvertedStockInfo}] \Leftarrow \text{EVAL}(\text{InvertedTradingInfoList:}$$
$$\text{COMBINE}(\text{CommentList,}$$
$$\text{InfoSourceList}))[\text{ExtendedStockInfo}]$$

StockName	StockExchange	InvertedTradingInfoList
<StockName> IBM </Stockname>	<StockExchange> FSE </StockExchange>	<InvertedTradingInfoList> <CommentList> <Comment>buy or die....</Comment> <Comment>sell the stuff; it's hot!</Comment> </CommentList> <InfoSourceList> <InfoSource>W. Lehner</InfoSource> <InfoSource>S. sdfsdf</InfoSource> </InfoSourceList> </InvertedTradingInfoList>

Die Vielzahl der Operatoren, die im Kontext einer EVAL()-Operation adressiert werden können, ermöglicht eine weitreichende Verarbeitung sowohl auf numerischer als auch auf struktureller Ebene. Die volle Wirkung insbesondere mit Blick auf Aggregationsoperatoren wird erst mit den beiden nachfolgend eingeführten Operatoren zur statischen und dynamischen Gruppenbildung sichtbar.

8.3.4   Statische Gruppenbildung

Die Möglichkeit einer Gruppenbildung und der darauf anwendbaren EVAL()-Operation verspricht, die im Kontext des *'Business-Intelligence'*-Bereiches gestellten Anforderungen an Subskriptionssysteme zu erfüllen (Abschnitt 3.1.2). So ist für diesen Bereich zentral, dass nicht die einzelne Information, sondern Aussagen über Gesamtzusammenhänge wie Preis- oder Umsatzentwicklungen von Interesse sind. In *PubScribe* erlaubt der COLLAPSE()-Operator die Bildung von partitionierenden (oder auch statischen) Gruppen bzgl. einer Menge von Kopfattributen der in einer MSGSEQ oder MSGSET gehaltenen Nachrichten eines bestimmten Schemas. Während für eine formale Einführung der Operatoren auf [RRLH01] verwiesen wird, verdeutlichen die nachfolgenden Beispiele die Idee der statischen Gruppenbildung und deren numerische Auswertung.

Ausgehend von folgender Menge von Nachrichten über zwei unterschiedliche Aktienwerte an den Börsen FSE und NYSE wird in einem ersten Schritt eine Gruppenbildung bezüglich der Aktienbezeichnung vorgenommen:

StockName	StockExchange	TradingVolume	TradingInfo
<StockName> Oracle </Stockname>	<StockExchange> FSE </StockExchange>	<TradingVolume> 3400 </TradingVolume>	<TradingInfo> <InfoSource>W. Lehner</InfoSource> <Comment>buy or die....</Comment> </TradingInfo>
<StockName> Oracle </Stockname>	<StockExchange> NYSE </StockExchange>	<TradingVolume> 12600 </TradingVolume>	<TradingInfo> <InfoSource>W. Hümmer</InfoSource> <Comment>strong buy</Comment> </TradingInfo>
<StockName> IBM </Stockname>	<StockExchange> FSE </StockExchange>	<TradingVolume> 2100 </TradingVolume>	<TradingInfo> <InfoSource>L. Schlesinger</InfoSource> <Comment>reject</Comment> </TradingInfo>
<StockName> IBM </Stockname>	<StockExchange> NYSE </StockExchange>	<TradingVolume> 10300 </TradingVolume>	<TradingInfo> <InfoSource>A. Bauer</InfoSource> <Comment>buy</Comment> </TradingInfo>

```
GroupedStockInfo ⇐ COLLAPSE((StockName),
                  (TradingVolumeGroup:TradingVolume,
                   TradingInfoGroup:TradingInfo))[StockInfo]
```

Das Schema des so erzeugten (Zwischen-)Ergebnisses besteht aus der Menge an
Kopfattributen, die jeweils das statische Gruppierungsraster vorgeben (erster Parameter), und aus einer Menge von Rumpfattributen, die Gegenstand der Gruppierung
sind (zweiter Parameter). Folgende Nachricht illustriert das Ergebnis der COLLAP-
SE()-Operation, wobei eine Inkrementierung der Schachtelungstiefe der zu gruppie-
renden Attribute TradingVolume und TradingInfo zu verzeichnen ist.

StockName	TradingVolumeGroup	TradingInfoGroup
<StockName> Oracle </Stockname>	<TradingVolumeGroup> <TradingVolume> 3400 </TradingVolume> <TradingVolume> 12600 </TradingVolume> </TradingVolumeGroup>	<TradingInfoGroup> <TradingInfo> <InfoSource>W. Lehner</InfoSource> <Comment>buy or die....</Comment> </TradingInfo> <TradingInfo> <InfoSource>W. Hümmer</InfoSource> <Comment>strong buy</Comment> </TradingInfo> </TradingInfoGroup>
<StockName> IBM </Stockname>	<TradingVolumeGroup> <TradingVolume> 2100 </TradingVolume> <TradingVolume> 10300 </TradingVolume> </TradingVolumeGroup>	<TradingInfoGroup> <TradingInfo> <InfoSource>L. Schlesinger</InfoSource> <Comment>reject</Comment> </TradingInfo> <TradingInfo> <InfoSource>A. Bauer</InfoSource> <Comment>buy</Comment> </TradingInfo> </TradingInfoGroup>

Um ein abschließendes Ergebnis im Sinne einer numerischen Aggregation über die
derart gebildeten Gruppen zu erhalten, ist eine EVAL()-Operation mit entsprechenden Aggregationsoperatoren der Gruppenbildung nachzuschalten. Folgende Anweisung berechnet aus dem Attribut TradingVolumeGroup sowohl die Gesamtsumme

als auch die Anzahl der eingehenden Werte. Interessant ist zu beobachten, dass andere Attribute, wie TradingInfoGroup, unverändert in das Endergebnis übernommen werden können.

$$\text{SumStockInfo} \Leftarrow \text{EVAL(TradingVolumeSum:SUM(TradingVolumeGroup),}$$
$$\text{TradingVolumeCount:COUNT(TradingVolumeGroup),}$$
$$\text{TradingInfoGroup)[GroupedStockInfo]}$$

StockName	TradingVolumeSum	TradingVolumeCount	TradingInfoGroup
<StockName> Oracle </Stockname>	<TradingVolumeSum> 16000 </TradingVolumeSum>	<TradingVolumeCount> 2 </TradingVolumeCount>	<TradingInfoGroup> <TradingInfo> <InfoSource>W. Lehner </InfoSource> <Comment>buy or die.... </Comment> </TradingInfo> <TradingInfo> <InfoSource>W. Hümmer </InfoSource> <Comment>strong buy </Comment> </TradingInfo> </TradingInfoGroup>
<StockName> IBM </Stockname>	<TradingVolumeSum> 12400 </TradingVolumeSum>	<TradingVolumeCount> 2 </TradingVolumeCount>	<TradingInfoGroup> <TradingInfo> <InfoSource>L. Schlesinger </InfoSource> <Comment>reject</Comment> </TradingInfo> <TradingInfo> <InfoSource>A. Bauer </InfoSource> <Comment>buy</Comment> </TradingInfo> </TradingInfoGroup>

Anzumerken gilt es an dieser Stelle, dass im Vergleich zur nachfolgend eingeführten dynamischen Gruppenbildung eine statische Gruppenbildung ohne impliziten Zeitbezug und damit ohne Rückgriff auf eine Sortierung der Nachrichtenmenge erfolgt, so dass aus konzeptioneller Sicht die COLLAPSE()-Funktion sowohl auf MSGSEQ- als auch auf MSGSET-Strukturen anwendbar ist. Ist dennoch aus Sicht der Anwendung der Einbezug einer temporalen Komponente gefordert, so kann dies explizit auf Modellierungsebene durch Anwendung einer Kalenderfunktion und Erzeugung eines Attributes der gewünschten Granularität im Nachrichtenrumpf, einer anschließenden Migration dieses Attributes in den Kopfteil der Nachricht und schließlich einer Gruppenbildung über dieses den temporalen Aspekt reflektierende Attribut erfolgen.

8.3.5 Dynamische Gruppenbildung

Eine dynamische Gruppenbildung besagt, dass der zu Grunde liegende Datenbestand nicht Werte partitionierend bezüglich der Gruppierungsattribute, sondern algorithmisch durch explizite Vorgabe eines Gruppierungsrasters in Gruppen unterteilt wird. Dabei reflektiert die Wortwahl bereits, dass die Menge der Nachrichten nicht notwendigerweise einer Zerlegung unterworfen wird. Vielmehr können einzelne Nachrichten in eine Vielzahl von Gruppen eingehen ([SeLR94], [SeLR95]). Typische Beispiele einer dynamischen Gruppierung sind die kumulierte Summenbildung oder eine gleitende Durchschnittsberechnung. Die Formulierung einer dynamischen Gruppenbildung in *PubScribe* wird exemplarisch an folgender Sequenz von Nachrichten erläutert:

StockName	ValidTime	TradingVolume
<StockName> Oracle </Stockname>	<ValidTime> 2001-02-14-18.20.46 </ValidTime>	<TradingVolume> 3400 </TradingVolume>
<StockName> IBM </Stockname>	<ValidTime> 2001-02-14-19.17.34 </ValidTime>	<TradingVolume> 2100 </TradingVolume>
<StockName> Oracle </Stockname>	<ValidTime> 2001-02-14-19.48.31 </ValidTime>	<TradingVolume> 3900 </TradingVolume>
<StockName> IBM </Stockname>	<ValidTime> 2001-02-14-19.46.24 </ValidTime>	<TradingVolume> 2500 </TradingVolume>
<StockName> IBM </Stockname>	<ValidTime> 2001-02-14-20.13.56 </ValidTime>	<TradingVolume> 2600 </TradingVolume>
<StockName> Oracle </Stockname>	<ValidTime> 2001-02-14-20.45.03 </ValidTime>	<TradingVolume> 3100 </TradingVolume>

Wie bereits die Existenz des Attributes ValidTime andeutet, ist eine dynamische Gruppenbildung nur auf MSGSEQ-Strukturen definiert, da bei der algorithmischen Bildung der Gruppen die Zeit als implizites Sortierkriterium herangezogen wird. Explizit ist die Spezifikation der Gruppenbildung vorzunehmen, wobei entweder auf die Anzahl der Nachrichten oder auf ein Zeitintervall Bezug genommen werden kann. Folgendes Beispiel illustriert eine dynamische Gruppenbildung:

```
[WindowedStockInfo] ⇐ WINDOW((StockName),
                (TrVolOpenWindow:
                      MESSAGES(BEGIN:CURRENT, TradingVolume),
                TrVolClosedWindows:
                      TIMESTAMPS(-45.00:+45.00, TradingVolume)) )
          [StockInfo]
```

Dabei werden für jede Aktie unabhängig voneinander zwei dynamische Gruppen definiert. Für jede in den Operator eingehende Attributausprägung umfasst die dynamische Gruppe des Attributes TrVolOpenWindow alle Ausprägungen des Attributes TradingVolume der aktuellen und aller Vorgängernachrichten bezüglich des in der Sequenz existierenden Gültigkeitszeitpunktes. Die logische Adressierung über die Anzahl von Nachrichten (Schlüsselwort MESSAGES) wird im zweiten Parameter des WINDOW()-Operators durch eine physische Adressierung hinsichtlich einer vor-

gegebenen Zeitspanne ersetzt (Schlüsselwort TIMESTAMPS). Jede Ausprägung des
Attributes TrVolClosedWindow enthält so die korrespondierenden Einträge von Nachrichten, die 45 Minuten vor und nach der aktuell zu bearbeitenden Nachricht eingetroffen sind. Das Ergebnis dieser Operation mit den jeweils in der Schachtelungstiefe inkrementierten WINDOW()-Ergebnisattributen findet sich mit Bezug auf die
zuvor gezeigte Nachrichtensequenz in Abbildung 8.8.

StockName	ValidTime	TrVolOpenWindow	TrVolClosedWindow
<StockName> Oracle </Stockname>	<ValidTime> 2001-02-14-18.20.46 </ValidTime>	<TrVolOpenWindow> <TradingVolume> 3400 </TradingVolume> </TrVolOpenWindow>	<TrVolClosedWindow> <TradingVolume> 3400 </TradingVolume> </TrVolClosedWindow>
<StockName> IBM </Stockname>	<ValidTime> 2001-02-14-19.17.34 </ValidTime>	<TrVolOpenWindow> <TradingVolume> 2100 </TradingVolume> </TrVolOpenWindow>	<TrVolClosedWindow> <TradingVolume> 2100 </TradingVolume> <TradingVolume> 2500 </TradingVolume> </TrVolClosedWindow>
<StockName> Oracle </Stockname>	<ValidTime> 2001-02-14-19.48.31 </ValidTime>	<TrVolOpenWindow> <TradingVolume> 3400 </TradingVolume> <TradingVolume> 3900 </TradingVolume> </TrVolOpenWindow>	<TrVolClosedWindow> <TradingVolume> 3900 </TradingVolume> </TrVolClosedWindow>
<StockName> IBM </Stockname>	<ValidTime> 2001-02-14-19.46.24 </ValidTime>	<TrVolOpenWindow> <TradingVolume> 2100 </TradingVolume> <TradingVolume> 2500 </TradingVolume> </TrVolOpenWindow>	<TrVolClosedWindow> <TradingVolume> 2100 </TradingVolume> <TradingVolume> 2500 </TradingVolume> <TradingVolume> 2600 </TradingVolume> </TrVolClosedWindow>
<StockName> IBM </Stockname>	<ValidTime> 2001-02-14-20.13.56 </ValidTime>	<TrVolOpenWindow> <TradingVolume> 2100 </TradingVolume> <TradingVolume> 2500 </TradingVolume> <TradingVolume> 2600 </TradingVolume> </TrVolOpenWindow>	<TrVolClosedWindow> <TradingVolume> 2500 </TradingVolume> <TradingVolume> 2600 </TradingVolume> </TrVolClosedWindow>
<StockName> Oracle </Stockname>	<ValidTime> 2001-02-14-20.45.03 </ValidTime>	<TrVolOpenWindow> <TradingVolume> 3400 </TradingVolume> <TradingVolume> 3900 </TradingVolume> <TradingVolume> 3100 </TradingVolume> </TrVolOpenWindow>	<TrVolClosedWindow> <TradingVolume> 3100 </TradingVolume> </TrVolClosedWindow>

Abb. 8.8: Beispiel zur Anwendung der dynamischen Gruppendbildung

Die Auswertung der Gruppen ist in Analogie zur statischen Gruppenbildung unter Anwendung des COLLAPSE()-Operators wiederum von der dynamischen Gruppenbildung entkoppelt. Ein nachgeschalteter EVAL()-Operator mit entsprechenden Aggregationsfunktionen sorgt für das numerische Analyseergebnis. Abbildung 8.9 zeigt das Ergebnis des folgenden EVAL()-Operators, wobei die einzelnen Gruppenmitglieder aufsummiert werden:

$$[MvgSumStockInfo] \Leftarrow EVAL(TrVolCumSum:SUM(TrVolOpenWindow),$$
$$TrVolMvgSum:SUM(TrVolClosedWindow))$$
$$[WindowedStockInfo]$$

Wie bereits in Abschnitt 3.1.2 motiviert, ist die dynamische Gruppenbildung sowohl aus Sicht der Anwendung gefordert als auch dem Flussprinzip von publizierten Nachrichten von Produzenten zu Subskribenten natürlich. In *PubScribe* wird diese Art der dynamischen Gruppenbildung daher nicht als Spezialfall, sondern gleichberechtigt zur klassischen wertebasierten Gruppierung eingeführt.

StockName	ValidTime	TrVolCumSum	TrVolMvgSum
<StockName> Oracle </Stockname>	<ValidTime> 2001-02-14-18.20.46 </ValidTime>	<TrVolCumSum> 3400 </TrVolCumSum>	<TrVolMvgSum> 3400 </TrVolMvgSum>
<StockName> IBM </Stockname>	<ValidTime> 2001-02-14-19.17.34 </ValidTime>	<TrVolCumSum> 2100 </TrVolCumSum>	<TrVolMvgSum> 4600 </TrVolMvgSum>
<StockName> Oracle </Stockname>	<ValidTime> 2001-02-14-19.48.31 </ValidTime>	<TrVolCumSum> 7300 </TrVolCumSum>	<TrVolMvgSum> 3900 </TrVolMvgSum>
<StockName> IBM </Stockname>	<ValidTime> 2001-02-14-19.46.24 </ValidTime>	<TrVolCumSum> 4600 </TrVolCumSum>	<TrVolMvgSum> 5200 </TrVolMvgSum>
<StockName> IBM </Stockname>	<ValidTime> 2001-02-14-20.13.56 </ValidTime>	<TrVolCumSum> 5200 </TrVolCumSum>	<TrVolMvgSum> 5100 </TrVolMvgSum>
<StockName> Oracle </Stockname>	<ValidTime> 2001-02-14-20.45.03 </ValidTime>	<TrVolCumSum> 10400 </TrVolCumSum>	<TrVolMvgSum> 3100 </TrVolMvgSum>

Abb. 8.9: Beispiel zur Anwendung der dynamischen Gruppendbildung (Schritt 2)

8.3.6 Kombination von Nachrichten unterschiedlicher Schemata

Als wesentliche Erweiterung gegenüber einfachen Notifikationssystemen wird in der Diskussion des Gryphon-Projektes (Abschnitt 5.4) die Möglichkeit der Zusammenführung unterschiedlicher Nachrichtenströme herausgestellt. Diese Art der Zusammenführung verfolgt jedoch die Semantik eines Vereinigungsoperators, wobei Nachrichten in einem ersten Schritt eine Schemaanpassung durchlaufen und dann in einen gemeinsamen Datenstrom sequenzbasiert hinsichtlich ihres Publikationszeitpunktes überführt werden. In *PubScribe* wird ein derartiger positionsbasierter Ansatz mit einer inhaltlichen Zusammenführung von Nachrichten zweier unabhängiger Produzenten kombiniert. Dabei ist auf den Typ der zu verknüpfenden Strukturen zu achten, so dass zwei Klassen von Verbundsemantiken unterschieden werden können:

- *Inhaltsbasierter Verbund ('content join')*: Die Semantik des inhaltsbasierten Verbundes korrespondiert mit dem klassischen Verbundprinzip des 'Natürlichen Verbundes' aus der relationalen Algebra ([Date00], [ElNa00], [KeEi99], [RaGe00]). Im *PubScribe*-Kontext treten inhaltsbasierte Verbunde zwischen zwei MSGSET-Strukturen und zwischen einer MSGSEQ- und MSGSET-Struktur auf.

- *Positionsbasierter Verbund ('positional join')*: Ein positionsbasierter Verbund verknüpft zwei MSGSEQ-Strukturen hinsichtlich ihrer Eintrittszeit in das Subskriptionssystem. Wie nachfolgend ausgeführt wird, existieren dabei eine Vielzahl unterschiedlicher Verknüpfungssemantiken.

Die Aufteilung in MSGSET- und MSGSEQ-Strukturen impliziert vier Kombinationsmöglichkeiten, die im Kontext der Verbundoperation in *PubScribe* unterschieden werden. Anzumerken ist wiederum, dass Verbundoperationen ausschließlich über den Attributen eines Nachrichtenkopfes durchgeführt werden und inhaltsbasierte Verknüpfungen ausschließlich auf der Wertegleichheit basieren:

- *Verknüpfung von Nachrichten in MSGSET-Strukturen:* Eine Verknüpfung zweier Mengen von Nachrichten zustandsbasierter Produzenten kann mit einem natürlichen Verbund im relationalen Kontext verglichen werden ([Date00], [ElNa00], [KeEi99], [RaGe00]). Beachtenswert ist dabei, dass ein inhaltlicher Verbund eine Eliminierung von Nachrichten implizieren kann, so dass Nachrichten eines zustandsbasierten Produzenten im Rahmen einer Weiterverarbeitung verloren gehen können.
  Weiterhin ist im Detail zwischen einem symmetrischen und einem asymmetrischen Verbund zu differenzieren. Im symmetrischen Fall weisen beide Verbundpartner die gleiche Menge an Kopfattributen auf, so dass sich für zwei Mengen von Nachrichten das Ergebnis zu

$$\mathrm{SET}(H_1, B_1 \cup B_2) \Leftarrow \mathrm{SET}_1(H_1, B_1) \bowtie \mathrm{SET}_2(H_2, B_2)$$

mit der Verbundbedingung

$$\forall (h_2 \in H_2)\exists (h_1 \in H_1) \qquad h_1 = h_2$$

ergibt, wobei $H_1 = H_2$ gilt. Diese Gleichheitsbeziehung wird durch eine Teilmengenbeziehung $H_2 \subset H_1$ im asymmetrischen Fall ersetzt. Gilt dagegen $H_1 \not\subset H_2$, $H_2 \not\subset H_1$ aber dennoch $H_1 \cap H_2 \neq \varnothing$, so ist eine Verknüpfung der beiden Strukturen nicht definiert.

- *Verknüpfung von Nachrichten in MSGSEQ- mit Nachrichten in MSGSET-Strukturen:* Die Verknüpfung einer sequenz- und einer mengenbasierten Struktur spiegelt aus Sicht der Anwendung die wichtigste Variante der Verbundoperation wider, da laufend eingehende Nachrichten mit Informationen, deren Zustand im Subskriptionssystem bekannt ist, angereichert werden. Dazu müssen die Kopfattribute der MSGSET-Struktur H_2 eine Teilmenge der Kopfattribute der MSGSEQ-Struktur H_1 darstellen ($H_2 \subset H_1$). Das Ergebnis ist eine sequenzbasierte MSGSEQ-Struktur definiert als

$$\text{SEQ}(H_1 \cup \{\text{ValidTime}\}, B_1 \cup B_2) \Leftarrow \text{SEQ}(H_1 \cup \{\text{ValidTime}\}, B_1) \bowtie \text{SET}(H_2, B_2)$$

mit der von dem Publikationszeitpunkt unabhängigen Verbundbedingung

$$\forall(h_2 \in H_2)\exists(h_1 \in H_1) \qquad h_1 = h_2.$$

Dabei ist anzumerken, dass die Verbundsemantik einem linksseitigen äußeren Verbund entspricht, so dass keine sequenzbasierten Nachrichten verloren gehen, sondern, sofern ein Verbundpartner existiert, mit Informationen angereichert werden. Einträge ohne Verbundpartner weisen in den entsprechend hinzugefügten Attributen keinen Wert auf ([Codd86], [NaWe89]).

- *Verknüpfung von Nachrichten in MSGSET- mit Nachrichten in MSGSEQ-Strukturen:* Ein Verbund zwischen mengen- und sequenzbasierten Strukturen mit dem Ergebnis einer MSGSET-Struktur ist nicht definiert, da durch das mengenbasierte Ergebnis die Zeitinformation aus der Sequenz verloren ginge.

- *Verknüpfung von Nachrichten in MSGSEQ-Strukturen:* Analog zur Verknüpfung zweier Mengen von Nachrichten gelten bei der Verknüpfung von Nachrichtensequenzen die wertebasierten Verknüpfungsbedingungen. Zusätzlich ist jedoch die Semantik des positionsbasierten Verbundes einzubringen. Gelte wiederum für zwei Sequenzen mit der Menge an Kopfattributen H_1 bzw. H_2, dass oBdA. $H_2 \subseteq H_1$ ist, so ist eine Verknüpfung definiert als:

$$\text{SEQ}(H_1 \cup \{\text{MAX}(\text{ValidTime}_1, \text{ValidTime}_2)\}, B_1 \cup B_2) \Leftarrow$$
$$\text{SEQ}(H_1 \cup \{\text{ValidTime}_1\}, B_1) \bowtie \text{SEQ}(H_2 \cup \{\text{ValidTime}_2\}, B_2)$$

Als neue Gültigkeitszeit wird dabei der größte Zeitstempel der zu verknüpfenden Nachrichten gewählt, da anderweitig die Gültigkeit einer der beiden Nachrichten in die Vergangenheit verlängert werden würde. Als Verbundbedingung gilt dabei:

$$\forall(h_2 \in H_2)\exists(h_1 \in H_1) \qquad h_1 = h_2 \quad \text{und} \quad \Theta(\text{ValidTime}_1, \text{ValidTime}_2).$$

Bei der Verknüpfung über Positionen ist im Zusammenhang mit der Paarbildung der als Θ-Operator bezeichnete Freiheitsgrad zu beachten. Abbildung 8.10 zeigt die Situation, in welcher für eine Nachricht M ein Verbundpartner zu bestimmen ist. Dazu wird in *PubScribe* dem Benutzer ein Werkzeug an die Hand gegeben, mit welchem

er selbst die gewünschte Semantik spezifizieren kann. Als mögliche punktuelle Verbundsemantiken (*'pointwise join'*), die jeweils für eine vorgegebene Nachricht exakt einen Verbundpartner ermitteln, existieren folgende Varianten:

- *Wahl der zeitlich nächstliegenden Nachricht ('nearest neighbor'):* Es wird die
  Nachricht als Verbundpartner gewählt, die den geringsten zeitlichen Abstand
  aufweist. So wird im Beispiel aus Abbildung 8.10 die Nachricht M mit der Nachricht M_4 verknüpft.

- *Wahl der nächstaktuelleren Nachricht ('next recent'):* Die Nachricht mit dem geringsten zeitlichen Vorwärtsabstand wird Verbundpartner. Im Beispiel würde
  nach dieser Strategie die Nachricht M_5 gewählt.

- *Wahl der aktuellesten Nachricht ('most recent'):* Die Nachricht mit dem höchsten Zeitstempel wird Verbundpartner (Nachricht M_8 in Abbildung 8.10).

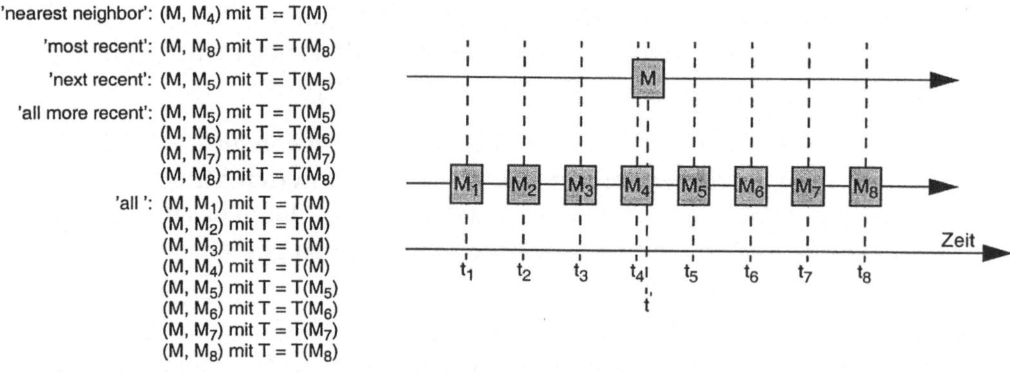

Abb. 8.10: SEQ-SEQ - Verbundsemantiken

Bereits diese Strategien zur punktorientierten Verbundpartnerauswahl zeigen, dass
die Verknüpfung von Nachrichten unterschiedlicher Strukturen im Allgemeinen
weder kommutativ noch assoziativ ist. Während die fehlende Eigenschaft der Kom-
mutativität offensichtlich ist, illustriert folgender Ausdruck bereits durch die jeweiligen Verbundsemantiken die nicht grundsätzlich geltende Eigenschaft der Assozia-
tivität. So gilt beispielsweise

$$\text{MSGSEQ} \bowtie (\text{MSGSET}_1 \bowtie \text{MSGSET}_2) \neq (\text{MSGSEQ} \bowtie \text{MSGSET}_1) \bowtie \text{MSGSET}_2,$$

da ein inhaltsbasierter Verbund von zwei Nachrichtenmengen in einer Eliminierung
von Nachrichten resultieren kann. Somit kann bei dem Ausdruck auf der linken Seite die Situation entstehen, in welcher im Vergleich zu einer sequentiellen Durchführung des jeweils verlustfreien Verbundes weniger Nachrichten der sequenzbasierten
Struktur mit dem Ergebnis des verlustbehafteten Verbundes angereichert werden.

Neben der punktorientierten Verbundpartnerauswahl werden noch zwei weitere Auswahlstrategien vorgeschlagen, die potentiell eine Vervielfachung der originalen Nachricht verursachen. Derartige Intervallverbunde (*'interval join'*) treten in einer der folgenden Formen auf:

- *Verknüpfung mit allen aktuelleren Nachrichten ('all more recent'):* Für jeweils eine partnersuchende Nachricht erfolgt eine Verknüpfung mit allen Nachrichten der Partnersequenz, deren Gültigkeitszeitstempel größer oder gleich dem Gültigkeitszeitstempel der Originalnachricht ist. In Abbildung 8.10 wird gezeigt, wie die Nachricht M mit allen aktuelleren Nachrichten M_5 bis M_8 verbunden wird.

- *Verknüpfung mit allen Nachrichten ('all'):* Die letzte Variante resultiert in einer Verknüpfung mit allen Nachrichten der Partnersequenz, unabhängig von den jeweiligen Gültigkeitszeitstempeln. Entsprechend würde mit dieser Strategie die Nachricht M mit den Nachrichten M_1 bis M_8 verbunden und in die Ergebnissequenz übernommen werden. Dabei ist zu beachten, dass die aus der Verknüpfung mit älteren Nachrichten hervorgegangenen neuen Nachrichten den Zeitstempel der Originalnachricht M übernehmen.

Die Vielzahl der unterschiedlichen Partnerwahlstrategien bietet dem Anwender bei der Kombination zweier sequenzbasierter Nachrichtenstrukturen ein breites Spektrum, um spezifische Anforderungen aus der Anwendung abzudecken. Wird keine Partnerwahlstrategie explizit angegeben, so wird standardmäßig die Strategie des nächst aktuelleren Partners angewandt.

Als Beispiel einer Kombination zweier Nachrichtenstrukturen erfolgt ein Rückbezug auf die in Abschnitt 8.2 auf Seite 203 eingeführte zustandsbasierte Nachrichtenstruktur StockRanking mit Einschätzungen einzelner Aktien (Abbildung 8.7). Diese Nachrichtenmenge dient als Verbundpartner zum laufenden Beispiel von Aktienpreisen und Verkaufszahlen (StockInfo), so dass Entwicklungen im Kontext der jeweiligen Einschätzungen beobachtet werden können:

```
RankedStockInfo ⇐ MERGE()[EVAL(Price, TradingVolume)[StockInfo],
                          EVAL(Ranking)[StockRanking]]
```

In diesem konkreten Beispiel erfolgt vor der Verknüpfung der sequenz- mit der zustandsbasierten Menge von Nachrichten eine durch die EVAL()-Operation vorgenommene Projektion auf die gewünschte Menge der Informationsattribute.

Weitere Kombinationen von Verknüpfungen zwischen sequenz- bzw. zustandsbasierten Nachrichtenmengen gestalten sich analog und bedürfen an dieser Stelle keiner weiteren Ausführung.

StockName	ValidTime	Price	TradingVolume	Ranking
<StockName> Oracle </Stockname>	<ValidTime> 2001-02-14-18.20.46 </ValidTime>	<Price> 97.50 </Price>	<TradingVolume> 3400 </TradingVolume>	<Ranking> **** </Ranking>
<StockName> IBM </Stockname>	<ValidTime> 2001-02-14-19.17.34 </ValidTime>	<Price> 121.30 </Price>	<TradingVolume> 2100 </TradingVolume>	<Ranking> ***** </Ranking>
<StockName> Oracle </Stockname>	<ValidTime> 2001-02-14-19.48.31 </ValidTime>	<Price> 97.60 </Price>	<TradingVolume> 3900 </TradingVolume>	<Ranking> **** </Ranking>
<StockName> IBM </Stockname>	<ValidTime> 2001-02-14-19.46.24 </ValidTime>	<Price> 121.50 </Price>	<TradingVolume> 2500 </TradingVolume>	<Ranking> ***** </Ranking>
<StockName> IBM </Stockname>	<ValidTime> 2001-02-14-20.13.56 </ValidTime>	<Price> 121.60 </Price>	<TradingVolume> 2600 </TradingVolume>	<Ranking> ***** </Ranking>
<StockName> Oracle </Stockname>	<ValidTime> 2001-02-14-20.45.03 </ValidTime>	<Price> 97.30 </Price>	<TradingVolume> 3100 </TradingVolume>	<Ranking> **** </Ranking>

8.3.7 Kontrolle der Subskriptionsauswertung

Als letztes Modellierungswerkzeug wird in diesem Abschnitt das SWITCH-Element eingeführt, mit welchem der Benutzer die Kontrolle der Subskriptionsauswertung, d.h. den Zusammenhang von Subskriptionsrumpf und Auslieferungsbedingung, modelliert. Das SWITCH-Element modifiziert somit nicht den Datenfluss, sondern adressiert den Kontrollfluss einer Subskriptionsausführung, indem es die Verbindung von einem Operatorengraph zur Spezifikation der Subskriptionsanfrage und einem Operatorengraph zur Modellierung der Auslieferungsbedingung herstellt (Abbildung 8.11). Wird durch Eintritt einer neuen Publikation die Auslieferungsbedingung erfüllt, wird aus konzeptioneller Sichtweise eine Sperre für das Ergebnis der Subskriptionsanfrage aufgehoben und kann dieses an den Subskribenten in Form einer Notifikation ausgeliefert werden.

Ein Operatorengraph ist allgemein ein gerichteter azyklischer Graph mit beliebig vielen Ausgangsknoten und einem Zielknoten. Ausgangsknoten reflektieren die in der Subskriptionsspezifikation referenzierten Informationskanäle registrierter Produzenten; der Zielknoten ist der letzte anzuwendende Operator und stellt den Übergang zum SWITCH-Element dar; alle inneren Knoten sind Operatoren, wie sie in den vorangegangenen Abschnitten eingeführt werden.

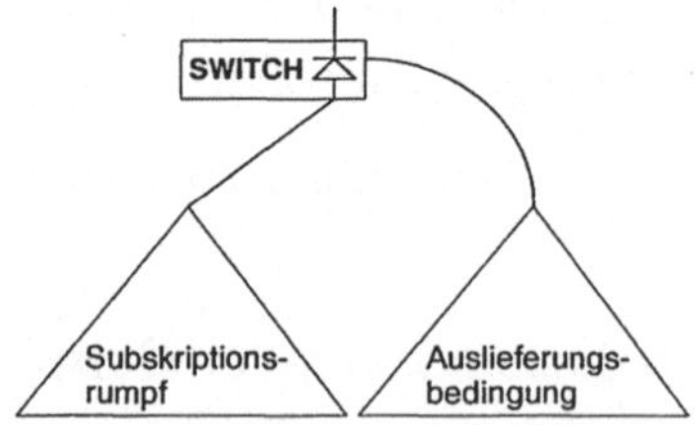

Abb. 8.11: SWITCH-Element

Abbildung 8.12 zeigt ein Beispiel eines Operatorengraphen in Verbindung mit einem SWITCH-Element. Dabei wird nach einem Verbund eine Restriktion auf alle

Nachrichten bzgl. der mit fünf Sternen bewerteten Aktien vorgenommen, darauf eine dynamische Gruppierung der Fenstergröße 3 für Preis und Handelsvolumen definiert und schließlich eine numerische Auswertung des Durchschnittspreises und Gesamthandelsvolumens vorgenommen. Auf die Formulierung einer Auslieferungsbedingung wird aus Platzgründen verzichtet.

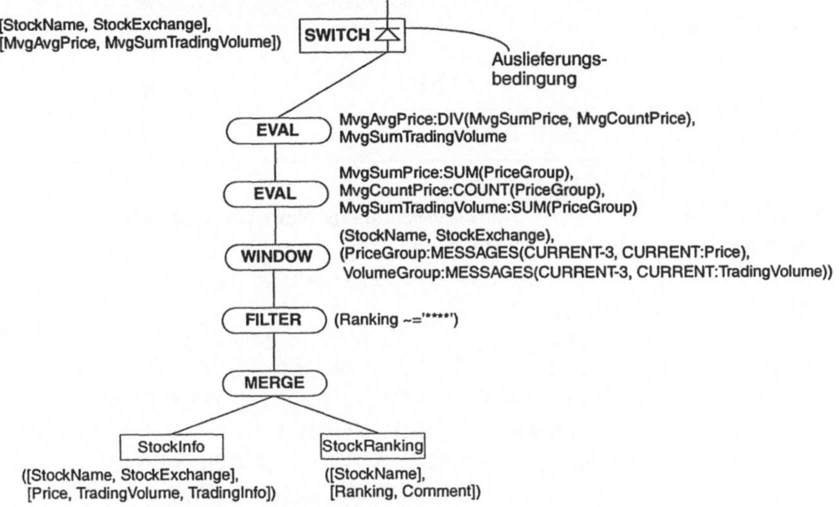

Abb. 8.12: Beispiel eines Subskriptionsrumpfes

8.4 Zusammenfassung

Die Existenz eines Framework's zur Modellierung von Subskriptionen ist nicht nur ein Leitfaden für die Spezifikation aus Anwendungssicht, sondern eine solide Basis und notwendige Voraussetzung einer effizienten Realisierung. Die Einführung der Techniken und Werkzeuge zur Subskriptionsmodellierung erfolgt in diesem Kapitel getrennt nach strukturellen und operationalen Einheiten. Aus struktureller Sichtweise repräsentiert eine Nachricht die atomare strukturelle Einheit. Jede Nachricht muss sich an einem von dem jeweiligen Produzenten – und somit nicht vom Subskriptionssystem – vorgegebenen Schema orientieren. Nachrichten werden in Abhängigkeit von der Art des Produzenten (Transitions- oder Zustandsproduzent) in einer sequenz- bzw. mengenbasierten Struktur zusammengefasst. Auf diesen Strukturen sind aus operationaler Sichtweise eine Vielzahl von Modifikationsmöglichkeiten definiert: Neben einfachen Filteroperatoren sind insbesondere die Operatoren zur statischen und dynamischen Gruppenbildung herauszustellen. Die XML-strukturierten Attributausprägungen erlauben dabei die Dekomposition in elementare Operatoren und somit den Ausschluss operationaler Redundanz.

Die Menge der in Abschnitt 8.3 eingeführten Operatoren ist in Tabelle 8.1 nochmals zusammengestellt Sowohl die Strukturen als auch die Operatoren bilden in ihrer Gesamtheit eine solide Basis für eine umfangreiche Ausdrucksmächtigkeit auf Anwendungsebene und einen Rahmen für Optimierungstechniken auf Systemebene.

Bezeichnung	**Operatorenspezifikation**
Filterung	$X' \Leftarrow$ FILTER($<$attr$>$ [= , ~=, $<$, $>$] $<$val$>$, $<$attr$>$ IN ($<$val$_1>$, ..., $<$val$_n>$), ...)[X]
Attributmigration	$X' \Leftarrow$ SHIFT($<$attr$>$, ...)[X]

Attibutoperationen
 - Skalaroperationen
 - Aggregations-
   operationen
 - Struktur-
   modifikations-
   operationen
	$X' \Leftarrow$ EVAL($<$attr$>$,
	 $<$attr'$>$:$<$scalar-op$>$($<$attr$_1>$[,$<$attr$_2>$]),
	 $<$attr'$>$:$<$aggr-op$>$($<$attr$>$)
	 $<$attr'$>$:$<$attr-op$>$($<$attr$_1>$, $<$attr$_2>$), ...)[X]
	 wobei gilt:
	 $<$scalar-op$> \in$ { PLUS, MINUS, MULT, DIV }
	 $<$scalar-op$> \in$ { GREATER, SMALLER, EQUAL }
	 $<$scaler-op$> \in$ { DATE, YEAR, MONTH, DAY }
	 $<$scaler-op$> \in$ { TIME, HOUR, MIN }
	 $<$aggr-op$> \in$ { MIN, MAX, SUM, COUNT }
	 $<$attr-op$> \in$ { EXTRACT, COMBINE }

Statische Gruppenbildung	$X' \Leftarrow$ COLLAPSE(($<$attr$_1>$, ..., $<$attr$_n>$) ($<$attrGrp$_1>$:$<$attr$_1>$), ..., ($<$attrGrp$_m>$:$<$attr$_m>$))[X]
Dynamische Gruppenbildung	$X' \Leftarrow$ WINDOW(($<$attr$_1>$, ..., $<$attr$_n>$), ($<$attrWin$_1>$:$<$win-spec$>$($<$start$>$:$<$stop$>$, $<$attr$_1>$), ..., $<$attrWin$_m>$:$<$win-spec$>$($<$start$>$:$<$stop$>$, $<$attr$_m>$))[X] wobei gilt: $<$win-spec$> \in$ { MESSAGES, TIMESTAMPS } $<$start$> \in$ { BEGIN, CURRENT, $<$int-val$>$, $<$time-val$>$} $<$stop$> \in$ { END, CURRENT, $<$int-val$>$, $<$time-val$>$}
Verknüpfung	$X' \Leftarrow$ MERGE($<$join-spec$>$)[X$_1$, X$_2$] wobei gilt: $<$join-spec$> \in$ { NEXT NEIGHBOR, MOST RECENT, NEXT RECENT, ALL RECENT, ALL }

Tab. 8.1: Zusammenstellung der PubScribe-Operatoren

9 Subskriptionsauswertung

Eine umfassende Informationsversorgung, wie sie das Instrument eines Subskriptionssystems auf informativer Ebene leisten kann, erfordert neben einer modelltheoretischen Betrachtung auch eine solide Basis zur Auswertung der registrierten Subskriptionen. Eine Vielzahl der aus Sicht der Auswertung relevanten Aspekte wird in diesem Kapitel eingeführt und diskutiert. Dabei wird eine horizontale und vertikale Betrachtungsweise vorgenommen. In der horizontalen Sichtweise steht die Makroarchitektur im Vordergrund, wobei ein verteilter Aufbau eines Subskriptionsszenarios diskutiert wird (Abschnitt 9.2). Die vorgestellte Verteilung ist dabei jeweils im Kontext des in Abschnitt 8.1 ausführlich diskutierten Rollenmodells zu sehen. Dabei werden Strategien vorgestellt, wie auswertetechnisch einzelne Vermittlungskomponenten wiederum als Subskribenten und Produzenten für andere Vermittlungskomponenten auftreten können. Ziel ist dabei, ein Netzwerk lose gekoppelter Vermittlungskomponenten aufzubauen, welches transparent für den Endbenutzer einen skalierbaren, logisch zentralen und mit Blick auf reale Produzenten anonymen Subskriptionsdienst realisiert.

Die vertikale Betrachtungsweise, wie sie in den Abschnitten 9.3 und 9.4 vorgenommen wird, konzentriert sich auf die Funktionalität einer einzelnen Vermittlungskomponente und eruiert die Abbildung einer Subskription auf relationale Strukturen eines Datenbanksystems, wobei die unterschiedlichen Optimierungsstufen heraus- und ausführlich aufgearbeitet werden. Die als wesentlich bereits in Abschnitt 6.3.1 identifizierte und aus Sicht der Datenbanktechnik in Abschnitt 7.3.3 reflektierte Eigenschaft der gemeinsamen Auswertung von Subskriptionen ähnlicher Gestalt erfährt im Abschnitt 9.4 eine explizite Aufarbeitung im Kontext des *PubScribe*-Systems. Dabei wird die eingesetzte Optimierungsstrategie vorgestellt und an einem Testszenario evaluiert. Alle auswertungsorientierten Aspekte der Makro- und Mikroarchitektur werden in Abschnitt 9.5 zusammengefasst und dadurch die Beschreibung des *PubScribe*-Systems abgeschlossen.

9.1 Module einer Vermittlungskomponente

Bevor in den beiden folgenden Abschnitten eine ausführliche Darstellung der *PubScribe*-Architektur und der Auswertestrategien für Subskriptionen vorgenommen wird, erfolgt eine Aufarbeitung der in diesen beiden Sichtweisen zentralen Einheit der Vermittlungskomponente und ihrer umgebenden Komponenten (Subskribenten und Produzenten). Wie bereits bei der Einführung des Rollenmodells in Abschnitt 8.1.1 angeschnitten, liegt dem *PubScribe*-Ansatz sowohl aus konzeptioneller als auch aus verarbeitungstechnischer Sichtweise eine dreischichtige Architektur zu Grunde (Abbildung 9.1). Der Informationsfluss von Produzenten zu Subskribenten wird durch eine logisch zentralisierte Vermittlungskomponente reflektiert, wodurch eine sowohl inhaltliche, zeitliche als auch identifikationsbedingte Entkopplung realisiert wird.

9.1.1 Komponenten auf Ebene der Subskribenten

Die Komponenten auf Ebene der Subskribenten spiegeln zum einen Anwendungsprogramme wider, die die Formulierung von Subskriptionen und die Aufbereitung von Notifikationen für den Benutzer realisieren. Zum anderen werden Stellvertreterobjekte der Menge der Komponenten der externen Ebene hinzugerechnet, die wiederum als Produzenten für andere Vermittlungskomponenten auftreten, um so einen verteilten Subskriptionsdienst aufzubauen (Abschnitt 9.2.1).

In der aktuell vorliegenden *PubScribe*-Implementierung erfolgt die Benutzerinteraktion über eine internet-basierte Applikation (http://www.pubscribe.org), welche die Parametrierung vordefinierter Subskriptionsrümpfe sowie Start-, Stopp- und Auslieferungsbedingungen ermöglicht.

9.1.2 Komponenten der internen Ebene

Jeder an einem Subskriptionsszenario partizipierende Produzent publiziert Daten in seinem lokalen Schema, die an die Subskribenten weitergereicht werden. Analog zu Subskribenten kann auch auf Ebene der Produzenten zwischen 'echten' Produzenten und Stellvertretern unterschieden werden. Stellvertreterproduzenten weisen eine Brückenfunktionalität zwischen zwei Vermittlungskomponenten auf. Sie treten

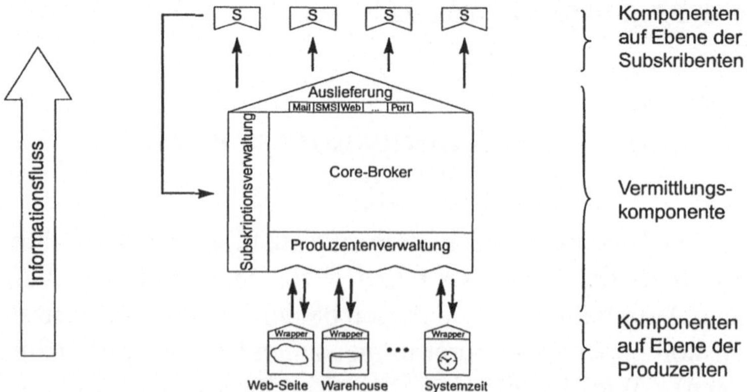

Abb. 9.1: Komponenten und Module im PubScribe-System

dabei als Subskribenten zur einen und als Produzenten zur anderen Vermittlungskomponente auf und leiten die in Form einer Notifikation erhaltenen Daten als Publikation weiter. Eine Registrierung (Abschnitt 8.1.2) erfolgt analog zur Registrierung eines 'echten' Produzenten.

Als echte Produzenten sind in der aktuellen Realisierung des *PubScribe*-Systems jeweils ein Vertreter von synchronen und asynchronen Produzenten implementiert. Als synchroner Produzent existiert eine in der Programmiersprache Java realisierte Programmbibliothek, welche als externes Modul in das Datenbanksystem Oracle 8i eingebunden wird. Die Installation eines datenbankbasierten Produzenten reduziert sich durch diese Technik auf die Definition eines Datenbanktriggers, wobei die Ereignis- und Bedingungsangabe den eine Publikation auslösenden Tatbestand darstellen; der Umfang der Aktionsdefinition des Triggers degeneriert zu einem Aufruf des registrierten Java-Moduls, welches sowohl die Registrierung des Produzenten am Subskriptionssystem als auch die entsprechende Publikation der Nachrichten übernimmt.

Als Beispiel eines asynchronen Produzenten wurde im Kontext des *PubScribe*-Projektes ein eigenständiges Projekt initiiert, welches Internet-Angebote semi-automatisch nach einer Konfigurationsphase in periodischen Abständen extrahiert und entweder vollständig oder deren datenmäßige Änderungen an das Subskriptionssystem übermittelt. Eines Internet-Angebot wird thematisch in hierarchische Strukturen (*'area of interest'* ➡ *'record'* ➡ *'data item'*) untergliedert. Der interessierte Leser sei an dieser Stelle auf [LuHü01] hingewiesen, wo zum einen eine umfangreiche Analyse aktueller Projekte auf diesem Gebiet vorgenommen und zum anderen eine ausführliche Beschreibung des XWeb-Ansatzes mit den jeweils diskriminierenden Eigenschaften gegeben wird.

9.1.3 Vermittlungskomponente

In der Vermittlungskomponente treffen Subskriptionen und Publikationen zusammen und bedürfen einer koordinierten Auswertung und Auslieferung. Die Vermittlungskomponente ist dabei wiederum in einzelne Module unterteilt, die gemäß dem *'Publish/Subscribe'*-Prinzip miteinander kommunizieren (Rollenmodell auf Modulebene; Abschnitt 8.1.1). Technisch wird zur Kommunikation der einzelnen Module untereinander der SOAP-Mechanismus ([BEK+00]) eingesetzt, der einen auf XML basierten Prozedurfernaufruf realisiert. Dieser Ansatz erlaubt eine 'Verteilung im Kleinen', wobei die einzelnen Module einer Vermittlungskomponente auf unterschiedlichen Rechnern ablaufen können und die Ortstransparenz durch SOAP gewährleistet wird. Abbildung 9.1 zeigt die einzelnen Module der Vermittlungskomponente, deren Funktionalität in aller gebotenen Kürze an dieser Stelle wiedergegeben wird:

- *Subskriptionsverwaltung ('subscription handler'):* Neue Subskriptionsspezifikationen sowie Änderungs- und Löschanweisungen werden von der Subskriptionsverwaltung entgegengenommen und in Zusammenarbeit mit den anderen Modulen der Vermittlungskomponente hinsichtlich Existenz der Datenquellen, Erfüllbarkeit der Aktualitätsanforderung, Typkompatibilität von Operatoren und Operanden und bezüglich der geforderten Auslieferungsmethode validiert. Nach erfolgreicher Prüfung liefert die Subskriptionsverwaltung eine eindeutige Kennung an den Subskribenten zurück.

- *Produzentenverwaltung ('publisher handler'):* Die Produzentenverwaltung nimmt Registrierungen neuer Produzenten an, macht deren Existenz im Produzentenverzeichnis durch eine Publikation an das Repositorium bekannt und liefert den Produzenten eine eindeutige Kennung zurück, mit welcher zukünftige Publikationen dem jeweiligen Produzenten zugeordnet werden können.

- *Auslieferungsmodul ('delivery module'):* Nach einer erfüllten Auslieferungsbedingung und einer erfolgreichen Auswertung des korrespondierenden Subskriptionsrumpfes wird das Auslieferungsmodul beauftragt, den entsprechenden Subskribenten zu notifizieren. Dazu stehen dem Auslieferungsmodul weitere Untermodule zu Verfügung, die eine Übermittlung der Daten über das zum Zeitpunkt der Subskriptionsspezifikation angegebene Medium realisieren. Die Zustellung kann dabei beispielsweise per E-Mail, als auf einem WebServer exklusiv bereitgestellte Internetseite oder direkt über Mechanismen der Interprozesskommunikation (z.B. TCP-Sockets; [Stev92]) erfolgen. Der modulare Aufbau erlaubt eine flexible Ergänzung um weitere Module zur Durchführung von Notifikationen. Mechanismen der Interprozesskommunikation werden vom System selbst zur Abwicklung der internen Kommunikationsabläufe verwendet.

- *Core-Broker:* Der Core-Broker steuert auf der einen Seite die Auswertung der registrierten Subskriptionsbedingungen und der korrespondierenden Subskriptionsrümpfe beim Eintreffen neuer Publikationen. Auf der anderen Seite ist der Core-Broker für die Pflege des globalen Auswertegraphen verantwortlich und führt entsprechende Restrukturierungen und Optimierungen beim Eintreffen neuer bzw. Entfernen registrierter Subskriptionen durch. Der schichtenbasierte Aufbau des Core-Brokers wird im Kontext der Mikroarchitektur (Abschnitt 9.3) detailliert geschildert.

Wesentlich am Aufbau des *PubScribe*-Systems ist zum einen der horizontale Schichtenansatz aus globaler Sicht (Abbildung 9.1) und der vertikale Schichtenansatz innerhalb einer Vermittlungskomponente, der eine strenge funktionale Gliederung reflektiert. Während der horizontale Ansatz im folgenden Abschnitt weiter verfolgt wird, ist die vertikale Aufteilung Gegenstand der Untersuchungen im Abschnitt 9.3.

9.2 Makroarchitektur

Der Einsatz des Rollenmodells erlaubt eine Verteilung eines Subskriptionsdienstes auf drei unterschiedlichen Ebenen (Abschnitt 8.1.1). Auf unterster Stufe ist eine Verteilung auf Ebene einzelner Nachrichtenknoten realisierbar; die zweite Stufe ermöglicht eine Verteilung von Modulen der Vermittlungskomponente (Abschnitt 9.1.3) auf mehrere Rechner; die dritte Stufe schließlich spiegelt eine 'Verteilung im Großen' wider, wobei Stellvertreterkomponenten eine Verknüpfung von Vermittlungskomponenten zulassen. Diese Art der Verteilung im Sinne einer makroskopischen Betrachtungsweise ist Gegenstand der folgenden Ausführungen. Dazu wird in einem ersten Schritt die prinzipielle Struktur einer verteilten Konfiguration erläutert (Abschnitt 9.2.1). Es schließt sich eine Diskussion unterschiedlicher Strategien der Verteilung einzelner Subskriptionen an. Dabei reicht das Spektrum von einer vollständigen Replikation eines Informationskanals (Abschnitt 9.2.2) bis hin zur vollständig entfernten Auswertung lokaler Subskriptionen (Abschnitt 9.2.3).

9.2.1 Verteilte Konfiguration

Das Rollenmodell stellt die Grundlage einer verteilten Konfiguration des *PubScribe*-Systems dar. Dabei treten spezielle Stellvertreterobjekte auf der einen Seite als Subskribent und auf der anderen Seite als Produzent auf. In Abbildung 9.2, entnommen aus [RRLH01], ist eine exemplarische Konfiguration mit vier Vermittlungskomponenten gezeigt. Stellvertreterobjekte werden in dieser Darstellung als zwei getrennte Module symbolisiert, wobei sich der Subskriptionsanteil auf Subskribenten- und der Publikationsanteil auf Produzentenseite befindet.

Da eine verteilte Systemumgebung grundsätzlich transparent für den Benutzer sein muss (Abschnitt 2.4), ist es Aufgabe des Subskriptionssystems, eine einheitliche Sichtweise auf registrierte Produzenten zur Verfügung zu stellen und lokal eingehende Subskriptionen entweder weiterzureichen oder angesprochene Informationskanäle lokal bereit zu stellen. Informationen darüber, welche Vermittlungskomponenten grundsätzlich referenzierbar sind und welche Informationskanäle sie realisieren, werden von einem zentral gehaltenen Metadatenproduzenten verwaltet. Anzumerken ist an dieser Stelle, dass auch dieser Metadatenproduzent als 'normaler' Produzent möglichen Replikationsvorgängen durch andere Vermittlungskomponenten unterliegt. Eine mögliche Topologie ist in Abbildung 9.2 gezeigt.

Neben der strukturellen Perspektive zur Konfiguration eines verteilten Subskriptionsdienstes durch Stellvertreterkomponenten ist die operationale Perspektive zu betrachten. Dabei gilt es festzulegen, ob von Produzenten implizierte Informationska-

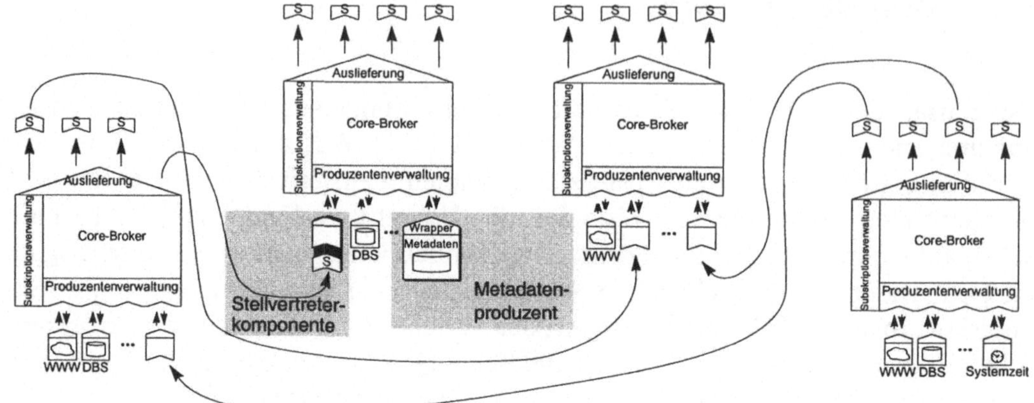

Abb. 9.2: Makroarchitektur des *PubScribe*-Systems

näle repliziert oder lokale Subskriptionen teilweise oder sogar vollständig an andere Vermittlungskomponenten zur Auswertung weitergereicht werden. Diese Varianten aus operationaler Perspektive werden im Folgenden diskutiert.

9.2.2   Kanalreplikation

Grundsätzlich ist beim Eintreffen einer Subskription an einer Vermittlungskomponente zu entscheiden, ob publizierte Nachrichten von einer entfernten Vermittlungskomponente lokal zur Verfügung zu stellen sind (*'data shipping'*) oder ob die Subskription an eine andere Vermittlungskomponente, die über die benötigten Nachrichten zur Auswertung der Subskription verfügt (*'query shipping'*), weiterzuleiten ist. Im Fall der Kanalreplikation wird durch Ausnutzung des normalen Subskriptionsmechansimus die Methode des *'data shipping'* verfolgt, indem durch Formulierung einer Subskription die originalen Nachrichten an der lokalen Vermittlungskomponente bereitgestellt werden.

Dazu wird nach dem Eintreffen einer Subskription ((1) in Abbildung 9.3) die Menge aller Vermittlungskomponenten ermittelt, welche die bzw. den benötigten Informationskanal zur Verfügung stellen. Dazu wird eine synchrone Subskription an die Komponente mit dem globalen Metadatenkanal formuliert ((2) in Abbildung 9.3) und das Ergebnis durch eine Notifikation bzw. aus lokaler Sicht durch eine Publikation der aktuellen Vermittlungskomponente bekannt gemacht (3). Daraufhin formuliert der Core-Broker der Vermittlungskomponente wiederum eine Subskription an eine andere Vermittlungskomponente, die den zu replizierenden Kanal mit entsprechend hoher Dienstgüte hinsichtlich der Originalsubskription verwaltet (4). Durch eine Publikation (5) wird nun in einem letzten Schritt der zentralen Metadatenverwaltung mitgeteilt, dass die aktuelle Vermittlungskomponente nun auch als Lieferant für den entsprechenden Informationskanal mit der jeweils subskribierten Dienstgüte dienen kann. Dieser werden dann durch den Notifikations-/Publikationsmechanismus sukzessive alle Originalnachrichten zugestellt (6).

Zur Illustration der Kanalreplikation sei angenommen, dass sich eine Subskription auf den in Abschnitt 8.1.2 eingeführten Produzenten StockInfo bzw. den dadurch implizierten Informationskanal bezieht, wobei eine Mindestaktualität von 10 Minuten aus Subskriptionssicht gefordert wird. Abbildung 9.4 zeigt die in Schritt (4) generierte Subskription zur Replikation des gewünschten Kanals mit der geforderten Aktualität. Der Subskriptionsrumpf besteht dabei aus einer einfachen Referenz auf den StockInfo-Kanal. Die Ausführungsbedingung realisiert die gewünschte Aktualität der Notifikation. Dazu werden die Metadaten der aktuellen Subskription (CurrentSubscriptionID) mit der aktuellen Systemzeit verknüpft und es wird geprüft, ob der Zeitpunkt der letzten Auslieferung bereits 10 Minuten zurückliegt. Erst bei einer positiven Bedingungsprüfung werden die bisher aufgelaufenen Nachrichten des StockInfo-Kanals an die Vermittlungskomponente zur Weiterverarbeitung publiziert. Es bleibt anzumerken, dass die Beschneidung der Aktualität nicht notwendigerweise an der entfernten Vermittlungskomponente, sondern funktional äquivalent auch an der lokalen Vermittlungskomponente durchgeführt werden könnte. Eine Beschränkung kommt jedoch einer Reduktion der entstehenden Netzlast zu Gute.

9.2.3 Entfernte Subskriptionsauswertung

Die Methode der Kanalreplikation bietet sich an, falls lokal an einer Vermittlungskomponente eine Vielzahl von registrierten Subskriptionen existiert, welche auf a priori nicht replizierte Informationskanäle zugreifen. Dementsprechend ist die Methode der entfernten Subskriptionsauswertung zu bevorzugen, falls nur wenige Sub-

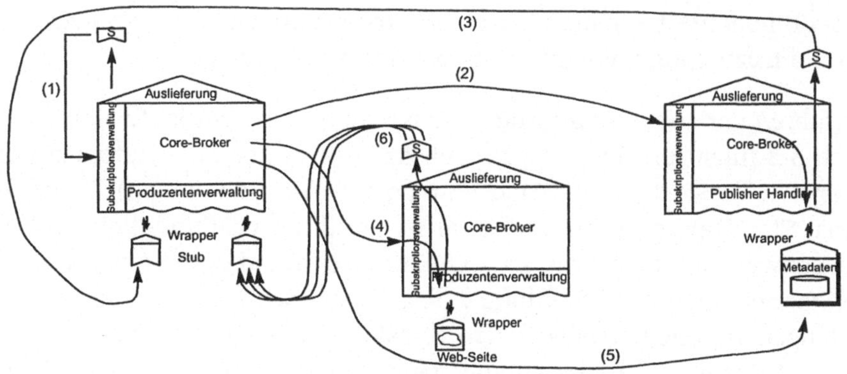

Abb. 9.3: Ablauf der Kanalreplikation

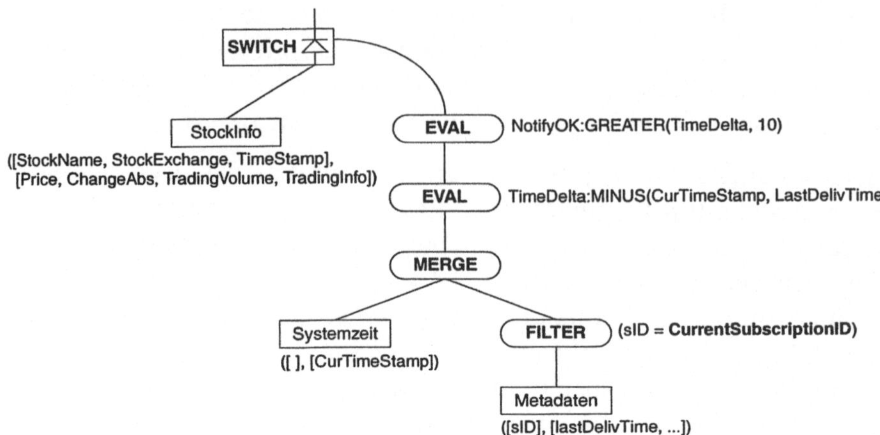

Abb. 9.4: Exemplarische Subskription zur Kanalreplikation

skriptionen auf entfernte Informationskanäle zugreifen. Im Gegensatz zur Kanalreplikation, in welcher eine generische Subskription formuliert wird, wird im Fall der entfernten Subskriptionsauswertung die vollständige Subskription bzw. ein Teil der Originalsubskription weitergeleitet, so dass zwei Fälle unterschieden werden können:

- *Partiell entfernte Auswertung:* Im Fall einer partiell entfernten Auswertung wird nach der Phase der Restrukturierung (Abschnitt 9.3.2) der größtmögliche Anteil einer Subskription an eine entfernte Vermittlungskomponente weitergereicht. In der Vermittlungskomponente der Originalsubskription verbleibt lediglich ein virtueller Informationskanal, der von der abgetrennten Subskription versorgt wird und nicht allgemein zugänglich ist.

- *Vollständig entfernte Auswertung:* Im Fall einer vollständig entfernten Auswertung wandern nicht nur einzelne Teile einer Subskription, sondern auch die Kontrolle und Verwaltung der Subskription an die entfernte Vermittlungskomponente. Der Subskribent wird dementsprechend auch von der entfernten Vermittlungskomponente bedient, so dass die ursprüngliche Vermittlungskomponente keinerlei Beziehung mehr zu der Subskription aufweist.

Das Verfahren der partiell entfernten Auswertung wird am laufenden Beispiel aus Abschnitt 8.2 illustriert. Die Originalsubskription weise eine Referenz auf die Informationskanäle StockInfo und StockRanking auf (Abbildung 9.5a). Da der Informationskanal StockRanking lokal verfügbar ist, wird der größtmögliche Teil der Subskriptionsanweisung mit Bezug auf den StockInfo-Kanal durch einen virtuellen Kanal RmtStockInfo ersetzt (Abbildung 9.5b). Dieser wird aus der an der entfernten Vermittlungskomponente registrierten Subskription gespeist. Diese wiederum ergibt sich mit Bezug auf die im vorangegangenen Abschnitt geforderte 10-minütige Aktualität zu dem in Abbildung 9.5c skizzierten Operatorengraphen.

Ist der entfernt auszuwertende Anteil der Subskriptionsspezifikation Teil der Auslieferungsbedingung, so ist zur Laufzeit keine weitere Unterstützung notwendig. Wird hingegen ein Teil eines Subskriptionsrumpfes entfernt ausgewertet, so ist im Zuge der Aktivierung des Subskriptionsrumpfes in der ursprünglichen Vermittlungskomponente eine 'Ad-hoc'-Subskription zu formulieren und damit die entfernte Auswertung explizit anzustoßen.

Für Details, wie beispielweise das Schema der von einem Metadatenproduzenten publizierten Nachrichten zur Verwaltung verteilter Vermittlungskomponenten oder die Durchführung von Initialauswertungen im Fall einer Kanalreplikation bzw. entfernten Subskriptionsauswertung, wird der Leser auf die Ausführungen in [RRLH01] verwiesen.

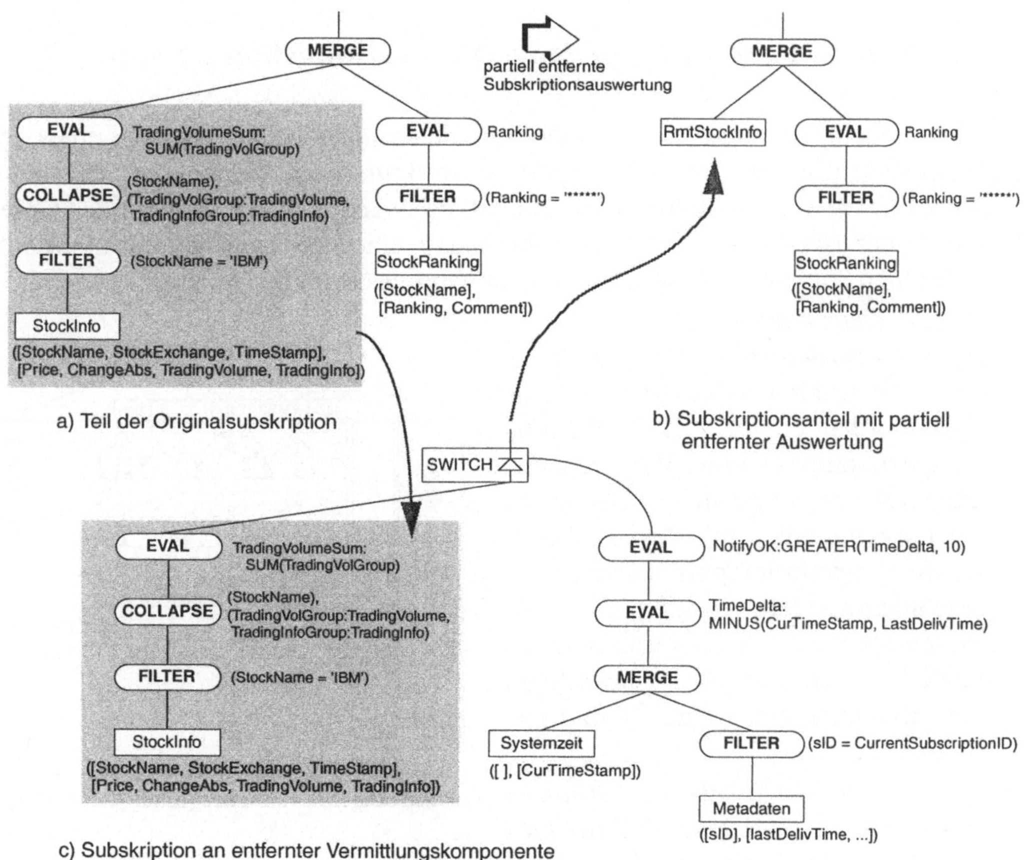

Abb. 9.5: Aufteilung der Subskription bei der Kanalreplikation

9.3 Mikroarchitektur

Während die Makroarchitektur eine horizontale Konfiguration eines Subskriptionsdienstes adressiert, wird unter dem Begriff der Mikroarchitektur in diesem Abschnitt eine vertikale Betrachtung einer Vermittlungskomponente vorgenommen. Dazu wird im Abschnitt 9.3.1 die funktionale Unterteilung in vier Schichten erläutert, die im weiteren Verlauf jeweils isoliert eine detaillierte Untersuchung erfahren. Dazu wird in Abschnitt 9.3.2 die lokale Anwendung von Restrukturierungsregeln beschrieben. Die zweite Schicht, die einen Umbau eines Operatorengraphen aus globaler Sichtweise vornimmt, wird in Abschnitt 9.3.3 skizziert. Der letzte Abschnitt schließlich fasst die Funktionalität der dritten und vierten Schicht zusammen, indem er sich der Abbildung von Operatorengraphen auf relationale Datenbankstrukturen widmet.

9.3.1 Schichtenarchitektur einer Vermittlungskomponente

Die funktionale Dekomposition in eine schichtenartige Konfiguration ist eines der wesentlichen Entwurfsmuster bei der Strukturierung komplexer Systeme ([GHJV95]). Wie aus Abbildung 9.6 ersichtlich, weist auch der Aufbau des Core-Brokers einer *PubScribe*-Vermittlungskomponente eine schichtenartige Struktur auf. Im Einzelnen können vier voneinander unabhängige Schichten identifiziert werden:

- *Lokale Restrukturierung*
  ('query restructuring unit', QRU): In der Schicht der lokalen Restrukturierung werden eingehende Subskriptionsspezifikationen ohne Berücksichtigung des bereits vorhandenen globalen Operatorengraphen mit dem Ziel modifiziert, sowohl temporäre Zwischenergebnisse so klein wie möglich zu gestalten als auch eine (möglichst) einheitliche Struktur der jeweiligen Operatorengraphen zu erzielen (Abschnitt 9.3.2).

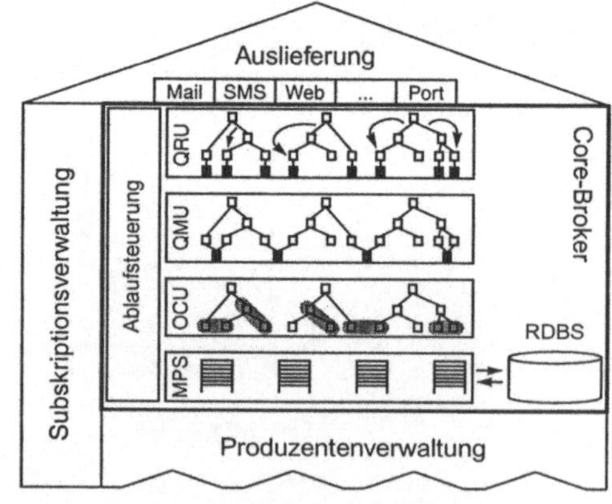

Abb. 9.6: Detailansicht der Vermittlungskomponente (nach [RRLH01])

- *Globale Restrukturierung ('query merging unit', QMU):* Im Fall der globalen Restrukturierung wird eine neue Subskriptionsspezifikation in den bestehenden globalen Operatorenbaum eingepflegt. Abschnitt 9.3.3 skizziert das Verfahren am Beispiel. Eine detaillierte Aufarbeitung dieses zentralen Optimierungsschrittes findet sich in Abschnitt 9.4.

- *Gruppierung einzelner Operatoren ('query clustering unit', QCU):* Die Gruppierung einzelner Operatoren ist als Vorleistung für die nachfolgende relationale Abbildung zu sehen, indem Teile eines Operatorengraphen identifiziert werden, die jeweils isoliert eine relationale Abbildung erfahren.

- *Entwurf relationaler Datenbankstrukturen ('message propagation system', MPS):* In der letzten Phase werden die durch eine neue Subskriptionsspezifikation verursachten Änderungen in relationalen Datenbankstrukturen reflektiert. In diesem Kontext werden entsprechend Propagierungsmechanismen vorgestellt, die beim Eintreffen neuer Nachrichten ablaufen und für ein Durchreichen von Nachrichten an darauf registrierte Subskriptionen sorgen.

Wie sich zeigt, durchläuft eine neue Subskription einen mehrstufigen Optimierungsprozess mit dem Ziel einer möglichst günstigen relationalen Abbildung. Wie in Abschnitt 9.3.4 diskutiert wird, erfolgt dabei die Nutzung des in Abschnitt 4.4 erläuterten Basisdienstes der Triggerunterstützung in Datenbanksystemen. Die vorliegende Schichtenarchitektur erlaubt jedoch durch Austausch der beiden untersten Schichten problemlos die Nutzung anderer Basisdienste wie beispielsweise CORBA (Abschnitt 4.1) oder COM$^+$ (Abschnitt 4.2). Die Kommunikation erfolgt dabei – entsprechend dem dokumentenzentrierten Grundgedanken des *PubScribe*-Systems – durch Austausch von XML-Dokumenten, die jeweils einem XML-Schema im Sinne einer Parameterdefinition zu genügen haben; eine Offenheit des Systems auch auf Modulebene ist somit gewährleistet.

9.3.2 Lokale Subskriptionsrestrukturierung

Aufgabe der lokalen Subskriptionsrestrukturierung ist es, eine von der Ablaufsteuerung erhaltene Subskriptionsspezifikation algebraisch dergestalt zu modifizieren, dass aus lokaler Sicht eine günstigere Abbildung auf den verwendeten Basisdienst erfolgen kann. Die Grundidee besteht darin, in Anlehnung an die klassischen Restrukturierungstechniken aus dem Bereich relationaler Anfrageoptimierung ([Mits95], [ElNa00], [RaGe00]), die zwischen den einzelnen Operatoren fließenden Datenströme in ihrem Volumen zu minimieren. In *PubScribe* hat die Phase der lokalen Subskriptionsrestrukturierung darüber hinaus die Aufgabe, eingehende Subskriptionen soweit wie möglich in eine standardisierte Struktur zu überführen. Diese Modifikation ist dadurch motiviert, dass der Operatorengraph der neu einzubringenden Subskription möglichst gut in der sich anschließenden globalen Restrukturierungsphase in den im Subskriptionssystem vorhandenen globalen Operatorengraph eingepflegt werden kann. Das bereits allgemein in Abschnitt 7.3 skizzierte Verfahren setzt dabei eine Operatorengleichheit auf jeder Stufe der zu vergleichenden Operatorengraphen voraus, um einen erfolgreichen Verschmelzungsvorgang der beiden Graphen zu realisieren.

Zur Illustration der lokalen Subskriptionsrestrukturierung sei folgendes Szenario mit Bezug auf die bereits in Abschnitt 8.1.2 bzw. Abschnitt 8.2 eingeführten Informationskanäle StockInfo und StockRanking gegeben: Die Subskription interessiert sich für die Bezeichnung der mit fünf Sternen bewerteten Aktien, deren 200-Tage-Durchschnittspreis unter dem 30-Tage-Durchschnittspreis bzgl. der täglichen Schlusskurse (um 19:30 Uhr) an der Frankfurter Börse ('FSE') liegt. Abbildung 9.7 zeigt einen zu dieser Subskription korrespondierenden Operatorengraph, wie er beispielsweise von einer Anwendung schematisch generiert werden könnte.

In beiden Ästen zur Berechnung der Durchschnittspreise werden für eine effizientere Auswertung FILTER()-, EVAL()- und SHIFT()-Operatoren mit Bezug auf den StockInfo-Kanal gleichermaßen unterhalb des MERGE()-Operators gedrückt. Eine Verschiebung des FILTER()-Operators zur Selektion aller Aktien mit einer Bewertung von fünf Sternen ist auf Grund der Verbundsemantik (Abschnitt 8.3.6) zwischen einer MSGSEQ- und MSGSET-Struktur nicht möglich. Würde der FILTER()-Operator vor dem Verbund erfolgen, so würden zwar nur die gewünschten Aktienbezeichnungen in den Verbund mit der MSGSEQ-Struktur einfließen, die Nachrichten über geringer eingestufte Aktien würden jedoch durch den Verbund nicht eliminiert, sondern mit einem leeren Wert für das Attribut Ranking versehen.

9.3.3 Globale Subskriptionsrestrukturierung

Die grundlegende Idee der globalen Subskriptionsrestrukturierung ist bereits in Abschnitt 6.3.1 im Kontext der Entscheidungsnetzwerke aufgearbeitet worden. Eine Vielzahl von Subskriptionen sind in Teilen ihres Subskriptionsrumpfes oder ihrer Bedingungen oftmals von ähnlicher Gestalt, was insbesondere durch eine schematische Generierung von Subskriptionen in Anwendungsprogrammen verstärkt wird. Daraus leitet sich die Idee ab, im Subskriptionssystem jeweils einen globalen Operatorengraphen zur Bedingungsprüfung (Abschnitt 6.3) und einen globalen Operatorengraphen zur Auswertung von Subskriptionsrümpfen (Abschnitt 7.3) zu pflegen. Zwei wesentliche Vorteile werden dabei sofort ersichtlich:

- *Nutzung gemeinsamer Auswertungen:* Insbesondere bei der Bedingungsprüfung, aber auch bei der Aktualisierung lokaler Subskriptionssichten, kann aus ablauforientierter Sichtweise auf eine mehrfache Auswertung gleicher oder ähnlicher Teile verzichtet werden, was zu erheblichen Laufzeitverbesserungen aus globa-

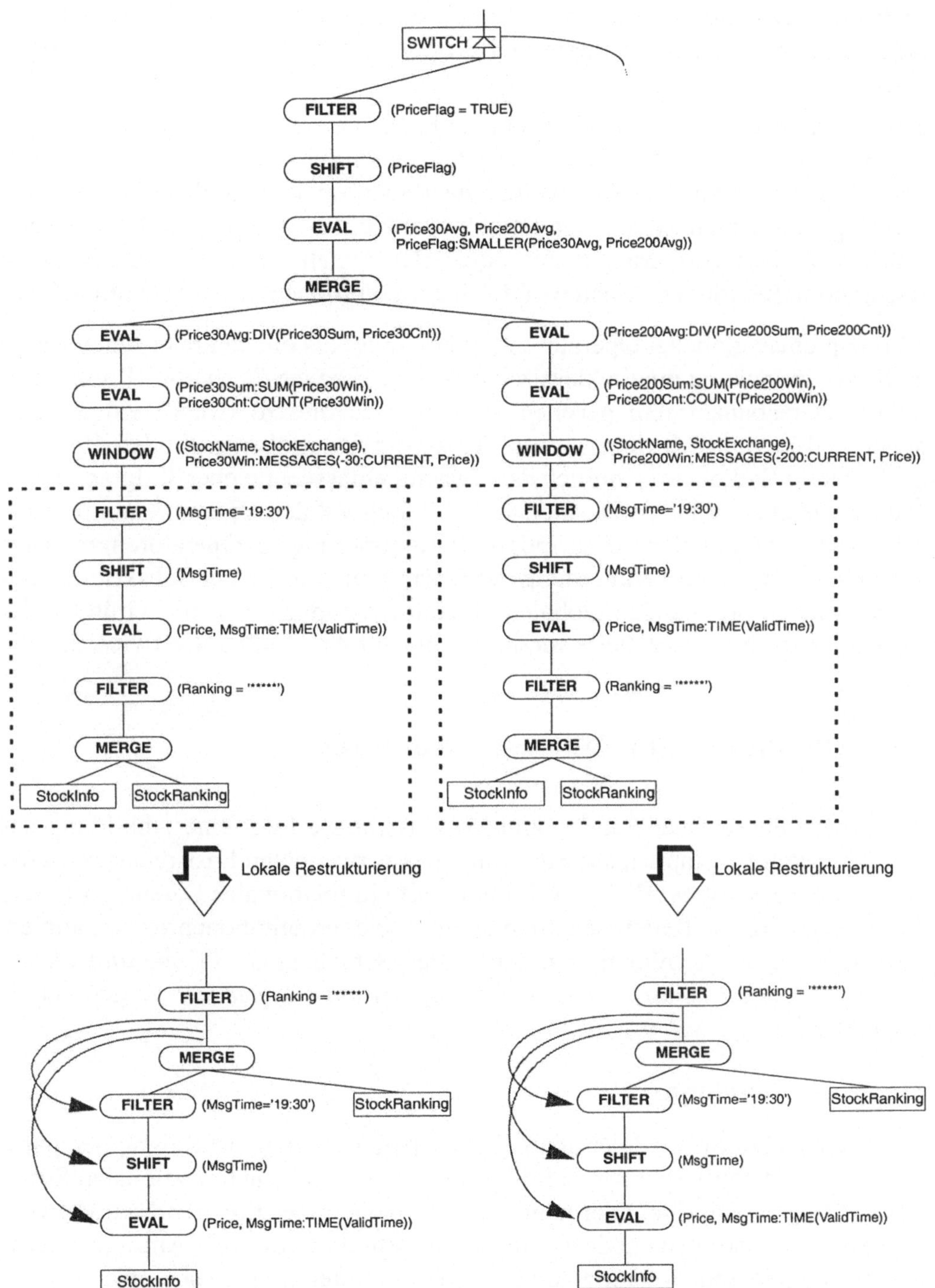

Abb. 9.7: Beispiel einer lokalen Subskriptionsrestrukturierung

ler Perspektive führen kann. Im Einzelnen kann sich jedoch der Aufwand durch die Auswertung verallgemeinerter Subskriptionsdeltas (Abschnitt 7.3.3) vergrößern.

- *Einsparung von Ressourcen:* Da prinzipiell jeder Operator eine Reflexion in dem zu Grunde liegenden Basisdienst erfordert, kann durch Nutzung gemeinsamer Teilgraphen aus statischer Sichtweise eine Reduktion der vom Basisdienst in Anspruch genommenen Ressourcen erreicht werden. In der konkreten Realisierung drückt sich diese Einsparung in der reduzierten Anzahl der im Datenbanksystem registrierten Relationen, Sichten und Triggerdefinitionen aus (Abschnitt 9.4.3).

Das Prinzip eines globalen Operatorengraphen muss als ein zentraler Unterschied eines Subskriptions- zu einem klassischen – dem *'Request/Response'*-Prinzip folgenden – Datenbanksystem gesehen werden. Aus diesem Grund widmet sich Abschnitt 9.4 ausführlich dem Thema der subskriptionsübergreifenden Optimierung. An dieser Stelle wird lediglich das Zusammenfassen gleicher Teilgraphen am laufenden Beispiel erläutert. Dazu zeigt Abbildung 9.8 den Operatorengraph nach Durchführung der globalen Subskriptionsrestrukturierung am Operatorengraph aus Abbildung 9.7. Auf eine Verknüpfung des Operatorengraphen der Subskription mit dem im System vorliegenden globalen Operatorengraphen wird aus Gründen der Übersichtlichkeit an dieser Stelle verzichtet und auf Abschnitt 9.4 verwiesen.

9.3.4   Abbildung auf relationale Strukturen

In der dritten Phase einer Subskriptionsregistrierung erfolgt eine Abbildung des *PubScribe*-Operatorengraphen auf Strukturen des verwendeten Basisdienstes. In der aktuellen Realisierung wird eine Abbildung auf ein relationales Datenbanksystem unter Verwendung von Relationen, Sichten- und Triggerdefinitionen vorgenommen. Funktional wird die Abbildung von den beiden Schichten OCU (*'operator clustering unit'*) und MPS (*'message propagation system'*) vorgenommen (Abschnitt 9.3.1).

Strukturelle Abbildung

In einem ersten Schritt wird der übergebene Operatorengraph in Teilgraphen partitioniert, die im darauffolgenden Schritt jeweils in einer eigenen relationalen Struktur, d.h. als Datenbanksicht oder materialisiert in einer Relation, repräsentiert werden. Die Partitionierung dient dazu, die Sichtendefinition (bzw. die Anfrage, mit der eine korrespondierende Relation gefüllt wird) strukturell möglichst einfach und somit autonom wartbar (Abschnitt 7.1.2) zu gestalten. Dabei ist ein Mittelweg zwischen den beiden extremen Positionen der Abbildung jedes einzelnen Operators als isolierte Einheit auf relationaler Ebene und der Reflexion des gesamten Operatoren-

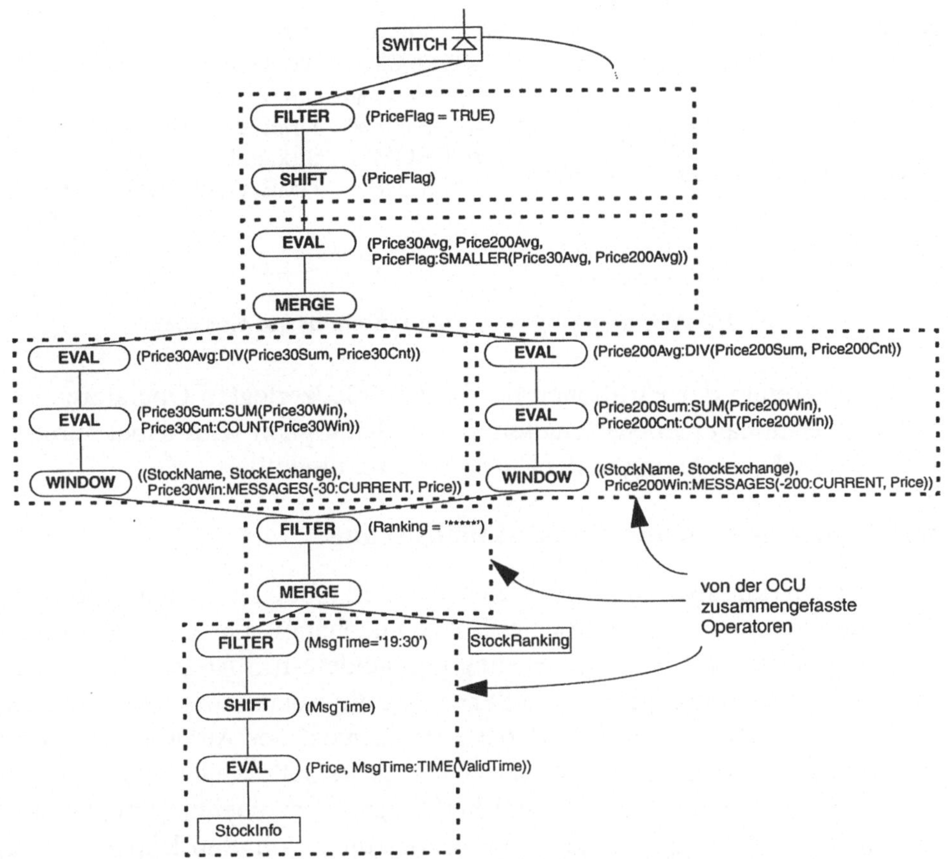

Abb. 9.8: Operatorenbaum nach globaler Subskriptionsrestrukturierung

baumes als entsprechend komplex strukturierte Sichtendefinition zu finden. Ausgehend von den Blättern wird sukzessive getestet, ob die Hinzunahme eines weiteren Operators die geforderte Einfachheit erhält. Bewusst wird dabei auf die Konstruktion eines geschachtelten relationalen Ausdrucks verzichtet.

In einem zweiten Schritt werden die Teilgraphen auf relationale Ausdrücke in Form einer SQL-Anweisung abgebildet, wobei sich die einzelnen Operatoren in den jeweiligen Klauseln widerspiegeln; so finden sich Filterbedingungen in der WHERE-Klausel, EVAL()-Operatoren in der SELECT-Klausel und statische Gruppierungen in der GROUP BY-Klausel. Ein WINDOW()-Operator wird beispielsweise mit nachfolgenden EVAL()-Operatoren kombiniert und entweder durch eine PARTITON BY-Klausel als 'Reporting Function' ([IBM01a], [Orac01a]) abgedeckt oder bei Einsatz eines Datenbanksystems ohne derartige Funktionalität durch einen entsprechenden Ausdruck in der relationalen Algebra simuliert. Abbildung 9.9 zeigt die Repräsentation eines Teils des Operatorengraphen aus Abbildung 9.8 als Datenbanksicht.

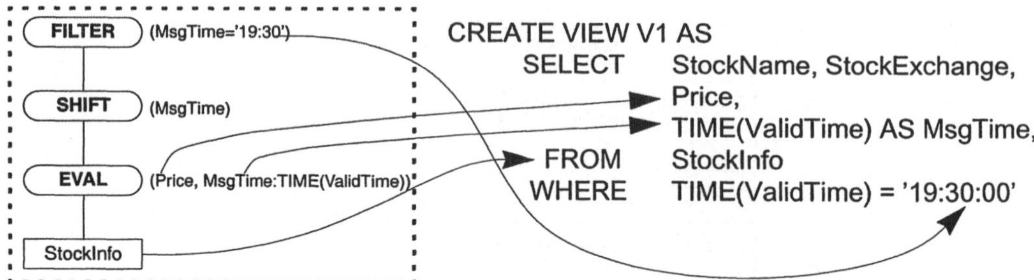

Abb. 9.9: Abbildung eines Operatorenbaums auf eine Sicht

Die Abhängigkeiten der Partitionen des in der OCU zerlegten Operatorengraphen bleiben auf relationaler Ebene erhalten. Die Abhängigkeit wird dabei durch Referenz der Sichtenbezeichnung in der FROM-Klausel modelliert.

Materialisierte Sichten und deren Aktualisierung

Der Einsatz von (klassischen) Datenbanksichten erlaubt eine flexible Abbildung eines Operatorengraphen auf relationaler Ebene unabhängig davon, ob es sich um einen Subskriptionsrumpf oder eine Bedingung handelt. Ein Abgreifen der Sicht an der Wurzel des Operatorengraphen stößt rekursiv die Auswertung aller eingehenden Sichten an. Wie bereits in Abschnitt 6.3.3 im Kontext der Aufarbeitung von Entscheidungsnetzwerken diskutiert wird, erlaubt die gezielte Materialisierung einzelner Sichten (d.h. Knoten im relational hinterlegten Entscheidungsnetzwerk) eine beschleunigte Bedingungsprüfung und Auswertung von Subskriptionsanfragen. Dabei ist jedoch analog zur Aufteilung der Diskussion allgemeiner Verfahren zur Verwendung materialisierter Sichten in Abschnitt 6.3 (Bedingungsprüfung) und Abschnitt 7.3 (Auswertung der Subskriptionsanfragen) eine Unterscheidung zu treffen.

Im Gegensatz zum Einsatz materialisierter Sichten bei der Auswertung von Subskriptionsanfragen werden bei der Unterstützung der Bedingungsprüfung durch materialisierte Sichten auf Datenbankebene Trigger (Abschnitt 4.4) eingesetzt, um eine Aktualisierung dieser Sichten zu initiieren. Ein Trigger von einer materialisierten Sicht X auf eine materialisierte Sicht Y bedeutet dann, dass beim Einfügen einer neuen Nachricht in X der Ablaufsteuerung signalisiert wird, dass eine Aktualisierung von Y notwendig geworden ist. Somit existiert von jeder Basisrelation (als relationale Repräsentation eingehender und noch nicht propagierter Nachrichten) ein Trigger zu jeder direkt abhängigen materialisierten Sicht. Von jeder derartigen materialisierten Sicht (physisch als Relation repräsentiert) existiert wiederum ein Trigger auf jede davon direkt abhängige Sicht. Diese Vorwärtspropagierung von Änderungsanzeigen findet ihren Abschluss in der Wurzel des entsprechenden Operatorengraphen, d.h. dem SWITCH-Element, welches für beide Eingänge den jeweiligen

Endzustand speichert. In Abbildung 9.10 ist ein abstrakter Operatorengraph mit Subskriptionsrumpf und Auslieferungsbedingung verknüpft über ein SWITCH-Element gezeigt. Dabei repräsentieren schattiert hinterlegte Operatoren die Wurzel eines Teilbaumes, der materialisiert als Relation vorliegt; durchgängig gezeichnete Pfeile veranschaulichen die Existenz einer Triggerdefinition, die jeweils beim Eintreffen einer neuen Nachricht eine Aktualisierung der Zielknoten initiieren.

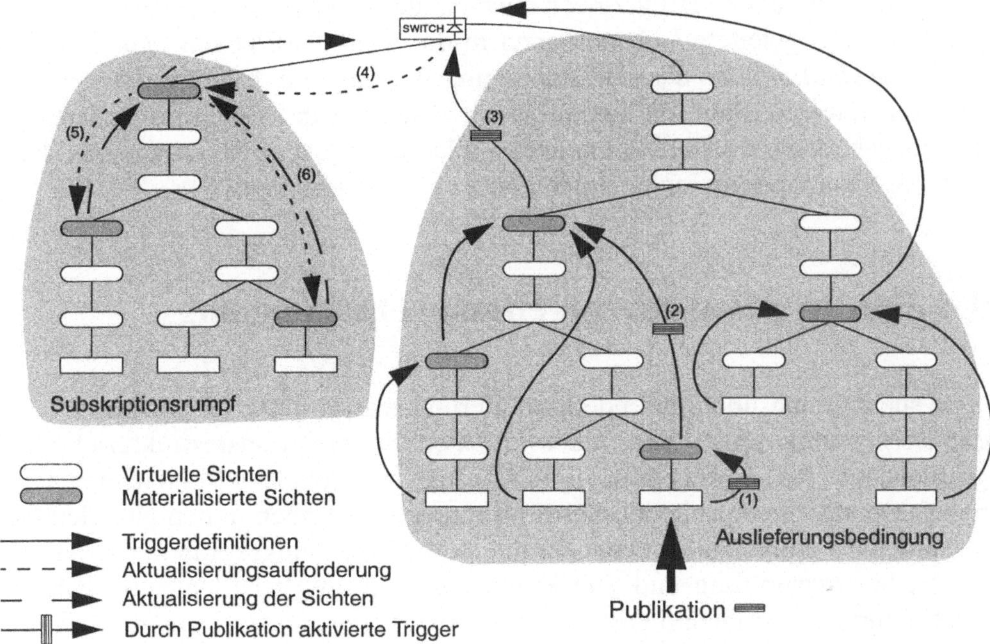

Abb. 9.10: Triggerkonfiguration und Aktualisierungsaufforderung

Dynamische Vorgänge bei einer Publikation

Beim Eintreffen einer Publikation werden in einer ersten Evaluierungsphase alle registrierten Bedingungen geprüft. Dazu werden nach dem Eintragen der Nachricht in die Basisrelation die Trigger aktiviert, die eine Propagierung dieser Nachricht realisieren ((1) in Abbildung 9.10). Nach dem Einbringen der Originalnachricht in diese materialisierte Sicht werden die dort vorgenommenen Änderungen an die nächste materialisierte Sicht durch eine Trigger-initiierte Propagierung weitergeleitet (2). Dieses Verfahren wiederholt sich, bis die Wurzel der Bedingung, d.h. das SWITCH-Element, erreicht ist (3). Zeigt die Wurzelaktualisierung einen wahren Wert an, so wird die Bedingung von der Ablaufsteuerung als erfüllt erkannt und die Auswertung der korrespondierenden Subskriptionsanfrage angestoßen. Dazu wird die Subskriptionssicht analog zu dem in Abschnitt 7.3.1 skizzierten Verfahren aufgefordert, sich zu aktualisieren (4). Setzt die Subskriptionssicht wiederum auf materialisierten Sichten auf, so wird eine Aktualisierung dieser Sichten angefordert ((5) und (6) in

Abbildung 9.10). Durch eine derartige Sichtenhierarchie werden gemeinsame Teile von Subskriptionen nur einmal ausgewertet. Für Subskriptionen, die auf bereits aktualisierte Sichten zugreifen, entfällt die Auswertung des von dieser Sicht abgedeckten Teils des Operatorengraphen.

Zusammenfassend ist die Propagierung von Nachrichten als eine push- und eine pull-basierte Bewegung zu interpretieren. So sorgen auf der aktiven Seite einer Subskriptionsspezifikation Triggermechanismen dafür, dass eingehende Nachrichten bzw. daraus abgeleitete Informationen in das SWITCH-Element gedrückt werden (*'eager evaluation'*), so dass die Bedingungsprüfung von der Ablaufsteuerung vorgenommen werden kann. Auf der passiven Seite der Subskriptionsanforderung werden ausgehend vom SWITCH-Element Änderungen erst auf Nachfrage in die endgültigen Subskriptionssichten eingebracht (*'lazy evaluation'*).

9.4 Subskriptionsübergreifende Optimierung

Eine subskriptionsübergreifende Optimierung realisiert die in Abschnitt 9.3.3 exemplarisch aufgezeigte Phase der globalen Subskriptionsrestrukturierung. Die grundlegende Idee besteht darin, durch Ausnutzung von Strukturgleichheit auf Ebene der Operatoren eingehende Subskriptionsspezifikationen in den globalen Operatorengraphen optimal einzubetten, der in jeder Vermittlungskomponente jeweils für die Bedingungsprüfung und Subskriptionsauswertung gehalten wird. Ziel dieser Restrukturierung sind zum einen Laufzeitersparnisse durch Ausnutzung gemeinsamer Vorauswertungen und zum anderen eine Reduktion von in Anspruch genommenen Ressourcen des zu Grunde liegenden Basisdienstes zu erreichen. In diesem Abschnitt wird dazu der im *PubScribe*-System eingesetzte Mechanismus zur Erkennung und Ausnutzung von Strukturgleichheit in Subskriptionsspezifikationen basierend auf der in Abschnitt 7.3.2 allgemein vorgestellten Technik der zustandsorientierten Nutzung gemeinsamer Ausdrücke ([ZCP+00] ,[LPCZ01] und [LCS+01]) in aller gebotenen Kürze erläutert und eine Evaluierung des Optimierungsansatzes skizziert.

Zur Illustration des Verfahrens der subskriptionsübergreifenden Optimierung seien die beiden in Abbildung 9.11 gezeigten Operatorengraphen zusammen mit einer möglichen Konfiguration nach Durchführung einer globalen Restrukturierung gegeben. In ihrer Struktur identisch, ermittelt Operatorengraph 1 für die IBM-Aktie an der Frankfurter Börse das Gesamthandelsvolumen und den durchschnittlichen Preis; Operatorengraph 2 bestimmt darüber hinaus für die Oracle-Aktie den niedrigsten und höchsten Preis sowie das durchschnittliche Handelsvolumen. Durch Anwendung einer subskriptionsübergreifenden Optimierung ist eine Identifizierung 'ähnlicher' Teile und deren gemeinsame Nutzung möglich. Die Voraussetzungen dafür beschränken sich jedoch nicht nur auf den Typ des gemeinsam zu nutzenden Operators, sondern beziehen sich darüber hinaus auch auf die Parametrierung der jeweiligen Operatoren. So werden im Beispiel aus Abbildung 9.11 zunächst alle später referenzierten Kennzahlen ermittelt und in einer jeweils lokalen Kompensation auf die tatsächlich in der jeweiligen Subskription geforderten Kennzahlen durch Anwendung einer EVAL()-Operation reduziert. Wie die Existenz eines zusätzlichen FILTER()-Operators im Kompensationsteil des Operatorengraphen 2 zeigt, können weitere Operatoren notwendig werden, falls der gemeinsame Teil einen größeren Datenbestand – bestimmt durch das schwächste Filterkriterium – adressiert.

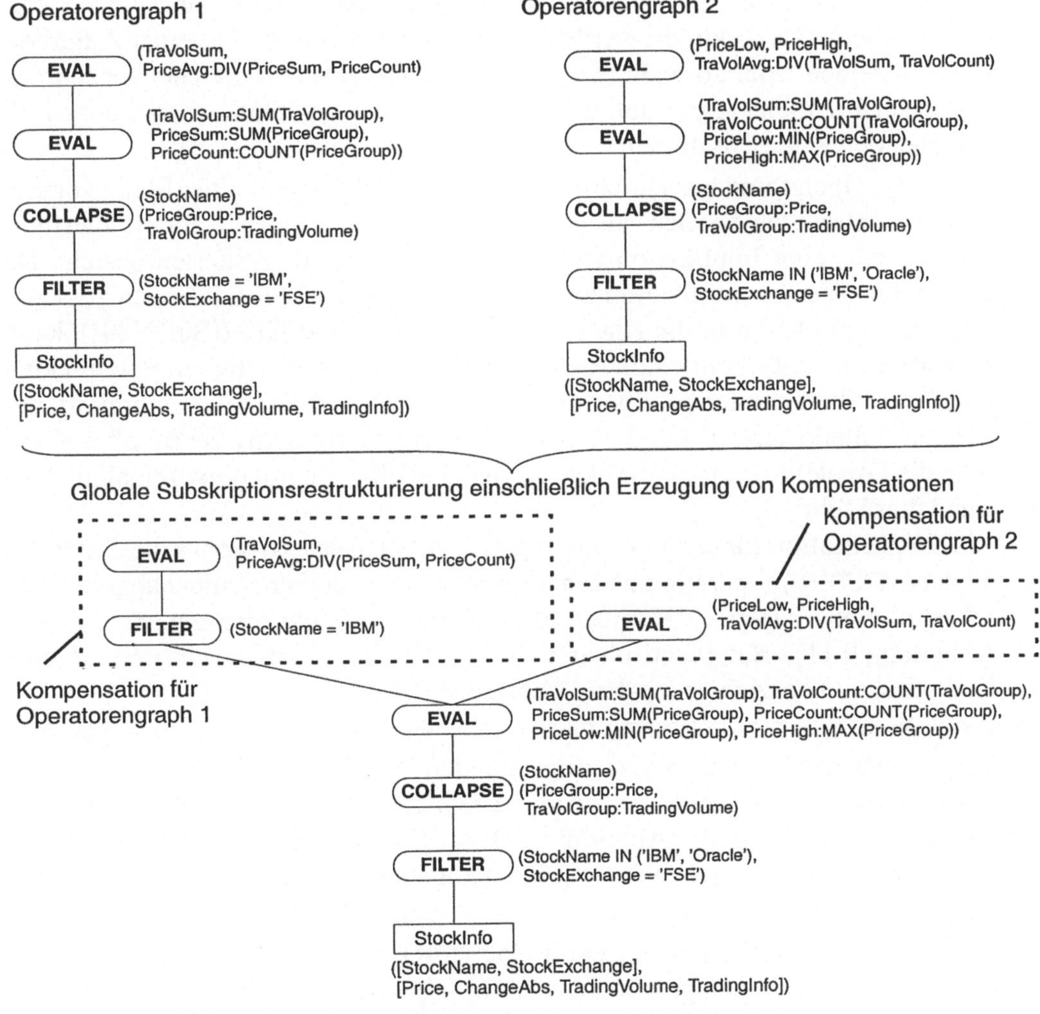

Abb. 9.11: Beispiel zur subskriptionsübergreifenden Optimierung

9.4.1   Einstufige Kompensationen

Die Voraussetzung einer nicht auf Namensgleichheit, sondern auf Strukturgleichheit basierenden Erkennung und Ausnutzung gemeinsamer Ausdrücke in a priori unabhängigen Operatorengraphen besteht darin, eine Subsumtionsbeziehung zwischen zwei Operatoren zu erkennen und die Unterschiede mit einer zu generierenden Kompensation auszugleichen. Dazu sind in Abschnitt 7.3.3 basierend auf [LPCZ01] die im relationalen Datenmodell bzw. in der relationalen Algebra ([Date00], [ElNa00]) notwendigen und hinreichenden Kriterien für eine erfolgreiche Aufzeichnung einer Subsumtionsbeziehung zweier Operatoren genannt. Zum Transfer dieser Technik in den Kontext der Subskriptionssysteme ist eine Anpassung an die spezifischen Operatoren, wie sie beispielsweise für das *PubScribe*-System in Abschnitt 8.3 diskutiert werden, notwendig. Dazu bedarf es einer Aufarbeitung der einzelnen Operatoren hinsichtlich notwendiger und hinreichender Kriterien für eine erfolgreiche Aufzeichnung von Subsumtionsbeziehungen und der damit einhergehenden Kompensationen:

- *Filterung:* Operatoren zur Durchführung einer Selektion auf einer Menge eingehender Nachrichten können nur dann in eine Subsumtionsbeziehung überführt werden, falls eine Implikation zwischen den beiden Filterkriterien besteht. Da der Nachweis einer Implikation zwischen zwei allgemein formulierten aussagelogischen Prädikaten in die Klasse NP-harter Probleme fällt ([SuKN89]), kann im vorliegenden *PubScribe*-Kontext von der bereits modellseitig eingeschränkten Form von Filterkriterien profitiert werden. Wie in Abschnitt 8.3.1 eingeführt, besteht ein Filterkriterium lediglich aus einer Menge konjunktiv verknüpfter Klauseln; die Feststellung einer Implikation ist dabei effizient mit polynomialem Aufwand durchführbar.

  Als Kompensation für den Operatorengraph mit dem selektiveren Filterkriterium dient ein FILTER()-Operator mit dem originalen bzw. den noch nicht abgedeckten Filterkriterien (vgl. Kompensation des Operatorengraphen 1 aus Abbildung 9.11). Bei identischen Filterkriterien kann offensichtlich auf eine Kompensation verzichtet werden (Abbildung 9.12a).

- *Attributmigration:* Ein SHIFT()-Operator subsumiert einen Operator gleichen Typs genau dann, wenn die zu migrierenden Attribute des einzuschließenden Operators eine Teilmenge der zu migrierenden Attribute des subsumierenden SHIFT()-Operators bilden (Abbildung 9.12b). Eine Kompensation besteht darin, die durch die Teilmengenbeziehung nicht abgedeckten Attribute zu migrieren.

- *Nachrichteninterne Berechnungen:* Bei der Entscheidung über eine Subsumtionsbeziehung zwischen zwei EVAL()-Operatoren sind zwei Fälle zu unterscheiden: Entweder ist eine Operation des EVAL()-Operators im subsumierenden Operator mit einer identischen Parameterbelegung vorhanden oder alle Attribute, die in einer EVAL()-Operation benötigt werden, werden vom subsumierten EVAL()-

Operator erzeugt. Die Kompensation besteht dann aus einem EVAL()-Operator, der für den ersten Fall ein Durchreichen der Ergebnisattribute und für den zweiten Fall die Anwendung der im subsumierenden Operator geforderten EVAL()-Operationen enthält (Abbildung 9.12c).

- *Statische Gruppenbildung:* Voraussetzung für die Aufzeichnung einer Subsumtionsbeziehung zwischen zwei COLLAPSE()-Operatoren ist eine Teilmengenbeziehung der gruppenbildenden Attribute. Wie in Abbildung 9.12d gezeigt, besteht eine Kompensation aus einer Kombination eines COLLAPSE()- und eines EVAL()-Operators. Der kompensierende COLLAPSE()-Operator erzeugt dabei in einem ersten Schritt die vom subsumierenden Operator geforderte Gruppenbildung. Die Ausführung des nachfolgenden EVAL()-Operators dekrementiert durch Anwendung einer EXTRACT()-Operation die Schachtelungstiefe der durch die Kompensation nun doppelt gruppierten Informationsattribute.

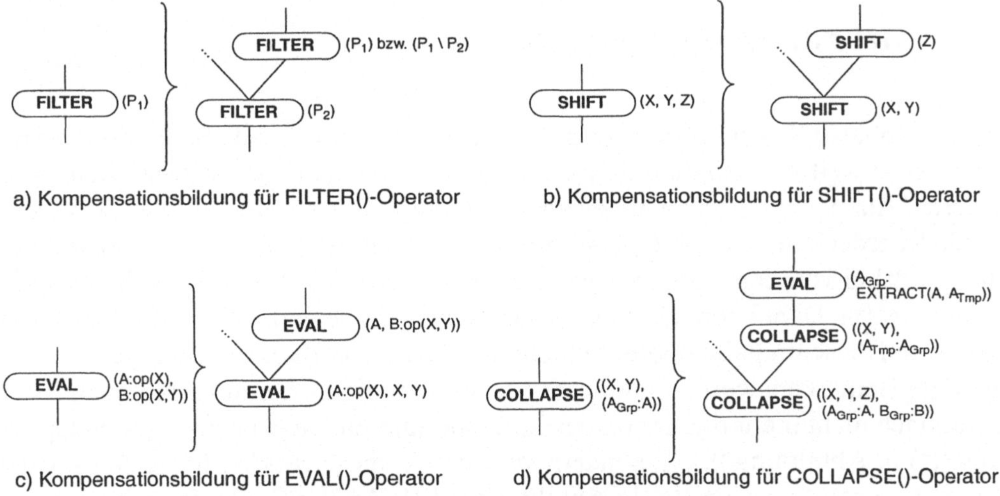

a) Kompensationsbildung für FILTER()-Operator

b) Kompensationsbildung für SHIFT()-Operator

c) Kompensationsbildung für EVAL()-Operator

d) Kompensationsbildung für COLLAPSE()-Operator

Abb. 9.12: Kompensationsbildungsregeln

Bei der verbleibenden dynamischen Gruppenbildung durch Anwendung eines WINDOW()-Operators ist eine Kompensationsbildung nicht möglich, so dass eine gemeinsame Nutzung eines WINDOW()-Operators nur bei exakter Übereinstimmung der Operatorenspezifikation stattfinden kann.

Ähnliches gilt für den Verbund zweier Mengen von Nachrichten. Grundsätzlich müssen bei der gemeinsamen Nutzung von Verbundoperatoren beide Partner identische Operanden aufweisen. Darüber hinaus ist anzumerken, dass die Verknüpfung von Nachrichten im Allgemeinen weder assoziativ noch kommutativ ist (Abschnitt 8.3.6). Eine Subsumti-

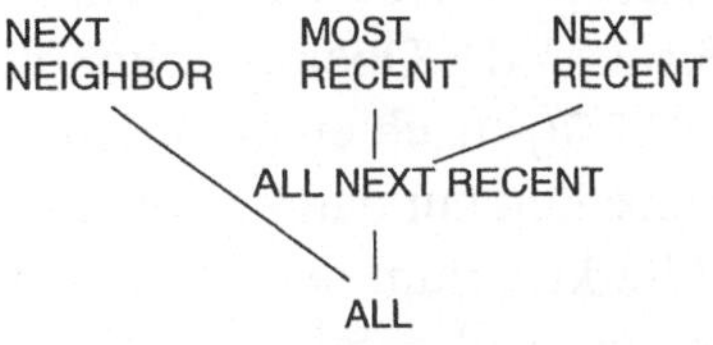

Abb. 9.13: Subsumtion bei Verbundsemantiken

onsbeziehung kann jedoch beim Verbund zweier MSGSEQ-Strukturen mit unterschiedlichen Verknüpfungssemantiken auftreten. Abbildung 9.13 zeigt mögliche Ableitungsbeziehungen; so kann ein Verbund mit der Strategie NEXT RECENT von einem Verbund mit Partnerwahlstrategie ALL NEXT RECENT bzw. ALL abgeleitet werden. Da durch Anwendung der lokalen Restrukturierung eine implizite Migration der Verbundoperatoren soweit wie möglich nach oben erfolgt, stellt die restriktive Behandlung von Verbundoperatoren keine nennenswerte Einschränkung der Mächtigkeit des Verfahrens dar. Im Allgemeinen bieten die vorgestellten Kompensationsbildungsregeln aus der lokalen Perspektive einzelner Operatoren die Basis für die Erkennung und Nutzung ganzer Operatorenbäume. Die in diesem globalen Kontext notwendige Betrachtung der Kompensationsbildung über mehrere Stufen wird im folgenden Abschnitt diskutiert.

9.4.2 Mehrstufige Kompensationen

Ziel der globalen Restrukturierungsphase ist es, eine eingehende Subskriptionsspezifikation so weit wie möglich in den bereits vorhandenen Auswertegraphen zu integrieren. Aus Sicht der dazu angewandten Technik gilt es, eine möglichst weitreichende Überdeckung zweier Operatorengraphen zu konstruieren. Die Konstruktion schreitet dabei von den Datenquellen der zu verschmelzenden Teilgraphen schichtenweise voran. Dabei wird in einem ersten Schritt die jeweils lokale Kompensation erzeugt und diese im Fall höherer Schichten an bereits vorhandene Kompensationen angefügt. Bemerkenswert ist an dieser Stelle, dass die bisher aufgelaufenen Kompensationen nicht mehr direkt von den korrespondierenden subsumierenden Operatoren ((1) in Abbildung 9.14), sondern vom neu in dieser Stufe hinzugekommenen Operator versorgt werden ((2) in Abbildung 9.14). An der Stelle des subsumierten Operators verbleibt die auf dieser Ebene generierte Kompensation, so dass das Ergebnis dieser Kompensation äquivalent zum Ergebnis des ursprünglichen Operators ist.

Eine Verschiebung der Kompensation über einen neu hinzugenommenen Operator ist offensichtlich nicht grundsätzlich möglich, so dass allgemein neben einer erfolgreichen Aufzeichnung einer operator-lokalen Subsumtionsbeziehung die globale Struktur der Operatorengraphen eine zentrale Rolle spielt. Folgt beispielsweise eine FILTER()- nach einer COLLAPSE()-Operation, so kann eine Verschiebung der Kompensation nur dann erfolgen, wenn die COLLAPSE()-Operation alle Attribute, die im Filterkriterium der FILTER()-Operation referenziert werden, die Gruppierung überleben. Andernfalls muss die Konstruktion gemeinsamer Operatorengraphen trotz erfolgreicher Subsumtionsbeziehung und Generierung einer entsprechenden Kompensation abgebrochen werden.

In Abbildung 9.15 ist ein umfangreiches Szenario zur Illustration der Propagierung mehrstufiger Kompensationen gegeben. In der ersten Stufe wird eine Subsumtionsbeziehung zwischen den beiden FILTER()-Operatoren aufgezeichnet und die entsprechende Kompensation, bestehend aus dem Filterkriterium des subsumierten Operators, erzeugt. Auf der zweiten Ebene kann wiederum eine Subsumtionsbeziehung zwischen zwei COLLAPSE()-Operatoren festgestellt werden. Der subsumierende Partner wird dem vorangegangenem FILTER()-Operator nachgeschaltet; die zum FILTER()-Operator korrespondierende Kompensation wird über den neuen subsumierenden COLLAPSE()-Operator verschoben. Die Migration der Kompensation ist zulässig, da sich die im Filterkriterium referenzierten Attribute in der Gruppenbildung des neuen Vorgängerknotens wiederfinden. In der dritten Stufe werden die beiden zunächst isoliert ausgewerteten EVAL()-Operatoren zu einem subsumierenden Operator zusammengefasst. Da dieser Operator alle benötigten Informationsattribute bereits generiert, ist keine Kompensation notwendig. Eine Propagierung der bereits aufgelaufenen Kompensationen ist ebenfalls möglich, da sich ein EVAL()-Operator nur auf Informations- und nicht auf Identifikationsattribute auswirkt, so dass die Ausführbarkeit der in der Kompensation nachfolgenden Filteroperation nicht gefährdet ist. Eine weitergehende Verschmelzung von Operatoren ist in diesem Szenario nicht mehr gegeben, da zwischen den Operatoren der folgenden Stufe (SHIFT() und EVAL()) keine Subsumtionsbeziehung aufgezeigt werden kann.

Um den Rahmen des vorliegenden Buches nicht zu überschreiten, wird in diesem Kontext wiederum auf eine detaillierte Darlegung des Verfahrens verzichtet. Der interessierte Leser sei an dieser Stelle zum einen auf die allgemeine Literatur zu diesem Verfahren ([ZCP+00], [LPCZ01] und [LCS+01]) und zum anderen auf die ausführliche Beschreibung im *PubScribe*-Kontext ([RRHL01]) verwiesen.

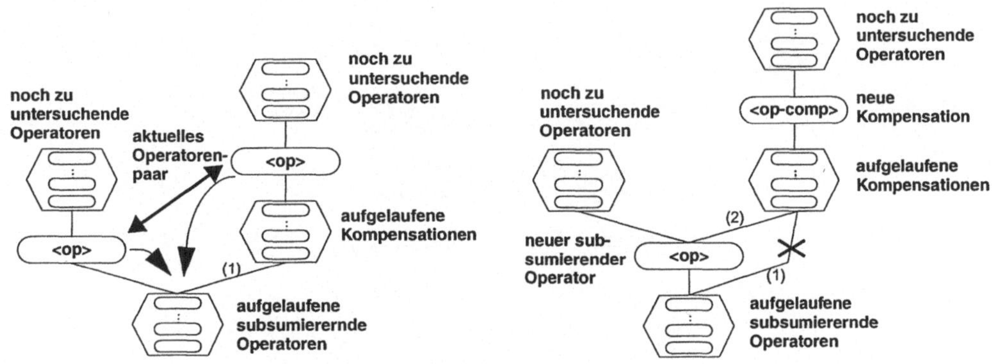

Abb. 9.14: Propagierung mehrstufiger Kompensationen

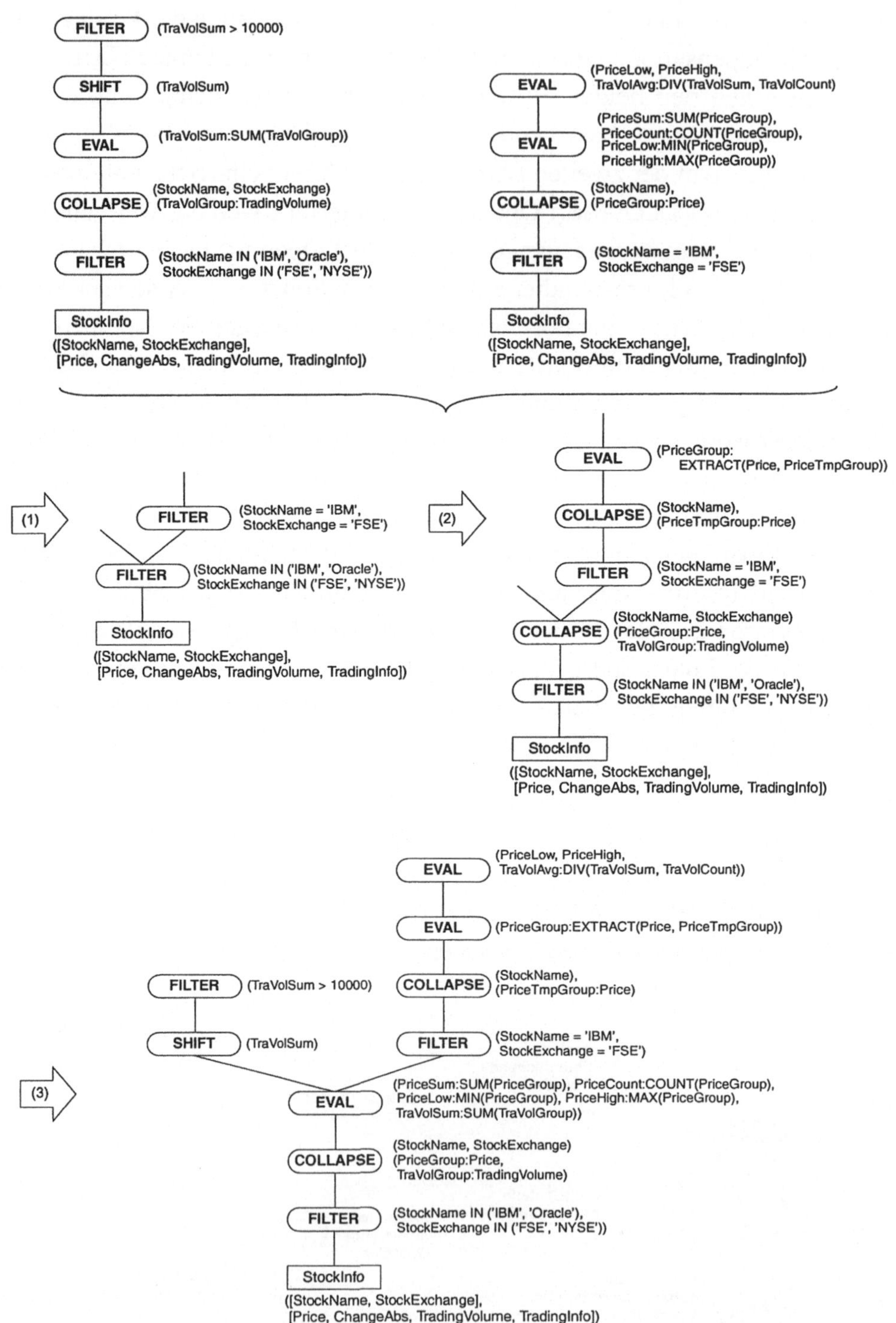

Abb. 9.15: Beispiel zur Propagierung mehrstufiger Kompensationen

9.4.3 Evaluierung globaler Subskriptionsrestrukturierung

Um die Diskussion globaler Restrukturierungen abzurunden, erfolgt in diesem Abschnitt eine kurze Zusammenfassung der in [RRHL01] ausführlich beschriebenen Evaluierung der zuvor eingeführten Technik zur subskriptionsübergreifenden Optimierung. Dazu wird ein Bezug zu einem definierten Testszenario hergestellt, welches 100 zufällig parametrisierte Subskriptionen erzeugt und diese im *PubScribe*-System registriert. Die dabei verwendete Subskriptionsvorlage berechnet mindestens eine der Kennzahlen zur Ermittlung des Höchst,- Tiefst- und Durchschnittspreises aus einem zuvor definierten Informationskanal über (fiktive) Kursentwicklungen von Aktien. Dabei wird entweder nach der Bezeichnung der Aktie oder nach einer Kombination aus Aktienname und Handelsplatz statisch gruppiert. Das Filterkriterium einer Subskription besteht entweder aus einer Restriktion auf eine Aktienbezeichnung alleine oder ist zusätzlich über eine Konjunktion mit einer Einschränkung auf einen Handelsplatz verknüpft. Des Weiteren wird für jede Subskription zufällig aus fünf möglichen Zeitintervallen ein Zeitabstand ausgewählt, welcher die Auslieferungsbedingung reflektiert. Start- und Stoppbedingungen unterliegen keinen weiteren Einschränkungen, so dass jede Subskription unmittelbar nach ihrer Registrierung aktiviert wird.

Abbildung 9.16 zeigt die beiden in der Studie erfassten Kenngrößen zur Abschätzung des Aufwand-/Nutzenverhältnisses. Ein Aufwand entsteht im System dadurch, dass beim Einfügen einer neuen Subskription diese bei Anwendung subskriptionsübergreifender Optimierungen in den globalen Anfragegraphen eingepflegt werden muss. Der Nutzen ergibt sich durch die Einsparung an Operatoren, die wiederum eine reduzierte Anzahl von Objekten des darunter liegenden Basisdienstes reflektieren.

Zur Ableitung relativer Werte für Aufwand und Nutzen wurden Testläufe in drei unterschiedlichen Optimierungskonfigurationen durchgeführt. Ohne Einsatz globaler Optimierung kann aus Abbildung 9.16a – wie erwartet – entnommen werden, dass sich die Anzahl der Operatoren linear entwickelt, da jede neue Subskription die Generierung neuer Operatoren impliziert. Die Zeit, um eine Subskription in das System einzufügen, bleibt über den gesamten Testverlauf (bis auf messtechnische Schwankungen) konstant (Abbildung 9.16b).

Als Gegensatz dazu zeigt Abbildung 9.16 ebenfalls die Messreihen bei vollständig durchgeführter Optimierung. Aus Sicht der im System nach 100 Subskriptionen vorhandenen Operatorenknoten wird eine Reduktion durch das kompensationsbasierte Einpflegen neuer Subskriptionen in den globalen Operatorengraph um 46,7% im Vergleich zum Testlauf ohne Optimierung erreicht. Diese Einsparung muss entsprechend durch eine höhere Einfügedauer einer Subskription erkauft werden, welche bedingt durch die höhere Anzahl von Überprüfungsvorgängen von Subsumtionsbeziehungen nahezu linear ansteigt.

Als potentielle Alternativlösung sind in Abbildung 9.16a bzw. Abbildung 9.16b die Ergebnisse einer Optimierung ohne Aufbau von Kompensationen gezeigt. Dabei ist ersichtlich, dass auf der einen Seite die Reduktion der Operatorenzahl im Vergleich zur vollen Optimierung deutlich geringer ausfällt (Einsparung um 24,6% gegenüber dem unoptimierten Testlauf). Auf der anderen Seite ist jedoch nahezu kein Anstieg der Einfügezeit für eine Subskription zu verzeichnen. Dies kann dadurch erklärt werden, dass der Test auf Operatorengleichheit um ein Vielfaches einfacher und damit effizienter durchzuführen ist als eine vergleichbare Prüfung auf Subsumtion einschließlich einer Generierung der dazu korrespondierenden Kompensationen.

Dieser Auszug aus einer umfassenderen Studie ([RRHL01]) zeigt, dass die Technik der subskriptionsübergreifenden Optimierung eine deutliche Reduktion in der Anzahl der Operatoren realisiert. Zieht man darüber hinaus den Laufzeitaspekt mit in Betracht, so muss dieser Optimierungstechnik ein hohes Potential bescheinigt werden. Es bleibt anzumerken, dass der Aufbau und die Pflege eines globalen Operatorengraphen im klassischen Datenbankkontext nicht möglich ist, da Anfragen zur Laufzeit in das System eingebracht, ausgewertet und verworfen werden. Lediglich Subskriptionssysteme auf Basis des 'Publish/Subscribe'-Mechanismus erlauben durch das Prinzip der registrierten Anfragen ('standing queries') einen derartigen Optimierungsansatz.

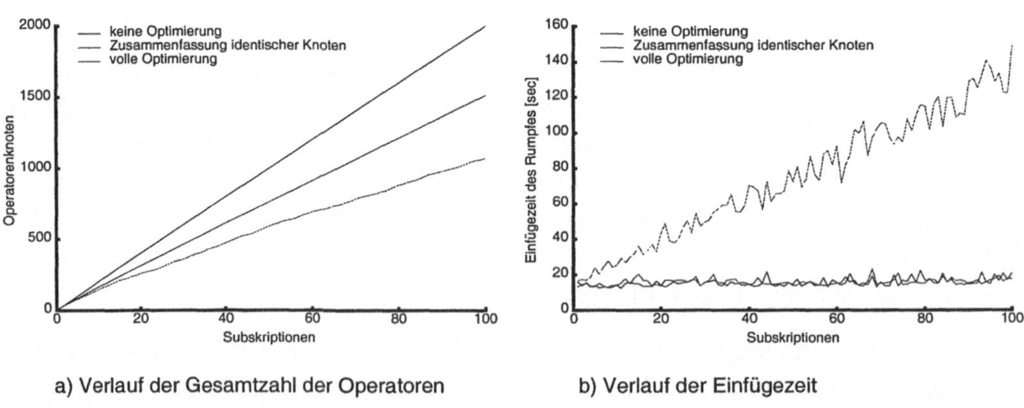

Abb. 9.16: **Messergebnisse der Evaluierung subskriptionsübergreifender Optimierung**

9.5 Zusammenfassung

Ziel dieses Kapitels ist es, dem Leser einen Einblick in die grundlegenden Abläufe des *PubScribe*-Systems zu geben. Dazu wird sowohl eine horizontale als auch eine vertikale Betrachtungsweise vorgenommen. Die Makroarchitektur, welche die horizontale Sichtweise reflektiert, arbeitet die verteilte Konfiguration eines Subskriptionsdienstes auf. Grundlegend ist dabei, dass selbst zwischen kooperierenden Vermittlungskomponenten eine auf dem *'Publish/Subscribe'*-Prinzip basierende Zusammenarbeit stattfindet. So tritt eine Vermittlungskomponente sowohl als Subskribent als auch als Produzent auf. Da eine Verteilung aus Sicht des Anwenders vollständig transparent erfolgen muss, kann die Situation eintreten, in welcher eine neue Subskription einen lokal nicht verfügbaren Informationskanal referenziert. Dazu werden die beiden Verfahren der Kanalreplikation und der entfernten Auswertung vorgestellt. Bei der Kanalreplikation tritt die Vermittlungskomponente als Subskribent auf und fordert alle Nachrichten des benötigten Informationskanals an. Im Fall einer entfernten Nachricht wird entweder ein Teil der Subskription als eigenständiges Objekt oder die Originalsubskription vollständig an eine Partnerkomponente vermittelt.

Die vertikale Betrachtungsweise fokussiert den Aufbau und die Arbeitsweise einer einzelnen Vermittlungskomponente. Dabei werden vier Schichten bzw. Phasen diskutiert, die eine Subskription bei ihrer Registrierung durchlaufen muss. Nach einer subskriptionslokalen Restrukturierung wird im Zuge einer globalen Restrukturierung versucht, den zur Subskription korrespondierenden Operatorengraph in einen globalen Operatorengraphen einzupflegen. Die sich daraus ergebenden Strukturen werden dann auf Objekte des zu Grunde liegenden Basisdienstes – in der aktuellen Realisierung auf ein relationales Datenbanksystem – abgebildet. Der Aufbau und die Pflege eines globalen Operatorengraphen ist als diskriminierende Eigenschaft von *PubScribe* gegenüber einem klassischen, nach dem *'Request/Response'*-Prinzip arbeitenden Datenbanksystem zu identifizieren und systemtechnisch durch entsprechende Optimierungsmaßnahmen auszunützen. Ein derartiges Verfahren wird zusammen mit einer Evaluierungsstudie im letzten Abschnitt diskutiert.

Zusammenfassung und Ausblick

Datenbanksysteme haben sich in einem weiten Spektrum von Anwendungen als zuverlässiger Basisdienst etabliert. Eine immer weitreichendere Vernetzung, die insbesondere durch den Einsatz mobiler Endgeräte sichtbar wird, stellt den Bereich der Datenbanktechnologie vor neuen Aufgaben. Neben dem klassischen *'pull'*-basierten Zugriffsmuster auf einzelne Datenquellen erfordert eine umfassende Informationsversorgung die Ergänzung der klassischen Vorgehensweise um eine *'push'*-basierte Informationsauslieferung. Ein nach dem Subskriptionsprinzip arbeitender Informationsdienst erlaubt dabei die einmalige Registrierung von Anfragen auf eine Vielzahl autonomer und freiwillig am Subskriptionsdienst partizipierender Produzenten. Die von einem Produzenten erzeugten und an einem Subskriptionssystem eingehenden Nachrichten werden gemäß den Vorgaben der Subskribenten verknüpft, transformiert und nach Prüfung individueller Auslieferungsbedingungen dem Subskribenten zugeleitet. Eine umfassende Einführung in den Bereich der Subskriptionssysteme, eine Diskussion allgemeiner und datenbankspezifischer Techniken zur Realisierung einer derartigen Funktionalität und die Skizzierung eines Forschungsprojektes, welches als Plattform weitergehender Entwicklungen dient, bildet den Rahmen dieses Buches.

So wird im ersten der Teil *'Anwendung und Aufbau von Subskriptionssystemen'* die Thematik der Subskriptionssysteme aus Sicht der Anwendung eruiert. Neben einer Klassifikation unterschiedlicher Anwendungsgebiete hinsichtlich Komplexität der Nachrichtenstruktur und Datenbankbezug wird ein Architekturansatz für Subskriptionssysteme eingeführt, wobei Primitive eines höherwertigen Subskriptionsdienstes auf ein darunter liegendes *'Publish/Subscribe'*-Modell abgebildet werden, welches wiederum durch unterschiedliche Kommunikationsprinzipien realisiert werden kann. Neben dem modelltheoretischen Aspekt werden in dritten Kapitel verarbeitungstechnische Aspekte diskutiert, in dem exemplarisch eine Kopplung mit einem Data-Warehouse-System skizziert wird. Diese Diskussion zeigt, dass eine omnipräsente Informationsversorgung nicht isoliert aus dem Gesichtspunkt eines Subskriptionsdienstes, sondern in Kombination mit einer existierenden Infrastruktur gesehen werden muss, was wiederum in einer Forderung nach einem flexiblen und verteilten Architekturansatz mündet.

Der zweite Teil des Buches *'Nachrichtenbasierte Kopplung interagierender Teilsysteme'* umfasst eine weitreichende Aufarbeitung von Technologien und Systemen zur Realisierung eines Subskriptionsdienstes basierend auf dem Austausch einzelner Nachrichten. So werden – wiederum nach einer umfassenden Klassifikation einzelner Ansätze – sowohl Basistechnologien, wie CORBA und COM$^+$, als auch anwendungsnahe Dienste hinsichtlich Funktionalität und logischem Aufbau untersucht und in ihrer Eignung bewertet.

Nach der Aufarbeitung existierender Technologien aus der Perspektive einer Dienstnutzung widmet sich der dritte Teil des Buches *'Datenbankunterstützung für Subskriptionssysteme'* einzelnen Methoden aus dem Bereich der Datenbanksysteme, die in eine Realisierung eines datenbankgestützten Subskriptionsdienstes Eingang finden können. Die Aufarbeitung gliedert sich dabei in die Diskussion von Techniken zur effizienten Auswertung von Bedingungen und zur gemeinsamen und inkrementellen Aktualisierung von Subskriptionsanfragen.

Das im ersten Abschnitt gewonnene Anforderungsprofil und das im zweiten und dritten Teil durch die Aufarbeitung verwandter Techniken gewonnene Wissen mündet im vierten Teil des Buches in eine Darstellung der wesentlichen Eigenschaften des laufenden Forschungsprojektes *PubScribe*. Ziel des Forschungsprojektes ist es zum einen zu zeigen, dass die theoretischen Konzepte eines Subskriptionsdienstes auf Basis des *'Publish/Subscribe'*-Kommunikationsmusters tatsächlich realisierbar sind und sich als adäquates Mittel zum Aufbau eines verteilten und datenbankgestützten Subskriptionsdienstes erweisen. Zum zweiten dient das *PubScribe*-System als eine Plattform zur Evaluierung vielfältiger Optimierungsmethoden, wie der Nachrichtenweiterleitung oder der inkrementellen Pflege einer globalen Subskriptionsbasis.

Zusammenfassend liefert das Buch eine umfassende Einführung in das auf Subskriptionen basierende Interaktionsmuster, eine detaillierte Aufarbeitung verwandter Technologien und einzelner Techniken auf programmiersprachlicher Ebene und aus Sicht der Datenbanksysteme und gibt darüber hinaus einen Einblick in das laufende Forschungsprojekt *PubScribe*. Aktuelle Entwicklungen im kommerziellen Bereich (z.B. Oracle AQ, IBM MQSeries) zeigen, dass auch die Industrie den Bedarf an der systemtechnischen Unterstützung von Subskriptionsdiensten zur Realisierung einer omnipräsenten Informationsversorgung erkannt hat, so dass eine Weiterführung der laufenden Forschungsarbeiten angeraten erscheint. Das prototypische Subskriptionssystem *PubScribe* kann dabei als Ausgangsbasis für weitere Projekte, angefangen von der Problematik der Registrierung einzelner Produzenten bis hin zur Realisierung unterschiedlicher Auslieferungsstrategien, dienen.

Anhang A:

XML Schema-Spezifikation des Produzenten 'StockInfo'

```xml
<?xml version="1.0" encoding="UTF-8"?>
<PublisherRegistration
  xmlns:xsi="http://www.w3.org/2001/XMLSchema-instance"
  xsi:NamespaceSchemaLocation="http://www.pubscribe.org/PublisherRegistration.xsd">

  <PublisherProperties>
    <PublisherName>StockInfo</PublisherName>
    <NotificationDelay>5</NotificationDelay>
    <PublisherType>seq</PublisherType>
  </PublisherProperties>

  <PublisherSchema>
    <Header>
      <HeaderAttr>
        <HeaderAttrName>StockName</HeaderAttrName>
        <HeaderAttrType>string</HeaderAttrType>
        <HeaderAttrTypeXMLNS>http://www.w3.org/2001/XMLSchema
          </HeaderAttrTypeXMLNS>
      </HeaderAttr>
      <HeaderAttr>
        <HeaderAttrName>StockExchange</HeaderAttrName>
        <HeaderAttrType>string</HeaderAttrType>
        <HeaderAttrTypeXMLNS>http://www.w3.org/2001/XMLSchema
          </HeaderAttrTypeXMLNS>
      </HeaderAttr>
    </Header>

    <Body>
      <BodyAttr>
        <BodyAttrName>Price</BodyAttrName>
        <BodyAttrType>float</BodyAttrType>
        <BodyAttrTypeXMLNS>http://www.w3.org/2001/XMLSchema</BodyAttrTypeXMLNS>
      </BodyAttr>
      <BodyAttr>
        <BodyAttrName>ChangeAbs</BodyAttrName>
        <BodyAttrType>float</BodyAttrType>
        <BodyAttrTypeXMLNS>http://www.w3.org/2001/XMLSchema</BodyAttrTypeXMLNS>
      </BodyAttr>
      <BodyAttr>
        <BodyAttrName>TradingVolume</BodyAttrName>
        <BodyAttrType>positiveInteger</BodyAttrType>
        <BodyAttrTypeXMLNS>http://www.w3.org/2001/XMLSchema</BodyAttrTypeXMLNS>
      </BodyAttr>
      <BodyAttr>
        <BodyAttrName>TradingInfo</BodyAttrName>
        <BodyAttrType>tradingInfo</BodyAttrType>
        <BodyAttrTypeXMLNS>http://www.anyWhere.com/anySpecificPublisherSchema.xsd
          </BodyAttrTypeXMLNS>
      </BodyAttr>
    </Body>
  </PublisherSchema>

</PublisherRegistration>
```

Anhang B:

XML Schema des Produzenten 'StockRanking'

```xml
<?xml version="1.0" encoding="UTF-8"?>

<PublisherRegistration
  xmlns:xsi="http://www.w3.org/2001/XMLSchema"
  xsi:NamespaceSchemaLocation="http://www.pubscribe.org/PublisherRegistration.xsd">

  <PublisherProperties>
    <PublisherName>StockRanking</PublisherName>
    <NotificationDelay>120</NotificationDelay>
    <PublisherType>set</PublisherType>
  </PublisherProperties>

  <PublisherSchema>
   <Header>
    <HeaderAttr>
     <HeaderAttrName>StockName</HeaderAttrName>
     <HeaderAttrType>string</HeaderAttrType>
     <HeaderAttrTypeXMLNS>http://www.w3.org/2001/XMLSchema</HeaderAttrTypeXMLNS>
    </HeaderAttr>
   </Header>

   <Body>
    <BodyAttr>
     <BodyAttrName>Ranking</BodyAttrName>
     <BodyAttrType>string</BodyAttrType>
     <BodyAttrTypeXMLNS>http://www.w3.org/2001/XMLSchema</BodyAttrTypeXMLNS>
    </BodyAttr>
    <BodyAttr>
     <BodyAttrName>Comment</BodyAttrName>
     <BodyAttrType>string</BodyAttrType>
     <BodyAttrTypeXMLNS>http://www.w3.org/2001/XMLSchema</BodyAttrTypeXMLNS>
    </BodyAttr>
   </Body>
  </PublisherSchema>

</PublisherRegistration>
```

Anhang C:

Allgemeine *PubScribe* XML Produzenten-Schema-Spezifikation

Textuelle Form:

```
<?xml version="1.0" encoding="UTF-8"?>
<xsd:schema xmlns:xsd="http://www.w3.org/2001/XMLSchema" elementFormDefault="qualified">
  <xsd:element name="PublisherRegistration">
    <xsd:complexType>
      <xsd:sequence>
        <xsd:element ref="PublisherProperties"/>
        <xsd:element ref="PublisherSchema"/>
      </xsd:sequence>
    </xsd:complexType>
  </xsd:element>
  <xsd:element name="PublisherProperties">
    <xsd:complexType>
      <xsd:sequence>
        <xsd:element name="PublisherName" type="xsd:string"/>
        <xsd:element name="NotificationDelay" type="xsd:positiveInteger"/>
        <xsd:element name="PublisherType" type="PublisherTypeType"/>
      </xsd:sequence>
    </xsd:complexType>
  </xsd:element>
  <xsd:element name="PublisherSchema">
    <xsd:complexType>
      <xsd:sequence>
        <xsd:element name="Header" type="HeaderType"/>
        <xsd:element name="Body" type="BodyType"/>
      </xsd:sequence>
    </xsd:complexType>
  </xsd:element>
  <xsd:simpleType name="PublisherTypeType">
    <xsd:restriction base="xsd:string">
      <xsd:enumeration value="seq"/>
      <xsd:enumeration value="set"/>
    </xsd:restriction>
  </xsd:simpleType>
  ...
```

```
...
<xsd:complexType name="HeaderType">
  <xsd:sequence>
    <xsd:element name="HeaderAttr" minOccurs="0" maxOccurs="unbounded">
      <xsd:complexType>
        <xsd:sequence>
          <xsd:element name="HeaderAttrName" type="xsd:string"/>
          <xsd:sequence>
            <xsd:element name="HeaderAttrType" type="xsd:string"/>
            <xsd:element name="HeaderAttrTypeXMLNS" type="xsd:uriReference"/>
          </xsd:sequence>
        </xsd:sequence>
      </xsd:complexType>
    </xsd:element>
  </xsd:sequence>
</xsd:complexType>
<xsd:complexType name="BodyType">
  <xsd:sequence>
    <xsd:element name="BodyAttr" maxOccurs="unbounded">
      <xsd:complexType>
        <xsd:sequence>
          <xsd:element name="BodyAttrName" type="xsd:string"/>
          <xsd:sequence>
            <xsd:element name="BodyAttrType" type="xsd:string"/>
            <xsd:element name="BodyAttrTypeXMLNS" type="xsd:uriReference"/>
          </xsd:sequence>
        </xsd:sequence>
      </xsd:complexType>
    </xsd:element>
  </xsd:sequence>
</xsd:complexType>
</xsd:schema>
```

Graphische Form:

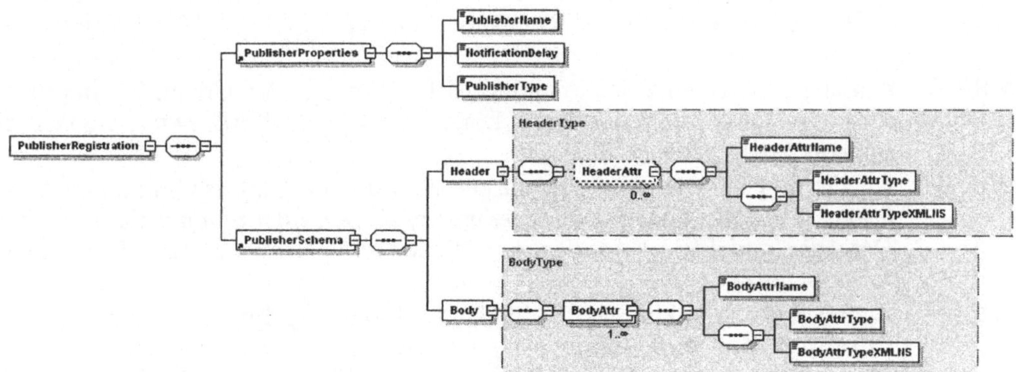

Literaturverzeichnis

AAA[+]99   Abiteboul, S.; Aguilera, V.; Ailleret, S.; Amann, B.; Cluet, S.; Hills, B.; Hubert, F.; Mamou, J.-C.; Marian, A.; Mignet, L.; Milo, T.; dos Santos, C.; Tessier, B.; Vercoustre, A.-M.: XML Repository and Active Views Demonstration. In: *Proceedings of the 25rd International Conference on Very Large Data Bases (VLDB'99, Edinburgh, Schottland, 7.-9. Sept.), 1999*, S. 742-745

AAB[+]98   Aksoy, D.; Altinel, M.; Bose, R.; Cetintemel, U.; Franklin, M.; Wang, J.; Zdonik, S.: Research in Data Broadcast and Dissemination. In: *Proceedings of the 1st International Conference of Advanced Multimedia Content Processing (AMCP'98, Osaka, Japan, 9.-11. Nov.), 1998*, S. 194-207

AAB[+]99   Altinel, M.; Aksoy, D.; Baby, T.; Franklin, M.; Shapiro, W.; Zdonik, S.: DBIS-Toolkit: Adaptable Middleware For Large Scale Data Delivery. In: *Proceedings of the ACM International Conference on Management of Data (SIGMOD'99, Philadelphia (PA), U.S.A., 31. Mai-3. Juni), 1999*, S. 544-546

AASY97   Agrawal, D.; Abbadi, A.; Singh, A.; Yurek, T.: Efficient View Maintenance in Data Warehouses. In: *Proceedings of the ACM International Conference on Management of Data (SIGMOD'97, Tucson (AZ), U.S.A., 13.-15. Mai), 1997*, S. 417-427

ABC[+]00   Adler, S.; Berglund, A.; Caruso, F.; Deach, S.; Grosso, P.; Gutentag, E.; Milowski, A.; Parnell, S.; Richman, J.; Zilles, S.: *Extensible Stylesheet Language (XSL) Version 1.0, Candidate Recommendation.* World Wide Web Consortium (W3C), 2000
(Elektronisch verfügbar unter: http://www.w3c.org/TR/xsl.html)

Abel99   Abel, D.J.: IMP: An Architecture for Virtual Enterprises for Electronic Service Delivery. In: *Proceedings of the 9th International Workshop on Research Issues in Data Engineering (RIDE'99, Sydney, Australien, 23.-24. März), 1999*, S. 95-97

ABF[+]97   Amsaleg, L.; Bonnet, P.; Franklin, M.J.; Tomasic, A.; Urhan, T.: Improving Responsiveness for Wide-Area Data Access. In: *IEEE Data Engineering Bulletin, 20(3), 1997*, S. 3-11

ABJZ96   Appelrath, H.-J.; Behrends, H.; Jasper, H.; Zukunft, O.: Case Studies on Active Database Applications. In: *Proceedings of the 7th International Conference on Database and Expert Applications (DEXA'96, Zürich, Schweiz, 9.-13. Sept.), 1996*, S. 69-78

AcFZ97   Acharya, S.; Franklin, M.; Zdonik, S.: Balancing Push and Pull for Data Broadcast. In: *Proceedings of the ACM International Conference on Management of Data (SIGMOD'97, Tuscon (AZ), U.S.A., 13.-15. Mai), 1997*, S. 183-194

ACM[+]99   Abiteboul, S.; Cluet, S.; Mignet, L.; Amann, B.; Milo, T.; Eyal, A.: Active Views for Electronic Commerce. In: *Proceedings of the 25h International Conference on Very Large Data Bases (VLDB'99, Edinburgh, Schottland, 7.-10. Sept.), 1999*, S. 138-149

ACPS96   Adali, S.; Candan, K.S.; Papakonstantinou, Y.; Subrahmanian, V.: Query Processing in Distributed Mediated Systems. In: *Proceedings of the ACM International Conference on Management of Data (SIGMOD'96, Montreal, Kanada, 4.-6. Juni), 1996*, S. 137-148

AdBe99   Adamo, M.; Bernaschi, M.: Electronic Document Delivery on Internet: The IAC Prototype. In: *Proceedings of the IASTED International Conference on Internet and Multimedia Systems and Applications (IMSA'99, Nassau, Bahamas, 18.-21. Okt.), 1999*, S. 393-397

AdEm95   Adah, S.; Emery, R.: A Uniform Framework For Integrating Knowledge In Heterogenous Knowledge Systems. In: *Proceedings of the 11th International Conference on Data Engineering (ICDE'95, Taipei, Taiwan, 6.-10. März), 1995*, S. 513-520

AdLi80   Adiba, M.E.; Lindsay, B.G.: Database Snapshots. In: *Proceedings of the 6th International Conference on Very Large Data Bases (VLDB'80, Montreal, Kanada, 1.-3. Okt.), 1980*, S. 86-91

AdYe96   Adam, N.R.; Yesha, Y.: Electronic Commerce: An Overview. In: Adam, N.R.; Yesha, Y. (Hrsg.): *Electronic Commerce: Current Research Issues and Applications*. Lecture Notes in Computer Science Nr. 1028, Springer Verlag, Heidelberg, 1996, S. 5-12

AfRS98   Afonso, A.P.; Regateiro, S.; Silva, M.J.: UbiData: An Adaptable Framework for Information Dissemination to Mobile Users. In: *Workshops of the 12th European Conference on Object-Oriented Programming (ECOOP'98, Brüssel, Belgien, 20.-24. Juli), 1998*, S. 309-310
          (Elektronisch verfügbar unter: http://www.di.fc.ul.pt/~apa/)

AfRS99   Afonso, A.P.; Regateiro, S.; Silva, M.J.: Dynamic Data Delivery to Mobile Users. In: *Proceedings of the 10th International Workshop on Database and Expert Systems Applications (DEXA'99 Workshop, 1.-3. Sept.), 1999*, S. 121-126

AgAb90   Agrawal, D.; El Abbadi, A.: Exploiting Logical Structures in Replicated Databases. In: *Proceedings of the 16th International Conference on Very Large Data Bases (VLDB'90, Brisbane, Australien, 13.-16. Aug.), 1990*, S. 243-254

AgCL91   Agrawal, R.; Cochrane, R.; Lindsay, B.: On Maintaining Priorities in a Production Rule System. In: *Proceedings of the 17th International Conference on Very Large Data Bases (VLDB'91, Barcelona, Spanien, 3.-6. Sept.), 1991*, S. 479-487

AgMa91   Agrawal, D.; Malpani, A.: Efficient Dissemination of Information in Computer Networks. In: *The Computer Journal, 34(6), 1991*, S. 534-541

AgSt99   Aguilera, M.K.; Strom, R.E.: Efficient Atomic Broadcast Using Deterministic Merge. In: *Proceedings of the 19th ACM Symposium on Principles of Distributed Computing (PODC'99, Portland (OR), U.S.A., 16.-19. Juli), 1999*, S. 209-218

AlRa92   Alsabbagh, J.R.; Raghavan, V.V.: A Framework for Multiple-Query Optimization. In: *Proceedings of the 2nd International Workshop on Research Issues on Data Engineering: Transaction and Query Processing (RIDE'92, Tempe (AZ), U.S.A., 2.-3. Feb.), 1992*, S. 157-162

AMR⁺98 Abiteboul, S.; McHugh, J.; Rys, M.; Vassalos, V.; Wiener, J.L.: Incremental Maintenance for Materialized Views over Semistructured Data. In: *Proceedings of the 24th International Conference on Very Large Data Bases (VLDB'98, New York (NY), U.S.A., 24.-27. Aug.), 1998*, S. 38-49

AnOn98a Andres, F.; Ono, K.: The Active HYpermedia Delivery System (AHYDS) using the PHASME Application-Oriented DBMS. In: *Proceedings of the 14th International Conference on Data Engineering (ICDE'98, Orlando (FL), U.S.A., 23.-27. Feb.), 1998*, S. 600

AnOn98b Andres, F.; Ono, K.: The Next Generation of Hypermedia Delivery System. In: *Proceedings of the 9th International Workshop on Database and Expert Systems Applications (DEXA'98 Workshop, Wien, Österreich, 26.-28. Aug.), 1998*, S. 124-128

ANSI01 o.V.: *American National Standards Institute, X12-Standard*, 2001 (Aktuelle Informationen verfügbar unter: http://www.ansi.org)

ASB⁺99 Arnold, D.; Segall, B.; Boot, J.; Lloyd, M.; Kaplan, S.: Discourse with Disposable Computers: How and Why you will Talk to your Tomatoes. In: *Technical Conference on UNIX and Advanced Computing Systems, Workshop on Embedded Systems (USENIX'99 Workshop, Cambridge (MA), U.S.A., 29.-31. März), 1999* (Elektronisch verfügbar unter: http://elvin.dstc.edu.au/doc/papers/es99/es99.pdf)

ASCR99 Afonso, A.P.; Silva, M.J.; Campos, J.P.; Regateiro, F.S.: The Design and Implementation of the Ubidata Information Dissemination Framework. In: *Proceedings of the 1st International Symposium on Handheld and Ubiquitous Computing (HUC'99, Karlsruhe, Deutschland, 27.-29. Sept.), 1999*, S. 371-373

AsKu97 Ashish, N.; Knoblock, C.A.: Semi-automatic Wrapper Generation for Internet Information Sources. In: *Proceedings of the 2nd IFCIS International Conference on Cooperative Information Systems (CoopIS'97, Kiawah Island (SC), U.S.A., 24.-27. Juni), 1997*, S. 160-169

ASS⁺99 Aguilera, M.; Strom, R.; Sturman, D.; Astley, M.; Chandra, T.: Matching Events in a Content-Based Subscription System. In: *Proceedings of the 18th ACM Symposium on the Principles of Distributed Computing (PODC'99, Atlanta (GA), U.S.A., 3.-6. Mai), 1999*, S. 53-61

Back01 o.V.: *Product Overview*. BackWeb Technologies, 2001 (Aktuelle Informationen verfügbar unter: http://www.backweb.com)

BaCN92 Batini, C.; Ceri, S.; Navathe, S.: *Conceptual Database Design - An Entity-Relationship Approach*. Addison-Wesley, Reading (MA), e.a., 1992

BaGü01 Bauer, A.; Günzel, H.: *Data Warehouse Systeme: Architektur, Entwicklung, Anwendung*. dpunkt.Verlag, Heidelberg, 2001

BaLN86 Batini, C.; Lenzerini, M.; Navathe, S.: A Comparative Analysis of Methodologies for Database Schema Integration. In: *ACM Computing Surveys, 18(4), 1986*, S. 323-364

BaLP85 Balkovich, E.; Lerman, S.R.; Parmelee, R.P.: Computing in Higher Education: The Athena Experience. In: *Communications of the ACM, 28(11), 1985*, S. 1214-1224

BaSp81 Bancilhon, F.; Spyratos, N.: Update Semantics of Relational Views. In: *ACM Transactions on Database Systems, 6(4), 1981*, S. 557-575

BBC⁺98a   Bernstein, P.; Brodie, M.; Ceri, S.; DeWitt, D.; Franklin, M.; Garcia-Molina, H.; Gray, J.; Held, J.; Hellerstein, J.; Jagadish, M.V.; Lesk, M.; Maier, D.; Naughton, J.; Pirahesh, H.; Stonebraker, M.; Ullman, J.: The Asilomar Report on Database Research. In: *ACM SIGMOD Record, 27(4), 1998*, S. 74-80 (Elektronisch verfügbar unter: http://www.acm.org/sigmod/record/issues/9812/asilomar.html)

BBC⁺98b   Bosak, J.; Bray, T.; Connolly, D.; Maler, E.; Nicol, G.; Sperberg-McQueen, C.M.; Wood, L.; Clark, J.: *Guide to the W3C XML Specification ("XMLspec") DTD, Version 2.1*. World Wide Web Consortium (W3C), 1998 (Elektronisch verfügbar unter: http://www.w3c.org/XML/1998/06/xmlspec-report)

BCC⁺95   Bestavros, A.; Carter, R.; Crovella, M.; Cunha, C.; Heddaya, A.; Mirdad, S.: Application Level Document Caching in the Internet. In: *Proceedings of the 2nd International Workshop on Services in Distributed and Networked Environments* (SDNE'95, Whistler, Kanada, 5.-6. Juni), 1995

BCFM99   Bertino, E.; Castano, S.; Ferrari, E.; Mesiti, M.: Controlled Access and Dissemination of XML Documents. In: *Proceedings of the 2nd Workshop on Web Information and Data Management (WIDM'99, Kansas City (MO), U.S.A., 5.-6. Nov.), 1999*, S. 22-27

BCM⁺99   Banavar, G.; Chandra, T.; Mukherjee, B.; Nagarajarao, J.; Strom, R.E.; Sturman, D.C.: An Efficient Multicast Protocol for Content-Based Publish/Subscribe Systems. In: *Proceedings of the 19th International Conference on Distributed Computing Systems (ICDCS'99, Austin (TX), U.S.A., 31. Mai-4. Juni), 1999*, S. 262-272

BCT⁺96   Barrett, D.J.; Clarke, L.A.; Tarr, P.L.; Wise, A.E.: A Framework for Event-Based Software Integration. In: *ACM Transactions on Software Engineering and Methodology, 5(4), 1996*, S. 378-421

BeCr92   Belkin, N.J.; Croft, W.B.: Information Filtering and Information Retrieval: Two Sides of the Same Coin? In: *Communications of the ACM, 35(12),1992*, S. 29-38

BeCu96   Bestravos, A.; Cunha, C.: Server-Initiated Document Dissemination for the WWW. In: *IEEE Data Engineering Bulletin, 19(3),1996*, S. 3-11

BeGa92   Bertsekas, D.; Gallager, R.: *Data Networks*. 2. Auflage, Prentice Hall, Englewood Cliffs (NJ), 1992

BEK⁺00   Box, D.; Ehnebuske, D.; Kakivaya, G.; Layman, A.; Mendelsohn, N.; Nielsen, H.F.; Thatte, S.; Winer, D.: *Simple Object Access Protocol (SOAP) 1.1, Technical Note*. World Wide Web Consortium (W3C), 2000 (Elektronisch verfügbar unter: http://www.w3c.org/TR/SOAP/)

Bell98   Bellahsene, Z.: View Adaption in Data Warehousing System. In: *Proceedings of the 9th International Conference and Workshop on Database and Expert Systems Applications (DEXA'98, Wien, Österreich, 24.-28. Aug.), 1998*, S. 300-309

Best96   Bestavos, A.: Speculative Data Dissemination and Service to Reduce Server Load, Network Traffic, and Service Time for Distributed Information Systems. In: *Proceedings of the 12th International Conference on Data Engineering (ICDE'96, New Orleans (LA), U.S.A., 26. Feb.-1. März), 1996*, S. 180-187

BFIM98   Berners-Lee, T.; Fielding, R.; Irvine, U.C.; Masinter, L.: *Uniform Resource Identifier (URI): Generic Syntax*. RFC2396, 1998 (Elektronisch verfügbar unter: http://www.ietf.org/rfc/rfc2396.txt)

BGH⁺92   Bowen T.F.; Gopal, G.; Herman, G.; Hickey, T.; Lee, K.C.; Mansfield, W.H.; Raitz, J.; Weinrib, A.: The Datacycle Architecture. In: *Communications of the ACM, 35(12), 1992*, S. 71-81

BGS⁺99   Baker, D.; Georgakopoulos, D.; Schuster, H.; Cassandra, A.; Cichocki, A.: Providing Customized Process and Situation Awareness in the Collaboration Management Infrastructure. In: *Proceedings of the 4th IFCIS Conference on Cooperative Information Systems (CoopIS'99, Edinburgh, Schottland, 2.-4. Sept.), 1999*, S. 79-91

Birm93   Birman, K.P.: The Process Group Approach to Reliable Distributed Computing. In: *Communicatons of the ACM, 36(12), 1993*, S. 36-53

BiSe99   Bichler, M.; Segev, A.: A Brokerage Framework for Internet Commerce. In: *Distributed and Parallel Databases, 7(2), 1999*, S. 133-148

BizT01   o.V.: *The BizTalk Framework.* 2001
         (Aktuelle Informationen verfügbar unter: http://www.biztalk.org)

BKS⁺99   Banavar, G.; Kaplan, M.; Shaw, K.; Strom, R.E.; Sturman, D.C.; Tao, W.: Information Flow Based Event Distribution Middleware. In: *Proceedings of the Middleware Workshop at the International Conference on Distributed Computing Systems (ICDCS'99 Workshop, Austin (TX), U.S.A., 31. Mai.-4. Juni) 1999*

BlCL89   Blakeley, J.; Coburn, N.; Larson, P.: Updating Derived Relations: Detecting Irrelevant and Autonomously Computable Updates. In: *ACM Transactions on Database Systems, 14(3), 1989*, S. 369-400

BlLT86   Blakeley, J.; Larson, P.; Tompa, F.: Efficiently Updating Materialized Views. In: *Proceedings of the ACM International Conference on Management of Data (SIGMOD'86, Washington D.C., U.S.A., 28.-30. Mai)*, 1986, S. 61-71

BlTo88   Blakeley, J.; Tompa, F.: Maintaining Materialized Views without Accessing Base Data. In: *Information Systems 13(4), 1988*, S. 393-406

Born00   Born, A.: Digitales Feilschen. In: *IX, Heise-Verlag, Hannover, Okt. 2000*, S. 110-113

Brad97   Bradshaw, J.M. (Hrsg.): *Software Agents.* MIT Press, Cambridge (MA), e.a., 1997

BrFK85   Brownston, L.; Farrell, R.; Kant, E.: *Programming Expert Systems in Ops5: An Introduction to Rule-Based Programming.* Addison-Wesley, Reading (MA), e.a., 1985

BrZW97   Brenner, W.; Zarnekow, R.; Wittig, H.: *Intelligente Softwareagenten. Grundlagen und Anwendungen.* Springer Verlag, Berlin, e.a., 1997

BuKK96   von Bültzingsloewen, G.; Koschel, A.; Kramer, R.: Active Information Delivery in a CORBA-based Distributed Information System. In: *Proceedings of the IFCIS Conference on Cooperative Information Systems (CoopIS'96, Brüssel, Belgien, 19.-21. Juni), 1996*, S. 218-227

BZBW95   Buchmann, A.P.; Zimmermann, J.; Blakeley, J.; Wells, D.: Building an Integrated Active OODBMSs: Requirements, Architecture, and Design Decisions. In: *Proceedings of the 11th International Conference on Data Engineering (ICDE'95, Taipeh, Taiwan, 6.-10. März), 1995*, S. 117-125

CaHa98   Caglayan, A.K.; Harrison, C.G.: *Intelligente Software-Agenten*. Hanser Verlag, München, 1998

CaRW98   Carzaniga, A.; Rosenblum, D.S.; Wolf, A.L.: Design of a Scalable Event Notification Service: Interface and Architecture. *Technical Report CU-CS-863-98, Department of Computer Science, University of Colorado, 1998* (Elektronisch verfügbar unter: http://www.cs.colorado.edu/department/publications/reports/docs/CU-CS-863-98.ps)

CaRW99   Carzaniga, A.; Rosenblum, D.S.; Wolf, A.L.: Interfaces and Algorithms for a Wide-Area Event Notification Service. *Technical Report CU-CS-888-99, Department of Computer Science, University of Colorado, 1990* (Elektronisch verfügbar unter: http://www.cs.colorado.edu/department/publications/reports/docs/CU-CS-888-99.ps)

CaRW00   Carzaniga, A.; Rosenblum, D.S.; Wolf, A.L.: Content-Based Addressing and Routing: A General Model and its Application. *Technical Report CU-CS-902-00, Department of Computer Science, University of Colorado, 2000* (Elektronisch verfügbar unter: http://www.cs.colorado.edu/department/publications/reports/docs/CU-CS-902-00.pdf)

Ceri92   Ceri, S.: A Declarative Approach to Active Databases. In: *Proceedings of the 8th International Conference on Data Engineering (ICDE'92, Tempe (AZ), U.S.A., 3.-7. Feb.), 1992*, S. 452-456

CeWi90   Ceri, S.; Widom, J.: Deriving Production Rules for Constraint Maintenance. In: *Proceedings of the 16th International Conference on Very Large Data Bases (VLDB'90, Brisbane, Australien, 13.-16. Aug.), 1990*, S. 566-577

CeWi91   Ceri, S.; Widom, J.: Deriving Production Rules for Incremental View Maintenance. In: *Proceedings of the 17th International Conference on Very Large Data Bases (VLDB'91, Barcelona, Spanien, 3.-6. Sept.), 1991*, S. 577-589

CFR[+]01 Chamberlin, D.; Florescu, D.; Robie, J.; Simeon, J.; Stedanescu, M. (Hrsg.): *XQuery: A Query Language for XML, Working Draft*. World Wide Web Consortium (W3C), 2001 (Elektronisch verfügbar unter: http://www.w3c.org/TR/xquery/)

CGH[+]94 Chawathe, S.; Garcia-Molina, H.; Hammer, J.; Ireland, K.; Papakonstantinou, Y.; Ullman, J.; Widom, J.: The TSIMMIS Project: Integration of Heterogeneous Information Sources. In: *Proceedings of the IPSJ Conference, 1994*, S. 7-18

CGL[+]96 Colby, L.; Griffin, T.; Libkin, L.; Mumick, I.; Trickey, H.: Algorithms for Deferred View Maintenance. In: *Proceedings of the ACM International Conference on Management of Data (SIGMOD'96, Montreal, Kanada, 4.-6. Juni), 1996*, S. 469-480

ChAA90   Cheung, S.Y.; Ammar, M.H.; Ahamad, M.: The Grid Protocol: a High Performance Schema for Maintaining Replicated Data. In: *Proceedings of the 6th International Conference on Data Engineering (ICDE'90, Los Angeles (CA), U.S.A., 5.-9. Feb.), 1990*, S. 438-445

Chan98   Chan, A.: Transactional Publish/Subscribe: The Proactive Multicast of Database Changes. In: *Proceedings of the ACM International Conference on Management of Data (SIGMOD'98, Seattle (WA), U.S.A., 2.-4. Juni), 1998*, S. 521-522

Chau98   Chaudhuri, S.: An Overview of Query Optimization in Relational Systems. In: *Proceedings of the 17th Symposium on Principles of Database Systems (PODS'98, Seattle (WA), U.S.A., 1.-3. Juni), 1998*, S. 34-43

ChAW98   Chakravarthy, S.; Abiteboul, S.; Widom, J.: Managing and Querying Changes in Semi-Structured Data. In: *Proceedings of the 14th International Conference on Data Engineering (ICDE'98, Orlando (FL), U.S.A., 23.-27. Feb.), 1998*, S. 4-13

ChAW99   Chawathe, S.; Abiteboul, S.; Widom, J.: Managing Historical Semistructured Data. In: *Transactions on Theory and Practice of Object Systems, 5(3), 1999*, S. 143-162

ChDu98   Chen, F.-C.; Dunham, M.: Common Subexpression Processing in Multiple-Query Processing. In: *IEEE Transactions on Knowledge and Data Engineering, 10(3), 1998*, S. 493-499

Cher92   Cheriton, D.R.: Dissemination-Oriented Communication Systems. *Technical Report, Stanford University Distributed Systems Group, Stanford University, 1992*
          (Elektronisch verfügbar unter: ftp://ftp.dsg.stanford.edu/pub/papers/dissem.ps.Z)

ChMi86   Chakravarthy, U.S.; Minker, J.: Multiple Query Optimization in Deductive Databases. *Technical Report TR-1541, Department of Computer Science, University of Maryland, College Park (MD), 1980*

ChSh93   Chaudhuri, S.; Shim, K.: Query Optimization in the Presence of Foreign Functions. In: *Proceedings of the 19th International Conference on Very Large Data Bases (VLDB'93, Dublin, Irland, 24.-27. Aug.), 1993*, S. 529-542

CKAK94   Chakravarthy, S.; Krishnaprasad, V.; Anwar, E.; Kim, S.: Composite Events for Active Databases: Semantics, Contexts, and Detection. In: *Proceedings of the 20th International Conference on Very Large Data Bases (VLDB'94, Santiago de Chile, Chile, 12.-15. Sept.), 1994*, S. 606-617

CKL⁺97   Colby, L.; Kawaguchi, A.; Lieuwen, D.; Mumick, I.; Ross, K.: Supporting Multiple View Maintenance Policies. In: *Proceedings of the ACM International Conference on Management of Data (SIGMOD'97, Tuscon (AZ), U.S.A., 13.-15. Mai), 1997*, S. 405-416

Clar99   Clark; J.: *XSL Transformations (XSLT) Version 1.0, Recommendation.* World Wide Web Consortium (W3C), 1999
          (Elektronisch verfügbar unter: http://www.w3c.org/TR/xslt.html)

ClDe99   Clark, J.; DeRose, S.: *XML Path Language (XPath) Version 1.0, Recommendation.* World Wide Web Consortium (W3C), 1999
          (Elektronisch verfügbar unter: http://www.w3c.org/TR/xpath.html)

CoCS93   Codd, E.; Codd, S.; Salley, C.: *Providing OLAP (On-line Analytical Processing) to User-Analysis: An IT Mandate*, E. F. Codd & Associates, 1993

Codd70   Codd, E.F.: A Relational Model of Data for Large Shared Data Banks. In: *Communications of the ACM, 13(6), 1970*, S. 377-387

Codd86   Codd, E.: Missing Information (Applicable and Inapplicable) in Relational Databases. In: *ACM SIGMOD Record, 15(4), 1986*, S. 53-78

CoFS97   Cole, K.; Fischer, O.; Saltzman, P.: Just-in-Time Knowledge Delivery. In: *Communications of the ACM, 40(7), 1997*, S. 49-53

CoLR90   Cormen, T. H.; Leiserson, C. E.; Rivest, R. L.: *Introduction to Algorithms*. The MIT Press, Cambridge (MA), London; McGraw-Hill Book Company, New York (NY), e.a., 1990

CoMu96   Colby, L.; Mumick, I.: Staggered Maintenance of Multiple Views. In: *Proceedings of the ACM Workshop on Materialized Views: Techniques and Applications (VIEWS'96, Montreal, Kanada, 7. Juni), 1996*, S. 119-128

Conr97   Conrad, S.: *Föderierte Datenbanksysteme. Konzepte der Datenintegration*. Springer Verlag, Berlin, e.a., 1997

CoPM96   Cochrane, R.; Pirahesh, H.; Mattos, N.: Integrating Triggers and Declarative Constraints in SQL Database Systems. In: *Proceedings of the 22th International Conference on Very Large Data Bases (VLDB'96, Bombay, Indien, 3.-6. Sept.), 1996*, S. 567-578

Cort97   Cortese, A.: A Way Out of the Web Maze. In: *Business Magazine, Feb. 1997* (Elektronisch verfügbar unter: http://www.businessweek.com/1997/08/b35151.htm)

Cosa99   Cosar, A.: Alternative Plan Generation for Multiple Query Optimization. In: Dogac, A.; Özsu, M.T.; Ulusoy, O. (Hrsg.): *Current Trends in Data Management Technology*. IDEA Group Publishing, Hershey (PA), London, 1999, S. 113-129

CoVG98   Collet, C.; Vargas-Solar, G.; Grazziotin-Ribeiro, H.: Towards a Semantic Event Service for Distributed Active Database Applications. In: *Proceedings of the 9th International Conference on Database and Expert Applications (DEXA'98, Wien, Österreich, 24.-28. Aug.), 1998*, S. 16-27

CRGW96   Chakravarthy, S.; Rajaraman, H.; Garcia-Molina, H.; Widom, J.: Change Detection in Hierarchically Structured Information. In: *Proceedings of the 25th International Conference on Management of Data, (SIGMOD'96, Montreal, Kanada, 4.-6. Juni), 1996*, S. 493-504

CuKO92   Curtis, B.; Kellner, M.; Over, J.: Process Management. In: *Communications of the ACM, 35(9), 1992*, S. 75-90

DaGr95   Davison, D.L.; Graefe, G.: Dynamic Resource Brokering for Multi-User Query Execution. In: *Proceedings of the ACM International Conference on Management of Data (SIGMOD'95, San Jose (CA), U.S.A., 23.-25. Mai), 1995*, S. 281-292

DaHW95   Dayal, U.; Hanson, E.; Widom, J.: Active Database Systems. In: Kim, W. (Hrsg.): *Modern Database Systems: The Object Model, Interoperability, and Beyond*. Addison Wesley/ACM Press, Reading (MA), e.a., 1995, S. 434-456

DaPe96   Dao, S.: Perry, B.: Information Dissemination in Hybrid Satellite/Terrestrial Networks. In: *IEEE Data Engineering Bulletin, 19(3), 1996*, S. 12-18

Date00   Date, C.J.: *An Introduction to Database Systems*. 7. Auflage, Addison-Wesley, Reading (MA), e.a., 2000

DBB[+]88   Dayal, U.; Blaustein, B.; Buchmann, A.; Charkravarthy, U.; Hsu, M.; Ledin, R.; McCarthy, D.; Rosenthal, A.; Sarin, S.: The HiPAC Project: Combining Active Databases and Constraints. In: *ACM SIGMOD Record, 17(1), 1988*, S. 51-70

DDA[+]99   Dogac, A.; Durusoy, I.; Arpinar, S.; Tatbul, N.; Koksal, P.: An Electronic Marketplace Architecture. In: Dogac, A.; Özsu, M.T.; Ulusoy, O. (Hrsg.): *Current Trends in Data Management Technology.* IDEA Group Publishing, Hershey (PA), London, 1999, S. 39-58

DEF[+]88   DellaFera, C.A.; Eichin, M.W.; French, R.S.; Jedlinsky, D.C.; Kohl, J.T.; Sommerfield, W.E.: The Zephyr Notification Service. In: *Proceedings of the Technical Conference on UNIX and Advanced Computing Systems (USENIX'98 Winter, Dallas (TX)), 1988,* S. 213-219

DeJe97   DeJesus, E.X.: The Pull of Push. *Byte Magazine, Aug. 1997*
(Elektronisch verfügbar unter: http://www.byte.com/art/9708/sec6/art4.htm)

DeMe97   Denning, P.J.; Metcalfe, R.M.: *Beyond Calculation. The Next Fifty Years of Computing.* Copernicus (Springer Verlag), New York (NY), 1997

DiGa00   Dittrich, K.; Gatziu, S.: *Aktive Datenbanksysteme - Konzepte und Mechanismen.* 2. Auflage, dpunkt.Verlag, Heidelberg, 2000

DiGe00   Dittrich, K.; Geppert, A.: *Component Database Systems.* Morgan Kaufmann, San Mateo (CA), 2000

DiGG95   Dittrich, K.; Gatziu, S.; Geppert, A. (Hrsg.): The Active Database Management System Manifesto: A Rulebase of ADBMS Feaures. In: *Proceedings of the 2nd International Workshop on Rules in Database Systems (RIDS'95, Athen, Griechenland, 25.-27. Sept.), 1995,* S. 3-20

DoBe92   Dourish, P.; Bellotti, V.: Awareness and Coordination in Shared Workspaces. In: *Proceedings of the 3rd Conference on Computer Supported Cooperative Work (CSCW'92, Toronto, Kanada, 31. Okt.-4. Nov.), 1992,* S. 107-117

DoDr95   Do, L.; Drew, P.: Active Database Management of Global Data Integrity Constraints in Heterogeneous Database Environments. In: *Proceedings of the 11th International Conference on Data Engineering (ICDE'95, Taipei, Taiwan, 6.-10. März), 1995,* S. 99-109

DRSN98   Deshpande, P.M.; Ramasamy, K.; Shukla, A.; Naughton, J.F.: Caching Multidimensional Queries Using Chunks. In: *Proceedings of the ACM International Conference on Management of Data (SIGMOD'98, Seattle (WA), U.S.A., 2.-4. Juni), 1998,* S. 259-270

DuKS92   Du, W.; Krishnamurthy, R.; Shan, M.-C.: Query Optimization in Heterogenous DBMS. In: *Proceedings of the 18th International Conference on Very Large Data Bases (VLDB'92, Vancouver, Kanada, 23.-27. Aug.), 1992,* S. 277-291

Earl89   Earl, A.: Principles of a Reference Model for Computer Aided Software Engineering. In: *Proceedings of the International Workshop of Environments (Chinon, Frankreich, 18.-20. Sept.), 1989,* S. 115-129

EiMe99   Eisenberg, A.; Melton, J.: SQL:1999, formerly known as SQL3. In: *ACM SIGMOD Record, 28(4), 1999,* S. 58-63

EiMe00   Eisenberg, A.; Melton, J.: SQL Standardization: The Next Steps. In: *ACM SIGMOD Record, 29(1), 2000,* S. 63-67

Elle97   Ellermann, C.: *Channel Definition Format (CDF), Submission.* World Wide Web Consortium (W3C), 1997
(Elektronisch verfügbar unter: http://www.w3c.org/TR/NOTE-CDFsubmit.html)

ElNa00   Elmasri, R; Navathe, S.: *Fundamentals of Database Systems*. 3. Auflage, Addison-Wesley, Reading (MA), e.a., 2000

ElNu80   Ellis, C.A.; Nutt, G.J.: Office Information Systems and Computer Science. In: *ACM Computing Surveys, 12(1), 1980*, S. 27-80

Engl97   Englander, R.: *Developing Java Beans*. O'Reilly & Associates, Inc., Sebastopol (CA), e.a., 1997

EtGS94   Etzion, O.; Gal, A.; Segev, A.: Retroactive and Proactive Database Processing. In: *Proceedings of the 4th International Workshop on Research Issues in Data Engineering - Active Database Systems (RIDE'94, Houston (TX), U.S.A., 14.-15. Feb.), 1994*, S. 126-131

FeRo01   Fernandez, M.; Robie, J. (Hrsg.): *XML Query Data Model, Working Draft*. World Wide Web Consortium (W3C), 2001
          (Elektronisch verfügbar unter: http://www.w3c.org/TR/query-datamodel/)

FFM+01   Fankhauser, P.; Fernandez, M.; Malhotra, A.; Rys, M.; Simeon, J.; Wadler, P. (Hrsg.): *The XML Query Algebra, Working Draft*. World Wide Web Consortium (W3C), 2001
          (Elektronisch verfügbar unter: http://www.w3c.org/TR/query-algebra/)

FiHe80   Fikes, R.E.; Henderson, D.A.: On Supporting the Use of Procedures in Office Work. In: *Proceedings of the 1st Annual National Conference on Artificial Intelligence (AAAI'80, Stanford University, U.S.A., 18.-21. Aug.), 1980*, S. 202-207

Fini97   Finin, T.; Labrou, Y.; Mayfield, J.: KQML as an Agent Communication Language. In: *Bradshaw, J.M. (Hrsg.): Software Agents. MIT Press, Cambridge (MA), e.a., 1997*

Fink82   Finkelstein, S.: Common Expression Analysis in Database Applications. In: *Proceedings of the ACM International Conference on the Management of Data (SIGMOD'82, Orlando (FL), U.S.A., 2.-4. Juni), 1982*, S. 235-245

FMK+99   Fitzpatrick, G.; Mansfield, T.; Kaplan, S.; Arnold, D.; Phelps, T.; Segall, B.: Instrumenting and Augmenting the Workaday World with a Generic Notification Service called Elvin. In: *Proceedings of the 6th International Conference on Computer Supported Cooperative Work (ECSCW'99, Kopenhagen, Dänemark, 12.-16. Sept.), 1999*, S. 431-450

FoDu92   Foltz, P.W.; Dumais, S.T.: Personalized Information Delivery: An Analysis of Information Filtering Methods. In: *Communications of the ACM, 35(12), 1992*, S. 51-60

Forg82   Forgy, C.L.: Rete: A Fast Algorithm for the Many Pattern/Many Object Pattern Match Problem. In: *Artifical Intelligence, 19(1), 1982*, S. 17-37

Fran97   Frank, M.: Pondering Push Technology. In: *DBMS Magazine, März 1997*
          (Elektronisch verfügbar unter: http://www.dbmsmag.com/9703d02.html)

Fran98   Franck, G.: *Ökonomie der Aufmerksamkeit*. Hanser-Verlag, Müchen, 1998

Freg75   Frege, G.: *Funktion, Begriff, Bedeutung - Fünf logische Studien*. 4. Auflage, Vandenhoeck & Ruprecht, Göttingen, 1975

FrKK96   Freier, A.; Karlton, P.; Kocher, P.C.: The SSL Protocol Version 3.0, Internet Draft, 1996
          (Elektronisch verfügbar unter: http://home.netscape.com/eng/ssl3/)

FrZd96   Franklin, M.; Zdonik, S.: Dissemination-Based Information Systems. In: *IEEE Data Engineering Bulletin, 19(3), 1996*, S. 19-28

FrZd97   Franklin, M.; Zdonik, S.: A Framework for Scalable Dissemination-Based Information Systems. In: *Proceedings of the Conference on Object-Oriented Programming, Systems, Languages, and Applications (OOPSLA'97, Atlanta (GA), U.S.A., 5.-9. Okt.), 1997*, S. 94-105

FrZd98   Franklin, M.; Zdonik, S.: „Data In Your Face": Push Technology in Perspective. In: *Proceedings of the ACM International Conference on Management of Data (SIGMOD'98, Seattle (WA), U.S.A., 2.-4. Juni), 1998*, S. 516-519

GaDi92   Gatziu, S.; Dittrich, K.R.: SAMOS: An Active Object-Oriented Database System. In: *IEEE Data Engineering Bulletin, 15(1-4), 1992*, S. 23-26

GaGD95   Gatziu, S.; Geppert, A.; Dittrich, K.R.: The SAMOS Active DBMS Prototype. In: *Proceedings of the ACM International Conference on Management of Data (SIGMOD'95, San Jose (CA), U.S.A., 23.-25. Mai), 1995*, S. 480

Gawl98   Gawlick, D.: Messaging/Queuing in Oracle8. In: *Proceedings of the 12th International Conference on Data Engineering (ICDE'96, New Orleans (LA), U.S.A., 26. Feb.-1. März), 1998*, S. 66-68

Gawl99   Gawlick, D.: The Database as THE Application Integration Platform. In: *High Performance Transaction Processing Workshop (HPTS'99, Asilomar (CA), U.S.A., 26.-29. Sept.), 1999*
(Elektronisch verfügbar unter:
http://www.research.microsoft.com/~gray/hpts99/papers/Gawlick.htm)

GBGS98   Gaedke, M.; Beigl, M.; Gellersen, H.-W.; Segor, C.: Web Content Delivery to Heterogeneous Mobile Platforms. In: *Proceedings of the ER'98 Workshops on Data Warehousing and Data Mining, Mobile Data Access, and Collaborative Work Support and Spatio-Temporal Data Management (ER'98 Workshops, Singapur, 19.-20. Sept.), 1998*, S. 205-217

GBLP96   Gray, J.; Bosworth, A.; Layman, A.; Pirahesh, H.: Data Cube: A Relational Aggregation Operator Generalizing Group-By, Cross-Tab, and Sub-Total. In: *Proceedings of the 12th International Conference on Data Engineering (ICDE'96, New Orleans (LA), U.S.A., 26. Feb.-1. März), 1996*, S. 152-159

GeJS92a Gehani, N.H.; Jagadish, H.V.; Shmueli, O.: Event Specification in an Active Object-Oriented Database. In: *Proceedings of the ACM International Conference on Management of Data (SIGMOD'92, San Diego (CA), U.S.A., 2.-5. Juni), 1992*, S. 81-90

GeJS92b Gehani, N.H.; Jagadish, H.V.; Shmueli, O.: Composite Event Specification in Active Databases: Model & Implementation. In: *Proceedings of the 18th International Conference on Very Large Data Bases (VLDB'92, Vancouver, Kanada, 23.-27. Aug.), 1992*, S. 327-338

GHJV95   Gamma, E.; Helm, R.; Johnson, R.; Vlissides, J.: *Design Patterns: Elements of Reusable Object-Oriented Software.* Addison-Wesley, Reading (MA), e.a., 1995

Glan96   Glance, D.; Multicast Support for Data Dissemination in OrbixTalk. In: *IEEE Data Engineering Bulletin, 19(3), 1996*, S. 31-39

GNOT92   Goldberg, D.; Nichols, D.; Oki, B.M.; Terry, D.: Using Collaborative Filtering to Weave an Information Tapestry. In: *Communications of the ACM, 35(12), 1992*, S. 61-70

Gnut00   o.V.: *Gnutella Home Web Page.*
          (Aktuelle Informationen verfügbar unter: http://gnutella.wego.com)

GoMe98   Goncales, M.A.; Medeiros, C.B.: Scientific Dissemination. In: *Communications of the ACM, 41(4), 1998,* S. 80-81

GoPr99   Goldfarb, C.F.; Prescod, P.: *XML Handbuch.* Prentice Hall, München, 1999

Gord00   Gordon, A.: *The COM and COM$^+$ Programming Primer.* Prentice Hall, Upper Saddle River (NJ), 2000

GoSm95   Gough, J.; Smith, G.: Efficient Recognition of Events in a Distributed System. In: *Proceedings of the 18th Australian Computer Science Conference (ACSC-18, Adelaide, Australien), 1995*
          (Elektronisch verfügbar unter: http://elvin.dstc.edu.au/doc/papers/others/gough.pdf)

Grae93   Graefe, G.: Query Evaluation Techniques for Large Databases. In: *ACM Computing Surveys, 25(2), 1993,* S. 73-170

GrHL01   Grießer, U.; Hümmer, W.; Lehner, W.: Platform Invariant Database Design for Information Appliances. In: Lehner, W. (Hrsg.): *Advanced Techniques in Personalized Information Delivery.* Friedrich-Alexander-Universität Erlangen-Nürnberg, Arbeitsbericht des Instituts für Informatik, 34(5), 2001, S. 145-170

GrLi95   Griffin, T.; Libkin, L.: Incremental Maintenance of Views with Duplicates. In: *Proceedings of the ACM International Conference on Management of Data (SIGMOD'95, San Jose (CA), U.S.A., 23.-25. Mai),* 1995, S. 328-339

GrMi82   Grant, J.; Minker, J.: On Optimizing the Evaluations of a Set of Expressions. *Technical Report TR-916, Dept. of Computer Science, University of Maryland (MD), 1982*

GrRe93   Gray, J.; Reuter, A.: *Transaction Processing: Concepts and Techniques.* Morgan Kaufmann, San Mateo (CA), 1993

GuBl95   Gupta, A.; Blakeley, J.: Using Partial Information to Update Materialized Views. In: *Information Systems, 20(8), 1995,* S. 641-662

GuHQ95   Gupta, A.; Harinarayan, V.; Quass, D.: Aggregate-Query Processing in Data Warehousing Environments. In: *Proceedings of the 21st International Conference on Very Large Data Bases (VLDB'95, Zürich, Schweiz, 11.-15. Sept.),* 1995, S. 358-369

GuJM96   Gupta, A.; Jagadish, H.; Mumick, I.: Data Integration using Self-Maintainable Views. In: *Proceedings of the 5th International Conference on Extending Database Technology (EDBT'96, Avignon, Frankreich, 25.-29. März),* 1996, S. 140-144

GuMR95   Gupta, A.; Mumick, I.; Ross, K.: Adapting Materialized Views after Redefinitions. In: *Proceedings of the ACM International Conference on Management of Data (SIGMOD'95, San Jose (CA), U.S.A., 23.-25. Mai),* 1995, S. 211-222

GuMS93   Gupta, A.; Mumick, I.; Subrahmanian, V.: Maintaining Views Incrementally. In: *Proceedings of the ACM International Conference on Management of Data (SIGMOD'93, Washington D.C., U.S.A., 26.-28. Mai),* 1993, S. 157-166

GuMu95 Gupta, A.; Mumick, I.: Maintenance of Materialized Views: Problems, Techniques, and Applications. In: *IEEE Data Engineering Bulletin, Special Issue on Materialized Views & Data Warehousing, 18(2), 1995*, S. 3-18

GuMu99a Gupta, A.; Mumick, I.: *Materialized Views: Techniques, Implementations and Applications*. MIT Press, Cambridge (MA), e.a., 1999

GuMu99b Gupta, H.; Mumick, I.: Selection of Views to Materialize Under a Maintenance Cost Constraint. In: *Proceedings of the 7th International Conference on Database Theory (ICDT'99, Jerusalem, Israel, 10.-12. Jan.), 1999*, S. 453-470

Gunv00 Gunvald, E.: Trading Up to Queued Components. In: *MSDN Library, Microsoft Corporation, 2000*
(Elektronisch verfügbar unter: http://msdn.microsoft.com/library/techart/qchanson.htm)

Gupt97 Gupta. H.: Selection of Views to Materialize in a Data Warehouse. In: *Proceedings of the 6th International Conference on Database Theory (ICDT'97, Delphi, Griechenland, 8.-10. Jan.), 1997*, S. 98-112

GuSS93 Gulbins, J.; Seyfried, M.; Strack-Zimmermann, H.: *Elektronische Archivierungssysteme*. Springer Verlag, Berlin, e.a., 1993

Gutm84 Guttman, A.: R-Trees: A Dynamic Index Structure for Spatial Searching. In: *Proceedings of the 1984 ACM International Conference on Management of Data (SIGMOD'84, Boston (MA), U.S.A., 18.-21. Juni), 1984*, S. 47-57

Hack97 Hackathorn, R.: Publish or Perish. In: *Byte Magazin, Sept. 1997*
(Elektronisch verfügbar unter: http://www.byte.com/art9709/sec6/art1.htm)

HaJa99 Hauswirth, M.; Jazayeri, M.: A Component and Communication Model for Push Systems. In: *Proceedings of the 7th European Software Engineering Conference (ESEC/FSE'99, Toulouse, Frankreich, 6.-10. Sept.), 1999*, S. 20-38
(Elektronisch verfügbar unter:
http://www.infosys.tuwien.ac.at/Staff/pooh/papers/PushIssues/)

Hall76 Hall, P.A.V.: Common Subexpression Identification in General Algebraic Systems. *Technical Report UKSC 0060, IBM United Kingdom Scientific Center, 1974*

Hank98 Hank, T.: *You've Got Mail*. Warner Bros., 1998
(Aktuelle Informationen verfügbar unter: http://youvegotmail.warnerbros.com)

HaNo99 Hanson, E.N.; Noronha, L.X.: Timer-Driven Triggers and Alerters: Semantics and a Challenge. In: *ACM SIGMOD Record, 28(4), 1999*, S. 11-16

Hans87 Hanson, E.N.: A Performance Analysis of View Materialization Strategies. In: *Proceedings of the ACM International Conference on Management of Data (SIGMOD'87, San Francisco (CA), U.S.A., 27.-29. Mai), 1987*, S. 440-453

Hans92 Hanson, E.N.: Rule Condition Testing and Action Execution in Ariel. In: *Proceedings of the ACM International Conference on Management of Data, (SIGMOD'92, San Diego (CA), U.S.A., 2.-5. Juni), 1992*, S. 49-58

Hans96 Hanson, E.N.: The Design and Implementation of the Ariel Active Database Rule System. In: *IEEE Transactions on Knowledge and Data Engineering, 8(1), 1996*, S. 157-172

HaRU96   Harinarayan, V.; Rajaraman, A.; Ullman, J.D.: Implementing Data Cubes Efficiently. In: *Proceedings of the ACM International Conference on Management of Data, (SIGMOD'96, Montreal, Kanada, 4.-6. Juni), 1996,* S. 205-216

HäST99   Härder, T.; Sauter, G.; Thomas, J.: The Intrinsic Problems of Structural Heterogeneity and an Approach to their Solution. In: *The VLDB Journal, 8(1), 1999,* S. 25-43

HBH+95   Hanson, E.N.; Bodogala, S.; Hasan, M.; Kulkarni, G.; Rangarajan, J.: Optimized Rule Condition Testing in Ariel using Gator Networks. *Technical Report TR-95-027, Dept. of Computer and Information Science & Engineering, University of Florida, 1995*
          (Elektronisch verfügbar unter:
          http://www.cise.ufl.edu/tech-reports/tech-reports/tr95-abstracts.shtml)

HCD+98   Hanson, E.N.; Chen, I.-C.; Dastur, R.; Engel, K.; Ramaswamy, V.; Tan, W.; Xu, C.: A Flexible and Recoverable Client/Server Database Event Notification System. In: *The VLDB Journal, 7(1), 1998,* S. 12-24

HCH+99   Hanson, E.N.; Carnes, C.; Huang, L.; Konyala, M.; Noronha, L.; Parthasarathy, S.; Park, J.B.;Vernon, A.: Scalable Trigger Processing. In: *Proceedings of the 15th International Conference on Data Engineering (ICDE'99, Sydney, Australien, 23.-26. März), 1999,* S. 266-275

HCKW90   Hanson, E.N.; Chaabouni, M.; Kim, C.-H.; Wang, Y.-W.: A Predicate Matching Algorithm for Database Rule Systems. In. *Proceedings of the ACM International Conference on Management of Data (SIGMOD'90, Atlantic City (NJ), U.S.A., 23.-25. Mai), 1990,* S. 271-280

HeHä00   Hergula, K.: Härder, T.: A Middleware Approach for Combining Heterogeneous Data Sources – Integration of Generic Query and Predefined Function Access. In: *Proceedings of the 1st International Conference on Web Information Systems Engineering (WISE 2000, Hong Kong, China, 19.-21. Juni), 2000,* S. 26-33

Heim00   Heimbigner, D.: Adapting Publish/Subscribe Middleware to Achieve Gnutella-like Functionality. *Technical Report CU-CS-909-00, Department of Computer Science, University of Colorado at Boulder, 2000*
          (Elektronisch verfügbar unter: http://www.cs.colorado.edu/serl/papers/CU-CS-909-00.pdf)

HeMi97   Heddaya, A.; Mirdad, S.: WebWave: Globally Load Balanced Fully Distributed Caching of Hot Published Documents. In: *Proceedings of the 17th International Conference on Distributed Computing (ICDCS'97, Baltimore (MD), U.S.A., 27.-30. Mai), 1997,* S. 160-168

HGLW87   Herman, G.; Gopal, G.; Lee, K.; Weinrib, A.: The Datacycle Architecture for Very High Throughput Database Systems. In: *Proceedings of the ACM International Conference on Management of Data (SIGMOD'87, San Francisco (CA), U.S.A., 27.-29. Mai), 1987,* S. 97-103

HGN+97   Hammer, J.; Garcia-Molina, H.; Nestorov, S.; Yerneni, R.; Breuni, M.; Vassalos, V.: Template-Based Wrappers in the TSIMMIS System. In: Proceedings of the *ACM International Conference on Management of Data (SIGMOD'97, Tucson (AZ), U.S.A., 13.-15. Mai), 1997,* S. 532-535

HKWY97 Hass, L.; Kossmann, D.; Wimmers, E.; Yan, J.: Optimzing Queries Across Diverse Data Sources. In: *Proceedings of the 23rd International Conference on Very Large Data Bases (VLDB'97, Athen, Griechenland, 25.-29. Aug.), 1997*, S. 276-285

HMJ[+]96 Hall, R.W.; Mathur, A.; Jajahian, F.; Prakash, A.; Rassmussen, C.: Corona: A Communication Service for Scalable, Reliable Group Collaboration Systems. In: *Proceedings of the International Conference on Computer Supported Cooperative Work (CSCW'96, Boston (MA), U.S.A., 16.-20. Nov.), 1996*, S. 140-149

HMNS01 Hansmann, U.; Merk, L.; Nicklous, M.S.; Stober, T.: *Pervasive Computing Handbook.* Springer Verlag, Berlin, e.a., 2001

HoGa84 Hogg, J.; Gamvroulas, S.: An Active Mail System. In: *Proceedings of the Annual Meeting on Management of Data (SIGMOD'84, Boston (MA), 18.-21. Juni), 1984*, S. 215-222

HoMU01 Hopcroft, J.E.; Motwani, R.; Ullman, J.D.; Introduction to Automata Theory, Languages, and Computation. 2. Auflage, Addison-Wesley, Reading (MA), 2001

Hous98 Houston, P.: Building Distributed Applications with Message Queuing Middleware. In: *MSDN Library, Microsoft Corporation, 1998* (Elektronisch verfügbar unter: http://msdn.microsoft.com/library/backgrnd/ BldAppMQ.htm)

HuLL98 Hu, Q.; Lee, D.L.; Lee, W.-C.: Dynamic Data Delivery in Wireless Communication Environments. In: *Proceedings of the Workshop on Conceptual Modeling (ER'98 Workshops, Singapur, 16.-19. Nov.), 1998*, S. 218-229

Husu97 Husum, D.: When Push Becomes IP Multicast. In: *WebVantage Magazine, Mai 1997* (Elektronisch verfügbar unter: http://www.web-vantage.com/)

Huyn96a Huyn, N.: Efficient View Self-Maintenance. In: *Proceedings of the ACM Workshop on Materialized Views: Techniques and Applications (Montreal, Kanada, 7. Juni), 1996*, S. 17-25

Huyn96b Huyn, N.: Exploiting Dependencies to Enhance View Self-Maintainability. *Technical Report 1996-11, Stanford Database Group, Stanford University, 1996* (Elektronisch verfügbar unter: http://dbpubs.stanford.edu:8090/pub/1996-11)

Huyn97 Huyn, N.: Multiple-View Self-Maintenance in Data Warehousing Environments. In: *Proceedings of the 23rd International Conference on Very Large Data Bases (VLDB'97, Athen, Griechenland, 25.-29. Aug.), 1997*, S. 26-35

HuYu98 Huang, Y.-W.; Yu, P.S.: A Bandwidth-Sensitive Update Scheduling Method for Internet Push. In: *Proceedings of the 18th International Conference on Distributed Computing Systems (ICDCS'98, Amsterdam, Holland, 26.-29. Mai), 1998*, S. 303-310

HuZh96 Hull, R.; Zhou, G.: A Framework for Supporting Data Integration Using the Materialized and Virtual Approaches. In: *Proceedings of ACM International Conference on Management of Data (SIGMOD'96, Montreal, Kanada, 4.-6. Juni), 1996*, S. 481-492

IBM95   o.V.: *DB2 Relational Extenders*. White Paper, IBM Corp., 1995
         (Elektronisch verfügbar unter:
           http://booksrv2.raleigh.ibm.com/cgi-bin/bookmgr/bookmgr.exe/BOOKS/db2relex/
           COVER)

IBM01a   o.V.: *IBM DB2 V7.1 SQL Reference*, IBM Corp., 2001
         (Elektronisch verfügbar unter: http://www-4.ibm.com/cgi-bin/db2www/data/db2/
           udb/winos2unix/support/v7pubs.d2w/en_main)

IBM01b   o.V.: *IBM DB2 Everyplace 7.1.2*. IBM Corp., 2001
         (Aktuelle Informationen verfügbar unter:
           http://www.ibm.com/software/data/db2/everyplace/)

IBM01c   o.V.: *IBM MQseries Planning Guide 5.2*. IBM. Corp., 2001
         (Elektronisch verfügbar unter:
           ftp://ftp.software.ibm.com/software/ts/mqseries/library/books/csqzab03.pdf)

IBM01d   o.V.: *Garlic - Database Middleware for Heterogeneous Data Sources*. IBM
         Corp., 2001
         (Aktuelle Informationen verfügbar unter: http://www.almaden.ibm.com/cs/
           garlic.html)

IBM01e   o.V.: *DB2 DataJoiner*. IBM Corp., 2001
         (Aktuelle Informationen verfügbar unter: http://www.ibm.com/software/data/
           datajoiners/)

IBM01f   o.V.: *Encina Distributed Transaction Processing System*. IBM Corp., Transarc
         Lab, 2001
         (Aktuelle Informationen verfügbar unter:
           http://www.transarc.com/Library/documentation/index.html)

LDC01   o.V.: *Lotus Notes R5*. Lotus Development Corporation, 2001
         (Aktuelle Informationen verfügbar unter:
           http://www.lotus.com/home.nsf/welcome/lotusnotes)

IDC00   o.V.: *Information Appliance Market to Explode to $17.8 Billion by 2004*.
         International Data Corporation, 2000
         (Elektronisch verfügbar unter:
           http://www.idc.com:8080/Hardware/press/PR/DMT/DMT020700pr.stm)

IEEE95   o.V.: *IEEE Guide to the POSIX Open System Environment (OSE)*. IEEE Std
         1003.0-1995
         (Aktuelle Informationen verfügbar unter: http://standards.ieee.org/catalog/
           posix.html)

IGEB01   o.V.: *Interagency GPS Executive Board*. 2001
         (Aktuelle Informationen verfügbar unter: http://www.igeb.gov/)

ImBa94   Imielinski, T.; Badrinath, B.: Mobile Wireless Computing: Challenges in Data
         Management. In: *Communications of the ACM, 37(10), 1994*, S. 18-28

Info98   o.V.: *Developing DataBlade Modules for Informix Dynamic Server with
         Universal Data Option*. White Paper, Informix Corp., 1998
         (Elektronisch verfügbar unter:
           http://www.informix.com/informix/whitepapers/devdbm_wp.pdf)

Info01   o.V.: *Product Overview*. InfoGate Corp., 2001
         (Aktuelle Informationen verfügbar unter: http://www.infogate.com)

InKY93　Inveradi, P.; Krishnamurthy, B.; Yankelevich.: Yeast: A Case Study for a Practical Use of Formal Methods. In: *Proceedings of the 5th International Joint Conference on Theory and Practice of Software Development (TAPSOFT'93, Orsay, Frankreich, 13.-17. April), 1993*, S. 105-120

Inmo92　Inmon, W.: *Building the Data Warehouse.* John Wiley & Sons Inc., New York, 1992

Inmo99　Inmon, W.: *Building the Operational Data Store.* John Wiley & Sons Inc., New York, 1999

Inri97　o.V.: *WebCanal White Paper - Global Information Broadcast.* INRIA, 1997 (Elektronisch verfügbar unter: http://webcanal.inria.fr/index.html)

IONA98　o.V.: *Notification White Paper.* IONA Technologies PLC, 1998 (Elektronisch verfügbar unter: http://www.iona.com/forms/wprequest.htm)

IONA99　o.V.: *Orbix 3 White Paper.* IONA Technologies PLC, 1999 (Elektronisch verfügbar unter: http://www.iona.com/forms/wprequest.htm)

IONA00　o.V. *The iPortal Application Server: Technical Overview.* IONA Technologies PLC, 2000 (Elektronisch verfügbar unter: http://www.iona.com/forms/wprequest.htm)

iPla01　o.V.: *Java Message Queue.* iPlanet Inc., 2001 (Aktuelle Informationen verfügbar unter: http://www.iplanet.com/products/java_message/)

JaBu96　Jablonski, S.; Bussler C.: *Workflow Management: Modeling Concepts, Architecture and Implementation.* International Thomson Computer Press, 1996

Jark85　Jarke, M.: Common Subexpression Isolation in Multiple Query Optimization. In: Kim, W.; Reiner, D.S.; Batory, D.S. (Hrsg.): *Query Processing in Database Systems.* Springer-Verlag, Heidelberg, e.a., 1985, S. 191-205

JeWo98　Jennings, N.R.; Wooldridge, M.J. (Hrsg.): *Agent Technology: Foundations, Applications, and Markets.* Springer Verlag, Heidelberg, e.a., 1998

KäRi87　Kähler, B.; Risnes, O.: Extending Logging for Database Snapshot Refresh. In: *Proceedings of the 13th International Conference on Very Large Data Bases (VLDB'87, Brighton, Großbritannien, 1.-4. Sept.), 1987*, S. 389-398

KeEi99　Kemper, A.; Eickler, A.: *Datenbanksysteme: Eine Einführung.* 3., korrigierte Auflage, R. Oldenbourg Verlag, München, Wien, 1999

KeWo97　Kelly, K.; Wolf, G.: PUSH! Kiss Your Browser Goodbye: The Radical Future of Media Beyond the Web. In: *Wired Magazin, März 1997* (Elektronisch verfügbar unter: http://www.wired.com/wired/archive/5.033/ff_push_pr.html)

Kimb96　Kimball, R.: *The Data Warehouse Toolkit.* 2. Auflage, John Wiley & Sons Inc., New York, 1996

KNHH94　Kawano, H.; Nishio, S.; Han, J.; Hasegawa, T.: How Does Knowledge Discovery Cooperate with Active Database Technique in Controlling Dynamic Environments. In: *Proceedings of the 5th International Conference on Database and Expert Systems Applications (DEXA'94, Athen, Griechenland, 7.-9. Sept.), 1994*, S. 370-379

KOD⁺95   Kilic, E.; Ozhan, G.; Dengi, C.; Kesim, N.; Koksal, P.; Dogac, A.: Experiences in Using CORBA for a Multidatabase Implementation. In: *Proceedings of the 6th International Workshop and Conference on Database and Expert Systems Applications (DEXA'95, London, Großbritannien, 4.-8. Sept.), 1995*, S. 223-230

KoNe93   Kohl, J.; Neuman, C.: *The Kerberos Network Authentication Service (V5)*. RFC1510, Digital Equipment Corp., 1993
(Elektronisch verfügbar unter: http://www.ietf.org/rfc/rfc1510.txt)

KoRo99   Kotidis, Y.; Roussopoulos, N.: DynaMat: A Dynamic View Management System for Data Warehouses. In: *Proceedings ACM International Conference on Management of Data (SIGMOD'99, Philadephia (PA), U.S.A., 1.-3. Juni), 1999*, S. 371-382

Kosc99   Koschel, A.: Ereignisgetriebene CORBA-Dienste für heterogene, verteilte Informationssysteme. *Dissertation an der Fakultät für Informatik der Universität Karlsruhe*, 1999
(Elektronisch verfügbar unter:
http://www.ubka.uni-karlsruhe.de/cgi-bin/psview?document=/1999/informatik/5)

KoTc91   Koh, J.-M.; Tcha, D.-W.: Information Dissemination in Trees with Nonuniform Edge Transmission Times. In: *IEEE Transactions on Computers, 40(19), 1991*, S. 1174-1177

KoVB97   Kowarschick, W.; Vogel, P.; Bayer, R.: ELEKTRA: An Electronic Article Delivery Service. In: *Proceedings of the 8th International Workshop on Database and Expert Systems Applications (DEXA'97, Toulouse, Frankreich, 1.-2. Sept.), 1997*, S. 272-277

KrRo95   Krishnamurthy, B.; Rosenblum, D.; Yeast: A General Purpose Event-Action System. In: *IEEE Transaction on Software Engineering, 21(10), 1995*, S. 845-857

KuCh91   Kumar, A.; Cheung, S.Y.: A High Availability $\sqrt{n}$ Hierarchical Grid Algorithm for Replicated Data. In: *Information Processing Letters, 40(6), 1991*, S. 311-316

KuMC98   Kulkarni, K.; Mattos, N.; Cochrane, B.: Active Database Features in SQL3. In: Paton, N. (Hrsg.): *Active Rules in Database Systems*. Springer-Verlag, New York, Berlin, Heidelberg, 1998, S. 197-220

Kumm97   Kummerfeld, R.J.: Server Initiated Delivery of Multimedia Information. In: *Proceedings of the International Conference on Worldwide Computing and Its Applications (WWCA'97, Tsukuba, Japan, 10.-11. März), 1997*, S. 309-317

Kum91   Kumar, A.: Hierarchical Quorum Consensus: a New Algorithm for Managing Replicated Data. In: *IEEE Transactions on Computers, 5(11), 1991*, S. 2-9

Kurz99   Kurz, A.: *Data Warehousing - Enabling Technology*. mitp-verlag, Bonn, 1999

KuÖz98   Kuo, H.-C.; Özsoyoglu, G.: Selecting Actions to Trigger in Active Database Applications. In: *Proceedings of the 9th International Conference on Database and Expert Applications (DEXA'98, Wien, Österreich, 24.-28. Aug.), 1998*, S. 60-69

KVD⁺99   Kotlyar, V.; Viveros, M.S.; Duri, S.; Lawrence, R.D.; Almasi, G.S.: A Case Study in Information Delivery to Mass Retail Markets. In: *Proceedings of the 10th International Conference on Database and Expert Systems Applications (DEXA'99, Florenz, Italien, 30. Aug.-3. Sept.), 1999*, S. 842-851

LaGa96   Labio, W.; Garcia-Molina, H.: Efficient Snapshot Differential Algorithms for Data Warehousing. In: *Proceedings of the 22th International Conference on Very Large Data Bases (VLDB'96, Bombay, Indien, 3.-6. Sept.)*, 1996, S. 63-74

Lamp78   Lamport, L.: Time, Clocks and the Ordering of Events in a Distributed System. In: *Communications of the ACM, 21(7), 1978*, S. 558-565

Lauf96   Laufmann, S.: The Information Marketplace: Achieving Success in Commercial Applications. In: Adam, N.R.; Yesha, Y. (Hrsg.): *Electronic Commerce: Current Research Issues and Applications*. Lecture Notes in Computer Science, Nr. 1028, Springer Verlag, Heidelberg, 1996, S. 115-147

LCS$^+$01   Lehner, W.; Cochrane, B.; Sidel, R.; Pirahesh, M.; Zaharioudakis, M.: Maintenance of Automatic Summary Tables in IBM DB2/UDB. In: Lehner, W. (Hrsg.): *Advanced Techniques in Personalized Information Delivery*. Friedrich-Alexander-Universität Erlangen-Nürnberg, Arbeitsbericht des Instituts für Informatik, 34(5), 2001, S. 103-117

Lehn99   Lehner, W.: *Multidimensionale Datenbanksysteme*. Teubner-Texte zur Informatik, Band 30, Teubner Verlag, Stuttgart, Leipzig, 1999

Lehm96   Lehmann, F.: Machine-Negotiated, Ontology-Based EDI (Electronic Data Interchange). In: Adam, N.R.; Yesha, Y. (Hrsg.): *Electronic Commerce: Current Research Issues and Applications*. Lecture Notes in Computer Science Nr. 1028, Springer Verlag, Heidelberg, 1996, S. 27-45

LeHR01   Lehner, W.; Hümmer, W.; Redert, M.: Building an Information Marketplace using a Content and Memory based Publish/Subscribe System. In: Lehner, W. (Hrsg.): *Advanced Techniques in Personalized Information Delivery*. Friedrich-Alexander-Universität Erlangen-Nürnberg, Arbeitsbericht des Instituts für Informatik, 34(5), 2001, S. 27-46

LeHü01   Lehner, W.; Hümmer, W.: The Revolution Ahead: Publish/Subscribe meets Database Systems. In: Lehner, W. (Hrsg.): *Advanced Techniques in Personalized Information Delivery*. Friedrich-Alexander-Universität Erlangen-Nürnberg, Arbeitsbericht des Instituts für Informatik, 34(5), 2001, S. 9-25

LeLi97   Lee, S.Y.; Ling, T.W.: Refined Termination Decision in Active Databases. In: *Proceedings of the 8th International Conference on Database and Expert Systems Applications (DEXA'97, Toulouse, Frankreich, 1.-5. Sept.), 1997*, S. 182-191

Lenz97   Lenz, R.: *Adaptive Datenreplikation in verteilten Systemen*. Teubner-Texte zur Informatik, Band 23, Teubner Verlag, Stuttgart, Leipzig, 1997

LeRT95   Lehner, W.; Ruf, T.; Teschke, M.: Optimizing Database Access Performance in Scientific Applications without Compromizing Logical Data Independence. In: *Proceedings of the International Conference on Applications of Databases (ADB'95, Santa Clara (CA), U.S.A., 13.-15. Dez.), 1995*, S. 120-135

LeRT96   Lehner, W.; Ruf, T.; Teschke, M.: CROSS-DB: A Feature-extended multidimensional Data Model for Statistical and Scientific Databases. In: *Proceedings of the 5th International Conference on Information and Knowledge Management (CIKM'96, Rockville (MD), U.S.A., 12.-16. Nov.), 1996*, S. 253-260

LeRu01   Lehner, W.; Ruf, T.: Revealing Real Problems in Real Data Warehouse Applications. In: Lehner, W. (Hrsg.): *Advanced Techniques in Personalized Information Delivery*. Friedrich-Alexander-Universität Erlangen-Nürnberg, Arbeitsbericht des Instituts für Informatik, 34(5), 2001, S. 49-63

LHM[+]86   Lindsay, B.; Haas, L.; Mohan, C.; Pirahesh, H.; Wilms, P.: A Snapshot Differential Refresh Algorithm. In: *Proceedings of the ACM International Conference on Management of Data (SIGMOD'86, Washington D.C., U.S.A., 28.-30. Mai), 1986*, S. 53-60

LHRR01   Lehner, W.; Hümmer, W.; Redert, M.; Reinhard, C.: Publish/Subscribe-Systeme im Data-Warehousing: Mehr als nur eine Renaissance der Batch-Verarbeitung. In: Lehner, W. (Hrsg.): *Advanced Techniques in Personalized Information Delivery*. Friedrich-Alexander-Universität Erlangen-Nürnberg, Arbeitsbericht des Instituts für Informatik, 34(5), 2001, S. 65-81

LiMR90   Litwin, W.; Mark, L.; Roussopulos, N.: Interoperability of Multiple Autonomous Databases. In: *ACM Computing Surveys, 22(3), 1990*, S. 267-293

LiPH00   Liu, L.; Pu, C.; Han, W.: XWRAP: An XML-enabled Wrapper Construction System for Web Information Sources. In: *Proceedings of the 16th International Conference on Data Engineering (ICDE 2000, San Diego (CA), U.S.A., 28. Feb.- 3. März), 2000*, S. 611-621

LiPT99   Liu, L.; Pu, C.; Tang, W.: Continual Queries for Internet Scale Event-Driven Information Delivery. In: *IEEE Transactions on Knowledge and Data Engineering, 11(4), 1999*, S. 610-628

LiPu97   Liu, L.; Pu, C.: Dynamic Query Processing in DIOM. In: *IEEE Bulletin of Data Engineering, 20(3), 1997*, S. 30-37

LLPS91   Lohman, G.M.; Lindsay, B.; Pirahesh, H.; Schiefer, K.B.: Extensions to Starburst: Objects, Types, Functions, and Rules. In: *Communications of the ACM, 34(10), 1991*, S. 94-109

Loeb92   Loeb, S.: Architecting Personalized Delivery of Multimedia Information. In: *Communications of the ACM, 35(12), 1992*, S. 39-50

LoSc87   Lockemann, P.C.; Schmidt, J.W.: *Datenbank-Handbuch*. Springer-Verlag, Berlin, e.a., 1987

LoTe92   Loeb, S.; Terry, D.: Information Filtering. In: *Communications of the ACM, 35(12), 1992*, S. 26-28

LPBZ96   Liu, L.; Pu, C.; Barga, R.; Zhou, T.: Differential Evaluation of Continual Queries. In: *Proceedings of the 16th International Conference on Distributed Computing Systems (ICDCS'96, Hong Kong, 27.-30. Mai), 1996*, S. 458-465

LPCS00   Lehner, W.; Pirahesh, H.; Cochrane, R.; Sidle, R.: Maintenance of Automatic Summary Tables. In: *Proceedings of the ACM International Conference on Management of Data (SIGMOD 2000, Dallas (TX), U.S.A., 16.-18. Mai), 2000*, S. 512-513

LPCZ01   Lehner, W.; Pirahesh, H.; Cochrane, R.; Zaharioudakis, M.: fAST Refresh using Mass Query Optimization. In: *Proceedings of the 17th International Conference on Data Engineering (ICDE 2001, Heidelberg, 2.-6. April), 2001*, S. 391-398

LPT⁺98   Liu, L.; Pu, C.; Tang, W.; Buttler, D.; Biggs, J.; Zhou, T.; Benninghoff, P.; Han, W.; Yu, F.: CQ: A Personalized Update Monitoring Toolkit. In: *Proceedings of the ACM International Conference on Management of Data (SIGMOD'98, Seattle (WA), U.S.A., 2.-4. Juni), 1998*, S. 547-549

LuHü01   Lukasczyk, J.; Hümmer, W.: Server Side Wrapping: The XWeb Approach. In: Lehner, W. (Hrsg.): *Advanced Techniques in Personalized Information Delivery.* Friedrich-Alexander-Universität Erlangen-Nürnberg, Arbeitsbericht des Instituts für Informatik, 34(5), 2001, S. 119-143

LuOG93   Lu, H.; Ooi, B.-C.; Goh, C.-H.: Multidatabase Query Optimization: Issues and Solutions. In: *Proceedings of the 3rd International Workshop on Research Issues in Data Engineering: Interoperability in Multidatabase Systems (RIDE-IMS'93, Wien, Österreich, 19.-20. April), 1993*, S. 137-143

LuVe95   Luckham, D.C.; Vera, J.: An Event-based Architecture Definition Language. In: *IEEE Transactions on Software Engineering, 21(9), 1995*, S. 717-734

Mari97   o.V.: Castanet Proxy. Marimba Corporation, 1997
          (Elektronisch verfügbar unter: http://www.marimba.com/products)

MaSl97   Mansouri-Samani, M.; Sloman, M.: GEM: A Generalized Event Monitoring Language for Distributed Systems. In: *IEE/IOP/BCS Distributd Systems Engineering Journal, 4(2), 1997*, S. 96-108

Matt89   Mattern, F.: Virtual Time and Global States of Distributed Systems. In: *Parallel and Distributed Algorithms*, Elsevier Science Publishers B.V., 1989, S. 215-226

McCr85   McCreight, E.M.: Priority Search Trees. In: *SIAM Journal of Computing, 14(2), 1985*, S. 257-278

McDa89   McCarthy, D.R.; Dayal, U.: The Architecture of An Active Database Mangement System. In: *Proceedings of the ACM SIGMOD International Conference on Management of Data, (SIGMOD'89, Portland (OR), U.S.A., 31. Mai-2. Juni), 1989*, S. 215-224

Merz99   Merz, M.: *Electronic Commerce. Marktmodelle, Anwendungen und Technologien.* dpunkt.Verlag, Heidelberg, 1999

MHJ⁺95   Mathur, A.G.; Hall, R.W.; Jahanian, F.; Prakash, A.; Rasmussen, C.: The Publish/ Subscribe Paradigm for Scalable Group Collaboration Systems. *Technical Report CSE-TR-270-95, Department of Electrical Engineering and Computer Science, University of Michigan,* 1995

Micr01   o.V.: *MicroStrategy Narrowcast Server™ 7.0 Overview.* MicroStrategy Inc., 2001
          (Aktuelle Informationen verfügbar unter: http://www.microstrategy.com/)

Mile97   Miles, S.: Networks strained by Push. In: *Specials to CNET News.com, April 1997*
          (Elektronisch verfügbar unter: http://news.cnet.com/news/0-1005-202-317988.html)

Mile99   Miles, C.: System Montioring, Messaging and Notification. In: *Proceedings of the 7th Annual Conference and General Meeting of the System Administrators' Guild of Australia (SAGE-AU'99, Canberra, Australien, 5.-9. Juli), 1999*

Mill96   Mills, D.: *Simple Network Time Protocol (SNTP) Version 4 for IPv4, IPv6 and OSI.* RFC2030, 1996
          (Elektronisch verfügbar unter: http://www.ietf.org/rfc/rfc2030.txt)

Mill98   Miller, E.: An Introduction to the Resource Description Framework. In: *D-Lib Magazine, Mai 1998*
(Elektronisch verfügbar unter: http://www.dlib.org)

Mira87   Miranker, D.P.: TREAT: A Better Match Algorithm for AI Production Systems. In *Proceedings of the 6th National Conference on Artifical Intelligence (AAAI'81, Seattle (WA), U.S.A., 13.-17. Juli), 1987*, S. 42-47

Mitr96   Mitrakas, A.: Changes in the Interchange Agreements. In: In: Adam, N.R.; Yesha, Y. (Hrsg.): *Electronic Commerce: Current Research Issues and Applications*. Lecture Notes in Computer Science Nr. 1028, Springer Verlag, Heidelberg, 1996, S. 47-67

Mits95   Mitschang, B.: *Anfrageverarbeitung in Datenbanksystemen*. Vieweg Verlag, Braunschweig, Wiesbaden, 1995

MoCL00   Monson-Haefel, R.; Chappell, D.A.; Loukidas, M.: *Java Message Service*. O'Reilly & Associates, Inc., Sebastopol (CA), e.a., 2000

Morg83   Morgenstern, M.: Active Databases as a Paradigm for Enhanced Computing Envrionments. In: *Proceedings of the 9th International Conference on Very Large Data Bases (VLDB'83, Florenz, Italien, 31. Okt.-2. Nov.), 1983*, S. 34-42

Mons01   Monson-Haefel, R.: *Enterprise JavaBeans (3rd Edition)*. O'Reilly & Associates, Inc., Sebastopol (CA), e.a., 2001

MoZa97   Motakis, I.; Zaniolo, C.: Temporal Aggregation in Active Database Rules. In: *Proceedings of the ACM International Conference on Management of Data (SIGMOD'97, Tucson (AZ), U.S.A., 13.-15. Mai), 1997*, S. 440-451

MSC98   o.V.: OLE DB Programmer's Reference. In: *MSDN Library, Microsoft Corporation, 1998*
(Elektronisch verfügbar unter: http://msdn.microsoft.com/libary/psdk/dasdk/olpr0vu6.htm)

MSC00c   o.V.: COM$^+$ Technical Series: Loosely Coupled Events. In: *MSDN Library, Microsoft Corporation, 2000*
(Elektronisch verfügbar unter:
http://msdn.microsoft.com/library/techart/compluscouple.htm)

Muen00   Muench, S.: *Building Oracle XML Applications*. O'Reilly & Associates, Sebastopol (CA), e.a., 2000

MuQM97   Mumick, I.; Quass, D.; Mumick, B.: Maintenance of Data Cubes and Summary Tables in a Warehouse. In: *Proceedings of the ACM International Conference on Management of Data (SIGMOD'97, Tucson (AZ), U.S.A., 13.-15. Mai), 1997*, S. 100-111

Naps01   o.V.: *Napster Information Home Page*. Napster Inc., 2001
(Aktuelle Informationen verfügbar unter: http://www.napster.com/)

NaWe89   Nau, H.W.; Wedekind, H.: Die Spezifikation von Nullwerten als Problem einer wissenbasierten Büroautomatisierung. In: *Tagungsband der Konferenz über Datenbanksysteme in Büro, Technik und Wissenschaft (BTW'89, Zürich, Schweiz, 1.-3. März), 1989*, S. 154-170

NeAM98   Nestrov, S.; Abiteboul, S.; Motwani, R.: Extracting Schema from Semistructured Data. In: *Proceedings of the ACM International Conference on Management of Data (SIGMOD'98, Seattle (WA), U.S.A., 2.-4. Juni), 1998*, S. 295-308

Nets01   o.V.: *Dynamic Information-Delivery Tool for Intranet and Internet users.* Netscape, 2001
            (Aktuelle Informationen verfügbar unter:
              http://home.netscape.com/communicator/netcaster/v4.0/)

Norm98   Norman, D.A.: *The Invisible Computer.* In: MIT Press, Cambridge (MA), e.a., 1998
            (Elektronisch verfügbar unter: http://mitpress.mit.edu/news/Norman/)

OMG00a   o.V.: *The Common Object Request Broker: Architecture and Specification.* Object Management Group Inc., Nov. 2000

OMG00b   o.V.: *CORBA Services: EventService Specification.* Object Management Group Inc., Juni 2000
            (Elektronisch verfügbar unter:
              http://www.omg.org/technology/documents/formal/event_service.htm)

OMG00c   o.V.: *CORBA Services: NotificationService Specification.* Object Management Group Inc., Juni 2000
            (Elektronisch verfügbar unter:
              http://www.omg.org/technology/documents/formal/notification_service.htm)

OMG00d   o.V.: *CORBA Services: TradingObjectService Specification.* Object Management Group Inc., Mai 2000
            (Elektronisch verfügbar unter:
              http://www.omg.org/technology/documents/formal/trading_object_service.htm)

OMG01   o.V.: *About the Object Management Group (OMG).* Object Management Group Inc., 2001
            (Elektronisch verfügbar unter: http://www.omg.org/gettingstarted/gettingstartedindex.htm)

ONKE97   Ozcan, F.; Nural, S.; Koksal, P.; Evrendilek, C.: Dynamic Query Optimization in Multidatabases. In: *IEEE Data Engineering Bulletin, 20(1), 1997*, S. 38-45

OPSS93   Oki, B.; Pfluegl, M.; Siegel, A.; Skeen, D.: The Information Bus - An Architecture for Extensible Distributed Systems. In: *Operating Systems Review, 27(5), 1993*, S. 58-68

Orac99   o.V.: Using Publish-Subscribe. In: *Oracle8i Application Developer's Guide - Fundamentals, Release 8.1.5.* Oracle Corp., 1999

Orac01a   o.V.: *Oracle 8i SQL Reference 8.1.6.* Oracle Corp., 2001

Orac01b   o.V.: *Oracle 8i Data Cartridge Developer's Guide 8.1.6.* Oracle Corp., 2001

Orac01c   o.V.: *Oracle 8i Lite.* Oracle Corp., 2001
            (Aktuelle Informationen verfügbar unter:
              http://www.oracle.com/ip/deploy/database/8i/8ilite/index.html)

Orac01d   o.V.: *Net8 Administrator's Guide.* Oracle Corp., 2001

Orac01e   o.V.: *OCI Programmers Reference 8.1.6.* Oracle Corp., 2001

Orac01f   o.V.: *PL/SQL Programmers Reference 8.1.6.* Oracle Corp., 2001

OrHE96   Orfali, R.; Harkey, D.; Edwards, J.: *The Essential Distributed Objects Survival Guide.* Jon Wiley & Sons, New York, e.a., 1996

Orwe83   Orwell, G.: *1984.* Plume Books, 1983

ÖzSu96   Özcan, F.; Subrahmanian, V.S.: Multiple Query Optimization in Mediator Systems. *Technical Report, Department of Computer Science University of Maryland, 1996* (Elektronisch verfügbar unter: http://www.cs.umd.edu/~fatma/publications/mqo.ps.gz)

PaDi99   Paton, N.; Diaz, O.: Active Database Systems. In: *ACM Computing Surveys, 31(1), 1999*, S. 66-103

PaDK96   Patterson, J.F.; Day, M.; Kucan, J.: Notification Servers for Synchronous Groupware. In: *Proceedings of the Conference on Computer Supported Cooperative Work (CSCW'96, Boston (MA), U.S.A., 16.-20. Nov.), 1996*, S. 122-129

Palm01   o.V. *Palm.Net Wireless Application Service.* Palm Inc., 2001 (Aktuelle Informationen verfügbar unter: http://www.palm.com/products/palmvii/wireless.html)

PaSe88   Park, J.; Segev, A.: Using Common Subexpressions to Optimize Multiple Queries. In: *Proceedings of the 4th International Conference on Data Engineering (ICDE'88, Los Angeles (CA), U.S.A., 1.-5. Feb.), 1988*, S. 311-319

Pato98   Paton, N. (Hrsg.): *Active Rules in Database Systems.* Springer-Verlag, New York, Berlin, Heidelberg, 1998

PCF[+]95   Paton, N.W.; Campin, J.; Fernandes, A.A.A.; Williams, M.H.: Formal Specification Of Active Database Functionality. In: *Proceedings of the 2nd International Workshop on Rules in Database Systems (RIDS'95, Athen, Griechenland, 25.-27. Sept.), 1995*, S. 21-35

PDW[+]93   Paton, N.W.; Diaz, O.; Williams, M.H.; Campin, J.; Dinn, A.; Jaime, A.: Dimensions of Active Behaviour. In: *Proceedings of the 1st International Workshop on Rules In Database Systems (RIDS'93, Edinburgh, Schottland, 30. Aug.-1. Sept.), 1993*, S. 40-57

PeBe00   Perks, C.; Beveridge, T.: Messaging Is The Medium. In: *IntelligentEAI, Sept. 2000*, S. 84-88 (Elektronisch verfügbar unter: http://www.intelligenteai.com/feature/2000929.shtml)

PiCh99   Pitoura, E.; Chrysanthis, P.K.: Scalable Processing of Read-Only Transactions in Broadcast Push. In: *Proceedings of the 19th International Conference on Distributed Computing Systems (ICDCS'99, Austin (TX), U.S.A., 31. Mai-4.Juni), 1999*, S. 432-439

PiLH97   Pirahesh, H.; Leung, T.Y.C.; Hasan, W.: A Rule Engine for Query Transformation in Starburst and IBM DB2 C/S DBMS. In: *Proceedings of the 13th International Conference on Data Engineering (ICDE'97, Birmingham, Großbritannien, 7.-11. April), 1997*, S. 391-400

Pito98   Pitoura, E.: Scalable Invalidation-Based Processing of Queries in Broadcast Push Delivery. In: *Proceedings of the Workshop on Conceptual Modeling (ER'98 Workshops, Singapore, 16.-19. Nov.), 1998*, S. 230-241

PiVi98   Picouet, P.; Vianu, V.: Semantics and Expressiveness Issues in Active Databases. In: *Journal of Computer and System Sciences, 57(3), 1998*, S. 325-355

Plat99   Platt, D.: The COM⁺ Event Service Eases the Pain of Publish and Subscribe to
          Data. In: *Microsoft Systems Journal, Sept. 1999*

Powe96   Powell, D.: Group Communication. In: *Communications of the ACM, 39(4),
          1996*, S. 59-97

PrMK99   Prevelakis, V.; Morin, J.-H. Konstantas, D.: Controlling the Dissemination of
          Electronic Documents. In: *Proceedings of the 10th International Workshop on
          Database and Expert Systems Applications (DEXA'99 Workshop, Florenz,
          Italien, 1.-3. Sept.), 1999*, S. 869-873

PuLi98   Pu, C.; Liu, L.: Update Monitoring: The CQ Project. In: *Proceedings of the
          International Conference on Worldwide Computing and Its Applications
          (WWCA'98, Tsukuba, Japan, 4.-5. März), 1998*, S. 396-411

PWC00   o.V.: *Here Come the Internet Appliances.* TelecomDirect,
          PriceWaterhouseCoopers, 2000
          (Elektronisch verfügbar unter: http://www.telecomdirect.pwcglobal.com)

PWC01   o.V.: *New Mobile Technologies Will Change Business.* Our Latest Thinking,
          PriceWaterhouseCoopers, 2000
          (Elektronisch verfügbar unter: http://e-business.pwcglobal.com)

QGMW96   Quass, D.; Gupta, A.; Mumick, I.; Widom, J.: Making Views Self-Maintainable
          for Data Warehousing. In: *Proceedings of the International Conference on
          Parallel and Distributed Information Systems (PDIS'96, Miami Beach (FL),
          U.S.A., 18.-20. Dez.), 1996*, S. 158-169

QiWi91   Qian, X.; Wiederhold, G.: Incremental Recomputation of Active Relational
          Expressions. In: *IEEE Transactions on Knowledge and Data Engineering, 3(3),
          1991*, S. 337-341

Quas96   Quass, D.: Maintenance Expressions for Views with Aggregation. In:
          *Proceedings of the ACM Workshop on Materialized Views: Techniques and
          Applications (Views'96, Montreal, Kanada, 7. Juni), 1996*, S. 110-118

QuWi97   Quass, D.; Widom, J.: On-Line Warehouse View Maintenance. In: *Proceedings
          of the ACM International Conference on Management of Data (SIGMOD'97,
          Tucson (AZ), U.S.A., 13.-15. Mai), 1997*, S. 393-404

RaDa98   Ramakrishnan, S.; Dayal, V.; The PointCast Network. In: *Proceedings of the
          ACM International Conference on Management of Data (SIGMOD'98, Seattle
          (WA), U.S.A., 2.-4. Juni), 1998*, S. 520

Rade97   Raden, N.: Push Back in Push Technology. In: *DBMS Magazin, Internet Systems
          Supplement, Nov. 1997*
          (Elektronisch verfügbar unter: http://www.dbmsmag.com/9711i15.html)

RaGe00   Ramakrishnan, R.; Gehrke, G.: *Database Management Systems.* 2. Auflage,
          McGraw-Hill, Boston, e.a., 2000

Rahm94   Rahm, E.: *Mehrrechner-Datenbanksysteme.* Oldenbourg Verlag, München, 1994

RaST92   Rangarajan, S.; Setia, S.; Tripathi, S.K.: Fault Tolerant Algorithms for Replicated
          Data Management. In: *Proceedings of the 8th International Conference on Data
          Engineering (ICDE'92, Tempe (AZ), U.S.A., 3.-7. Feb.), 1992*, S. 230-237

ReBM96   van Renesse, R.; Birman, K.P.; Maffeis, S.: Horus: A Flexible Group
          Communication System. In: *Communications of the ACM, 39(4), 1996*, S. 77-83

ReLH01   Redert, M.; Lehner, W.; Hümmer, W.: Strukturelle und operationale Modellierungsaspekte in *PubScribe*. In: Lehner, W. (Hrsg.): *Advanced Techniques in Personalized Information Delivery*. Friedrich-Alexander-Universität Erlangen-Nürnberg, Arbeitsbericht des Instituts für Informatik, 34(5), 2001, S. 191-211

RiKh98   Rifkin, A.; Khare, R.: The Evolution of Internet-Scale Event Notification Services: Past, Present, and Future. In: *Technical Report, Computer Science Department, California Institute of Technology, 2001* (Elektronisch verfügbar unter: http://www.cs.caltech.edu/~adam/isen/wacc/index.html)

RoCh88   Rosenthal, A.; Chakarvarthy, U.: Anatomy of a Modular Multiple Query Optimizer. In: *Proceedings of the 14th International Conference on Very Large Data Bases (VLDB'88, Los Angeles (CA), U.S.A., 29. Aug.-1. Sept.), 1988*, S. 230-239

RoHu80   Rosenkrantz, D.J.; Hunt, H.B.; Processing Conjunctive Predicates and Queries. In: *Proceedings of the 6th International Conference on Very Large Data Bases (VLDB'80, Montreal, Kanada, 1.-3. Okt.), 1980*, S. 64-72

RoRi01   Rothfuss, G.; Ried, C. (Hrsg.): *Content Management mit XML. Grundlagen und Anwendungen*. Spinger-Verlag, Berlin, e.a., 2001

RoWo97   Rosenblum, D.S.; Wolf, A.L.: A Design Framework for Internet-Scale Event Observation and Notification. In. *Proceedings of the 6th European Software Engineering Conference / 5th Symposium on the Foundations of Software Engineering (SIGSOFT'97, Zürich, Schweiz, 22.-25. Sept.), 1997*, S. 344-360

RPK[+]99   Reinwald, B.; Pirahesh, H.; Krishnamoorthy, G.; Lapis, G.; Tran, B.; Vora, S.: Heterogeneous Query Processing through SQL Table Functions. In: *Proceedings of the 15th International Conference on Data Engineering (ICDE'99, Sydney, Australien, 23.-26. März), 1999*, S. 366-373

RRHL01   Redert, M.; Reinhard, C.; Hümmer, W.; Lehner, W.: Ausgewählte Kapitel der Realisierung von *PubScribe*. In: Lehner, W. (Hrsg.): *Advanced Techniques in Personalized Information Delivery*. Friedrich-Alexander-Universität Erlangen-Nürnberg, Arbeitsbericht des Instituts für Informatik, 34(5), 2001, S. 213-249

RRLH01   Redert, M.; Reinhard, C.; Lehner, W.; Hümmer, W.: *PubScribe* Mikro- und Makroarchitektur. In: Lehner, W. (Hrsg.): *Advanced Techniques in Personalized Information Delivery*. Friedrich-Alexander-Universität Erlangen-Nürnberg, Arbeitsbericht des Instituts für Informatik, 34(5), 2001, S. 173-190

RSSB00   Roy, P.; Seshadri, S.; Sudarshan, S.; Bhobe, S.: Efficient and Extensible Algorithms for Multi Query Optimization. In: *Proceedings of the ACM International Conference on Management of Data (SIGMOD 2000, Dallas (TX), U.S.A., 16.-18. Mai), 2000*, S. 249-260

RuNo94   Russell, S.; Norvig, P.: *Artifical Intelligence – A Modern Approach*. Prentice Hall, Englewood Cliffs (NJ), 1995

SAB[+]00   Segall, B.; Arnold, D.; Boot, J.; Henderson, M.; Phelps, T.: Content Based Routing with Elvin4. In: *Proceedings of the AUUG2000 Technical Conference (AUUG'2000, Canberra, Australien, 25.-30. Juni), 2000* (Elektronisch verfügbar unter: http://elvin.dstc.edu.au/doc/papers/auug2k/auug2k.pdf)

SAC⁺79   Selinger, P.G.; Astrahan, M.M.; Chamberlain, D.D.; Lorie, R.A.; Price, T.G.: Access Path Selection in a Relational Database Management System. In: *Proceedings of the ACM International Conference on Management of Data (SIGMOD'79, Boston (MA), U.S.A., 30. Mai-1. Juni), 1979*, S. 23-32

SAG01a   o.V.: *EntireX - The PowerLink to the Internet*. White Paper, Software AG, 2001 (Elektronisch verfügbar unter: http://www.softwareag.com/entirex/technical/white_paper.htm)

SAG01b   o.V.: Tamino XML Database. Software AG, 2001 (Aktuelle Informationen verfügbar unter: http://www.softwareag.com/tamino/)

SARW99   Sharma, G.D.; Abu-Ghazaleh, N.B.; Rajasekaran, U.K.V.; Wilsey, P.A.: Optimizing Message Delivery in Asynchronous Distributed Applications. In: *Proceedings of the 5th European Conference on Parallel Processing (Euro-Par'99, Toulouse, Frankreich, 31. Aug.-3. Sept.), 1999*, S. 1204-1208

SBC⁺98   Strom, R.; Banavar, B.; Chandra, T.; Kaplan, M.; Miller, K.; Mukherjee, B.; Sturman, D.; Ward, M.: Gryphon: An Information Flow Based Approach to Message Brokering. In: *Proceedings of the 9th International Symposium on Software Reliability Engineering (ISSRE'98, Paderborn, 4.-7. Nov.), 1998*

SBCL00   Salem, K.; Beyer, K.; Cochrane, R.; Lindsay, B.: How To Roll a Join: Asynchronous Incremental View Maintenance. In: *Proceedings of the International Conference on Management of Data (SIGMOD 2000, Dallas (TX), U.S.A., 16.-18. Mai), 2000*, S. 129-140

ScCh99   Schatz, B.; Chen, H.: Digital Libraries: Technological Advances and Social Impacts. In: *IEEE Computer, 32(2), 1999*, S. 45-50

ScLi98   Schmid, B.; Lindemann, M.: Elements of a Reference Model for Electronic Markets. In: *Proceedings of the 31st Hawaii International Conference on System Sciences (HICSS-31, Koahala Coast (HI), U.S.A., 6.-9. Jan.), 1998*, S. 193-201

ScTh00   Schrefl, M.; Thalhammer, T.: On Making Data Warehouses Active. In: *Proceedings of the 2nd International Conference on Data Warehousing and Knowledge Discovery (DaWaK 2000, London, Großbritannien, 4.-6. Sept.), 2000*, S. 34-46

SDG01   o.V.: *The C3 Project at Stanford*. Stanford Database Group. Stanford University, 2001 (Aktuelle Informationen verfügbar unter: http://www-db.stanford.edu/c3/c3.html)

SeAr97   Segall, B.; Arnold, D.: Elvin has left the building: A Publish/Subscribe Notification Service with Quenching. In: *Proceedings of AUUG Summer Technical Conference (AUUG'97, Brisbane, Australien, 3.-5. Sept.), 1997* (Elektronisch verfügbar unter: http://elvin.dstc.edu.au/doc/papers/auug97/AUUG97.html)

SeGh90   Sellis, T.; Ghosh, S.: On the Multiple-Query Optimization Problem. In: *IEEE Transactions on Knowledge and Data Engineering, 2(2), 1990*, S. 262-266

Sell88   Sellis, T.: Multiple Query Optimization. In: *ACM Transactions on Database Systems, 13(1), 1988*, S. 23-52

SeLR94   Seshadri, P.; Livny, M.; Ramakrishnan, R.: Sequence Query Processing. In: *Proceedings of the ACM International Conference on Management of Data (SIGMOD'94, Minneapolis (MI), U.S.A., 24.-27. Mai), 1994*, S. 430-441

SeLR95   Seshadri, P.; Livny, M.; Ramakrishnan, R.: SEQ: A Model for Sequence Databases. In: *Proceedings of the 11th International Conference on Data Engineering (ICDE'95, Taipei, Taiwan, 6.-10. März)*, 1995, S. 232-239

SeLR98   Sellis, T.; Lin, C.-C.; Raschid, L.: Data Intensive Production Systems: The DIPS Approach. In: *ACM SIGMOD Record, 18(3), 1989*, S. 52-58

SeRF87   Sellis, R.; Roussopoulos, N.; Faloutsos, C.: The R^+-Tree: A Dynamic Index for Multi-Dimensional Objects. In: *Proceedings of the 13th International Conference on Very Large Data Bases (VLDB'87, Brighton, Großbritannien, 1.-4. Sept.)*, 1987, S. 507-518

SeSh93   Segev, A.; Shoshani, A.: A Temporal Data Model Based on Time Sequences. In: Tansel, A.U.; Clifford, J.; Gadia, S.; Jajodia, S.; Segev, A.; Snodgrass, R. (Hrsg.): *Temporal Databases.* Benjamin/Cummings, Redwood City (CA), e.a., 1993, S. 248-270

ShFL96   Shekhar, S.; Fetterer, A.; Liu, D.-R.: Genesis: An Approach to Data Dissemination in Advanced Traveler Information Systems. In: *IEEE Data Engineering Bulletin, 19(3), 1996*, S. 40-47

ShIt84   Shmueli, O.; Itai, A.: Maintenance of Views. In: *Proceedings of the ACM International Conference on Management of Data (SIGMOD'84, Boston (MA), U.S.A., 18.-21. Juni)*, 1984, S. 240-255

ShLa90   Sheth, A.P.; Larson, J.A.: Federated Database Systems for Managing Distributed, Heterogeneous, and Autonomous Databases. In: *ACM Computing Surveys, 22(3), 1990*, S. 183-236

ShSN94   Shim, K.; Sellis, T.; Nau, D.: Improvements on A Heuristic Algroithm for Multiple-Query Optimization. In: *Data & Knowledge Engineering, 12(2), 1994*, S. 197-222

SiAf99   Silva, M.J.; Afonso, A.P.: Designing Information Appliances Using a Resource Replication Model. In: *Proceedings of the 1st International Symposium on Handheld and Ubiquitous Computing (HUC'99, Karlsruhe, 27.-29. Sept.)*, 1999, S. 150-157

SiKM92   Simon, E.; Kiernan, J.; de Maindeville, C.: Implementing High Level Active Rules on Top of a Relational DBMS. In: *Proceedings of the 18th International Conference on Very Large Data Bases (VLDB'92, Vancouver, Kanada, 23.-27. Aug.)*, 1992, S. 315-326

SiKo95   Simon, E.; Kotz-Dittrich, A.: Promises and Realities of Active Database Systems. In: *Proceedings of the 21st International Conference on Very Large Data Bases (VLDB'95, Zürich, Schweiz, 11.-15. Sept.)*, 1995, S. 642-653

SiWo95   Sistla, A.P.; Wolfson, O.: Temporal Conditions and Integrity Constraints in Active Database Systems. In: *Proceedings of the ACM International Conference on Management of Data (SIGMOD'95, San Jose (CA), U.S.A., 23.-25. Mai)*, 1995, S. 269-280

SiZd97   Silberschatz, A.; Zdonik, S.: Database Systems – Breaking Out of the Box. In: *ACM SIGMOD Record, 26(3), 1997*, S. 36-50

SkCl98   Skarmea, N.; Clark, K.L.: Content Based Routing as the Basis for Inter-Agent Communication. In: *Proceedings of the 5th International Workshop on Intelligent Agents, Agent Theories, Architectures, and Languages (ATAL'98, Paris, Frankreich, 4.-7. Juli)*, 1998

SnAh85   Snodgrass, R.T.; Ahn, I.: A Taxonomy of Time in Databases. In: *ACM SIGMOD Record, 15(2), 1985*, S. 236-246

SPAM91   Schreier, U.; Pirahesh, H.; Agrawal, R.; Mohan, C.: Alert: An Architecture for Transforming a Passive DBMS into an Active DBMS. In: *Proceedings of the 17th International Conference on Very Large Data Bases (VLDB'91, Barcelona, Spanien, 3.-6. Sept.), 1991*, S. 469-478

SpLa98   Spencer, H.; Lawrence, D.: *Managing Usenet*. O'Reilly & Associates, Inc., Sebastopol (CA), 1998

SSB⁺00   Shanmugasundaram, J.; Shekita, E.J.; Barr, R.; Carey, M.J.; Lindsay, B.G.; Pirahesh, H.; Reinwald, B.: Efficiently Publishing Relational Data as XML Documents. In: *Proceedings of the 26th International Conference on Very Large Data Bases (VLDB 2000, Kairo, Ägypten, 10.-14. Sept.), 2000*, S. 65-76

Star97   Stark, T.: IP Multicast: Push in the Right Direction. In: *Internetwork Magazine, Mai 1997*
(Elektronisch verfügbar unter: http://www.dnai.com/~thomst/webtek02.html)

StBS98   Sturman, D.; Banavar, G.; Strom, R.: Reflection in the Gryphon Message Brokering System. In: *Reflection Workshop at Object-Oriented Programming Systems, Languages and Applications (OOPSLA'98 Workshops, Vancouver, Kanada, 18.-22. Sept.), 1998*
(Elektronisch verfügbar unter:
  http://www.research.ibm.com/gryphon/Gryphon_ASSR/Gryphon_Papers/
reflection.pdf)

Stee96   Steel, K.: The Standardisation of Flexible EDI Messages. In: Adam, N.R.; Yesha, Y. (Hrsg.): *Electronic Commerce: Current Research Issues and Applications*. Lecture Notes in Computer Science, Nr. 1028, Springer Verlag, Heidelberg, 1996, S. 13-26

Stev92   Stevens, W.R.: *Advanced Programming in the Unix Environment*. Addison-Wesley, Reading (MA), e.a., 1992

StHP88   Stonebraker, M.; Hanson, E.; Potamianos, S.: The Postgres Rule Manager. In: *IEEE Transactions on Software Engineering, 14(7), 1988*, S. 897-907

StKe91   Stonebraker, M.; Kemnitz, G.: The POSTGRES Next-Generation Database Management System. In: *Communications of the ACM, 34(10), 1991*, S. 78-93

Stro96   Strom, D.: The Best of Push. In: *WebReview, April 1997*
(elektronisch verfügbar unter:
  http://www.webreview.com/1997/04_18/developers/04_18_97_1.shtml)

StSH86   Stonebraker, M.; Sellis, T.; Hanson, E.: An Analysis of Rule Indexing Implementations in Data Base Systems. In: *Proceedings of the 1st International Conference on Expert Database Systems (EDS'86, Charleston (SC), U.S.A., 1.-4. April), 1986*, S. 465-476

SuKN89   Sun, X.; Kamel, N.; Ni, L.: Solving Implication Problems in Database Applications. In: *Proceedings of the ACM International Conference on Management of Data (SIGMOD'89, Portland (OR), U.S.A., 31. Mai-2. Juni), 1989*, S. 185-192

SUN87   o.V.: *XDR: External Data Representation Standard*. RFC1014, Sun Microsystems, Inc. 1987
(Elektronisch verfügbar unter: http://www.ietf.org/rfc/rfc1014.txt)

SuTa98   Su, C.J.; Tassiulas, L.: Joint Broadcast Scheduling and User's Cache Management for Efficient Information Delivery. In: *Proceedings of the 4th International Conference on Mobile Computing and Networking (MOBICOM'98, Dallas (TX), U.S.A., 25.-30. Okt), 1998*, S. 33-42

Syba01   o.V.: *Sybase SQL Anywhere*. Sybase Inc. 2001
(Aktuelle Informationen verfügbar unter: http://www.sybase.com/products/anywhere/
)

Tane89   Tanenbaum, A.S.: *Computer Networks*. Prentice Hall, Englewood Cliffs (NJ), 1989

Tesc99   Teschke, M.: *Datenkonsistenz in Data Warehouse Systemen*. Friedrich-Alexander-Universität Erlangen-Nürnberg, Arbeitsbericht des Instituts für Informatik, 32(12), 1999

TGNO92   Terry, D.; Goldberg, D.; Nichols, D.; Oki, B.: Continuous Queries Over Append-Only Databases. In: *Proceedings of the ACM International Conference on Management of Data (SIGMOD'92, San Diego (CA), U.S.A., 2.-5. Juni), 1992*, S. 321-330

Thom79   Thomas, R.H.: A Majority Consensus Approach to Concurrency Control for Multiple Copy Databases. In: *ACM Transactions on Database Systems, 4(2), 1979*, S. 180-209

Tipc00   o.V.: *TIB/Rendezvous Concepts Version 6*. Tibco Inc., 2000
(Aktuelle Informationen verfügbar unter: http://www.tibco.com/)

Tivo00   o.V.: *Pervasive Management: Expanding the Reach of IT Management to Pervasive Devices*. Tivoli Systems Inc., 2000
(Aktuelle Informationen verfügbar unter: http://www.tivoli.com)

ToGD97   Tombros, D.; Geppert, A.; Dittrich, K.R.: Semantics of Reactive Components in Event-Driven Workflow Execution. In: *Proceedings of the 9th International Conference on Advanced Information Systems Engineering (CAiSE'97, Barcelona, Spanien, 16.-20. Juni), 1997*, S. 409-422

TsKl78   Tsichritzis, D.C.; Klug, A.: The ANSI/X3/SPARC DBMS framework report of the study group on database management systems. In: *Information Systems, 3(3), 1978*, S. 173-191

TuAr00   Turban, E.; Aronson, J.: *Decision Support Systems & Intelligent Systems*. Prentice Hall, Englewood Cliffs (NJ), 2000

TuFe01   Turowski, K.; Fellner, K.J. (Hrsg.): *XML in der betrieblichen Praxis*. dpunkt.Verlag, Heidelberg, 2001

UDDI00   o.V.: *UDDI XML Structure Reference*. uddi.org, Sept. 2000
(Aktuelle Informationen verfügbar unter: http://www.uddi.org)

UN01   o.V.: *UN/EDIFACT Working Group*. United Nations, 2001
(Aktuelle Informationen verfügbar unter: http://www.edifact-wg.org/)

UnMB99   Underwood, G.M.; Maglio, P.P.; Barrett, R.: User-Centered Push for Timely Information Delivery. In: *Proceedings of the 7th International Conference on World Wide Web (WWW7, Brisbane, Australien, 14.-18. April), 1998*
(Elektronisch verfügbar unter:
http://www.almaden.ibm.com/cs/wbi/papers/www7/user-centered-push.html)

Vald00   Valdes, R.: Content Aggregation Ist Hot; Too Bad ICE Is Melting. In: *Web Techniques, Juli 2000*
(Elektronisch verfügbar unter: http://www.webtechniques.com/archive/2000/07/plat/)

VaSe99   Vassiliadis, P.; Sellis, T.: A Survey of Logical Models for OLAP Databases. In: *ACM SIGMOD Record, 28(4), 1999*, S. 64-69

Vask95   Vaskevitch, D.: Very Large Databases. How Large? How Different? In: *Proceedings of the 21st International Conference on Very Large Data Bases (VLDB'95, Zürich, Schweiz, 11.-15. Sept.), 1995*, S. 677-685

VoDu98   Vogel, A.; Duddy, K.: *Java Programming with CORBA*. 2. Auflage, John Wiley & Sons, Inc., New York e.a., 1998

W3C99   o.V.: *The Information and Content Exchange (ICE) Protocol, Technical Note*. World Wide Web Consortium (W3C), 1999
(Elektronisch verfügbar unter: http://www.w3c.org/TR/NOTE-ice.html)

W3C01a   o.V.: *Extensible Markup Language (XML)*. World Wide Web Consortium (W3C), 2001
(Aktuelle Informationen verfügbar unter: http://www.w3c.org/XML/)

W3C01b   o.V.: *XML Schema*. World Wide Web Consortium (W3C), 2001
(Aktuelle Informationen verfügbar unter: http://www.w3c.org/XML/Schema)

W3C01c   o.V.: *XML Query*. World Wide Web Consortium (W3C), 2001
(Aktuelle Informationen verfügbar unter: http://www.w3c.org/XML/Query)

W3C01d   o.V.: *Semantic Web Activity: Resource Description Framework (RDF)*. World Wide Web Consortium (W3C), 2001
(Aktuelle Informationen verfügbar unter: http://www.w3c.org/RDF/)

Walk87   Walker, J.H.: Document Examiner: Delivery Interface for Hypertext Documents. In: *Proceedings of the 1st Hypertext Conference (HT'87, Chapel Hill (NC), U.S.A., 13.-15. Nov.), 1987*, S. 307-323

WAP01   o.V.: *WAP Forum Specifications*. WAP Forum, 2001
(Aktuelle Informationen verfügbar unter: http://www.wapform.org/what/technical.htm)

Wede91   Wedekind, H.: *Datenbanksysteme, Band 1, Eine konstruktive Einführung in die Datenverarbeitung in Wirtschaft und Verwaltung*. 3., durchgesehene Auflage. BI Wissenschaftsverlag, Mannheim, e.a., 1991

Wede98   Wedekind, H.: HEDAS: Heterogene, durchgängige Anwendungssysteme. In: Wedekind, H.; Kleinöder, J. (Hrsg.): *Von der Informatik zu Computational Science und Computational Engineering*. Friedrich-Alexander-Universität Erlangen-Nürnberg, Arbeitsbericht des Instituts für Informatik, 31(6), 1998, S. 36-59

WeHB01   Weitzel, T.; Härder, T.; Buxmann, P.: *Electronic Business und EDI mit XML*. dpunkt.Verlag, Heidelberg, 2001

WeHL01   Wedekind, H.; Hümmer, W.; Lehner, W.: Über Anbahnung und Aushandlung von Verträgen im eBusiness. In: Lehner, W. (Hrsg.): *Advanced Techniques in Personalized Information Delivery*. Friedrich-Alexander-Universität Erlangen-Nürnberg, Arbeitsbericht des Instituts für Informatik, 34(5), 2001, S. 83-100

Weis91   Weiser, M.: The Computer for the Twenty-First Century. In: *Scientific American, 265(3), 1991*, S. 94-104

WiCe96   Widom, J.; Ceri, S.: *Active Database Systems*. Morgan Kaufmann, San Mateo (CA), 1996

Wido95   Widom, J.: Research Problems in Data Warehousing. In: *Proceedings of the 4th International Conference on Information and Knowledge Management (CIKM'95, Baltimore (MD), U.S.A., 29. Nov.-12. Dez.), 1995*, S. 25-30

Wied92   Wiederhold, G.: Mediators in the Architecture of Future Informations Systems. In: *IEEE Computer Magazine, 25(3), 1992*, S. 38-49

Wong88   Wong, J.: Broadcast Delivery. In: *Proceedings of the IEEE, 76(12), 1988*, S. 1566-1577

WSD⁺95   Wolfson, O.; Sistla, P.; Dao, S.; Narayanan, K.; Raj, R.: View Maintenance in Mobile Computing. In: *ACM SIGMOD Record, 24(4), 1995*, S. 22-27

WuBu97   Wu, M.; Buchmann A.: Research Issues in Data Warehousing. In: *Konferenzband zur GI-Fachtagung Datenbanksysteme in Büro, Technik und Wissenschaft (BTW'97, Ulm, 5.-7. März), 1997*, S. 61-82

YaGa94   Yan, T.W.; Garcia-Molina, H.: Distributed Selective Dissemination of Information. In: *Proceedings of the 3rd International Conference on Parallel and Distributed Information Systems (PDIS'94, Austin (TX), U.S.A., 28.-30. Sept.), 1994*, S. 89-98

YaGa94   Yan, T.W.; Garcia-Molina, H.: Index Structures for Selective Dissemination of Information Under the Boolean Model. In: *ACM Transactions on Database Systems, 19(2), 1994*, S. 332-364

YaGa95   Yan, T.W.; Garcia-Molina, H.: SIFT - A Tool for Wide Area Information Dissemination. In: *Proceedings of the Technical Conference on UNIX and Advanced Computing Systems (USENIX'95, New Orleans (LA), U.S.A., 16.-20. Jan.), 1995*, S. 177-186

YaGa95   Yan, T.W.; Garcia-Molina, H.: Duplicate Removal in Information Dissemination. In: *Proceedings of the 21th International Conference on Very Large Data Bases (VLDB'95, Zürich, Schweiz, 11.-15. Sept.), 1995*, S. 66-77

YaGa96   Yan, T.W.; Garcia-Molina, H.: Efficient Dissemination of Information on the Internet. In: *IEEE Data Engineering Bulletin, 19(3), 1996*, S. 45-51

YaKL97   Yang, J.; Karlapalem, K.; Li, Q.: Algorithms for Materialized View Design in Data Warehousing Environment. In: *Proceedings of the 23rd Conference on Very Large Data Bases (VLDB'97, Athen, Griechenland, 25.-29. Aug.), 1997*, S. 136-145

Yee99   Yee, T.: *Microsoft SQL Server 7.0 Replication Made Easy*. In: MSDN Library, Microsoft Corporation, 1999
            (Elektronisch verfügbar unter: http://msdn.microsoft.com/library/backgrnd/html/repl.htm)

YoYo94   Young, D.A.; Young, D.: *The X Window System: Programming and Applications with Xt*. 2. Auflage, Prentice Hall, Englewood Cliffs (NJ), 1994

YYW⁺99   Yang, C.-S.; Yang, J.-C.; Wu, K.-D.; Lee, J.-X.; Leu, Y.-R.: An Efficient
         Multicast Delivery Scheme to Support Mobile IP. In: *Proceedings of the 10th
         International Workshop on Database and Expert Systems Applications
         (DEXA'99 Workshops, Florenz, Italien, 1.-3. Sept.)*, 1999, S. 683-688

ZBB⁺96   Jürgen Zimmermann, J.; Brandig, H.; Buchmann, A.P.; Deutsch, A.; Geppert, A.:
         Design, Implementation and Management of Rules in an Active Database
         System. In: *Proceedings of the 7th International Conference on Database and
         Expert Systems Applications (DEXA'96, Zürich, Schweiz, 9.-13. Sept.)*, 1996,
         S. 422-435

ZCP⁺00   Zaharioudakis, M.; Cochrane, R.; Pirahesh, H.; Lapis, G.; Urata, M.: Answering
         Complex SQL Queries Using Summary Tables. In: *Proceedings of the ACM
         International Conference on Management of Data (SIGMOD 2000, Dallas (TX),
         U.S.A., 16.-18. Mai)*, 2000, S. 105-116

ZDNS98   Zhao, Y.; Deshpande, P.M.; Naughton, J.F.; Shukla, A.: Simultaneous
         Optimization and Evaluation of Multiple Dimensional Queries. In: *Proceedings
         of the ACM International Conference on Management of Data (SIGMOD'98,
         Seattle (WA), U.S.A., 2.-4. Juni)*, 1998, S. 271-282

ZGHW95   Zhuge, Y.; Garcia-Molina, H.; Hammer, J.; Widom, J.: View Maintenance in a
         Warehousing Environment. In: *Proceedings of the ACM International
         Conference on Management of Data (SIGMOD'95, San Jose (CA), U.S.A., 23.-
         25. Mai)*, 1995, S. 316-327

ZhGW96   Zhuge, Y.; Garcia-Molina, H.; Wiener, J.: The Strobe Algorithms for Multi-
         Source Warehouse Consistency. In: *Proceedings of the 4th International
         Conference on Parallel and Distributed Information Systems (PDIS'96, Miami
         Beach (FL), U.S.A., 18.-20. Dez.)*, 1996, S. 146-157

ZhWG97   Zhuge, Y.; Wiener, J; Garcia-Molina, H.: Multiple View Consistency for Data
         Warehousing. In: *Proceedings of the 13th International Conference on Data
         Engineering (ICDE'97, Birmingham, Großbritannien, 7.-11. April)*, 1997,
         S. 289-300

ZhWG98   Zhuge, Y.; Wiener, J.; Garcia-Molina, H.: Consistency Algorithms for Multi-
         Source Warehouse View Maintenance. In: *Journal of Distributed and Parallel
         Databases, 6(1)*, 1998, S. 7-40

ZiMU97   Zimmer, D.; Meckenstock, A.; Unland, R.: A General Model for Event
         Specification in Active Database Management Systems. In: *Proceedings of the
         5th International Conference on Deductive and Object-Oriented Databases
         (DOOD'97, Montreux, Schweiz, 8.-12. Dez.)*, 1997, S. 419-420

ZOB⁺99   Zinky, J.; O'Brien, L.; Bakken, D.; Krishnaswamy, V.; Ahamad, M.: PASS - A
         Service for Efficient Large Scale Dissemination of Time Varying Data Using
         CORBA. In: *Proceedings of the 19th International Conference on Distributed
         Computing Systems (ICDCS'99, Austin (TX), U.S.A., 31. Mai-4. Juni)*, 1999,
         S. 496-506

Stichwortverzeichnis

Consumer Tracking
Non-Food Tracking
Ad Hoc Research
Medien

Wer Wachstum will, braucht Wissen.

Wachstum braucht heute vor allem eines: aktuelles Wissen. Über Märkte, über Trends von heute und
morgen und über Wünsche von Verbrauchern. Die GfK liefert dieses Wissen. Für mehr Flexibilität,
kürzere Reaktionszeiten und erfolgreiches Wachstum in den weltweit vernetzten Märkten:

GfK. Growth from Knowledge

www.gfk.de

GfK GRUPPE

Hoppenstedt
FIRMENPROFILE

B2B-Informationen für Management und Vertrieb

Datenbank-Systeme
mit Analyse- und Auskunfts-Tools

- Online, CD-ROMs, Print, Direkt-Marketing-Service
- Profile der 150.000 größten Firmen in Deutschland
- 460.000 Entscheider 1. und 2. Führungsebene
- Große Datentiefe, hohe Zuverlässigkeit
- Individuelle Bereitstellung

Hoppenstedt gehört zur schwedischen Bonnier-Gruppe, die zu den bedeutendsten Medien-Unternehmen Europas zählt. Hoppenstedt ist Teil der Bonnier Business Information AB (BBI). BBI besteht aus über 50 Firmen in 17 Ländern in Europa, spezialisiert auf Produkte und Dienste, vorwiegend digital, die Geschäfte zwischen Firmen erleichtern.

Hoppenstedt Firmen-
informationen GmbH
Havelstraße 9
64295 Darmstadt
Telefon: (0 61 51) 3 80-0
Fax: (0 61 51) 3 80-3 60
E-Mail: info@hopp.de
Internet: www.hoppenstedt.de